绿色食品生产操作规程(三)

刘 平 张志华 张 宪 主编

中国农业出版社
北 京

本书编委会

主　　任　张华荣

副主任　唐　泓　刘　平　杨培生　陈兆云

成　　员　张志华　张　宪　欧阳喜辉　李　岩

周乐峰　余新华　周先竹　朱建湘

林海丹　张树秋　丁永华　程晓东

满　润　郑床木　方金豹　朱智伟

王　锋

主　　编　刘　平　张志华　张　宪

副主编　唐　伟　刘艳辉

技术编审　马　雪　粘昊菲

参编人员（按姓氏笔画排序）

王转丽　刘新桃　齐秀娟　杨　芳

杨远通　邱　纯　张卫星　赵善仓

欧阳英　周永锋　周绪宝　郝贵宾

顾丰颖　徐　平　樊恒明

序

　　绿色食品标准体系是绿色食品发展理念的技术载体，是绿色食品事业发展的根基。参照国际发达国家和地区食品质量安全的先进标准，结合我国国情农情，按照"安全与优质并重、先进性与实用性相结合"的原则和全程质量控制技术路线，我们建立了一套特色鲜明、先进实用、科学管用的标准体系，包括产地质量环境标准、生产技术标准、产品质量标准和包装储运标准。截至 2019 年底，经农业农村部发布的现行有效绿色食品标准 140 项，其中基础通用技术标准 14 项、产品标准 126 项。这些标准的发布实施，为指导绿色食品生产、规范产品标志许可审查和证后监管提供了重要依据。

　　绿色食品生产操作规程是绿色食品标准体系的重要组成部分，是落实绿色食品标准化生产的重要手段，是解决标准化生产"最后一公里"问题的关键。2019 年，中国绿色食品发展中心组织部分绿色食品工作机构、相关科研机构、大专院校及农技推广部门，在各地原有相关工作的基础上，结合各地实际，充分融入绿色食品的理念和标准要求，按不同区域、不同作物品种、不同生产模式等生产条件，制定了 58 项绿色食品生产操作规程，包括小麦、玉米、水稻、马铃薯、油菜、柚子、桃、猕猴桃、枣、西瓜、甘蓝、番茄、黄瓜、辣椒、豇豆、萝卜、茄子、芹菜、花生油、葵花籽油、芝麻油、玉米油、茶籽油、猪、牛、羊、鸡 27 类产品。所制定的规程内容丰富，科学严谨，务实管用，可操作性强，必将对指导企业和农户按标生产、提升绿色食品标准化生产水平、促进绿色食品事业高质量发展发挥积极作用。

　　本书汇总了 2019 年制定的 58 项区域性绿色食品生产操作规程，旨在为相关地区绿色食品生产提供规范指导，为绿色食品标准化生产提供重要依据。本书可作为绿色食品生产企业和农民作业指导书，也可作为各级绿色食品工作机构的工具书，同时可为其他农业企业提供技术参考，助推规程入企进户、落地生根，推动绿色食品事业高质量发展。

中国绿色食品发展中心主任　张华荣

目　录

绿 色 食 品 生 产 操 作 规 程

LB/T 105—2020

云贵高原绿色食品小麦生产操作规程

2020-08-20 发布

2020-11-01 实施

中国绿色食品发展中心　发布

前　言

本规程由中国绿色食品发展中心提出并归口。

本规程起草单位:曲靖市绿色食品发展中心、云南省绿色食品发展中心、云南省农业科学院、贵州省绿色食品发展中心、云南省农业技术推广总站。

本规程主要起草人:杨永德、李丽菊、王知跃、赵春山、陈曦、康敏、罗建山山、张剑勇、于亚雄、吴叔康。

云贵高原绿色食品小麦生产操作规程

1 范围

本规程规定了云贵高原绿色食品小麦生产的产地环境、品种选择、整地、播种、田间管理、采收、生产废弃物处理、储藏、包装与运输及生产档案管理。

本规程适用于贵州、云南的绿色食品小麦生产。

2 规范性引用文件

下列文件对于本文件的应用是必不可少的。凡是注日期的引用文件，仅注日期的版本适用于本文件。凡是不注日期的引用文件，其最新版本（包括所有的修改单）适用于本文件。

GB 4401.1　粮食作物种子　第1部分：禾谷类
NY/T 391　绿色食品　产地环境质量
NY/T 393　绿色食品　农药使用准则
NY/T 394　绿色食品　肥料使用准则
NY/T 658　绿色食品　包装通用准则
NY/T 1056　绿色食品　储藏运输准则

3 产地环境

产地环境条件应符合 NY/T 391 的要求，选择无污染和生态环境良好的地区。基地应远离工矿区和公路铁路干线，避开工业和城市污染源的影响，基地相对集中连片，选择土层较厚，质地为壤质、轻壤质的土壤。

4 品种选择

4.1 选择原则

根据云贵高原的生态条件，选用通过省级或全国农作物品种审定委员会审定且适宜当地区域种植的优质、抗病、抗旱、丰产的弱春性或春性品种。

4.2 品种选用

各地结合区域条件，选择抗旱、抗病性强、适应性广的优良小麦品种。云南：云麦53、云麦56、云麦57、靖麦17、临麦15等。贵州：毕麦10号、黔麦21、黔麦22、丰优7、贵州25等。

种子质量应符合 GB 4401.1 的要求，纯度≥99.0%，净度≥99.0%，发芽率≥85.0%，含水量≤13.0%。

4.3 种子处理

播前日光曝晒小麦种子，能杀菌、防虫，提高发芽率，有利于壮苗高产。一般在播种前 25 d～30 d 和 7 d～10 d 各日光曝晒 1 次。

5 整地

5.1 整地方式

前茬作物收获后及时深翻晾晒，并除去田埂上杂草。要进行翻地或灭茬深松。前茬有深翻、深松基础地块，可进行秋耙灭茬；坡地采取等高线耕作，耕后留水平沟。

5.2 耕地质量

每隔3年深松深翻1次,深松深翻35 cm以上,打破犁底板结层,翻垡整齐严密,不重耕、不漏耕。精细耕地作畦,墒沟配套,墒沟高于中沟、中沟高于围沟,达到雨停沟干、墒不积水的标准。要上虚下实,地面平整,耕层无大土块,表层无大颗粒和前茬作物残基。

5.3 耙地深度

耙地深度要根据翻地质量和土壤墒情确定,轻耙为8 cm～10 cm,重耙为12 cm～15 cm。

6 播种

6.1 播期

在保证播种质量前提下,适期播种,弱春性品种宜在10月中下旬播种,春性品种宜在10月下旬至11月上旬播种,在适期内争取早播。

6.2 播种方式

根据田麦和地麦的种植模式,选择适宜的播种方式,如撒播、等行距条播、宽窄行条播、宽幅播种,根据各地地块区域,可选用机械或人工播种。播种深度以种子距地表3 cm～5 cm为宜。

6.3 播种质量

播种要做到不重播、不漏播,深浅一致,覆土严密,播后及时镇压。

6.4 播种量

按每亩*基本苗、千粒重、发芽率和田间出苗率80%～90%计算播种量。

6.5 密度

根据地力和生产条件、品种特性和播期来确定,一般基本苗范围20万株/亩～25万株/亩。

7 田间管理

7.1 苗情及灌溉

冬前可用同一品种带水补种或浸种催芽补种;春季清除杂草、松土、保墒、促分蘖形成健苗。有灌水条件的地块,在小麦出苗期、分蘖期和灌浆期如遇干旱及时灌溉。

7.2 施肥

7.2.1 施肥的原则

应符合NY/T 394的要求,以有机肥为主、化肥为辅。当季无机氮与有机氮用量比不超过1∶1;坚持化肥减控原则,无机氮素用量不得高于当季非绿色食品作物需求量的一半。根据土壤供肥能力和土壤养分的平衡状况,以及气候栽培等因素,按照测土配方平衡施肥,做到氮、磷、钾及中、微量元素合理搭配。

7.2.2 施肥方法

根据土壤肥力状况,确定施肥量和肥料比例。提倡秸秆还田,每亩总施肥量:腐熟农家肥2 000 kg～2 500 kg或商品有机肥300 kg、尿素5 kg～6 kg、过磷酸钙15 kg～25 kg、硫酸钾2 kg～3 kg;在播种前整地时作为基肥一次全部施入;在拔节前期使用尿素5 kg～6 kg作追肥施用。

7.3 病虫草害防治

7.3.1 防治原则

坚持"预防为主、综合防治"的植保方针,以农业防治为基础,优先采用物理和生物防治技术,辅之化学防治措施。应使用高效、低毒、低残留农药品种,药剂选择和使用应符合NY/T 393的要求。

---

* 亩为非法定计量单位,1亩≈667 m²。

7.3.2 常见病虫草害

纹枯病、赤霉病、白粉病、条锈病、蚜虫等。

7.3.3 防治措施

7.3.3.1 农业防治

选用多抗品种,合理轮作和耕作,合理密植和施肥,精细管理,培育壮苗等。

7.3.3.2 物理防治

采用杀虫灯、黄板、防虫网等诱杀害虫。如每 15 亩设置 1 盏杀虫灯,每亩悬挂黄板 20 片左右,悬挂在高度超过植株 15 cm～20 cm 处,用于小麦蚜虫的防治。

7.3.3.3 生物防治

保护利用麦田自然天敌,选用植物源农药应符合 NY/T 393 的要求,具体生物防治方法参见附录 A。

7.3.3.4 化学防治

农药的使用应符合 NY/T 393 的要求,具体化学防治方案参见附录 A。

8 采收

8.1 采收、脱粒

8.1.1 采收

蜡熟末期或完熟初期,穗黄、叶卷、叶黄、秆黄、节间绿为最佳收获期,收获工具清洁、卫生、无污染、有防雨设施。人工收割以蜡熟中期为宜,机械收获以完熟初期为宜,收割前应对收割机进行清理,防止品种间混杂。

8.1.2 脱粒、晒麦

收获完成后,及时脱粒,拉运。采用拾禾脱粒或联合收割机收割作业时损失≤3%,清洁率达 95% 以上,机械采收不应造成二次污染。选择夏季晴朗天气,在晒场将麦粒摊开,薄摊厚度不超过10 cm,勤翻、调沟扒垄,一般曝晒 1 d～2 d 就可达到标准水分含量,热闷 1 h～2 h 后入仓;遇到阴雨天,若水分含量太高可在室内摊晾等。禁止在公路上及粉尘污染的地方脱粒和晒麦。

9 生产废弃物处理

生产资料包装物使用后当场收集或集中处理,不能引起环境污染。收获后的小麦秸秆应粉碎还田,也可将其收集整理后用于其他用途,不得在田间焚烧。

10 储藏

籽粒含水量控制在 13.0% 以下。储藏设施、周围环境、卫生要求、出入库、堆放等应符合 NY/T 1056 的要求。储藏设施应具有防虫、防鼠、防鸟的功能,储藏条件应符合原粮温度、湿度和通风等要求。仓库的地周边、墙壁、墙面、门窗、房顶和管道等,都做防鼠处理,所有的缝隙不超过 1 cm。仓库内保持整洁、各种用具杂物收拾整齐,储粮周围角落的小麦清理干净,死角处经常检查。粮仓出入口和窗户设置挡鼠板或挡鼠网,根据需要可增设粘鼠板。

11 包装与运输

包装材料符合食品相关产品质量要求,包装符合 NY/T 658 的要求,包装材料方便回收;运输工具清洁、干燥、有防雨设施,运输符合 NY/T 1056 的要求,运输过程中禁止与其他有毒有害、易污染环境的物质运输,防止污染。

12 生产档案管理

建立并保存相关记录,为生产活动追溯提供有效的证据。记录主要包括种子、肥料、农药采购记录及肥料、农药使用记录;种植全过程农事活动记录;收获、运输、储藏、销售记录。记录应真实准确,生产记录档案保存 3 年以上,做到农产品生产可追溯。

附　录　A

（资料性附录）

云贵高原绿色食品小麦生产主要病虫害化学防治方案

云贵高原绿色食品小麦生产主要病虫害化学防治方案见表 A.1。

表 A.1　云贵高原绿色食品小麦生产主要病虫害化学防治方案

防治对象	防治时期	农药名称	使用剂量	施药方法	安全间隔期,d
纹枯病	发病初期	16%井冈霉素可溶粉剂	40 g/亩～50 g/亩	喷雾	14
	发病前或发病初期	75%戊唑·嘧菌酯水分散粒剂	10 g/亩～15 g/亩	喷雾	35
赤霉病	发病前或发病初期	50%甲基硫菌灵可湿性粉剂	100 g/亩～140 g/亩	喷雾	30
	扬花初期	80%戊唑醇水分散粒剂	10 g/亩～12 g/亩	喷雾	21
白粉病、条锈病	返青拔节期	250 g/L丙环唑乳油	33 倍～50 倍液	喷雾	28
	发病初期	15%三唑酮可湿性粉剂	60 g/亩～80 g/亩	喷雾	20
蚜虫	蚜虫初始期或穗蚜始盛期	1.5%苦参碱可溶液剂	30 mL/亩～40 mL/亩	喷雾	14
		10%吡虫啉可湿性粉剂	20 g/亩～40 g/亩	喷雾	20
注:农药使用以最新版本 NY/T 393 的规定为准。					

绿 色 食 品 生 产 操 作 规 程

LB/T 106—2020

绿色食品青贮玉米生产操作规程

2020-08-20 发布

2020-11-01 实施

中国绿色食品发展中心 发布

前　言

本规程由中国绿色食品发展中心提出并归口。

本规程起草单位:内蒙古自治区绿色食品发展中心、巴彦淖尔市绿色食品发展中心、巴彦淖尔市农牧业技术推广中心、乌拉特前旗农畜产品质量安全中心、鄂尔多斯市农畜产品质量安全中心、鄂尔多斯杭锦旗农畜产品质量安全监督管理站、鄂尔多斯市伊金霍洛旗市场监督监督局、甘肃省绿色食品办公室、陕西省农产品质量安全中心、湖北省绿色食品管理办公室、黑龙江省绿色食品发展中心。

本规程主要起草人:郝贵宾、王桂梅、李水霞、吕晶、于永俊、张继平、孙秀梅、张光瑞、杨政伟、栗瑞红、赵杰、张义秀、栗永乐、满润、王璋、杨远通、刘培源、李红霞。

绿色食品青贮玉米生产操作规程

1 范围

本规程规定了绿色食品青贮玉米的产地环境条件、品种选择、土壤管理、田间管理、收获及青贮制作、生产废弃物处理、运输储藏及生产档案管理。

本规程适用于绿色食品青贮玉米的生产。

2 规范性引用文件

下列文件对于本文件的应用是必不可少的。凡是注日期的引用文件，仅注日期的版本适用于本文件。凡是不注日期的引用文件，其最新版本（包括所有的修改单）适用于本文件。

NY/T 391 绿色食品 产地环境质量

NY/T 393 绿色食品 农药使用准则

NY/T 394 绿色食品 肥料使用准则

NY/T 1056 绿色食品 储藏运输准则

3 产地环境条件

3.1 环境条件

应符合 NY/T 391 的要求，选择生态环境良好、远离工矿区和公路铁路干线，产地周围 5 km、主导风向的上风向 20 km 之内无污染源的地区。

3.2 气候条件

年无霜期 95 d～165 d，年≥10 ℃的积温 1 900 ℃以上，年降水量 150 mm～1 500 mm。

3.3 土壤条件

宜选用集中连片、地势平坦、排灌方便、耕层深厚肥沃、理化性状和耕性良好的土壤，含盐量＜0.25%，有机质含量≥1%。

3.4 缓冲隔离带

应在绿色食品和常规生产区域之间设置有效的缓冲带或物理屏障，以防止绿色食品生产基地受到污染。若隔离带有种植的作物，应按照绿色食品标准要求种植，收获的产品为常规产品。缓冲隔离带应注意物种多样性和遗传多样性植物的布局。

4 品种选择

4.1 选择原则

选择适应当地土壤和气候条件，抗病性和抗逆性强、优质高产的品种。在品种选择上应充分考虑保护植物遗传多样性。保证基地的种植活动可控，避免影响周围生态环境和生物多样性。

4.2 品种选用

应选择经国家或省级审定推广、引种备案的品种。青贮玉米要叶片宽大，茎叶夹角较小，适合密植栽种。在干物质中，粗蛋白含量≥7%，淀粉含量≥25%，粗纤维含量 20%～35%。推荐品种有金垦 10、蒙青贮系列、金岭青贮系列、豫青贮 23、先单 405、利禾系列、登海 618 等。

4.3 种子质量

种子纯度和净度≥98%,发芽率≥90%,含水量≤16%。

4.4 种子处理

4.4.1 晒种、浸种催芽

在播种前选择晴天,将种子摊在干燥向阳的晒场上,连续晒种 2 d~3 d,并注意翻动。播种前用冷水浸种 12 h 或温水(水温 55 ℃~57 ℃)浸种 4 h~6 h,缩短种子吸胀作用时间,提早出苗,并杀灭种子表面的病菌。

4.4.2 包衣、拌种

玉米种子应进行精选包衣处理。种衣剂可选择吡虫啉悬浮种衣剂包衣防治苗期蚜虫。用辛硫磷3%水乳种衣剂包衣防治小地老虎。用咯菌·精甲霜包衣或拌种防治玉米茎腐病。包衣或拌种处理的种子不宜再进行浸种催芽。

5 土壤管理

5.1 选地、整地

5.1.1 选地

选择土地平整,土耕层较深厚,病、虫、草害较轻的地块。

5.1.2 整地

上茬作物收获后,用深松机对土壤进行垂直深松作业,深度 30 cm~40 cm,要求不重不漏,作业深度均匀,打破犁底层。

播种前进行精细整地,耙地不宜过深,在 5 cm 左右,同时耙地次数不宜多。经过播前精细整地的土地应当达到地平、土碎、墒好,地表无根茬、残膜等。

5.2 播种

5.2.1 播期

当耕层 5 cm~10 cm 的地温稳定在 7 ℃~10 ℃时开始播种。

5.2.2 播种方法

5.2.2.1 大小行种植方法。用玉米覆膜播种机或精量播种机播种,一般大行距 80 cm~100 cm,小行距 40 cm 左右,株距 25 cm~30 cm,播种深度 3 cm~4 cm。

5.2.2.2 "一穴双株"大小行种植方法。用玉米"一穴双株"专用播种机。高水肥地块大行 60 cm~70 cm,小行 50 cm,穴距 30 cm,每穴 2 粒。中上等地块大行 80 cm,小行 50 cm,穴距 30 cm,每穴 2 粒。中下等地块大行 90 cm,小行 50 cm,穴距 30 cm,每穴 2 粒。

可根据不同品种株型特点适当调整株行株距。

5.2.3 播种密度

大小行种植,每亩保苗 4 000 株~5 000 株。"一穴双株"种植方法,高水肥地块每亩保苗 8 000 株左右,中等地块每亩保苗 7 000 株左右,低水肥地块每亩保苗 6 000 株左右。

6 田间管理

6.1 补苗、间苗、定苗

出苗前及时检查发芽情况,如发现粉种、烂芽,要准备好补种用种或预备苗;出苗后如缺苗,要利用田间多余苗及时坐水补栽。幼苗 3 片~4 片叶时,要将弱苗、病苗、小苗去掉,一次等距定苗。

6.2 灌溉

玉米小喇叭口期(8 片叶子左右)浇第一水,之后可依据土壤墒情灌溉,定期观测土壤水分,缺水则需灌溉。玉米拔节以前耗水量相对较少,拔节期至灌浆期,需水量急剧增加,抽穗前后耗水量达到峰值,故分蘖期、拔节期(蹲苗结束)、喇叭口后期、抽穗期、乳熟期、灌浆期应充分灌溉。做好灌溉记录,做到灌溉量可追踪。

6.3 施肥

6.3.1 施肥原则

肥料使用应符合 NY/T 394 的要求,并结合测土配方施肥。以腐熟农家肥、有机肥、微生物肥为主,化学肥料为辅,且应在保障植物对营养元素需求的基础上减少化肥用量,无机氮素用量不得高于当季作物需求量的一半。

6.3.2 施肥

上茬作物收获后,结合深翻施入腐熟农家肥或有机肥作基肥,1 500 kg/亩～3 000 kg/亩,翻匀。结合播前整地施入磷酸二铵作基肥,10 kg/亩～20 kg/亩,翻匀。玉米大喇叭口期,结合浇水,施入尿素作追肥,10 kg/亩～20 kg/亩。

6.4 病虫草害防治

6.4.1 防治原则

加强病虫害的预测预报工作,及时掌握病虫害的发生情况。以预防为主,选择抗逆性强、优质高产的品种,通过加强栽培管理、轮作倒茬等方法预防病虫草害发生。

6.4.2 常见病虫草害

玉米常见病虫草害有玉米螟、红蜘蛛、小地老虎、蚜虫、黏虫、玉米螟、双斑萤叶甲、玉米丝黑穗病、茎腐病、杂草等。

6.4.3 防治措施

6.4.3.1 农业防治

因地制宜选用抗病虫品种,轮作倒茬。玉米苗期和拔节期早间苗、早中耕,合理密植,加强水肥管理,培育壮苗。玉米收获后通过深翻灌溉,破坏害虫繁殖场所。对感染病虫害的秸秆集中进行无害处理,减少病虫害繁殖基数。

6.4.3.2 物理防治

趋光性害虫用频振式杀虫灯或高压汞灯诱杀,按 40 亩～60 亩 1 盏安装,杀虫灯高度 1.5 m～1.8 m,晚上日落后开灯,早晨关灯。用玉米螟性诱剂防治玉米螟,在成虫羽化初,按高于作物30 cm,每亩挂放 1 个玉米螟信息素诱捕器,诱杀雄成虫,及时处理诱捕的虫子。红蜘蛛侵入的农田初期到盛发期,将涂有无毒不干粘虫胶的黄色和蓝色纸板(45 cm×30 cm)插置在玉米行间,进行诱杀。

6.4.3.3 生物防治

利用赤眼蜂防治玉米螟,在玉米螟产卵始、初盛和盛期投放赤眼蜂,每15 亩设置放蜂点75 个～150个,共投放 15 万只～25 万只。也可用苏云金杆菌粉剂,在玉米螟低龄幼虫期,100 g/亩～200 g/亩兑水喷施。七星瓢虫和十三星瓢虫可防治红蜘蛛、蚜虫、玉米螟。

6.4.3.4 化学防治

应根据当地病虫草害发生情况,在病虫草害药物敏感期以及作物特定生长期用药,以达到药效最大化,农药品种的选择和使用应符合 NY/T 393 的要求。具体防治方案参见附录 A。

7 收获及青贮制作

7.1 采收

青贮玉米最适收割期为玉米籽实达到乳熟末期至蜡熟期(1/2～3/4 乳线位置),干物质含量30%～35%。此时收获营养价值和产量较高。

收割时应避开雨季,选择晴好天气,同时注意留茬 15 cm～20 cm,防止土壤微生物污染及根部木质素过多而影响青贮品质。大面积地块用青贮玉米收割机收割、粉碎并装车。小面积地块可用人工收割,把整株玉米秸秆装车运回青贮窖附近,用粉碎机粉碎装填入窖。粉碎长度应为 1 cm～3 cm。

7.2 青贮制作

7.2.1 青贮窖建设

青贮窖应建在地势相对较高、土质坚实、离畜舍较近、方便取料的地方。青贮窖建设方式多样,一般建在地面以上,形状为长方形,三面有墙,一面开口。窖底和窖壁平直光滑,窖底四周应有排水道,且窖底顶部至窖口保持一定坡度,以利于排出过多的汁液。

7.2.2 青贮前准备

准备好青贮时所需机械和车辆,提前做好保养、检修和消毒工作。提前了解作业区状况,清理玉米田及运输路线内的障碍物。检查青贮窖地面及墙壁是否平实紧密、排水道是否畅通。制作青贮饲料前 3 d,应把青贮窖打扫干净,然后用过氧乙酸或次氯酸彻底消毒。参与青贮制作的人员应准备好防护服、帽子、口罩、鞋套等以防止青贮过程中携带微生物污染。

7.2.3 青贮

采收后粉碎并装车的青贮原料应尽快运回青贮窖,在短时间内装填入窖完成青贮,不可拖延时间过长,避免因降雨或本身发酵而造成损失。在青贮饲料的制作过中特别注意防止污染,绝不能在原料中混入泥土、排泄物、铁丝和木片等异物,也不能让腐败变质的原料进窖。

青贮原料在窖内要逐层装填,随装填随压紧压实;用宽幅轮胎机械分层装填压实,每装填 20 cm～30 cm 压实一次,特别要注意压实青贮窖的四周和边角,保持中间高、边角低的形状。装满后要快速封窖以防水分和营养流失。用厚塑料膜密封,上覆黑白膜再用负重物均匀压实。冬季为了防冻,还可再盖上棉被。青贮过程一旦完成,应保持封闭条件不被破坏,有利于长期保存。制作完成的青贮饲料经过 20 d 左右即可完成发酵,再经过 10 d～20 d 的熟化过程即可开窖饲喂。青贮料气味芳香、适口性好、消化率高,是牛、羊的极好饲料。

7.2.4 管理

要随时观察青贮窖,发现裂缝或下沉,要及时补救。开窖前,要防止畜禽及其他动物上窖踩踏,以保证青贮成功。

8 生产废弃物处理

做好整个生产管理过程废弃物的处理,做到随发现随处理,及时收集销毁。保证种植区域无农药袋、无塑料瓶、无报废器械、零件等垃圾。

地膜回收应用机械化地膜回收设备,采取播前回收、苗期回收、收获后回收相结合的方法。由于在春播前已将地表大部分地膜回收,此时应针对残留在地面以下 20 cm 内的小块残膜进行回收,机械设备配以拖拉机,通过双排搂耙将残膜搂出,收集并销毁处理。在玉米生长初期和中期,地膜老化现象不严重,完整度较高,有利于集中清理地膜,可结合中耕作业进行。玉米收获后,残余地膜严重老化,回收难度较大,通常结合秸秆还田进行,与秸秆还田机联合作业,将残膜挑起并收集销毁。

青贮操作过程中产生的废弃物也应及时清理,保证青贮窖周围清洁干净。

9 运输储藏

应符合 NY/T 1056 的要求,收割及运输严格按要求操作,熟悉并掌握机械、车辆性能、功率及作业范围,减少因操作失误而导致不必要的损失,形成收割、粉碎、装车、运输、青贮制作高效稳定的流水线。有条件的生产者或地区,最好做到专车专用,以防止交叉污染。

10 生产档案管理

生产者须建立绿色食品青贮玉米生产管理档案,生产管理档案应明确记录种植、管理、收获、青贮等各个环节内容,包括产地环境条件、生产技术、田间农事操作、投入品管理、病虫草害的发生时期、程度及防治方法,采收及采后处理、青贮时间、青贮量及完成时间、后期管理记录等情况。生产管理档案至少保存3年,做到产品可追溯。

附 录 A

（资料性附录）

绿色食品青贮玉米生产主要病虫草害化学防治方案

绿色食品青贮玉米生产主要病虫草害化学防治方案见表 A.1。

表 A.1 绿色食品青贮玉米生产主要病虫草害化学防治方案

防治对象	防治时期	农药名称	使用剂量	使用方法	安全间隔期,d
茎腐病	播种期、苗期	35 g/L 咯菌·精甲霜悬浮种衣剂	150 mL/100 kg 种子	用水稀释至 1 L～2 L 包衣/拌种	—
小地老虎	播种期、苗期	3% 辛硫磷水乳种衣剂	药种比 1:35	包衣	—
蚜虫	播种期、苗期	600 g/L 吡虫啉悬浮种衣剂	900 g/100 kg 种子	用水稀释至 3 L 包衣	—
玉米螟	玉米螟低龄幼虫期	16 000 IU/mg 苏云金杆菌粉剂	100 g/亩～200 g/亩	兑适量水喷雾	—
	玉米螟产卵期和卵孵化期	40% 辛硫磷乳油	80 g/亩～100 g/亩	拌细土撒施心叶	15
红蜘蛛	红蜘蛛低龄若螨始盛期	20% 唑螨酯悬浮剂	7 mL/亩～10 mL/亩	兑适量水喷雾	30
杂草	玉米 3 叶期～5 叶期,杂草 2 叶期～5 叶期	10% 硝磺草酮悬浮剂	70 g/亩～100 g/亩	兑水 25 L～40 L 喷雾	30
注:农药使用以最新版本 NY/T 393 的规定为准。					

绿 色 食 品 生 产 操 作 规 程

LB/T 107—2020

青藏高原绿色食品玉米生产操作规程

2020-08-20 发布

2020-11-01 实施

中国绿色食品发展中心 发布

前　言

本规程由中国绿色食品发展中心提出并归口。

本规程起草单位：西藏自治区绿色食品办公室（西藏自治区农畜产品质量安全检验检测中心）、西藏自治区农牧科学院农业研究所、青海省农业技术推广总站、西藏林芝市农业技术推广中心、西藏山南市农业技术推广服务中心。

本规程主要起草人：徐平、黄鹏程、刘海金、王小红、曹鹏飞、魏学庆、禹代林、张卫建、索朗曲珍、孙建春、夏小龙、邹雨婷、李通、桑琼拉姆、魏娜、冯志强。

青藏高原绿色食品玉米生产操作规程

1 范围

本规程规定了青藏高原绿色食品玉米的产地环境、品种选择、整地与播种、田间管理、病虫草害防治、采收、生产废弃物处理、储藏运输和生产档案管理。

本规程适用于西藏、青海的绿色食品玉米生产。

2 规范性引用文件

下列文件对于本文件的应用是必不可少的。凡是注日期的引用文件，仅注日期的版本适用于本文件。凡是不注日期的引用文件，其最新版本（包括所有的修改单）适用于本文件。

GB 4404.1　粮食作物种子　第 1 部分：禾谷类

NY/T 391　绿色食品　产地环境质量

NY/T 393　绿色食品　农药使用准则

NY/T 394　绿色食品　肥料使用准则

NY/T 658　绿色食品　包装通用准则

NY/T 1056　绿色食品　储藏运输准则

NY/T 1276　农药安全使用规范　总则

3 产地环境

3.1 气候条件

海拔在 3 650 m 以下，有效积温大于 2 100 ℃，无霜期达 120 d 以上。

3.2 土壤条件

选择土壤结构良好，土质疏松，保水保肥能力强的中等以上地块，土壤质量应符合 NY/T 391 的要求。

3.3 水质条件

灌溉水质应符合 NY/T 391 的要求。

4 品种选择

4.1 选择原则

根据青藏高原不同生态条件，因地制宜选用优质、高产、抗病性强、适应性广的玉米优良品种。种子质量应符合 GB 4404.1 的规定，其纯度≥95%，净度≥96%，发芽率≥97%，种子含水量≤13%。

4.2 品种选用

海拔在 2 800 m 以上的地区，选择早熟品种为主，种植品种有酒单 2 号、酒单 3 号、酒单 4 号、中单 2 号等。

海拔在 2 800 m 以下的地区，选择中熟或中晚熟品种，种植品种有郑单 958、中单 2 号等。

4.3 种子处理

4.3.1 精选种子

采用机械或人工方法，选择有光泽、粒大、饱满、无虫蛀、无霉变、无破损种子。播前 10 d，进行 1 次～2 次发芽试验。

4.3.2 种子包衣

玉米种子应进行精选包衣处理,种衣剂可选择吡虫啉悬浮种衣剂包衣防治苗期蚜虫。用辛硫磷3%水乳剂包衣防治小地老虎。用咯菌·精甲霜包衣拌种防治玉米茎腐病。

5 整地与播种

5.1 秋翻

秋翻深度,一般以30 cm～35 cm为宜。

5.2 整地

播种前一年秋天进行对玉米地块进行秋翻晒垡,深度20 cm～30 cm,春天对播种地精致整地,亩施腐熟好的牛羊粪1 500 kg～2 000 kg,硫酸钾型复合肥15 kg,精细整地,达到地块平整,土壤细碎,上松下实。

5.3 播种

5.3.1 播期

结合当地种植制度确定播种期,海拔在3 200 m～3 650 m区域,播种期以4月下旬至5月上旬为宜。海拔2 800 m～3 100 m,3月中下旬开播。

5.3.2 播种方式

种植平作为主,行距38 cm～45 cm,株距20 cm～30 cm,宜采用地膜覆盖种植,优先选用生物降解膜,地膜厚度应>0.1 mm。采用播种覆膜一体机进行播种。

5.3.3 播种密度

每亩播量3 kg～4 kg,播种密度控制在4 000株/亩～6 000株/亩。

5.3.4 播种深度

播种深度以5 cm～7 cm为宜。

6 田间管理

6.1 查苗补种

出苗后及时查苗,如有缺苗应及时补种或移栽。

6.2 放苗

出苗后及时分批破膜放苗,以免高温烧苗。

6.3 间苗定苗

3叶期间苗,5叶期定苗至适宜密度。

6.4 灌水

苗期根据土壤墒情,适时灌水。

6.5 施肥

6.5.1 施肥原则

按NY/T 394的规定执行,以有机肥为主、化肥为辅。选用质量合格的肥料,不得施用工业废弃物,城市垃圾和污泥,不得施用未经腐熟和重金属超标的有机肥。有机肥和化肥混合施用,增施农家肥,合理施用化肥,提倡测土配方施肥。

6.5.2 追肥

肥水管理上采取前促后控、促控结合。拔节期,每亩追施尿素5.0 kg～7.5 kg。在拔节后,对壮苗田块可不追肥;对弱苗田块,视苗情每亩追施2.5 kg尿素后,及时灌水;对旺苗田块,应采取推迟或不灌拔节水、不追拔节肥。大喇叭口期,亩重施尿素10 kg～15 kg。

7 病虫草害防治

7.1 防治原则

按照"预防为主、综合防治"的植保方针，以农业防治为基础，优先采用物理和生物防治技术，辅之化学防治应急控害措施。农药使用应符合 NY/T 1276 和 NY/T 393 的要求。

7.2 主要病虫草害

7.2.1 病害

玉米螟、茎腐病等。

7.2.2 虫害

蚜虫、红蜘蛛、小地老虎、金针虫等。

7.2.3 草害

农田主要杂草以野燕麦草、野油菜等。

7.3 病虫害防治措施

7.3.1 农业防治

选用抗（耐）病优良品种，实行轮作倒茬，合理品种布局，进行测土配方施肥，施足腐熟的有机肥，适量施用化肥，合理密植，清洁田园等田间管理，降低病虫源数量。

7.3.2 物理防治

采用杀虫灯每亩 4 个～6 个、色板每亩 30 张～50 张或机械人工摘除等措施，采用人工拔除杂草，做到除早、除小。

7.3.3 生物防治

保护天敌，创造有利于天敌生存的环境，选择对天敌杀伤力低的农药。可用苏云金杆菌粉剂，在玉米螟低龄幼虫期，100 g/亩～200 g/亩兑水喷施。

7.3.4 化学防治

农药品种的选择和使用应符合 NY/T 393 的要求。青藏高原绿色食品玉米生产主要病虫害化学防治方案参见附录 A。

8 采收

植株的中下部叶片变黄，基部叶片干枯，果穗黄叶呈黄白色而松散，籽粒乳线消失，黑层出现，变硬，玉米果穗完全成熟时采收。

9 生产废弃物处理

9.1 地膜

玉米收获后，将残膜清除干净。

9.2 农药包装物

农药包装物不可随意丢弃，应集中收集进行无害化处理。

9.3 秸秆

因地制宜推广秸秆肥料化、饲料化、基料化和原料化应用。加强秸秆综合利用，推进秸秆机械粉碎还田、快速腐熟还田。

10 储藏运输

储藏运输应按 NY/T 1056 的规定执行。运输工具应清洁、干燥、有防雨设施，严禁与有毒、有害、有腐蚀性、有异味的物品和常规生产的玉米混运。玉米应分类、分等级存放在清洁、避光、干燥、通风、无污染和有防潮设施的地方,储藏处应有明显的标示,做好防虫、防霉烂、防鼠;严禁与有毒、有害、有腐蚀性、易发霉、发潮、有异味的物品混存;仓库应设置门窗防鸟设施和防鼠板。

11 生产档案管理

建立绿色食品玉米生产档案,应详细记录产地环境条件、生产技术、肥水管理、病虫草害的发生和防止措施、采收及采后处理等情况,保存记录3年以上。

附　录　A
（资料性附录）
青藏高原绿色食品玉米生产主要病虫草害化学防治方案

青藏高原绿色食品玉米生产主要病虫草害化学防治方案见表 A.1。

表 A.1　青藏高原绿色食品玉米生产主要病虫草害化学防治方案

防治对象	防治时期	农药名称	使用剂量	施药方法	安全间隔期,d
茎腐病	播种前	4％咯菌·精甲霜种子处理悬浮剂	每 100 kg 100 mL～150 mL	拌种	—
玉米螟	发病初期	16 000 IU/mg 苏云金杆菌可湿性粉剂	150 g/亩～100 g/亩	喷雾	15
		40％辛硫磷乳油	80 g/亩～100 g/亩	喷雾	15
蚜虫	播种前	600 g/L 吡虫啉悬浮种衣剂	每 100 kg 583 g～833 g	种子包衣	14
地老虎、蛴螬、金针虫	苗期	40％辛硫磷乳油	80 g/亩～100 g/亩	拌毒土撒施心叶	15
一年生杂草	杂草 2 叶期	40％硝磺草酮悬浮剂	20 mL/亩～25 mL/亩	茎叶喷雾	30
注:农药使用以最新版本 NY/T 393 的规定为准。					

绿 色 食 品 生 产 操 作 规 程

LB/T 108—2020

绿色食品红米生产操作规程

2020-08-20 发布　　　　　　　　　　　　　　　　2020-11-01 实施

中国绿色食品发展中心　发布

前　言

本规程由中国绿色食品发展中心提出并归口。

本规程起草单位：中国水稻研究所、贵州省绿色食品发展中心、陕西省农产品质量安全中心、湖南省绿色食品办公室、江西省绿色食品发展中心、江苏省绿色食品办公室、贵州金晨农产品开发有限公司、江苏嘉贤米业有限公司、金华一枝秀米业有限公司、洋县农产品质量安全监测检验中心、桃源县兴隆米业科技开发有限公司、洋县乐康生态农业发展有限公司、江西五圆科农实业有限公司。

本规程主要起草人：章林平、张卫星、梁潇、王转丽、刘申平、杜志明、杭祥荣、朱玉明、谢桐洲、丰兆平、闫东林、朱大伟、刘兴海、唐玉梅、代国红、龚国胜、朱智伟。

绿色食品红米生产操作规程

1 范围

本规程规定了绿色食品红米的产地环境、品种选择、播种育秧、整田移栽、田间管理、收获储藏、生产废弃物处理及生产档案管理。

本规程适用于绿色食品红米的生产。

2 规范性引用文件

下列文件对于本文件的应用是必不可少的。凡是注日期的引用文件,仅注日期的版本适用于本文件。凡是不注日期的引用文件,其最新版本(包括所有的修改单)适用于本文件。

GB 4404.1 粮食作物种子 第1部分:禾谷类

NY/T 391 绿色食品 产地环境质量

NY/T 393 绿色食品 农药使用准则

NY/T 394 绿色食品 肥料使用准则

NY/T 1056 绿色食品 储藏运输规则

3 产地环境

绿色食品红米产地环境质量应符合 NY/T 391 的要求。选择生态环境良好、空气清新、水质清洁、土壤未受污染的集中连片地块,周边无工矿企业污染源,农田渠系配套,灌排方便,水源充足,地表水或地下水不存在受周边水域或上游污染的风险;地形地势以平原、丘陵或梯田为主;土壤耕作层深厚、通透性好,肥力中上等;具备能满足水稻当季生长所需的温度、光照和水分等气候条件。

4 品种选择

4.1 选择原则

结合当地气候生态条件,按照"生育适宜、抗逆性强"的原则,选择通过国家或省级审定的优质高产红米稻品种或适宜当地种植的传统优质红米稻品种。常规稻品种应采取提纯复壮措施防止品种退化。种子质量符合 GB 4404.1 的要求,种子纯度≥98%,净度≥97%,发芽率≥93%,含水量≤14.5%(粳稻)或≤13.5%(籼稻)。

4.2 品种选用

红米在我国不少地方都有种植,主产区集中在陕西、贵州、湖南、云南、湖北、江西、广西、安徽等稻区,多为传统常规稻品种及以优异种质为亲本选育的优质高产新品种。可选用红香2号、矮红香寸、胭脂米、软红米、科德优33、桂红1号、柳红占211、广红3号、南红1号等。

5 播种育秧

5.1 秧床准备

选择背风向阳、排灌方便、土壤肥沃的稻田或菜地,深挖嵌细、整平做床。秧田以长期固定连年培肥为宜,依据不同育秧方式(旱育秧、湿润育秧、抛秧、机插秧)进行秧床培肥及苗床制作。

5.2 种子处理

5.2.1 晒种选种

选择晴朗微风天气,把种子摊在干燥向阳的晾晒场或竹席垫上,连续晒1 d～2 d,增强种皮透气性,提高种子发芽势。以风选、水选等方法剔除杂质和空瘪粒,精选饱满种子。选用的盐水或黄泥水比重为1.13,可用鲜鸡蛋测定盐水或黄泥水比重,鸡蛋在溶液中露出一元硬币大小即可,选好的种子用清水漂洗1次~2次,洗去附着的盐分或黄泥。

5.2.2 种子消毒

以1%的生石灰水进行种子杀菌消毒处理,或用350 g/L精甲霜灵种子处理乳剂5 g~12 g拌种100 kg。

5.2.3 浸种催芽

以适宜方式进行浸种和保温催芽,提高种子发芽整齐度。将吸足水分的种子堆放催芽,在堆放处铺上约10 cm厚的稻草,再在上面铺上塑料薄膜,种子摊匀,上盖麻袋或塑料布,每3 h~5 h翻动1次,注意控制温度在30 ℃左右,温度低时用32 ℃~40 ℃温水淋堆增温,至90%左右种子露白(芽长不超过1 mm)即可播种。

5.3 播种量

根据不同育秧方式和品种类型确定适宜的播种量。旱育秧和湿润育秧的播种量常规稻为每平方米芽谷45 g~60 g,杂交稻为30 g~40 g;抛秧和机插秧的播种量常规稻为每盘芽谷90 g~110 g,杂交稻为70 g~90 g。

5.4 苗床管理

依据旱育秧、湿润育秧、抛秧、机插秧等不同育秧方式的技术要点,进行秧床培肥施肥、苗床温湿度控制和病虫草害管理。

6 整田移栽

6.1 耕整大田

空闲田适当提早翻耕或旋耕,以耕作灭茬除草为主;前茬为油菜、小麦、稻茬的田块,在机械收获时同步秸秆粉碎还田,并添加秸秆腐熟剂和少量速效氮肥及时耕旋。提倡一年深翻耕、二年旋耕,旋翻结合、加深耕层。实行旱耕旱整,结合施基肥,适时泡田耙平,做到田平泥化、寸土不露,田面高度差≤3 cm。

6.2 适期播栽

根据当地光温资源、品种特性和育秧方式,选择适宜的播栽期和移栽秧龄。

中稻:旱育秧、湿润育秧或抛秧为4月上旬至5月中旬播种,移栽秧龄为25 d~35 d;机插育秧为4月中旬至5月上旬播种,移栽秧龄为15 d~25 d。

晚稻:旱育秧、湿润育秧或抛秧为5月中旬至6月中旬播种,移栽秧龄为25 d~35 d;机插育秧为5月下旬至6月中旬播种,移栽秧龄为15 d~20 d。

6.3 移栽密度

根据当地土壤基础肥力、品种特性及目标产量,确定移栽基本苗和栽插规格。采取宽行窄株方式,中等肥力田块行距为20 cm~25 cm,株距为13 cm~15 cm,穴苗数为5苗/穴~6苗/穴;高等肥力田块行距为25 cm~30 cm,株距为14 cm~16 cm,穴苗数为4苗/穴~5苗/穴。

移栽质量要求浅、稳、匀、直。

7 田间管理

7.1 灌溉

采取"浅-露-湿"结合的间歇灌溉方式,充分利用降雨补充灌溉。移栽时薄水至无水层活棵,插秧后保持3 cm的水层3 d~5 d,促进秧苗返青,自然落干露田1 d~2 d后复2 cm~3 cm的浅水至湿润;分蘖期浅水勤灌促蘖,达到预期有效穗的80%~90%时晒田,拔节前复水,浅水湿润间歇灌溉,足水孕穗;

抽穗扬花期浅水湿润间歇灌溉,至灌浆期干湿交替,收获前7 d~10 d断水,不宜过早。

7.2 施肥

7.2.1 施肥原则

施肥管理应符合NY/T 394的要求,坚持"有机为主、化肥减控"的绿色食品生产原则,采取"攻头、保尾、控中间"的促控策略。改进施肥方式,测土配方平衡施肥,氮磷钾肥按基肥和追肥、速效肥和缓效肥相结合的方式运筹;化肥与有机肥配合施用,增施农家肥和绿肥,控制化学氮肥用量,有机氮和无机氮的比例需超过1∶1。

7.2.2 施肥量

根据当地土壤肥力水平和目标产量确定施肥量,控制氮肥用量,增施磷钾肥。控制目标产量400 kg/亩~500 kg/亩,氮肥(N)、磷肥(P_2O_5)和钾肥(K_2O)每亩用量分别为8 kg~10 kg、5 kg~6 kg和5 kg~6 kg。

7.2.3 肥料运筹

氮肥(N)的基肥、分蘖肥、穗粒肥比例按5∶2∶3或6∶2∶2,移栽前施基肥,栽后7 d~10 d施分蘖肥,拔节后7 d~12 d施穗肥;磷肥(P_2O_5)全部基施;钾肥(K_2O)按基肥、穗粒肥比例为5∶5至6∶4分两次施用。

整田时施足基肥,以有机肥为主。翻耕前每亩施腐熟农家肥(绿肥、厩肥)2 000 kg~3 000 kg,或腐熟饼肥、商品有机肥50 kg;也可配施少量有机无机复混肥或专用配方缓控释肥,其中有机肥用量占基肥总量的70%~80%,化肥用量(缓控释肥、专用配方肥)占基肥总量的20%~30%。分蘖肥以速效氮肥为主,可施用复合肥或专用配方肥;穗肥以适量速效氮肥、钾肥和生物菌肥为主。抽穗后一般不施肥,脱肥田块可及时喷施叶面肥。

7.3 病虫草害防治

7.3.1 防治原则

坚持"预防为主、综合防治"原则,积极应用绿色综合防控技术,优先采取农业防控、物理诱控、生物防控,必要时进行化学防治,农药使用应符合NY/T 393的要求。

7.3.2 常见病虫草害

主要病害:稻瘟病、纹枯病、稻曲病、白叶枯病、恶苗病、黑条矮缩病等;主要虫害:二化螟、稻纵卷叶螟、稻飞虱、稻蓟马、三化螟、稻苞虫等;主要草害:稗草、千金子、眼子菜、鸭舌草、牛毛毡、矮慈姑等。

7.3.3 防治措施

7.3.3.1 农业防治

选用抗病虫性强的品种,定期轮换品种,保持品种抗性。合理耕作,轮作换茬,冬闲田种绿肥。耕作除草,打捞残渣。合理施肥、培育壮秧、健身栽培,减少有害生物的发生。

7.3.3.2 物理防治

采用频振式杀虫灯、黑光灯、色光板等物理设施诱杀。可按每35亩~50亩的稻田安装1盏频振式杀虫灯或黑光灯诱杀螟虫和稻纵卷叶螟。稻飞虱或稻蓟马发生田块,可利用黄板(蓝板)粘虫板诱杀;或用捕虫器具捕杀稻蓟马。

7.3.3.3 生物防治

保护利用和释放田间天敌(蛙类、蜘蛛、赤眼蜂等)控制有害生物的发生;选择对天敌杀伤力小的低毒性农药,避开自然天敌对农药的敏感期,创造适宜自然天敌繁殖环境。使用性诱剂、香根草控制二化螟、稻纵卷叶螟的发生和危害;采取稻鸭共育、稻田养鱼(虾、蟹等)的生态种养方式控制虫害发生。

7.3.3.4 化学防治

秧田期,注意防治二化螟、稻蓟马;分蘖至拔节期防治二化螟、稻飞虱、稻纵卷叶螟、白叶枯病;拔节至孕穗期防治稻纵卷叶螟、稻瘟病、纹枯病;孕穗至抽穗期防治稻纵卷叶螟、二化螟、稻瘟病、稻曲病;始穗至齐穗期防治穗颈瘟和白叶枯病。主抓秧田期和破口期前后两次用药,具体防治方案参见附录A。

7.4 杂草防控

优先采用农业防控、生物防控、机械防控,科学开展化学防控。化学除草方案参见附录A。

8 收获储藏

8.1 收获

在米粒失水硬化、种皮呈现红色、90%以上稻谷黄熟时,及时采取人工或机械收割。收获后应及时脱粒、晾晒或烘干。收获脱粒的机械、器具应及时清理,保持洁净、无污染。晾晒场地应清洁卫生,禁止在公路及粉尘污染较重的地方脱粒、晒谷。分品种单收、单脱、单晒,与常规稻谷严格区分,防止混杂。可选择自然干燥或专用烘干设备低温循环式烘干。

8.2 储藏

绿色食品红米在运输过程中应采取防污、防混、保质的措施,储藏应符合NY/T 1056的要求。在避光、常温、干燥防潮的地方储藏。储藏设施应清洁、干燥、通风、无虫害和鼠害。严禁与有毒、有害、有腐蚀性、发潮、有异味的物品混存。若进行仓库消毒、熏蒸处理,或防治稻谷储藏期间病虫害,所用药剂应符合NY/T 393的要求。

9 生产废弃物处理

生产过程中产生的地膜、农药包装袋、塑料/玻璃瓶等应统一回收,妥善处理,不能随地丢弃,以免污染环境和对人、畜产生危害;收获后秸秆严禁焚烧、丢弃,提倡秸秆全量还田或秸秆综合利用。

10 生产档案管理

应建立绿色食品红米生产档案,包括产地环境条件,生产投入品的采购、出入库及使用记录,田间农事活动(肥水管理、病虫草害发生与防治)、收获、干燥、储藏运输记录等内容。建立的水稻生产档案记录应真实、准确、规范,并且具有可追溯性。档案记录应由专人保管,保存期3年以上。

附　录　A

（资料性附录）

绿色食品红米生产主要病虫草害化学防治方案

绿色食品红米生产主要病虫草害化学防治方案见表 A.1。

表 A.1　绿色食品红米生产主要病虫草害化学防治方案

防治对象	防治时期	农药名称	使用剂量	施药方法	安全间隔期,d
稻瘟病	秧田至灌浆期	250 g/L 嘧菌酯悬浮剂	20 mL/亩～40 mL/亩	喷雾	28
		40%稻瘟灵乳油	100 mL/亩～110 mL/亩	喷雾	28
		20%三环唑可湿性粉剂	80 g/亩～100 g/亩	喷雾	35
		2%春雷霉素水剂	110 mL/亩～140 mL/亩	喷雾	21
纹枯病	拔节至抽穗扬花期	25%丙环唑乳油	30 mL/亩～40 mL/亩	喷雾	28
		50%多菌灵可湿性粉剂	100 mL/亩～120 mL/亩	喷雾	30
		20%井冈霉素水溶剂	25 g/亩～50 g/亩	喷雾	15
稻曲病	孕穗至灌浆期	430 g/L 戊唑醇悬浮剂	10 mL/亩～15 mL/亩	喷雾	35
稻飞虱	秧田至灌浆期	10%吡虫啉可湿性粉剂	10 g/亩～20 g/亩	喷雾	20
		25%噻嗪酮可湿性粉剂	20 g/亩～30 g/亩	喷雾	14
稻纵卷叶螟	分蘖至抽穗期	5%甲氨基阿维菌素苯甲酸盐悬浮剂	10 mL/亩～20 mL/亩	喷雾	21
二化螟	秧田至抽穗扬花期	8 000 IU/mg 苏云金杆菌可湿性粉剂	200 g/亩～300 g/亩	喷雾	—
	孕穗至灌浆期	20%氯虫苯甲酰胺悬浮剂	5 mL/亩～10 mL/亩	喷雾	7
稻蓟马	秧田至抽穗扬花期	50%吡蚜酮可湿性粉剂	10 g/亩～12 g/亩	喷雾	21
稻田杂草	移栽前	33%二甲戊灵乳油	150 mL/亩～200 mL/亩	喷雾（土壤封闭）	—
稗草/千金子	返青至拔节期	2.5%五氟磺草胺油悬浮剂	60 mL/亩～80 mL/亩	喷雾	—
一年生杂草	杂草 1 叶期～4 叶期	10%氰氟草酯水乳油	50 mL/亩～70 mL/亩	喷雾	—
阔叶杂草及莎草科杂草	水稻 5 叶期～8 叶期	480 g/L 灭草松水剂	160 mL/亩～200 mL/亩	喷雾	—

注:农药使用以最新版本 NY/T 393 为准。

绿 色 食 品 生 产 操 作 规 程

LB／T 109—2020

绿色食品紫黑米生产操作规程

2020-08-20 发布   2020-11-01 实施

中国绿色食品发展中心 发布

前　　言

本规程由中国绿色食品发展中心提出并归口。

本规程起草单位：中国水稻研究所、贵州省绿色食品发展中心、陕西省农产品质量安全中心、湖南省绿色食品办公室、江西省绿色食品发展中心、江苏省绿色食品办公室、贵州金晨农产品开发有限公司、江苏嘉贤米业有限公司、金华一枝秀米业有限公司、洋县农产品质量安全监测检验中心、桃源县兴隆米业科技开发有限公司、洋县乐康生态农业发展有限公司、江西五圆科农实业有限公司。

本规程主要起草人：章林平、张卫星、梁潇、王转丽、刘申平、杜志明、杭祥荣、朱玉明、谢桐洲、丰兆平、闫东林、朱大伟、刘兴海、唐玉梅、代国红、龚国胜、朱智伟。

绿色食品紫黑米生产操作规程

1 范围

本规程规定了绿色食品紫黑米的产地环境、品种选择、播种育秧、整田移栽、田间管理、收获储藏、生产废弃物处理及生产档案管理。

本规程适用于绿色食品紫黑米的生产。

2 规范性引用文件

下列文件对于本文件的应用是必不可少的。凡是注日期的引用文件，仅注日期的版本适用于本文件。凡是不注日期的引用文件，其最新版本（包括所有的修改单）适用于本文件。

GB 4404.1 粮食作物种子 第1部分：禾谷类

NY/T 391 绿色食品 产地环境质量

NY/T 393 绿色食品 农药使用准则

NY/T 394 绿色食品 肥料使用准则

NY/T 832 黑米

NY/T 1056 绿色食品 储藏运输规则

3 产地环境

绿色食品紫黑米产地环境质量应符合 NY/T 391 的要求。选择生态环境良好、空气清新、水质清洁、土壤未受污染的集中连片地块，周边无工矿企业污染源，农田渠系配套，灌排方便，水源充足，地表水或地下水不存在受周边水域或上游污染的风险；地形地势以平原、丘陵或梯田为主；土壤耕作层深厚、通透性好，肥力中上等；具备能满足水稻当季生长所需的温度、光照和水分等气候条件。

4 品种选择

4.1 选择原则

结合当地气候生态条件，按照"生育适宜、抗逆性强"的原则，选择通过国家或省级审定的优质高产紫黑米水稻品种或适宜当地种植的传统优质紫黑米水稻品种。常规稻品种采取提纯复壮措施防止品种退化。种子质量符合 GB 4404.1 的要求，种子纯度≥98%，净度≥97%，发芽率≥93%，含水量≤14.5%（粳稻）或≤13.5%（籼稻）。黑米的糙米黑色度和黑米色素含量达到 NY/T 832 的三级及以上为宜，黑色度≥80%，黑米色素 E≥1.0%。

4.2 品种选用

紫黑米在我国不少地方都有种植，主产区集中在陕西、贵州、湖南、云南、湖北、江西、广西、安徽等稻区，多为传统常规稻品种及以优异种质为亲本选育的优质高产新品种。可选用洋县黑谷、惠水黑珍珠、赣黑21、桂黑1号、黑糯178、黑优粘、墨江紫谷、滇香紫1号、紫香糯861、紫红稻4号、紫香稻9号、紫两优3号等。

4.3 种子处理

4.3.1 晒种选种

选择晴朗微风天气，把种子摊在干燥向阳的晾晒场或竹席垫上，连续晒1 d～2 d，增强种皮透气性，提高种子发芽势。以风选、水选等方法剔除杂质和空瘪粒，精选饱满种子。选种用的盐水或黄泥水比重为1.13，可用鲜鸡蛋测定盐水或黄泥水比重，鸡蛋在溶液中露出一元硬币大小即可，选好的种子用清水漂洗1次～2次,洗去附着的盐分或黄泥。

4.3.2 种子消毒

以1%的生石灰水澄清液进行种子杀菌消毒处理,或用350 g/L精甲霜灵种子处理乳剂5 g～12 g拌种100 kg。

4.3.3 浸种催芽

以适宜方式进行浸种和保温催芽,提高种子发芽整齐度。将吸足水分的种子堆放催芽,在堆放处铺上约10 cm厚的稻草,再在上面铺上塑料薄膜,种子摊匀,上盖麻袋或塑料布,每3 h～5 h翻动1次,注意控制温度在30 ℃左右,温度低时用32 ℃～40 ℃温水淋堆增温,至90%左右种子露白(芽长不超过1 mm)即可播种。

5 播种育秧

5.1 秧床准备

选择背风向阳、排灌方便、土壤肥沃的稻田或菜地,深挖嵌细、整平做床。秧田以长期固定、连年培肥为宜,依据不同育秧方式(旱育秧、湿润育秧、抛秧、机插秧)进行秧床培肥及苗床制作。

5.2 适期播种

根据当地温光资源、品种特性和育秧方式,选择适宜的播种期和移栽秧龄。

5.3 播种量

根据不同育秧方式和品种类型确定适宜的播种量。旱育秧和湿润育秧的播种量常规稻为每平方米芽谷45 g～60 g,杂交稻为30 g～40 g;抛秧和机插秧的播种量常规稻为每盘芽谷90 g～110 g,杂交稻为70 g～90 g。

5.4 苗床管理

依据旱育秧、湿润育秧、抛秧、机插秧等不同育秧方式的技术要点,进行秧床培肥施肥、苗床温湿度控制和病虫草害管理。

6 整田移栽

6.1 耕整大田

空闲田适当提早翻耕或旋耕,以耕作灭茬除草为主;前茬为油菜、小麦、稻茬的田块,在机械收获时同步秸秆粉碎还田,并添加秸秆腐熟剂和少量速效氮肥及时旋耕。提倡一年深翻耕、二年旋耕,旋翻结合、加深耕层。实行旱耕旱整,结合施基肥,适时泡田耙平,做到田平泥化、寸土不露,田面高度差≤3 cm。

6.2 适期移栽

根据当地温光资源、品种特性和育秧方式,选择适宜的播栽期和移栽秧龄。

中稻:旱育秧、湿润育秧或抛秧为4月上旬至5月中旬播种,移栽秧龄为25 d～35 d;机插育秧为4月中旬至5月上旬播种,移栽秧龄为15 d～25 d。

晚稻:旱育秧、湿润育秧或抛秧为5月中旬至6月中旬播种,移栽秧龄为25 d～35 d;机插育秧为5月下旬至6月中旬播种,移栽秧龄为15 d～20 d。

6.3 移栽密度

根据当地土壤基础肥力、品种特性及目标产量,确定移栽基本苗和栽插规格。采取宽行窄株方式,中等肥力田块行距为20 cm～25 cm,株距为13 cm～15 cm,穴苗数为5苗/穴～6苗/穴;高等肥力田块行距为25 cm～30 cm,株距为14 cm～16 cm,穴苗数为4苗/穴～5苗/穴。

移栽质量要求浅、稳、匀、直。

7 田间管理

7.1 灌溉

采取"浅-露-湿"结合的间歇灌溉方式,充分利用降雨补充灌溉。移栽时薄水至无水层活棵,插秧后保持 3 cm 的水层 3 d～5 d,促进秧苗返青,自然落干露田 1 d～2 d 后复 2 cm～3 cm 的浅水至湿润;分蘖期浅水勤灌促蘖,达到预期有效穗的 80%～90%时够苗晒田,拔节前复水,浅水湿润间歇灌溉,足水孕穗;抽穗扬花期浅水湿润间歇灌溉,至灌浆期干湿交替,收获前 7 d～10 d 断水,不宜过早。

7.2 施肥

7.2.1 施肥原则

施肥管理应符合 NY/T 394 的要求,坚持"有机为主、化肥减控"的绿色食品生产原则,采取"攻头、保尾、控中间"的促控策略。改进施肥方式,测土配方平衡施肥,氮磷钾肥按基肥和追肥、速效肥和缓效肥相结合的方式运筹;化肥与有机肥配合施用,增施农家肥和绿肥,控制化学氮肥用量,有机氮和无机氮的比例需超过 1∶1。

7.2.2 施肥量

根据当地土壤肥力水平和目标产量确定施肥量,控制氮肥用量,增施磷钾肥。控制目标产量 400 kg/亩～500 kg/亩,氮肥(N)、磷肥(P_2O_5)和钾肥(K_2O)每亩用量分别为 8 kg～10 kg、5 kg～6 kg 和 5 kg～6 kg。

7.2.3 肥料运筹

氮肥(N)的基肥、分蘖肥、穗粒肥比例按 5∶2∶3 或 6∶2∶2,移栽前施基肥,栽后 7 d～10 d 施分蘖肥,拔节后 7 d～12 d 施穗肥;磷肥(P_2O_5)全部基施;钾肥(K_2O)按基肥、穗粒肥比例为 5∶5 和 6∶4 分两次施用。

整田时施足基肥,以有机肥为主。翻耕前每亩施腐熟农家肥(绿肥、厩肥)2 000 kg～3 000 kg,或腐熟饼肥、商品有机肥 50 kg;也可配施少量有机无机复混肥或专用配方缓控释肥,其中有机肥用量占基肥总量的 70%～80%,化肥用量(缓控释肥、专用配方肥)占基肥总量的 20%～30%。分蘖肥以速效氮肥为主,可施用复合肥或专用配方肥;穗肥以适量速效氮肥、钾肥和生物菌肥为主。抽穗后一般不施肥,脱肥田块可及时喷施叶面肥。

7.3 病虫草害防治

7.3.1 防治原则

坚持"预防为主、综合防治"原则,积极应用绿色综合防控技术,优先采取农业防控、物理诱控、生物防控,必要时进行化学防治,农药使用应符合 NY/T 393 的要求。

7.3.2 常见病虫草害

主要病害:稻瘟病、纹枯病、稻曲病、白叶枯病、恶苗病、黑条矮缩病等;主要虫害:二化螟、稻纵卷叶螟、稻飞虱、稻蓟马、三化螟、稻苞虫等;主要草害:稗草、千金子、眼子菜、鸭舌草、牛毛毡、矮慈姑等。

7.3.3 防治措施

7.3.3.1 农业防治

选用抗病虫性强的品种,定期轮换品种,保持品种抗性。合理耕作,轮作换茬,冬闲田种绿肥。耕作除草,打捞残渣。合理施肥、培育壮秧、健身栽培,减少有害生物的发生。

7.3.3.2 物理防治

采用频振式杀虫灯、黑光灯、色光板等物理设施诱杀。可按每 35 亩～50 亩的稻田安装 1 盏频振式杀虫灯或黑光灯诱杀螟虫和稻纵卷叶螟。稻飞虱或稻蓟马发生田块,可利用黄板(蓝板)粘虫板诱杀;或用捕虫器具捕杀稻蓟马。

7.3.3.3 生物防治

保护利用和释放田间天敌(蛙类、蜘蛛、赤眼蜂等)控制有害生物的发生;选择对天敌杀伤力小的低毒性农药,避开自然天敌对农药的敏感期,创造适宜自然天敌繁殖环境。使用性诱剂、香根草控制二化螟、稻纵卷叶螟的发生和危害;采取稻鸭共育、稻田养鱼(虾、蟹等)的生态种养方式控制虫害发生。

7.3.3.4 化学防治

秧田期,注意防治二化螟、稻蓟马;分蘖至拔节期防治二化螟、稻飞虱、稻纵卷叶螟、白叶枯病;拔节至孕穗期防治稻纵卷叶螟、稻瘟病、纹枯病;孕穗至抽穗期防治稻纵卷叶螟、二化螟、稻瘟病、稻曲病;始穗至齐穗期防治穗颈瘟和白叶枯病。主抓秧田期和破口期前后两次用药,实体防治方案参见附录 A。

7.4 杂草防控

优先采用农业防控、生物防控、机械防控,科学开展化学防控。化学除草方案参见附录 A。

8 收获储藏

8.1 收获

在米粒失水硬化、种皮呈现品种固有颜色、90%以上稻谷黄熟时,及时采取人工或机械收割。收获后应及时脱粒、晾晒或烘干。收获脱粒的机械、器具应及时清理,保持洁净、无污染。晾晒场地应清洁卫生,禁止在公路及粉尘污染较重的地方脱粒、晒谷。分品种单收、单脱、单晒,与常规稻谷严格区分,防止混杂。可选择自然干燥或专用烘干设备低温循环式烘干。

8.2 储藏运输

绿色食品紫黑米在运输过程中应采取防污、防混、保质的措施,储藏应符合 NY/T 1056 的规定。在避光、常温、干燥防潮的地方储藏。储藏设施应清洁、干燥、通风、无虫害和鼠害。严禁与有毒、有害、有腐蚀性、发潮、有异味的物品混存。若进行仓库消毒、熏蒸处理,或防治稻谷储藏期间病虫害,所用药剂应符合 NY/T 393 的要求。

9 生产废弃物处理

生产过程中产生的地膜、农药包装袋、塑料瓶、玻璃瓶等应统一回收,妥善处理,不能随地丢弃,以免污染环境和对人、畜产生危害。收获后秸秆严禁焚烧、丢弃,提倡秸秆全量还田或秸秆综合利用。

10 生产档案管理

应建立绿色食品紫黑米生产档案,包括产地环境条件,生产投入品的采购、出入库及使用记录,田间农事活动(肥水管理、病虫草害发生与防治),收获、干燥、储运记录等内容。建立的生产档案记录应真实、准确、规范,且具有可追溯性。档案记录应由专人保管,保存期 3 年以上。

附 录 A
（资料性附录）
绿色食品紫黑米生产主要病虫草害化学防治方案

绿色食品紫黑米生产主要病虫草害化学防治方案见表 A.1。

表 A.1 绿色食品紫黑米生产主要病虫草害化学防治方案

防治对象	防治时期	农药名称	使用剂量	施药方法	安全间隔期，d
稻瘟病	秧田至灌浆期	250 g/L 嘧菌酯悬浮剂	20 mL/亩～40 mL/亩	喷雾	28
		50％多菌灵可湿性粉剂	100 g/亩～120 g/亩	喷雾	30
		40％稻瘟灵乳油	100 mL/亩～110 mL/亩	喷雾	28
		20％三环唑可湿性粉剂	80 g/亩～100 g/亩	喷雾	35
		2％春雷霉素水剂	100 mL/亩～150 mL/亩	喷雾	21
纹枯病	拔节至抽穗扬花期	25％丙环唑乳油	30 mL/亩～40 mL/亩	喷雾	28
		50％多菌灵可湿性粉剂	100 g/亩～120 g/亩	喷雾	30
		20％井冈霉素水溶剂	25 g/亩～50 g/亩	喷雾	15
稻曲病	孕穗至灌浆期	430 g/L 戊唑醇悬浮剂	10 mL/亩～20 mL/亩	喷雾	35
		20％井冈霉素可溶性粉剂	30 mL/亩～40 mL/亩	喷雾	14
稻飞虱	秧田至灌浆期	10％吡虫啉可湿性粉剂	10 g/亩～20 g/亩	喷雾	20
		25％噻嗪酮可湿性粉剂	20 g/亩～30 g/亩	喷雾	14
稻纵卷叶螟	分蘖至抽穗期	5％甲氨基阿维菌素苯甲酸盐悬浮剂	10 mL/亩～20 mL/亩	喷雾	21
二化螟	秧田至抽穗扬花期	8 000 IU/mg 苏云金杆菌可湿性粉剂	200 g/亩～300 g/亩	喷雾	—
	孕穗至灌浆期	20％氯虫苯甲酰胺悬浮剂	5 mL/亩～10 mL/亩	喷雾	7
稻蓟马	秧田至抽穗扬花期	50％吡蚜酮可湿性粉剂	10 g/亩～12 g/亩	喷雾	21
稻田杂草	移栽前	33％二甲戊灵乳油	150 mL/亩～200 mL/亩	喷雾（土壤封闭）	—
稗草/千金子	返青至拔节期	2.5％五氟磺草胺油悬浮剂	60 mL/亩～80 mL/亩	喷雾	—
一年生杂草	杂草 1 叶期～4 叶期	10％氰氟草酯水乳油	50 mL/亩～70 mL/亩	喷雾	—
阔叶杂草及莎草科杂草	水稻 5 叶期～8 叶期	480 g/L 灭草松水剂	160 mL/亩～200 mL/亩	喷雾	—

注：农药使用以最新版本 NY/T 393 的规定为准。

绿 色 食 品 生 产 操 作 规 程

LB/T 110—2020

东北地区绿色食品露地马铃薯
生产操作规程

2020-08-20 发布   2020-11-01 实施

中国绿色食品发展中心 发布

前　言

本规程由中国绿色食品发展中心提出并归口。

本规程起草单位：内蒙古自治区农畜产品质量安全监管管理中心、乌兰察布市农畜产品质量安全监督管理中心、乌兰察布市农业技术推广站、中国绿色食品发展中心、黑龙江省绿色食品发展中心、吉林省绿色食品办公室、乌审旗产业化办公室。

本规程主要起草人：李岩、吴凯龙、吕晶、李刚、李强、李倩、栗瑞红、程仕博、杜小平、陈利、贺鹏程、高磊、特日格勒、李慧成、王慧娟、郭志强、王宗英、王蕴琦、李岩（吉林）、刘波、李红霞。

东北地区绿色食品露地马铃薯生产操作规程

1 范围

本规程规定了东北地区绿色食品露地马铃薯生产的术语和定义、产地环境、栽培技术、装运、生产废弃物处理及生产档案管理。

本规程适用于内蒙古、辽宁、吉林、黑龙江的绿色食品露地马铃薯生产。

2 规范性引用文件

下列文件对于本文件的应用是必不可少的。凡是注日期的引用文件,仅注日期的版本适用于本文件。凡是不注日期的引用文件,其最新版本(包括所有的修改单)适用于本文件。

NY/T 391 绿色食品 产地环境质量

NY/T 393 绿色食品 农药使用准则

NY/T 394 绿色食品 肥料使用准则

3 术语和定义

下列术语和定义适用本文件。

3.1

滴灌 drip irrigation

灌溉水通过管道并经灌水器进入作物根区的灌溉方式。

4 产地环境

应符合 NY/T 391 的要求,土层深厚,土壤疏松肥沃,沙壤土或壤土,地面平坦或平缓(坡度小于15°),适合机械化作业,有机质含量 10 g/kg 以上,土壤 pH 5.6～7.8 为宜。两年以上未种过马铃薯的土地,前茬最好是禾本科作物,不与茄科作物连作。

5 栽培技术

5.1 品种选择

选择丰产、优质、商品性好的抗病品种。

5.2 配套机械设备

规模化种植每 1 000 亩配一套农机具,包括拖拉机反转犁、深松犁、组合耙或旋耕机、撒肥机、播种机、中耕机、打药机、杀秧机、收获机、运输工具等。

5.3 播前准备

5.3.1 基肥施用

有机肥和化肥配合施用,亩施腐熟有机肥 3 m^3 以上,全生育期化肥总施用量纯氮肥(N)15～20 kg、磷肥(P_2O_5)8 kg～12 kg、钾肥(K_2O) 20 kg～30 kg。化肥施用符合 NY/T 394 的要求,其中氮肥总量的20%～30%、磷肥总量的90%、钾肥总量的40%～50%以基肥施入。

5.3.2 整地

播前进行耕翻或深松,耕翻深度 30 cm～35 cm,深松深度 40 cm～45 cm。基肥用撒肥机撒施到地表后耙地混入土中,或随播种机作种肥施入。

5.3.3 种薯处理

5.3.3.1 切种

切种应在播种前2 d进行,薯块平均重量50 g左右,保证每个薯块有1个~2个芽眼,大小应与播种杯大小匹配,切到病薯,立即剔除。

5.3.3.2 切刀消毒

切刀用75%酒精浸泡2 s~3 s进行消毒,切刀一薯一消毒,每人备2把~3把切刀。

5.3.3.3 堆放

以"井"字形小垛堆放于阴凉通风处,堆放时间不超过7 d。

5.4 播种

5.4.1 播种期的确定

当10 cm的地温稳定在8 ℃以上时播种。

5.4.2 机械调试

播前调试播种机,使播种量、播深、均匀度等达到计划要求。

5.4.3 播种深度

高垄种植模式薯块到垄顶距离10 cm~14 cm,黏土略浅,沙土略深,尽量将薯块播入湿润土层内。

5.4.4 播种密度

高垄种植行距90 cm,早熟品种密度4 000株/亩~4 500株/亩,中熟或中晚熟品种3 500株/亩~3 800株/亩。

5.5 追肥

化肥中氮肥总量的70%~30%、磷肥总量的10%、钾肥总量的50%~60%以追肥施入。出苗后第2周开始追施氮肥,3周~4周追施磷肥,3周~9周追施钾肥。盛花期叶面追施2次磷酸二氢钾。

5.6 除草

通过适时中耕进行机械除草。

5.7 中耕及滴灌带铺设

出苗率达3%~5%开始第一次中耕,并铺设滴灌带,培土厚度3 cm~5 cm,垄围达110 cm。播种时墒情不好,可直接铺滴灌管浇水保证出苗。第二次中耕在苗高15 cm~20 cm进行,保证作业质量,不伤根,不伤苗。

5.8 灌溉

苗期土壤湿度保持在土壤最大持水量的60%~70%,开花期到块茎膨大期保持在75%~85%,淀粉积累期保持在60%~65%,尽量采用夜间灌溉。一般在收获前15 d停止浇水,促进薯皮老化。

5.9 病虫害防治

5.9.1 晚疫病

田间设置马铃薯晚疫病监测仪,对晚疫病提前2周~3周进行预警,做到精准施药。当达到发病条件时用80%代森锰锌可湿性粉剂600倍液均匀喷雾进行预防,7 d~10 d 1次,喷施2次。当田间出现零星病斑时,用50%氟啶胺悬浮剂或80%代森锌可湿性粉剂均匀喷雾进行控制,7 d 1次,喷施2次~3次。

5.9.2 早疫病

避免马铃薯脱肥,提高抗病能力;当田间湿度大,早疫病有扩展蔓延趋势时,可用25%嘧菌酯悬浮剂600倍液均匀喷雾,7 d~10 d 1次,喷施2次~3次。

5.9.3 地下害虫

施用的有机肥要充分腐熟;用黑光灯诱杀地老虎成虫;可用0.5%噻虫嗪颗粒剂12 kg/亩~15 kg/

亩在马铃薯播种时一次性撒施(或沟施),对蛴螬等地下害虫有很好地防治效果。

5.9.4 其他害虫

加强调查,在斑蝥、瓢虫快要进地前在地块外围喷施4.5%高效氯氰菊酯乳油1 000倍液均匀喷雾;在蚜虫点片发生时,可用30%吡虫啉10 mL/亩～20 mL/亩兑水喷施。

5.10 杀秧

5.10.1 杀秧时间

收获前10 d～15 d进行杀秧。

5.10.2 杀秧方法

机械杀秧,杀秧后留茬5 cm左右。

5.11 收获

5.11.1 收获时间

杀秧后10 d～15 d,当马铃薯植株大部分枯死、薯皮已木栓化、土壤湿度60%～70%时进行收获。

5.11.2 挖掘深度

测量马铃薯结薯层的平均深度,即为合理的收获深度,收获时检查块茎是否全部挖出或产生机械损伤,适时调整挖掘深度。

5.11.3 碰撞伤控制

检查传送链上留有土垫的厚度,厚度以不造成块茎直接碰撞传送链条造成破皮,也不造成挖掘后的块茎被土掩盖为准,可以通过调整牵引车的车速、调整液压调节杆以达到最佳的收获效果。

6 装运

车厢及四周用草帘铺垫,尽量采用专用装车设备,人工装车时避免踩踏。拉运时为防止雨淋或低温冻害应在车顶加盖草帘或苫布。

7 生产废弃物处理

农药包装物不能随意丢弃,收集后送到回收处理点进行统一处理。

8 生产档案管理

建立绿色食品马铃薯生产档案,包括产地环境条件、生产技术、肥水管理、病虫草害的发生和防治、采收及采后处理等情况,记录保存3年以上,建立绿色农产品生产可追溯体系。

附 录 A

（资料性附录）

东北地区绿色食品露地马铃薯生产主要病虫害化学防治方案

东北地区绿色食品露地马铃薯生产主要病虫害化学防治方案见表 A.1。

表 A.1 东北地区绿色食品露地马铃薯生产主要病虫害化学防治方案

防治对象	防治时期	农药名称	使用剂量	施药方法	安全间隔期,d
早疫病	初发生时	25％嘧菌酯悬浮剂	30 mL/亩～50 mL/亩	喷雾	14
晚疫病	预防	80％代森锰锌可湿性粉剂	120 g/亩～180 g/亩	喷雾	7
	发现病株时	50％氟啶胺悬浮剂	25 mL/亩～35 mL/亩	喷雾	14
		80％代森锌可湿性粉剂	80 g/亩～100 g/亩	喷雾	25
黑痣病	预防	25％嘧菌酯悬浮剂	48 mL/亩～60 mL/亩	播种时喷雾沟施	每季作物使用一次,直到收获
蛴螬等地下害虫	预防	0.5％噻虫嗪颗粒剂	12 kg/亩～15 kg/亩	播种时撒施	每季作物使用一次,直到收获
蚜虫	发生期	30％吡虫啉微乳剂	10 mL/亩～20 mL/亩	喷雾	7
斑蝥、瓢虫	发生期	4.5％高效氯氰菊酯乳油	22 mL/亩～45 mL/亩	喷雾	14
注:农药使用以最新版本 NY/T 393 的规定为准。					

绿 色 食 品 生 产 操 作 规 程

LB/T 111—2020

中原地区绿色食品露地马铃薯
生产操作规程

2020-08-20 发布

2020-11-01 实施

中国绿色食品发展中心 发布

前　言

本规程由中国绿色食品发展中心提出并归口。

本规程起草单位：河南省绿色食品发展中心、郑州市蔬菜研究所、郑州市农产品质量检测流通中心、洛阳市园艺工作站、漯河市农产品质量安全检测中心、河南省农业科技发展中心、江苏省绿色食品办公室、湖北省绿色食品管理办公室、山西省农产品质量安全中心、江西省绿色食品发展中心、湖南省绿色食品办公室。

本规程主要起草人：宋伟、吴焕章、黄继勇、吕红伟、田玉广、李卫华、史俊华、胡森、马冽扬、徐继东、周先竹、郑必昭、万文根、杨青、陈焕丽。

中原地区绿色食品露地马铃薯生产操作规程

1 范围

本规程规定了中原地区绿色食品马铃薯的产地环境、品种选择、种薯处理、整地、播种、田间管理、采收、生产废弃物处理、储藏运输、生产档案管理。

本规程适用于北京、天津、河北、上海、江苏、安徽、山东、河南、湖北的绿色食品马铃薯的生产。

2 规范性引用文件

下列文件对于本文件的应用是必不可少的。凡是注日期的引用文件,仅注日期的版本适用于本文件。凡是不注日期的引用文件,其最新版本(包括所有的修改单)适用于本文件。

GB 18133 马铃薯脱毒种薯

NY/T 391 绿色食品 产地环境质量

NY/T 393 绿色食品 农药使用准则

NY/T 394 绿色食品 肥料使用准则

NY/T 658 绿色食品 包装通用准则

NY/T 1049 绿色食品 薯芋类蔬菜

NY/T 1056 绿色食品 储藏运输准则

3 产地环境

产地环境应符合 NY/T 391 的要求。产地选择无霜期 180 d 以上;相对集中连片,交通便利,避开污染源;地块 3 年以上未种植过茄科植物,地势平坦,排灌方便;土壤富含有机质、中性或微酸性的沙壤土或壤土为宜。

4 品种选择

选用早熟、优质、丰产、抗性强的已审定或登记的适合当地品种,如中薯 3 号、中薯 5 号、中薯 8 号、郑薯 7 号、郑薯 9 号、郑商薯 10 号等。

种薯质量应符合 GB 18133 的要求。

5 种薯处理

马铃薯种薯通过休眠期后,播种前 20 d~30 d 出库,剔除病、烂薯块后在温暖、通风的地方暖种;顶芽露出后进行切块、催芽。人工播种,催大芽,芽长到 0.5 cm~1.5 cm 后播种;采用机械化播种时,种薯切块处理后可直接进行播种,如进行催芽,芽长不宜超过 0.5 cm。

切块:切刀应尽量靠近芽眼,每块种薯有 1 个~2 个芽眼,块重 25 g~50 g。切刀每使用 10 min 后或在切到病、烂薯时,用 75%酒精消毒灭菌。

拌种:切好的薯块用药剂拌种,拌种剂使用参见附录 A。

催芽:将切块摊在用湿沙或湿土(催芽方式多样,可就地取材)做成 1 m 宽、7 cm 厚、长度不限的催芽床上,然后摊放一层马铃薯块盖一层湿沙或湿土,厚度以看不见切块为准,可摊放 3 层~4 层,保持温度为 17 ℃~18 ℃,相对湿度 80%~85%。芽萌发后扒出,散射光下适当晾晒,待芽绿化变粗后播种。

6 整地

6.1 整地方法

前茬作物收获后及时灭茬深耕,耕作深度 30 cm 左右,将地块旋耕耙平待播。播种前,根据土壤墒情整理地块,墒情不足,提前人工造墒。

6.2 施肥

结合整地亩施入经无害化处理农家肥 2 000 kg~4 000 kg 或有机肥 200 kg、三元复合肥 75 kg（$K_2O \geq 20\%$）。肥料使用应符合 NY/T 394 的要求。

7 播种

7.1 播期

晚霜前 20 d~30 d,气温温度在 6 ℃~7 ℃,或地下 10 cm 处地温稳定在 6 ℃~7 ℃时播种。露地栽培不同地区播种一般在 2 月~4 月。

7.2 播种密度

单垄双行种植:大行距 80 cm~90 cm,小行距 15 cm~20 cm,株距 30 cm~35 cm,两行成三角形插空播种,每亩定植 4 500 株~5 000 株。

单垄单行种植:行距 65 cm~70 cm,株距 20 cm~25 cm。

亩用种量 150 kg~250 kg。

7.3 播种深度

根据土质疏松情况,播种深度在 8 cm~12 cm。地温低而含水量高的土壤及黏壤土播种深度 8 cm~10 cm;地温高而干燥的土壤播种深度 10 cm~12 cm。

7.4 播种方法

人工播种:根据种植密度和种植模式,人工完成开沟、种薯摆放、覆盖、喷洒除草剂(除草剂使用方法参见附录 A)。

机械辅助播种:用开沟培土机先开沟,人工完成种薯摆放后,再用开沟培土机进行覆土成垄,然后人工完成喷洒除草剂(除草剂使用方法参见附录 A)。

机械一体化播种:马铃薯播种机一次性完成开沟、下种、起垄、喷洒除草剂(除草剂使用方法参见附录 A)。

8 田间管理

8.1 灌溉

8.1.1 灌溉方式

沟灌灌溉和水肥一体化滴灌灌溉。

8.1.2 灌水量

整个生育期小水勤浇,保持土壤湿润,地皮不干,最佳土壤持水量为苗期 65％ 左右、块茎形成期 75％ 左右、块茎膨大期 80％ 左右、淀粉积累期 60％~65％。

收获前 7 d~10 d 要停止灌溉,以确保收获的块茎周皮充分老化,以利于储运。

沟灌:出苗前原则上不浇水,如田块干旱,可少量补水;苗齐时,及时浇大水 1 次;苗齐后至 7 片~8 片真叶前,视地块土壤情况少灌水或者不灌水;现蕾期灌溉 1 次大水;薯块快速膨大期(即开花期)浇大水 1 次。再视土壤墒情灌小水,小水灌水不超过垄高的 1/2,浇大水占垄沟的 2/3 以上,不能漫垄。

滴灌:一般自出苗后,每隔 7 d~10 d 滴灌 1 次,全生育期滴灌 8 次左右,亩总滴灌水量 120 m³ 左右。出苗后每次亩滴灌水量 12 m³;团棵期至封垄期每次亩滴灌水量 14 m³ 左右;之后每次亩滴灌水量

15 m³ 左右。

8.2 追肥

整个生育期亩追肥速效氮肥 20 kg～30 kg,三元复合肥 15 kg(K_2O≥20%)。肥料使用应符合 NY/T 394 的要求。

沟灌追肥:可以结合浇水进行,分别于苗齐、现蕾至开花期追肥。

滴灌追肥:每次随滴水追肥,施肥前 1 h 滴清水,中间滴含肥料的水溶液,后 1 h～2 h 再滴清水,以防未溶解肥料堵塞毛管滴孔。

8.3 中耕培土

马铃薯出苗前 3 d～5 d 时浅中耕,选择晴天进行;苗齐时,植株 5 片～7 片叶,株高 25 cm～30 cm 时中耕,并结合浅培土进行,培土厚度为 3 cm～4 cm;开花初期,封垄前结合中耕进行深厚培土,培土厚度为 6 cm 左右,培土时不要埋住植株下部叶片。

8.4 病虫草害防治

8.4.1 防治原则

预防为主,综合防治,优先采用农业防治、物理防治、生物防治、合理使用化学防治。

8.4.2 常见病虫草害

病害主要有早疫病、晚疫病、炭疽病、青枯病、黑痣病等;虫害主要有蚜虫、白粉虱、甜菜夜蛾、蛴螬、蝼蛄、金针虫、地老虎等;草害有马唐、狗尾草、马齿苋、藜等。

8.4.3 防治措施

8.4.3.1 农业防治

通过选用抗病品种、脱毒种薯、冬前深耕,与非茄科类的蔬菜或玉米、杂粮等前茬作物实行 2 年～3 年轮作等措施起到防治病虫草害的作用。

及时挖除病株,清除田间病株残体。

加强栽培管理,合理施肥、浇水,增加植株的抗逆性。

加强人工中耕锄草。

8.4.3.2 物理防治

利用频振式杀虫灯诱杀甜菜夜蛾、蝼蛄、小地老虎、金龟子等成虫,每 30 亩～50 亩安装 1 台。

用 30 cm×20 cm 黄板或蓝板诱杀蚜虫、白粉虱等,每亩行间或株间挂 30 块～40 块,悬挂高度高出植株上部 20 cm～30 cm。

8.4.3.3 生物防治

利用天敌如食虫瓢虫、草蛉、蚜小蜂、赤眼蜂等,生物源农药白僵菌,植物源农药苦参碱防治虫害方案参见附录 A。药剂使用应符合 NY/T 393 的要求。

8.4.3.4 化学防治

使用药剂应获得国家在马铃薯上的使用登记或省级农业主管部门的临时用药措施,同时符合 NY/T 393 的要求。注意轮换用药,合理混用。病、虫、草害化学防治药剂和方法参见附录 A。

9 采收

9.1 采收时间

马铃薯植株下部叶向上 1/3～1/2 叶片开始变黄是成熟的标志,适时采收适时上市。

9.2 采收方法

机械收获或人工挖掘收获。采收时严防块茎暴晒,避免机械损伤。

9.3 收后处理

剔除病薯、烂薯进行包装,运输上市或储藏。产品质量应符合 NY/T 1049 的要求,包装应符合

NY/T 658 的要求。

10 生产废弃物处理

生产过程中,农药、化肥等投入品包装应分类收集,进行无害化处理或回收循环利用。栽培的马铃薯秧及时清除,一般采用集中粉碎,堆沤有机肥料循环利用。

11 储藏运输

鲜薯储藏时应按品种、规格分别储存;储藏环境应阴凉黑暗、干燥、通风;储存温度 1 ℃～3 ℃,相对湿度 80%～85%;储运过程应轻抬轻放,并做好与化肥、农药、葱、蒜类等隔离措施,储运期间经常检查,随时拣出烂薯。储藏运输应符合 NY/T 1056 的要求。

12 生产档案管理

生产者建立中原地区绿色食品马铃薯生产档案,详细记载产地环境条件、品种、整地、播种、田间管理、病虫草害防治、采收、运输储藏、生产废弃物处理等,生产档案真实、准确、规范,并妥善保存,以备查阅,至少保存 3 年以上。

附　录　A
（资料性附录）
中原地区绿色食品马铃薯生产主要病虫草害化学防治方案

中原地区绿色食品马铃薯生产主要病虫草害化学防治方案见表 A.1。

表 A.1　中原地区绿色食品马铃薯生产主要病虫草害化学防治方案

防治对象	防治时期	农药名称	使用剂量	施药方法	安全间隔期,d
环腐病、黑痣病	播种前期	36％甲基硫菌灵悬浮剂	800 倍液	浸种	—
		25 g/L 咯菌腈悬浮种衣剂	150 mL/100 kg 种薯～ 200 mL/100 kg 种薯	包衣	—
黑痣病	播种期	50％克菌丹可湿性粉剂	100 mL/100 kg 种薯～ 120 g/100 kg 种薯	拌种	—
早疫病	现蕾期	33.5％喹啉铜悬浮剂	60 mL/亩～75 mL/亩	喷雾	—
	发生初期	80％代森锌可湿性粉剂	100 g/亩～120 g/亩	喷雾	25
	发生期	25％嘧菌酯悬浮剂	30 mL/亩～50 mL/亩	喷雾	14
炭疽病	发生期	20％吡唑醚菌酯乳油	30 mL/亩～50 mL/亩	喷雾	14
晚疫病	苗齐至现蕾期	75％代森锰锌水分散粒剂	128 g/亩～192 g/亩	喷雾	7
	发生期	25％嘧菌酯悬浮剂	15 mL/亩～20 mL/亩	喷雾	14
		500 g/L 氟啶胺悬浮剂	30 mL/亩～35 mL/亩	喷雾	7
蛴螬、蚜虫	播种前期	600 g/L 吡虫啉悬浮种衣剂	40 mL/100 kg 种薯～ 50 mL/100 kg 种薯	拌种	—
		70％噻虫嗪可分散粉剂	10 g/100 kg 种薯～ 40 g/100 kg 种薯	拌种或包衣	—
甲虫	播种期	100 亿孢子/mL 球孢白僵菌可分散油悬浮剂	200 mL/亩～ 300 mL/亩	喷雾	—
蚜虫、白粉虱、甜菜夜蛾	发生期	30％吡虫啉微乳剂	10 mL/亩～20 mL/亩	喷雾	7
		25％噻虫嗪水分散粒剂	8 g/亩～15 g/亩	喷雾	7
		50 g/L 虱螨脲乳油	40 mL/亩～60 mL/亩	喷雾	14
草害	播种后	33％二甲戊灵乳油	200 g/亩～300 g/亩	土壤喷雾	—
	发生期	480 g/L 灭草松水剂	150 mL/亩～200 mL/亩	茎叶喷雾	—
注:农药使用以最新版本 NY/T 393 的规定为准。					

绿 色 食 品 生 产 操 作 规 程

LB/T 112—2020

长江流域绿色食品冬作马铃薯
生产操作规程

2020-08-20 发布

2020-11-01 实施

中国绿色食品发展中心 发布

前　言

本规程由中国绿色食品发展中心提出并归口。

本规程起草单位：湖南省绿色食品办公室、湖南省作物研究所、湖南省农业大学、安化县农惠有机蔬菜种植专业合作社、浙江省绿色食品办公室、江西省绿色食品发展中心。

本规程主要起草人：刘新桃、杨青、黄艳岚、张超凡、胡新喜、唐常青、刘铁军、郑永利、杜志明。

长江流域绿色食品冬作马铃薯生产操作规程

1 范围

本规程规定了长江流域绿色食品冬作马铃薯的产地环境,栽培季节,品种选择,种薯处理,整地、施肥,播种、盖土、覆膜,田间管理,收获,生产废弃物处理,储藏,生产档案管理。

本规程适用于浙江、江西、湖南的绿色食品冬作马铃薯的生产。

2 规范性引用文件

下列文件对于本文件的应用是必不可少的。凡是注日期的引用文件,仅注日期的版本适用于本文件。凡是不注日期的引用文件,其最新版本(包括所有的修改单)适用于本文件。

NY/T 391　绿色食品　产地环境质量

NY/T 393　绿色食品　农药使用准则

NY/T 394　绿色食品　肥料使用准则

NY/T 658　绿色食品　包装通用准则

NY/T 1049　绿色食品　薯芋类蔬菜

NY/T 1055　绿色食品　产品检验规则

NY/T 1056　绿色食品　储藏运输准则

3 产地环境

生产基地环境应符合 NY/T 391 的要求;选择连续 3 年未种植过薯芋类、茄果类作物,地势高燥、土壤疏松肥沃、排灌便利的轻质沙壤土;基地应相对集中连片,距离公路主干线 100 m 以上,交通方便。

4 栽培季节

冬作马铃薯播种时间为 12 月下旬至翌年 2 月上旬。

5 品种选择

5.1 选择原则

根据长江流域马铃薯种植区域和生长特点,宜选用结薯早、薯块集中、块茎前期膨大快、生育期在 60 d～80 d 的早、中熟的兴佳 2 号、中薯 5 号、费乌瑞它、青薯 9 号等脱毒马铃薯品种。

5.2 品种选用

根据市场目标和栽培茬口要求,宜选用适宜长江中下流的高产、优质、抗病品种。

6 种薯处理

6.1 切块

50 g 以下的种薯可不切块;50 g～100 g 的种薯纵向切成两瓣;100 g～150 g 的种薯先纵切,再斜切成三瓣;150 g 以上的种薯应根据马铃薯芽眼的排列切成立体小三角形的若干薯块,每块种薯应含 1 个～2 个芽眼,单块重 35 g～40 g,切块尽量带顶芽,切块应在靠近芽眼的地方下刀,以促进发根。每切完一个种薯,切刀用 75%酒精消毒。切块时应将顶芽薯块与侧芽薯块分开堆放、分开播种。

6.2 拌种

切块后用 70%甲基硫菌灵可湿性粉剂 80 g～100 g,与 100 kg 切块种薯轻微拌匀。

7 整地、施肥

7.1 整地

播种前 7 d～10 d 进行整地,深度 30 cm 左右,旋耕 1 次～2 次。

7.2 施肥

结合旋耕每亩施商品有机肥 300 kg～400 kg、硫酸钾型复合肥(15∶15∶15)50 kg。肥料的施用应符合 NY/T 394 的要求。

7.3 起垄

在旋耕好的土面上按宽 100 cm～120 cm 挖沟起垄,垄面中间开 1 条 15 cm～20 cm 宽的播种沟,沟深 8 cm～10 cm。

8 播种、盖土、覆膜

8.1 播种

按株距 20 cm～22 cm 播种 2 行,播种时薯块用手将种薯摁入土壤即可。用种量 150 kg/亩～200 kg/亩,播种密度 4 000 株/亩～5 000 株/亩。

8.2 盖土、覆膜

播种后盖土,将垄面整平。随后每亩用除草剂 960 g/L 精异丙甲草胺乳油 60 mL～80 mL 全田均匀喷雾。雨后用幅宽 100 cm～120 cm,厚度 0.01 mm 的无色透明或(黑色)地膜覆盖全垄,四周用土压严实。覆盖黑色地膜还需在垄面上覆土。

9 田间管理

9.1 破膜引苗

播种后 25 d～35 d 幼苗开始出土,覆白色地膜需要破膜引苗,应在出苗处将地膜破口,引出幼苗,并用泥土将出苗口四周的膜压严。覆黑色地膜则不需破膜。

9.2 清沟排水

3 月～4 月雨季要注意清通四周围沟、畦沟,沟沟相通,及时排除田间积水。

9.3 植株调控

若马铃薯植株出现疯长,可用叶面喷雾,使用烯效唑粉剂浓度为 100 mg/kg～150 mg/kg。

9.4 病虫害防治

9.4.1 防治原则

按照"预防为主、综合防治"的植保方针,坚持以"农业防治、物理防治、生物防治为主,化学防治为辅"的原则。

9.4.2 主要病虫害

马铃薯主要的病害有早疫病、晚疫病、黑胫病,虫害主要有蚜虫、粉虱和地下害虫。

9.4.3 防治措施

9.4.3.1 农业防治

选用抗病脱毒品种,实行 3 年以上轮作,深耕晒垡,培育壮苗,创造适宜的生长环境条件,增施经无害化处理的有机肥,适量使用化肥,清洁田园,病株残枝及时带出田园,集中处理。全生育期防止沟内积水。

9.4.3.2 物理防治

采用灯光诱杀、性诱剂等措施防治害虫。大棚种植可每亩悬挂黄板 40 块,均匀挂在棚内离马铃薯植株顶 10 cm～20 cm 处,防治蚜虫和粉虱危害。

9.4.3.3 生物防治

利用自然天敌如瓢虫、草蛉、蚜小蜂等对蚜虫自然控制。使用植物源农药、农用抗生素、生物农药等防治病虫,如苦参碱等生物农药防治病虫害。

9.4.3.4 化学防治

农药使用应符合 NY/T 393 的规定。严格按照农药安全使用间隔期用药,具体病虫害化学用药方案参见附录 A。

10 收获

根据市场行情 4 月中旬至 5 月上旬就可陆续收获上市。产品应符合 NY/T 1049、NY/T 1056 和 NY/T 658 规定。选晴天收获,揭去地膜挖取马铃薯,将薯块放在太阳下适度晾干表面水分,去掉烂、破、病薯,按薯块大小进行分级装袋或装箱出售。对于采收后未及时上市的马铃薯应放在 4 ℃的冷库中进行短期储藏保鲜。

11 生产废弃物处理

生产过程中,农药、投入品等包装袋应集中收集掩埋,绿色食品生产中建议使用可降解地膜或无纺布地膜,减少对环境的危害。生产后期的马铃薯秸秆一般采用集中粉碎,堆沤有机肥料循环利用。

12 储藏

储藏设施、周围环境、卫生要求、出入库、堆放等应符合 NY/T 1056 的要求。用于储藏绿色食品的设施结构和质量应符合食品类别的储藏设施设计规范,不应使用对食品生产污染或潜在污染的建筑材料与物品,设施应具有防虫、防鼠、防鸟功能。周围环境应清洁和卫生,并定期打扫,远离污染源。储藏设备应优先使用物理或机械方法进行清理和消毒。堆放不应与有毒、有害、有异味物品同库存放。

13 生产档案管理

生产者应建立绿色食品冬作马铃薯生产档案。记录品种、施肥、病虫草害防治、采收以及田间操作管理措施;所有记录应真实、准确、规范,并具有可追溯性;生产档案应由专人专柜保管,至少保存 3 年。

附　录　A

（资料性附录）

长江流域绿色食品冬作马铃薯生产主要病虫害化学防治方案

长江流域绿色食品冬作马铃薯生产主要病虫害化学防治方案见表 A.1

表 A.1　长江流域绿色食品冬作马铃薯生产主要病虫害化学防治方案

防治对象	防治时期	农药名称	使用剂量	施药方法	安全间隔期,d
早疫病	发生初期	25％嘧菌酯悬浮剂	30 mL/亩～50 mL/亩	喷雾	14
晚疫病	发病初期	70％代森锰锌可湿性粉剂	137 g/亩～205 g/亩	喷雾	3
		50％氟啶胺悬浮剂	25 mL/亩～35 mL/亩	喷雾	14
		72％霜脲·锰锌可湿性粉剂	100 g/亩～150 g/亩	喷雾	—
		687.5 g/L氟菌·霜霉威悬浮剂	75 mL/亩～100 mL/亩	喷雾	7
		25％嘧菌酯悬浮剂	15 mL/亩～20 mL/亩	喷雾	7
黑胫病	切块时	75％酒精		刀具消毒	—
	发病初期	6％春雷霉素可湿性粉剂	37 g/亩～47 g/亩	喷雾	—
蚜虫	蚜虫发生始盛期	50％吡蚜酮水分散粒剂	20 g/亩～30 g/亩	喷雾	14
	有虫危害时	30％吡虫啉微乳剂	15 mL/亩～20 mL/亩	喷雾	7
蛴螬	播种时	0.5％噻虫嗪颗粒剂	12 kg/亩～15 kg/亩	撒施	每季最多使用1次
注:农药使用以最新版本 NY/T 393 的规定为准。					

绿色食品生产操作规程

LB/T 113—2020

华南地区绿色食品冬作马铃薯
生产操作规程

2020-08-20 发布

2020-11-01 实施

中国绿色食品发展中心　发布

前　言

本规程由中国绿色食品发展中心提出并归口。

本规程起草单位：福建省绿色食品发展中心、福建省农业科学院农业质量标准与检测技术研究所、福建省农业科学院作物研究所。

本规程主要起草人：傅建炜、熊文愷、李华伟、周乐峰、杨芳、陈丽华、许国春、史梦竹、黄李琳、陆燕、胡冠华、邱思鑫。

华南地区绿色食品冬作马铃薯生产操作规程

1 范围

本规程规定了华南地区绿色食品冬作马铃薯的产地环境、品种（种薯）选择、整地、播种、田间管理、采收、生产废弃物处理、储藏运输及生产档案管理。

本规程适用于福建、广东、广西和海南的绿色食品冬作马铃薯生产。

2 规范性引用文件

下列文件对于本文件的应用是必不可少的。凡是注日期的引用文件，仅注日期的版本适用于本文件。凡是不注日期的引用文件，其最新版本（包括所有的修改单）适用于本文件。

GB 18133　马铃薯种薯

NY/T 391　绿色食品　产地环境质量

NY/T 393　绿色食品　农药使用准则

NY/T 394　绿色食品　肥料使用准则

NY/T 658　绿色食品　包装通用准则

NY/T 1049　绿色食品　薯芋类蔬菜

NY/T 1056　绿色食品　储藏运输准则

3 产地环境

产地环境条件应符合 NY/T 391 的要求。冬作马铃薯产地应选择在生态条件良好，远离污染源，并具有可持续生产能力的农业生产区域。选择土层深厚、土质疏松、排水良好、富含有机质、中性或微酸性的沙壤土或壤土为宜，避免重茬和前茬作物为茄科和根菜类的地块。

4 品种（种薯）选择

4.1 选择原则

应选用优质丰产、适应性广、商品性好的马铃薯品种，选择脱毒马铃薯种薯，种薯质量应符合GB 18133的要求。

4.2 品种选用

应选用经农业农村部登记公告的、适宜华南各冬种地区当地种植的马铃薯品种，宜选择早熟和中早熟品种。

4.3 种薯处理

4.3.1 催芽

将种薯置于 20 ℃、有散射光的温室或房间，薯块堆放 2 层～3 层，当顶芽长出后准备切块备用。

4.3.2 切块

播种前剔除芽眼坏死、脐部腐烂、皮色暗淡等薯块。选择健康的种薯切块。从薯块顶芽为中心点纵劈一刀，切成两块然后再将种薯切成立体三角形，切块大小以 30 g～50 g 为宜，小于 50 g 不宜切块，切去脐部即可，每个切块带 1 个～2 个芽眼。

切刀每使用 10 min 后或者切到病、烂薯时，用 75% 酒精浸泡 1 min～2 min 或擦洗消毒；切、装薯块的场地和工具，用 2% 的硫酸铜溶液喷雾。

5 整地、播种

5.1 整地

定植前清除田间植株残体,深耕土壤 30 cm 以上,晾晒、耙平后起垄,起垄高度 35 cm 以上,垄宽(带沟)1.1 m~1.2 m。

5.2 播种

5.2.1 播种时间

根据气象条件、品种特性和市场需求,选择适宜的播期。华南地区一般 10 月下旬至 12 月中旬播种。

5.2.2 播种方法

播种密度应根据土壤条件、栽培季节、品种特性等因素而定,以垄宽(带沟)1.1 m~1.2 m,单垄双行种植为宜,株距为 20 cm~25 cm,种植密度 67 500 株/hm²~75 000 株/hm²。播种深度以 6 cm~8 cm 为宜,气温高时深播,气温低时浅播。

播种后 5 d~7 d,先在畦面喷施苗前除草剂,然后选择 0.015 mm~0.02 mm 厚度的可降解黑色或白色地膜覆盖,地膜应覆盖整个垄面,两边地膜拉紧、在覆膜的垄面上覆盖一层 5 cm~7 cm 的薄土。

6 田间管理

6.1 中耕、除草和培土

露地栽培的齐苗后及时中耕除草,或者使用苗后除草剂喷施防除杂草,结合中耕除草培土 1 次~2 次,全苗后进行第 1 次培土,封垄前进行第 2 次培土。

6.2 灌溉

幼苗期适宜的土壤湿度为土壤饱和持水量的 50%~60%。薯块膨大期,土壤要保持湿润状态,以土壤饱和持水量的 80%~85% 为宜。视天气情况,收获前 7 d~10 d 及时排水,保持土壤松散。

6.3 施肥

6.3.1 施肥原则

施肥原则:以有机肥为主、化肥为辅;遵循化肥减控的原则,宁少毋多,兼顾元素之间的比例平衡。肥料的选择和使用应符合 NY/T 394 的要求。

6.3.2 施肥方法和数量

6.3.2.1 基肥

翻耕时,施足基肥,施用农家肥 3 000 kg/亩,或生物有机肥 250 kg/亩。

播种时,施硫酸钾复合肥 60 kg/亩与尿素 5 kg/亩。

6.3.2.2 追肥

露地栽培:茎叶封行前,视苗情可用尿素 2 kg/亩加水 100 kg 浇根;茎叶封行后,每亩用尿素 0.15 kg 与磷酸二氢钾 0.05 kg 兑水 15 kg 在露水干后喷雾 1 次~2 次。

地膜覆盖栽培:每亩用尿素 0.15 kg 与磷酸二氢钾 0.05 kg 兑水 15 kg 在露水干后喷雾,每隔 7 d~10 d 喷施 1 次,视苗情确定喷施次数。

6.4 防寒减灾

华南地区冬作马铃薯常常会遇到低温霜冻的自然灾害,根据气象预报进行防寒处理,在霜冻来临前 1 d~2 d 灌"跑马水",或喷施防冻剂,减低霜冻的影响。

6.5 病虫草害防治

6.5.1 防治原则

按照"预防为主、综合防治"的植保方针,坚持农业防治优先,尽量利用物理、生物防治措施,必要时辅以化学防治。

6.5.2 常见病虫草害

华南地区冬作马铃薯常见的病害为晚疫病、早疫病、黑胫病等。常见的虫害为蚜虫、粉虱、二十八星瓢虫、蛴螬等。常见的杂草为禾本科杂草和阔叶杂草。

6.5.3 防治措施

6.5.3.1 农业防治

针对马铃薯主要病虫,采用优质脱毒种薯,减少病害的发生;避免重、迎茬,严格轮作制度,应与禾本科、豆科等非茄科作物轮作,同一地块连续种植不超过 3 年(水旱轮作除外),条件许可的地块宜用水旱轮作。采用测土平衡施肥技术,增施充分腐熟的有机肥,微生物菌肥,增加土壤微生物多样性而减低病害的发生;加强田园管理,定期清洁田园,清除病苗和病叶,大面积种植应选用不同品种增加群体多样性,防治病虫害的发生。

6.5.3.2 物理防治

根据害虫的趋化性、趋光性原理,采用黄板诱杀蚜虫、覆盖银灰色地膜驱避蚜虫、用防虫网阻隔害虫、用杀虫灯诱杀害虫等。

6.5.3.3 生物防治

采用细菌、病毒制剂及农用抗生素、性诱剂等生物方法防治。

6.5.3.4 化学防治

农药的选用应符合 NY/T 393 的要求。必要时,在生产中可以合理使用低风险农药,尽量选用在马铃薯上登记、可一药多治兼治的农药,选用不同作用机理的农药,农药应交替使用,尽量避免重复使用。农药使用时要根据病虫草害的发生特点、农药特性及气象因素,选择合适的时期采用适当的施药方式,并严格按规定控制施药剂量、次数、安全间隔期。具体防治方法参见附录 A。

6.6 其他管理措施

6.6.1 出苗前

播种后 10 d~15 d,如干旱严重,露地栽培浇水 1 次,地面见干及时耙松土和锄灭杂草。露地出苗前遇雨后及时进行中耕疏土。若为地膜覆盖栽培,灌水至垄沟 2/3 高度时放水,使土壤相对含水量保持在 65%~70%。

6.6.2 幼苗期

马铃薯幼苗期短促,苗出齐后,露地栽培随浇水时加入适当肥料进行追肥,或先干施追肥于畦面后浇水,视苗情追施尿素;覆膜栽培采用叶面喷施 0.5% 的尿素数次。露地栽培垄间进行深锄中耕,浅培土,以培住第 1 片单叶为准;覆膜栽培进行垄间杂草清除,不需培土。

6.6.3 发棵期

露地栽培发棵初期浇水结合培土进行中耕,加深行间松土层;发棵后期当植株显蕾并将封行前,进行大培土和垄间深中耕,以利于控秧促薯。

6.6.4 结薯期

开花后进入结薯盛期,土壤应保持湿润状态,遇旱要经常浇水保持土壤潮湿。遇雨要及时排水,以利薯皮老化。露地栽培块茎膨大初期及时培土,防止产生青皮薯。

7 采收

根据生长情况与市场需求及时采收,采收时选择晴天进行。收获后,块茎避免暴晒、雨淋、霜冻和长时间暴露在阳光下而变青。

8 生产废弃物处理

在生产过程中使用过的地膜、农资包装袋要及时清理,不要残留在田间。

9 储藏运输

储藏时应按品种、规格分别储存;储存的适宜温度为2 ℃～4 ℃,适宜湿度为85%～90%;库内堆放应保证气流均匀通畅,避免挤压。装卸时注意不要损伤块茎,也不要在阳光下暴晒,还要注意保暖,以免块茎受冻。运输前应进行预冷。运输过程中注意防冻、防雨淋、防晒、通风散热。储藏运输应符合NY/T 1056 的要求。

10 生产档案管理

建立绿色食品华南冬作马铃薯生产档案。应详细记录产地环境条件、生产技术、病虫害防治及采收等各环节采取的具体措施,并保存记录3年以上。

附　录　A
（资料性附录）
华南地区绿色食品冬作马铃薯主要病虫草害化学防治方案

华南地区绿色食品冬作马铃薯主要病虫草害化学防治方案见表 A.1。

表 A.1　华南地区绿色食品冬作马铃薯主要病虫草害化学防治方案

防治对象	防治时期	农药名称	使用剂量	施药方法	安全间隔期,d
晚疫病	发病期	80%代森锰锌可湿性粉剂	120 g/亩～180 g/亩	喷雾	3
	发生前或初期	25%嘧菌酯悬浮剂	15 mL/亩～20 mL/亩	喷雾	14
	发病初期	25%吡唑醚菌酯悬浮剂	20 mL/亩～40 mL/亩	喷雾	21
	发病初期	80%烯酰吗啉水分散粒剂	17 g/亩～24 g/亩	喷雾	3
	播种覆土前、发病期	1 000 亿芽孢/g 枯草芽孢杆菌可湿性粉剂	12 g/亩～14 g/亩	喷雾	—
	发病初期	0.5%苦参碱水剂	75 g/亩～90 g/亩	喷雾	7
	发生前或初期	77%氢氧化铜水分散粒剂	10 g/亩～18 g/亩	喷雾	
早疫病	发病前或初期	50%嘧菌酯水分散粒剂	15 g/亩～35 g/亩	喷雾	14
		80%代森锌可湿性粉剂	80 g/亩～100 g/亩	喷雾	25
		500 g/L 氟啶胺悬浮剂	30 mL/亩～35 mL/亩	喷雾	7
		50%啶酰菌胺水分散粒剂	20 g/亩～30 g/亩	喷雾	10
黑胫病	发病初期	6%春雷霉素可湿性粉剂	37 g/亩～47 g/亩	喷雾	—
蚜虫	发生初期	10%氟啶虫酰胺水分散粒剂	35 g/亩～50 g/亩	喷雾	7
		30%吡虫啉微乳剂	10 mL/亩～20 mL/亩	喷雾	7
粉虱	发生初期	25%噻虫嗪水分散粒剂	8 g/亩～15 g/亩	喷雾	7
二十八星瓢虫	发生初期或幼虫低龄期	4.5%高效氯氰菊酯乳油	22 mL/亩～44 mL/亩	喷雾	14
蛴螬	播种期	600 g/L 吡虫啉悬浮种衣剂	40 mL/100 kg 种子～50 mL/100 kg 种子	种薯包衣	—
一年生杂草及部分阔叶杂草	播后苗前	330 g/L 二甲戊灵乳油	150 mL/亩～200 mL/亩	土壤喷雾	每季使用 1 次
一年生阔叶杂草	苗后、杂草 2 叶期～5 叶期	480 g/L 灭草松水剂	150 mL/亩～200 mL/亩	茎叶喷雾	每季使用 1 次
		240 g/L 烯草酮乳油	20 mL/亩～40 mL/亩	茎叶喷雾	每季使用 1 次
注:农药使用以最新版本 NY/T 393 的规定为准。					

绿 色 食 品 生 产 操 作 规 程

LB/T 114—2020

西北旱区绿色食品马铃薯
生产操作规程

2020-08-20 发布

2020-11-01 实施

中国绿色食品发展中心 发布

前　言

本规程由中国绿色食品发展中心提出并归口。

本规程起草单位:甘肃省绿色食品办公室、甘肃国信润达分析测试中心、甘肃省农业技术推广总站、宁夏回族自治区绿色食品管理办公室、新疆维吾尔自治区绿色食品发展中心、青海省绿色食品管理办公室、内蒙古自治区绿色食品发展中心、武威市农产品质量安全监督管理站。

本规程主要起草人:满润、杨太山、李岩、赵芙蓉、李强、冉亚琴、周永锋、常春、李屹、史炳玲、田晓龙、郝贵宾。

西北旱区绿色食品马铃薯生产操作规程

1 范围

本规程规定了西北旱区绿色食品马铃薯的产地环境、品种选择、整地、播种、田间管理、采收、生产废弃物处理、储藏及生产档案管理。

本规程适用于内蒙古西部、陕西、甘肃、青海、宁夏、新疆等西北旱区绿色食品马铃薯生产。

2 规范引用文件

下列文件对于本文件是必不可少的。凡是注日期的引用文件，仅注日期的版本适用于本文件。凡是不注日期的引用文件，其最新版本(包括所有的修改单)适用于本文件。

GB 18133　马铃薯种薯

NY/T 391　绿色食品　产地环境质量

NY/T 393　绿色食品　农药使用准则

NY/T 394　绿色食品　肥料使用准则

NY/T 658　绿色食品　包装通用准则

NY/T 1049　绿色食品　薯芋类蔬菜

NY/T 1056　绿色食品　储藏运输准则

3 产地环境

生产基地环境应符合 NY/T 391 的要求；选择地势平坦、土层深厚、土质疏松、肥力中上等、坡度在15°以下的地块；实行 3 年以上的轮作，前茬首选小麦、杂粮，其次是豌豆茬。

4 品种选择

4.1 选择原则

选用抗病、优质、丰产、抗逆性强，适宜当地栽培的各类专用品种。高寒阴湿冷凉地区宜选用晚熟外销菜用品种，半干旱黄土丘陵地区选用高淀粉品种，干旱带沙壤土地区、水浇地和引黄灌区选用早熟菜用品种。

4.2 品种选用

菜用薯选择克新 1 号、新大坪、陇薯 7 号、克新 19、虎头、金坑白、荷兰 7 号、渭薯 8 号、乐薯 1 号、费乌瑞它、希森 3 号、希森 6 号等品种，晚熟外销薯选择青薯 168、台湾红皮、庄薯 3 号、冀张薯 8 号、冀张薯12、华颂 7 号等品种，淀粉加工薯选择宁薯 8 号、宁薯 9 号、内薯 7 号、陇薯 3 号、陇薯 6 号、青薯 2 号、大西洋、夏波蒂、晋薯 14 等品种。

5 整地、播种

5.1 整地

5.1.1 旱地

秋季前茬作物收获后及时深耕灭茬，耕深达到 25 cm 以上，熟化土壤；封冻前耙耱镇压保墒，做到地面平整，土壤细、绵、无坷垃，无前作根茬。春季起垄前每亩施充分腐熟的农家肥 4 m³～5 m³，或商品有机肥(含生物有机肥)300 kg～400 kg 和纯氮肥 4 kg～6 kg，磷肥 4 kg～6 kg，钾肥 3.5 kg～5.5 kg，基肥应符合 NY/T 394 要求。浅耕耙耱，使土壤绵软疏松。

5.1.2 水浇地

秋季前茬作物收获后尽早深翻,耕深30 cm,适时灌足冬水,播种前3 d～5 d结合浅耕每亩施充分腐熟的农家肥4 m³～5 m³,或商品有机肥(含生物有机肥)300 kg～400 kg和纯氮肥7 kg～8 kg、磷肥8 kg～10 kg、钾肥6 kg～7 kg。

5.2 起垄

一般采取起垄栽培,也可平种栽培。

5.2.1 旱地

采用全膜垄作侧播或半膜平种栽培。全膜垄作侧播垄底宽80 cm,垄沟宽40 cm,垄高20 cm。

5.2.2 水浇地

采用垄膜沟灌或高垄滴灌栽培。垄膜沟灌栽培垄底宽68 cm,垄沟宽40 cm,垄高2 cm,可采用马铃薯种植覆膜联合作业机一次完成起垄、覆膜、施肥、播种。高垄滴灌分单垄单行和单垄双行,单垄单行垄宽70 cm,高15 cm;单垄双行垄宽90 cm,高15 cm。

5.3 覆膜

5.3.1 覆膜时期

采用先起垄覆膜后播种的方法。在3月底至4月初进行早春顶凌覆膜保墒。若干土层超过8 cm不宜覆膜。

5.3.2 覆膜方法

全膜垄作侧播栽培用幅宽110 cm、厚0.01 mm的地膜覆盖,覆膜时膜与膜间不留空隙,两幅膜相接处在垄沟中间,在下一垄沟取土压膜。覆膜要达到平、紧,两边用土压严压实,同时每隔2 m～3 m横压土腰带,防止地膜被风掀起,拦截垄沟内降水。半膜平种栽培用幅宽0.9 m～1.1 m的地膜覆盖,带际间距0.2 m～0.3 m。垄膜沟灌或高垄滴灌用幅宽0.9 m～1.1 m的地膜覆盖垄面。

5.3.3 打孔

全膜垄作侧播栽培覆膜后要在垄沟内打渗水孔,孔径1 cm,孔距35 cm,以便降水入渗。

5.4 播种

5.4.1 种薯选用

选择品种特性典型、薯块完整、无病虫害、无冻伤、无机械损伤的马铃薯脱毒种薯。种薯质量符合GB 18133的要求。

5.4.2 种薯处理

播前30 d左右开始,将种薯先放入室内黑暗处,温度保持15 ℃～20 ℃,待芽长1 cm后移出室外,散射光下促芽矮壮。整薯播种选用30 g～50 g的幼健小薯;切薯播种保证每个切块有1个～2个芽眼,重25 g～30 g。切薯时,每10 min和切到病烂薯时,切刀用75%酒精浸泡5 min～10 min消毒;切薯后,及时用草木灰拌种,切好的薯块摊于通风阴凉处。

5.4.3 播种时期

10 cm地温稳定达到7 ℃～8 ℃为播种适期。

5.4.4 播种方法

全膜垄作侧播在垄两侧距垄底5 cm～10 cm处点播,播深12 cm～15 cm,每垄2行;播后用湿土填压播种孔,使种薯与土壤紧密结合,防止吊苗。垄膜沟灌或高垄滴灌在垄两侧距垄顶10 cm～12 cm处点播,播深12 cm～14 cm。

5.4.5 种植密度

水浇地4 500株/亩～5 500株/亩,干旱半干旱地区3 500株/亩～4 000株/亩,阴湿地区4 000株/亩～4 500株/亩。

6 田间管理

6.1 地膜防护

覆膜后要切实抓好防护管理工作,严禁牲畜入地践踏、防止大风造成揭膜。

6.2 查苗放苗

出苗期要随时查看,苗穴错位的要及时放苗,放苗后将膜孔用土封严,发现缺苗断垄及时补苗,力求全苗。

6.3 追肥

水浇地在初花至现蕾期随灌水穴施或结合培土条施三元复合肥 15 kg~20 kg。在现蕾期叶面喷施 0.1%~0.3%的硼砂或硫酸锌,或0.5%的磷酸二氢钾,或0.5%尿素的水溶液,一般每隔7d喷1次,共喷2次~3次。

6.4 灌水

水浇地应及时灌水。垄膜沟灌苗齐后灌第1次水,现蕾期灌第2次水,初花至盛花期灌第3次水;后期视天气情况,酌情灌水,防徒长和湿度过大,引起块茎感病腐烂;每次灌水量以沟深2/3为宜,忌大水淹垄。高垄滴灌每7d~10d灌水1次,每次灌水量15 m³~20 m³(土壤湿润深度40 cm~50 cm),整个生育期灌水5次~8次。收获前15 d停止灌溉。

6.5 病虫害防治

6.5.1 防治原则

按照"预防为主,综合防治"的植保方针,坚持以"农业防治、物理防治、生物防治为主,化学防治为辅"的原则。

6.5.2 常见病虫害

马铃薯主要病害有病毒病、早疫病、晚疫病、环腐病、黑胫病,虫害主要有地老虎、金针虫、蛴螬和蚜虫。

6.5.3 防治措施

6.5.3.1 农业防治

因地制宜选用抗病品种,采用脱毒种薯;合理轮作倒茬,实行3年以上的轮作,避免与茄科作物连作和对茬;优化施肥,增施充分腐熟的有机肥,控制氮肥用量,改磷钾肥一次性基施为基施、追施并重;加强中耕除草,清洁田园,降低病虫源数量;发现中心病株彻底清除。

6.5.3.2 生物防治

使用植物源农药、农用抗生素、生物农药等防治病虫害,如用0.38%苦参碱乳油500倍液防治蚜虫和金针虫、地老虎、蛴螬等地下害虫,用6%春雷霉素可湿性粉剂防治环腐病、黑胫病等多种细菌性病害。重视保护和利用天敌,如瓢虫、食蚜蝇、蚜茧蜂等。

6.5.3.3 物理防治

采用晒种,银膜驱避,黄板诱杀等措施防治病虫害。

6.5.3.4 化学防治

农药使用应符合 NY/T 393 的要求。严格按照农药安全使用间隔期用药,具体病虫害化学用药情况参照附录A。

7 采收

当地上部茎叶全部由绿变黄,块茎停止膨大后,根据鲜薯上市或交售、储藏等分类适时收获。收获的鲜薯先要充分摊晾,待薯皮木栓化后方可运输、储藏。产品应符合 NY/T 1049 的要求。包装应符合 NY/T 658 的要求。运输应符合 NY/T 1056 的要求。

8 生产废弃物处理

生产过程中，农药、投入品等包装袋应集中收集处理。采用机械捡拾、人工捡拾回收废旧地膜，抖净膜上的泥土和杂质，打捆或打包，交废旧塑料加工厂回收再利用。采收结束后，用旋耕机打碎秸秆，深翻还田。

9 储藏

储藏设施、周围环境、卫生要求、出入库、堆放等应符合 NY/T 1056 的要求。

10 生产档案管理

生产者应建立生产档案，记录品种、施肥、病虫草害防治、采收以及田间操作管理措施；所有记录应真实、准确、规范，并具有可追溯性；生产档案应由专人专柜保管，至少保存 3 年。

附　录　A

（资料性附录）

西北旱区绿色食品马铃薯生产主要病虫害化学防治方案

西北旱区绿色食品马铃薯生产主要病虫害化学防治方案见表 A.1

表 A.1　西北旱区绿色食品马铃薯生产主要病虫害化学防治方案

防治对象	防治时期	农药名称	使用剂量	施药方法	安全间隔期,d
黑胫病	苗期	6%春雷霉素可湿性粉剂	37 g/亩～47 g/亩	喷雾	—
早疫病	7月上旬至8月下旬	500 g/L氟啶胺悬浮剂	30 mL/亩～35 mL/亩	喷雾	7
		250 g/L嘧菌酯悬浮剂	40 mL/亩～50 mL/亩	喷雾	0
晚疫病	7月上旬至8月下旬	500 g/L氟啶胺悬浮剂	30 mL/亩～35 mL/亩	喷雾	10
		100 g/L氰霜唑悬浮剂	32 g/亩～40 g/亩	喷雾	7
		80%代森锰锌可湿性粉剂	120 g/亩～180 g/亩	喷雾	3
蚜虫	发生初期	30%吡虫啉微乳剂	10 mL/亩～20 mL/亩	喷雾	7
		50%吡蚜酮水分散粒剂	20 g/亩～30 g/亩	喷雾	14
		10%氟啶虫酰胺水分散粒剂	35 g/亩～50 g/亩	喷雾	7
注:农药使用以最新版本 NY/T 393 的规定为准。					

绿 色 食 品 生 产 操 作 规 程

LB/T 115—2020

西南地区绿色食品冬作马铃薯
生产操作规程

2020-08-20 发布

2020-11-01 实施

中国绿色食品发展中心 发布

前　言

本规程由中国绿色食品发展中心提出并归口。

本规程起草单位:昭通市绿色食品发展中心、云南省绿色食品发展中心、云南省农业科学院、云南省农业技术推广总站、四川省绿色食品发展中心、贵州省绿色食品发展中心。

本规程主要起草人:刘萍、全勇、龚声信、孙海波、康敏、陈曦、徐宁生、刘彦和、晏宏、胡祚、黄毅梅、周熙、任习荣。

西南地区绿色食品冬作马铃薯生产操作规程

1 范围

本规程规定了西南地区绿色食品冬作马铃薯的产地环境、栽培技术、田间管理、采收、生产废弃物处理、储藏运输、包装及生产档案管理。

本规程适用于重庆、四川、贵州、云南的绿色食品冬作马铃薯的生产。

2 规范性引用文件

下列文件对于本文件的应用必不可少。凡是注日期的引用文件,仅注日期的版本适用于本文件。凡是不注日期的引用文件,其最新版本(包括所有的修改单)适用于本文件。

GB 18133　马铃薯种薯标准

NY/T 391　绿色食品　产地环境质量

NY/T 393　绿色食品　农药使用准则

NY/T 394　绿色食品　肥料使用准则

NY/T 472　绿色食品　兽药使用准则

NY/T 658　绿色食品　包装通用准则

NY/T 1056　绿色食品　储藏运输准则

3 产地环境

生产基地环境应符合 NY/T 391 的要求,选择无污染和生态条件良好的地区,远离工矿区和公路铁路主干线,避开工业和城市污染的影响。在绿色食品和常规生产区域之间设置有效的缓冲带或物理屏障。

4 栽培技术

4.1 品种选择

4.1.1 选择原则

根据西南地区的生态条件,选择适宜于当地区域种植的优质、抗病、生育期适中、耐寒、薯形光滑、商品性好的品种。

4.1.2 品种选用

根据当地气候特点和市场需求,云南可选用丽薯 6 号、云薯 304、合作 88、青薯 9 号、云薯 902 等,四川可选用川芋 10 号、桂农薯 1 号、费乌瑞它、凉薯 97 等,贵州可选用威芋 5 号、费乌瑞它、中薯 2 号、中薯 3 号、中薯 5 号等,重庆可选用费乌瑞它、鄂薯 5 号、中薯 3 号、青薯 9 号等品种。

4.2 地块准备

4.2.1 地块要求

生产地块应相对集中连片,易排易灌。

4.2.2 土壤

栽培地块应以土层深厚,富含有机质,pH 为微酸性的沙质壤土为宜。

4.2.3 整地

在播种前 10 d 左右进行整地,深度 30 cm 以上,耙细、整平,无杂草和大土块,四周留好排水沟。

4.3 种薯准备

4.3.1 种薯选择

选择健康无病斑、无破损、表皮光滑且具有该品种特征的薯块。种薯质量符合 GB 18133 的要求。

4.3.2 种薯处理

4.3.2.1 催芽

播种前 20 d 左右将需要催芽的薯块置于 20 ℃～25 ℃遮光的室内,平铺 2 层～3 层,当芽长 0.5 cm 左右,逐渐暴露在散射光下壮芽,每隔 3 d～5 d 翻动 1 次,拣出病、烂和纤细芽薯。催芽时避免阳光直射和雨淋。

4.3.2.2 切块

25 g～50 g 的种薯,整薯播种;50 g 以上的种薯进行切块,切块时要纵切或斜切,每个切块应不少于 25 g,含 2 个～3 个芽眼,切块应为楔状。切块过程中应对切刀进行消毒,即将刀浸泡于 1％高锰酸钾溶液 5 min 或 75％酒精中 30 s 以上进行消毒。

4.3.2.3 薯块处理

切块后,每 100 kg 薯块用 35％精甲霜灵悬浮种衣剂 114 mL～143 mL 与种子充分搅拌,直到药液均匀分布到种薯表面,或用 11％精甲·咯·嘧菌悬浮种衣剂 70 mL～100 mL 加入适量水稀释成药浆,将药浆和种薯充分搅拌,然后平铺阴凉处晾晒,待切口晾干后即可播种。

4.4 播种

4.4.1 播种时期

各地根据海拔、气候特点适时播种,一般 10 月中下旬至 12 月下旬进行播种。

4.4.2 播种方法

实行条播,条播沟深 10 cm～15 cm,化肥放于条播沟中间,种薯放两边,成品字形。种薯上覆盖农家肥,然后覆土起垄,厚度与墒面平。根据气候情况和上市时间要求可覆盖地膜(建议使用生物可降解膜)增温保湿。覆膜后,膜上盖层薄土。

4.4.3 播种密度

根据品种特性,合理密植。一般采用单垄双行种植,株距 25 cm～30 cm,小行距 40 cm,大行距 60 cm,每亩 4 000 株～5 000 株。

4.5 施肥

参考当地测土配方进行施肥。以有机肥为主,减量施用化肥;以基肥为主,追肥为辅。肥料的选择和使用应符合 NY/T 394 的要求。

4.5.1 基肥

每亩施农家肥 2 000 kg～2 500 kg 或商品有机肥 600 kg～800 kg,氮肥(N)3.6 kg～4.6 kg、磷肥(P_2O_5)5 kg～6 kg、钾肥(K_2O)7 kg～8 kg 或等量复合肥(建议选用有机硅水溶缓释肥或控释掺混肥,按以上用量的 50％～70％施用)。避免化肥与种薯接触,然后覆盖农家肥再覆土。

4.5.2 追肥

以尿素和钾肥为主。苗期每亩追施氮肥(N)3.5 kg～4.6 kg 和钾肥(K_2O)3 kg～5 kg。薯块膨大期可喷施 0.5％磷酸二氢钾 2 次～3 次。

5 田间管理

5.1 除草

播种后 3 d 内,全园喷施精异丙甲草胺、二甲戊灵等芽前除草剂控制杂草。出苗后,结合追肥、培土

LB/T 115—2020

等中耕管理措施进行人工除草。

5.2 培土

在齐苗后进行第 1 次培土,覆土厚度 4 cm 左右;封垄前进行第 2 次培土,覆土厚度 6 cm 左右。垄高 25 cm 以上。

5.3 灌溉和排水

适时灌水,保持整个墒面土壤含水量在 60%～80%。收获前 7 d 左右停止灌水。建议使用滴灌或微喷等节水灌溉措施。灌溉水质应符合 NY/T 391 的要求。如有积水应及时排水。

5.4 病虫害防治

5.4.1 防治原则

应坚持"预防为主、综合防治"的原则,推广绿色防控技术,优先采用农业防治、物理防治和生物防治措施,配合使用化学防治措施。

5.4.2 主要病虫害

马铃薯主要病害有早疫病、晚疫病、青枯病、环腐病、疮痂病等;虫害有蚜虫、斑潜蝇、地下害虫等。

5.4.3 防治措施

5.4.3.1 农业防治

选用抗病品种和脱毒种薯,合理密植,科学施肥,清沟排渍,加强栽培管理,中耕除草,与非茄科作物轮作等。

5.4.3.2 物理防治

采用黄板诱杀蚜虫,蓝板诱杀蓟马,太阳能频振式杀虫灯、糖酒醋液或毒饵诱杀蝼蛄、蛴螬、金针虫、地老虎等地下害虫。

5.4.3.3 生物防治

保护和利用天敌,创造自然天敌繁殖环境,发挥天敌的自然控制作用。

5.4.3.4 化学防治

农药的使用应符合 NY/T 393 的要求,严格按照农药标签使用,注意轮换用药,严格执行安全间隔期。具体化学防治方案参见附录 A。

5.5 霜冻防治

根据当地气候情况,选择适当的播种期错开霜冻。根据霜冻预警预报,在霜冻来临前采取灌水保温、用草木灰撒施叶面或用稻草等进行覆盖防霜等措施。对已遭受霜冻严重的地块,及时剪除受冻枯死的茎叶,同时进行肥水管理,促进茎叶重新生长。

6 采收

6.1 采收时期

地上植株 90%茎叶枯黄时或根据市场要求确定收获时期。

6.2 采收要求

要选择晴好天气采收。采收 1 周前,先将植株藤蔓割去,挖出的块茎应适度晾干表面水分,去除烂、破薯、病薯、绿薯,然后按薯块大小分类存放。

7 生产废弃物处理

生产过程中,农药、肥料等投入品的包装袋及废弃塑料膜应集中收集处理。茎秆可作堆肥加以利用。

8 储藏运输

8.1 储藏

8.1.1 仓库要求

应符合 NY/T 1056 的要求。仓库周围环境应清洁卫生,仓库应避光、保温、透气,窗户应安装铁丝网或纱窗,大门应安装防鼠板,库房应具有防鼠、防虫等功能。

8.1.2 储藏要求

建立出入库管理制度,经检验合格后的马铃薯才能入库。入库的绿色食品马铃薯不得与常规马铃薯在同一仓库内进行堆放,严禁与有毒、有害、有腐蚀性、有异味的物品混存,要避光存放。仓库消毒、杀虫、灭鼠处理所用药剂应符合 NY/T 393 和 NY/T 472 的规定。

8.2 运输

运输马铃薯的车辆应专车专用,保持清洁,备有防雨设施。

9 包装

应符合 NY/T 658 的要求。所用包装材料和容器应采用单一材质、方便回收或可生物降解,不允许使用未清洁的肥料、饲料编织袋装运马铃薯。

10 生产档案管理

建立记录档案,记录品种、生产资料购入、施肥、病虫草害防治、采收、运输、储藏以及田间操作管理措施。所有记录应真实、准确、规范,并具有可追溯性;档案应由专人专柜保管,至少保存 3 年。

附 录 A

（资料性附录）

西南地区绿色食品冬作马铃薯生产主要病虫害化学防治方案

西南地区绿色食品冬作马铃薯生产主要病虫害化学防治方案见表 A.1。

表 A.1 西南地区绿色食品冬作马铃薯生产主要病虫害化学防治方案

防治对象	防治时期	农药名称	使用剂量	施药方法	安全间隔期,d
黑痣病	种薯	11%精甲·咯·嘧菌悬浮种衣剂	每 100 kg 种薯 70 mL～100 mL	种薯包衣	—
晚疫病	种薯	35%精甲霜灵悬浮种衣剂	每 100 kg 种薯 114 mL～143 mL	种薯包衣	—
	出苗后病前期（7 d～10 d 轮换使用）	80%烯酰吗啉水分散粒剂	17 g/亩～24 g/亩	喷雾	3
		30%精甲·嘧菌酯悬乳剂	20 mL/亩～40 mL/亩	喷雾	14
		80%代森锰锌可湿性粉剂	120 g/亩～180 g/亩	喷雾	3
早疫病	发病初期	19%烯酰·吡唑酯水分散粒剂	75 g/亩～125 g/亩	喷雾	14
黑胫病	发病初期	6%春雷霉素可湿性粉剂	37 g/亩～47 g/亩	喷雾	—
	播种期、发病初期	20%噻唑锌悬浮剂	80 mL/亩～120 mL/亩	喷雾	—
蚜虫	发生期	30%吡虫啉微乳剂	10 mL/亩～20 mL/亩	喷雾	7
	发生盛期	50%吡蚜酮水分散粒剂	20 g/亩～30 g/亩	喷雾	14
块茎蛾	发生期	50 g/L 虱螨脲乳油	40 mL/亩～60 mL/亩	喷雾	14
蛴螬	播种时	0.5%噻虫嗪颗粒剂	12 kg/亩～15 kg/亩	撒施	每季最多 1 次
一年生禾本科杂草	播后苗前	960 g/L 精异丙甲草胺乳油	60 mL/亩～80 mL/亩	土壤喷雾	每季最多 1 次
注:农药使用以最新版本 NY/T 393 的规定为准。					

绿 色 食 品 生 产 操 作 规 程

LB/T 116—2020

绿色食品春油菜生产操作规程

2020-08-20 发布

2020-11-01 实施

中国绿色食品发展中心 发布

前　言

本规程由中国绿色食品发展中心提出并归口。

本规程起草单位：内蒙古自治区绿色食品发展中心、呼伦贝尔市绿色食品发展中心、呼伦贝尔农垦集团有限公司、青海省绿色食品办公室、黑龙江省绿色食品发展中心、新疆维吾尔自治区农产品质量安全中心、科右前旗农畜产品质量安全监督检验站、莫力达瓦达斡尔族自治旗农畜产品质量安全中心。

本规程主要起草人：包立高、郝贵宾、郝璐、陈文贺、罗旭、陈伟、栗瑞红、张绍勋、吴国志、张更乾、王宏、乌兰、张建民、张秉奎、周东红、玛依拉·赛吾尔丁、朴庆国、侯晓东、李红霞。

绿色食品春油菜生产操作规程

1 范围

本规程规定了绿色食品春油菜的产地环境、品种选择、整地、播种、田间管理、采收、生产废弃物处理、运输储藏及生产档案管理。

本规程适用于内蒙古、黑龙江、青海、新疆的绿色食品春油菜生产。

2 规范性引用文件

下列文件对于本文件的应用是必不可少的。凡是注日期的引用文件，仅所注日期的版本适用于本文件。凡是不注日期的引用文件，其最新版本（包括所有的修改单）适用于本文件。

GB 4407.2 经济作物种子 第2部分 油料类

GB 15671 农作物薄膜包衣种子技术条件

NY/T 391 绿色食品 产地环境质量

NY/T 393 绿色食品 农药使用准则

NY/T 394 绿色食品 肥料使用准则

NY/T 1056 绿色食品 储藏运输准则

3 产地环境

生产基地环境应符合 NY/T 391 的要求。

选择2年以上未种植过油菜的耕地；土壤疏松肥沃，地势相对平坦，集中连片；远离工矿区，距离公路、铁路干线100 m以上。

4 品种选择

4.1 选择原则

选择适应当地生态条件，且经种子管理部门登记推广的抗逆性强的优质高产品种。推荐选择双低杂交油菜品种。

4.2 品种选用

推荐内蒙古地区选择青杂5号、青杂7号、青杂9号、青杂11、青杂12、青杂15、三丰66、鸿油88、陇油10号等双低杂交油菜品种。

青海地区可选择青杂1号~15号等青杂系列。

新疆地区可选择双低杂交油菜品种新油17、新油20、85991等。

4.3 种子处理

种子质量应符合 GB 4407.2 的要求；种子包衣应符合 GB 15671 及 NY/T 393 的要求。未包衣种子应使用符合 NY/T 393 的要求的农药拌种，推荐每千克种子使用70％噻虫嗪水分散粒剂4 g~5 g拌种，拌种后闷种12 h~24 h，阴干备用。拌种前晒种1 d~2 d。

5 整地

免耕播种与深松浅翻相结合。不具备免耕播种条件的可采取秋翻或春翻作业方式，耕翻深度达到25 cm以上。播前整地达到上虚下实，地平土碎，符合机械化播种作业要求。

6 播种

6.1 播种时间

播期以日平均气温稳定达到 6 ℃～8 ℃为宜。依据当地气候条件适期早播。

6.2 播种方式

采用机械化播种。推荐免耕播种技术。

6.3 基本苗数

合理密植,一般种植行距 25 cm～30 cm 为宜。

6.4 播种量

根据亩保苗、发芽率、净度、千粒重、田间出苗率确定每亩实际播种量,一般亩播量 400 g～500 g。

6.5 播种深度

播种深度 3 cm～4 cm,播后镇压。

7 田间管理

7.1 灌溉

依据当地自然气候,根据土壤含水量情况,有灌溉条件的地块,在油菜苗期、蕾薹期、花期和灌浆期,适时灌溉。

7.2 施肥

7.2.1 施肥原则

肥料使用应符合 NY/T 394 的要求。根据不同土壤类型进行测土配方平衡施肥,补微肥、配菌肥,有机肥与无机肥相结合。采取分层施肥与分期施肥相结合。

7.2.2 底肥

每亩施用腐熟农家肥 2 000 kg～2 500 kg 或商品有机肥 150 kg～200 kg,结合耕翻整地一次性施入。

7.2.3 种肥

使用肥料配比为氮肥∶磷肥∶钾肥＝1∶1.2∶0.45。一般每亩用磷酸二铵 7 kg～10 kg、尿素 3 kg～5 kg、硫酸钾 2.5 kg～3.5 kg,适量加施硼肥。随机械播种一次性分层施入。推荐使用缓释肥料。

7.2.4 追肥

蕾薹初期每亩追施尿素 4 kg～5 kg;花期每亩叶面喷施尿素 500 g,适量配施液态硼肥,增施微生物和氨基酸类肥料;灌浆期叶面喷施磷酸二氢钾 100 g～200 g。

7.3 病虫草害防治

7.3.1 防治原则

按照坚持“预防为主、综合防治”的植保方针,坚持以“农业防治、物理防治、生物防治为主,化学防治为辅”的原则。

7.3.2 常见病虫草害

菌核病、蚜虫、跳甲、禾本科杂草、阔叶杂草等。

7.3.3 防治措施

7.3.3.1 农业防治

选用抗病品种,实行两年以上合理轮作;科学施肥,优化种植密度,培育壮苗;清除田间病株,集中处理。苗期至蕾薹期采用中耕锄草机进行两次中耕除草,第 1 次中耕深度 3 cm～5 cm,铲除地表杂草;第

2次中耕深度 10 cm，抗旱保墒除草。

7.3.3.2 物理防治

播前晒种灭菌，使用灯光诱杀、性诱剂、粘板等物理措施防治病虫害。

7.3.3.3 生物防治

利用植物源、动物源农药、微生物提取液等生物农药防治病虫害。投放赤眼蜂防治小菜蛾，放蜂量为每亩 1.5 万只～2 万只。

7.3.3.4 化学防治

具体化学防治方案参见附录 A。

8 采收

8.1 采收时期

植株主花序角果 70％以上变黄，籽粒呈本品种固有颜色，分枝角果 80％以上褪绿；主花序角果籽粒含水量达到 35％～40％，即可采收。

8.2 采收方法

一般情况下，采取分段式收获方式，先割晒后拾禾，减少收获损失。有条件的地区可以采用机械一次性联合收获。

8.2.1 割晒

割茬高度 15 cm～25 cm，放铺宽度 140 cm～180 cm，以不丢角为宜。

8.2.2 拾禾

晾晒 7 d～10 d，籽粒含水量降至 10％～15％，避开中午高温干燥时段，采用机械拾禾收获。在具备烘干设备及仓储设施的情况下，宜采用油菜高水分收获技术，减少损失。在含水量达到 18％～20％拾禾收获，立即烘干储藏。

9 生产废弃物处理

生产过程中，农药、肥料等投入品包装袋应集中收集处理，防止污染环境。收获后的油菜秸秆可粉碎还田，也可收集利用。不得在田间焚烧。

10 运输储藏

油菜籽收获后应及时清选、晾晒、烘干，仓储安全含水量达到 9％以下。运输、储藏设施、周围环境、卫生要求、出入库、堆放等应符合 NY/T 1056 的要求，储藏设施要有防虫、防鼠、防潮等功能。

11 生产档案管理

生产全过程要建立绿色食品春油菜生产档案，包括产地环境条件、生产技术、种子、农药、肥料等投入品及地块档案、田间管理、采收、运输储藏等记录。生产记录档案保存期限不少于 3 年。做到绿色生产可追溯。

LB/T 116—2020

附　录　A
（资料性附录）
绿色食品春油菜生产主要病虫草害化学防治方案

绿色食品春油菜生产主要病虫草害化学防治方案见表 A.1。

表 A.1　绿色食品春油菜生产主要病虫草害化学防治方案

防治对象	防治时期	农药名称	使用剂量	施药方法	安全间隔期,d
菌核病	初花期	50%多菌灵可湿性粉剂	150 g/亩～200 g/亩	喷雾	48
蚜虫	苗期	25%噻虫嗪水分散粒剂	6 g/亩～8 g/亩	喷雾	21
跳甲	苗期	70%噻虫嗪种子处理可分散粉剂	4 g/kg 种子～12 g/kg 种子	兑适量水拌种	—
阔叶杂草	苗期	75%二氯吡啶酸可溶粒剂	9 g/亩～14 g/亩	喷雾	—
禾本科杂草	苗期	240 g/L烯草酮乳油	15 mL/亩～25 mL/亩	喷雾	—

注:农药使用以最新版本 NY/T 393 的规定为准。

82

绿 色 食 品 生 产 操 作 规 程

LB/T 117—2020

福建地区绿色食品琯溪蜜柚
生产操作规程

2020-08-20 发布　　　　　　　　　　2020-11-01 实施

中国绿色食品发展中心 发布

前　言

本规程由中国绿色食品发展中心提出并归口。

本规程起草单位:福建省绿色食品发展中心、福建省农业科学院农业质量标准与检测技术研究所、福建省农业科学院果树研究所。

本规程主要起草人:傅建炜、杨芳、周乐峰、陈媛、吴伟荣、卢新坤、陈丽华、林锌、史梦竹、林燕金、卢艳清。

福建地区绿色食品琯溪蜜柚生产操作规程

1 范围

本规程规定了福建地区绿色食品琯溪蜜柚的产地环境、苗木选择、整地、定植、田间管理、采收、生产废弃物处理、储藏运输及生产档案管理。

本规程适用于福建地区的绿色食品琯溪蜜柚的生产。

2 规范性引用文件

下列文件对于本文件的应用是必不可少的。凡是注日期的引用文件，仅注日期的版本适用于本文件。凡是不注日期的引用文件，其最新版本（包括所有的修改单）适用于本文件。

GB 5040　柑橘苗木产地检疫规程

GB/T 9659　柑橘嫁接苗

NY/T 391　绿色食品　产地环境质量

NY/T 393　绿色食品　农药使用准则

NY/T 394　绿色食品　肥料使用准则

NY/T 426　绿色食品　柑橘类水果

NY/T 658　绿色食品　包装通用准则

NY/T 1056　绿色食品　储藏运输准则

3 产地环境

3.1 基地选址

产地环境应符合 NY/T 391 的要求。福建地区绿色食品琯溪蜜柚产地应选择生态条件良好，远离污染源，并具有持续生产能力的农业生产区域。

3.2 地形地势

选择坡度≤25°，海拔<400 m，地面开阔、通风向阳、日照良好，水源充足、排水良好，交通方便的丘陵山坡地、平原冲积地或沙洲地。

3.3 土壤条件

土层厚度≥60 cm、土壤疏松肥沃、排灌方便的沙质壤土、红壤土或冲积土为宜，土壤 pH 为 5.5～6.5，有机质含量≥1.5%，土壤透气性好，地下水位在 1 m 以下。

3.4 气候条件

年平均温度 18 ℃～23 ℃，绝对最低温度≥−3 ℃，≥10 ℃积温在 5 500 ℃以上。

4 苗木选择

4.1 选择原则

宜选用 1 年生～2 年生、无检疫性病虫害的嫁接优质苗木，提倡栽植 2 年生容器嫁接大苗。苗木的选用应符合 GB 5040 和 GB/T 9659 的要求。

4.2 品种选择与苗木选用

品种可以选择琯溪蜜柚、红肉蜜柚、红绵蜜柚、黄金蜜柚、三红蜜柚、金吉蜜柚、黄宝蜜柚等。

砧木选择酸柚，嫁接品种要求纯正接穗。移栽苗木选择生长健壮、适应性强、抗逆性强的嫁接苗，同时要求苗木无检疫性病虫害,无疮痂病、炭疽病、潜叶蛾、介壳虫、锈壁虱、红蜘蛛等病虫危害。

5 整地、定植

5.1 整地

根据株行距和山地坡度大小决定台面宽度,修筑等高且保土、保水、保肥的"三保"梯田。平地、缓坡地应用壕沟式改土,而坡地采用等高梯地改土。定植前挖定植穴,穴间距 3 m～4 m,穴长宽各 80 cm～100 cm,深 80 cm。

5.2 定植

5.2.1 定植密度

提倡宽行窄株定植,每亩栽植 40 株～50 株,株距 3 m～4 m,行距 4 m～4.5 m。

5.2.2 定植时间

冬春定植在 1 月～5 月进行,定植时需去除叶片未转绿成熟的新梢;秋植在琯溪蜜柚秋梢老熟后的 9 月中旬至 10 月中旬进行,以春梢萌发前定植为最宜。容器苗周年均可定植。

5.2.3 定植要求

定植前 2 个月～3 个月,每穴分层压埋绿肥 25 kg～50 kg,石灰 1 kg～2 kg;或分层施用有机肥 25 kg～50 kg 作底肥,然后回填土起墩,定植墩高于地平面 20 cm～30 cm,定植时将琯溪蜜柚苗木的根系带土或蘸上泥浆,同时枝叶适度修剪后放入穴中央,舒展根系,扶正琯溪蜜柚苗,填土并轻轻向上提苗,踏实,使根系与土壤紧密接触。填土后在树苗周围做直径 1 m 的树盘,并且浇足定根水。栽植的深度以蜜柚苗嫁接口露出地面 5 cm～10 cm 为宜。

6 田间管理

6.1 灌溉

果园建设排水和蓄水等设施,坡地蜜柚园上方设拦洪沟,每个台内侧均设置排蓄水沟。利用天然纵沟作为总排水沟,对容易造成冲刷的排水沟应设置缓冲潭。灌溉水质应符合 NY/T 391 的要求。在琯溪蜜柚春梢萌动及开花期(3 月～5 月)以及蜜柚果实膨大期(7 月～9 月)遇干旱时及时灌溉,采果后也应及时补施一次水肥,灌溉时间应在早晨或傍晚,每次灌溉都要浇足水。雨季要及时排水,夏秋蜜柚果实迅速膨大期若遇干旱时要及时浇水。

6.2 施肥

6.2.1 施肥原则

肥料的种类、质量和使用方法应该符合 NY/T 394 的要求。根据琯溪蜜柚对养分需求状况以及土壤肥力状况进行科学合理施肥,所选用的肥料种类应以有机肥为主,配合适量使用无机肥,有针对性地补充中、微量元素肥料,所施用的肥料要求不能对环境和产品造成污染。

6.2.2 施肥方法

采用穴施、沟施、撒施和浇施等方法。沟施在蜜柚树冠的滴水线外侧挖沟,深度 25 cm～30 cm,宽度 25 cm～30 cm。东西、南北对称轮换位置施肥,施肥后要及时覆土。

6.2.2.1 幼年树施肥

琯溪蜜柚定植后半个月可进行第一次施肥,应做到薄肥勤施。春、夏、秋梢每次梢前施一次肥,冬季施一次有机肥。在每次新梢转绿期给予浇水肥或根外追肥。

每株/年施肥量:一年生每株施用纯氮 0.2 kg～0.3 kg,二年生施 0.3 kg～0.4 kg,三年生施 0.4 kg～0.5 kg,N∶P_2O_5∶K_2O∶CaO∶MgO=1∶0.5∶0.9∶1∶(0.2～0.3)。

6.2.2.2 成年树施肥

成年琯溪蜜柚树施肥 4 次/年～5 次/年。年产 100 kg 果的蜜柚树每年每株施纯氮 0.8 kg～1.0 kg,其中有机氮应占 50%以上,N:P₂O₅:K₂O:CaO:MgO=1:(0.5～0.6):(1～1.05):(1.0～1.3):
0.3。每年不同时期施肥需求参见附录 A 表 A.1。

6.3 果实套袋

用纸质蜜柚专用套袋,于 7 月～8 月对每个蜜柚果实进行套袋保护。套袋前必须进行 1 次全面的
病虫防治。喷药后 3 d 内完成套袋,遇雨天要重喷,农药使用应符合 NY/T 393 的要求。

6.4 病虫草害防治

6.4.1 防治原则

贯彻"预防为主、综合防治"的植保方针,以农业防治为基础,强化应用生物防治和物理防治,科学使
用化学防治,实现病虫害的有效控制,并对环境和产品无不良影响。

6.4.2 常见病虫草害

福建地区琯溪蜜柚主要病害有炭疽病、疮痂病、溃疡病、沙皮病等,其他病害有黄龙病、煤烟病、根腐
病等;主要虫害有红蜘蛛、锈壁虱、潜叶蛾、介壳虫、蚜虫等。主要杂草有一年生阔叶杂草及禾本科杂草。

6.4.3 防治措施

6.4.3.1 农业防治

在果园保留植株比较矮小的杂草,增加园内生物多样性,或套种圆叶决明、胜红蓟等植物,保护和增
加天敌的种类。

做好清园工作,合理整形修剪,增施有机肥,增强树势,提高抗病能力,以减少病源基数,降低感病
概率。

如发现黄龙病病株,应先喷药防治木虱,木虱是柑橘黄龙病传播媒介,及时化学防治柑橘木虱,切断
柑橘黄龙病传播。并立即挖铲除和销毁病株,减少病源,以控制黄龙病蔓延;黄斑病(黑星病),应通过选
种无病苗;加强修剪、水分管理;冬季清园;合理施肥,提高植物抗病力;套袋等防治措施减少该病害发
生;煤烟病,通过控制蚜虫、介壳虫等虫害从而控制煤烟病;根腐病,通过加强肥水管理,增施有机肥;冬
季清园;清沟排水;冬季防冻等农业措施可有效控制根腐病。

6.4.3.2 物理防治

根据害虫的趋光和避光性,应用灯光诱杀或驱避害虫,如灯光引诱杀鞘翅目、鳞翅目害虫等;树下铺
银色反光膜,可驱避蚜虫等;黄板可诱杀蚜虫、粉虱、果实蝇等害虫。

根据害虫的趋化性防治害虫,如橘小实蝇、拟小黄卷叶蛾等害虫,可利用其特性,在糖、酒、醋液进行
诱杀。

6.4.3.3 生物防治

可通过人工释放捕食螨防治红蜘蛛、锈壁虱等螨类害虫。应用生物源农药,如苏云金杆菌等;利用
性诱剂诱杀,在田间放置性引诱剂和少量农药,诱杀橘小实蝇雄虫。

6.4.3.4 化学防治

根据琯溪蜜柚的病虫测报及时进行防治,推广使用高效、低毒、低残留农药,生物农药,严格控制农
药用量和安全间隔期。绿色食品琯溪蜜柚生产中可以使用中等毒性以下植物源、动物源和微生物源农
药,矿物源农药中的硫制剂和铜制剂,可以有限度地使用部分有机合成农药,应严格按 NY/T 393 的规
定执行。

6.4.3.5 主要病虫害及防治方法

参见附录 A 的表 A.2。

6.5 其他管理措施

6.5.1 整形

通过整形培养树体的主干和骨架主枝,主干高 50 cm～60 cm,主枝 3 个～5 个,各主枝配置副主枝 2
个～3 个,主、侧枝均匀分布,形成自然开心形。

6.5.2 修剪

6.5.2.1 幼树修剪

以轻剪为主。避免过多的疏剪和重短截。除对过密枝群进行适当疏删外,内膛枝和树冠中下部较弱的枝梢一般均应保留。幼树夏梢、秋梢应摘心去顶,保留基部8片叶～10片叶,长度控制在20 cm～25 cm,结果前一年秋梢不宜摘心,避免影响翌年结果。

6.5.2.2 初结果树修剪

选择和短截处理各级骨干枝延长枝,夏梢在3 cm～5 cm时进行抹除,促发健壮秋梢。对过长的营养枝留8片叶～10片叶及时摘心,回缩或短截结果后枝组。冬季对旺长树采用环割、断根、控水等促花措施。

6.5.2.3 成年树修剪

修剪原则是"上重、下轻、外重、内轻"。注意保留树冠内部和下部的中庸枝,及时回缩过长、交叉枝组和衰退枝组。在采果后春梢萌发前,剪除无用的大枝、枯枝、病虫枝、交叉枝、过密枝。夏季剪除较拥挤的骨干枝,适当疏剪开出"天窗",将光线引入树冠内膛;剪除徒长枝、落果枝和下部着地枝。

6.5.3 控花控果管理

6.5.3.1 疏花促花

春季花蕾期至始花期进行疏花,疏除过多、过密花蕾,抹除畸形花、病虫花等。可在采果后采用环割、断根、拉枝、撑枝、吊枝、控水等措施促进健旺树花芽分化。

6.5.3.2 保果疏果

对生长势较强的柚树,可于谢花期在主枝上环割1圈～2圈,谢花期和幼果期适当用喷硼肥、磷酸二氢钾肥等措施以利于保果。

第1次疏果在第1次生理落果后,第2次疏果在第2次生理落果结束后,疏除小果、病虫果、畸形果、过密果。

7 采收

达到本品种固有的色泽和风味后采收,储藏果比鲜果宜早7 d～10 d采收。采收时采用旋蒂法,要轻采、轻放、轻装、轻运,随采随分级。蜜柚质量要求应符合NY/T 426的要求。

8 生产废弃物处理

农药包装袋、农药包装瓶(包括玻璃和塑料)要及时清理走,不要残留在田间,并交给相关的正规公司处理。

9 储藏运输

绿色食品琯溪蜜柚包装、储藏运输应符合NY/T 658、NY/T 1056的要求。

10 生产档案管理

建立绿色食品琯溪蜜柚生产档案。详细记录产地环境条件、生产技术、肥水管理、病虫草害的发生和防治、采收及采后处理等情况并保存记录3年以上。

附　录　A

（资料性附录）

福建地区绿色食品琯溪蜜柚生产推荐施肥方案，主要病虫草害化学防治方案

A.1　福建地区绿色食品琯溪蜜柚生产推荐施肥

方案见表 A.1。

表 A.1　福建地区绿色食品琯溪蜜柚生产推荐施肥方案

名称	时间	施肥目标	施肥量	施肥种类
促梢壮花肥	2月至3月上旬	促梢壮花	施肥量占全年的10%	速效氮磷钾肥，钾肥
稳果肥	5月中旬至6月上旬	提高坐果	施肥量占全年的5%	以速效氮磷钾为主
壮果肥	6月下旬至7月中旬	促果膨大	施肥量占全年的50%	以有机肥和速效氮钾为主；针对树势弱、结果多的琯溪蜜柚树在8月增施1次肥
采果肥	采果后的10月上旬至12月下旬	采后补充养分	施肥量占全年的35%	以有机肥为主
根外追肥	不同生育期	快速补充营养	视情况确定	选用尿素、硫酸铵、硝酸铵、过磷酸钙、草木灰、硫酸钾、硫酸镁、硼砂或硼酸、磷酸二氢钾、复合肥等不同肥料进行根外追肥，用来补充树体营养或是矫治缺素症

A.2　福建地区绿色食品琯溪蜜柚生产主要病虫草害化学防治方案

见表 A.2。

表 A.2　福建地区绿色食品琯溪蜜柚生产主要病虫草害化学防治方案

防治对象	防治时期	农药名称	使用剂量	施药方法	安全间隔期,d
红蜘蛛	冬季洁园；重点防治时期为两次高峰期（5月上旬至6月中旬和9月～10月）和越冬期	97%矿物油乳油	150倍～200倍液	喷雾	—
		29%石硫合剂水剂	20倍～40倍液	喷雾	—
		110 g/L乙螨唑悬浮剂	5 000倍～7 500倍液	喷雾	21
		22.4%螺虫乙酯悬浮剂	4 000倍～5 000倍液	喷雾	20
		34%螺螨酯悬浮剂	6 000倍～7 000倍液	喷雾	30
		24%联苯肼酯悬浮剂	1 000倍～1 500倍液	喷雾	21
		20%甲氰菊酯乳油	1 500倍～2 000倍液	喷雾	30
锈壁虱	5月～7月，若发现20%的叶片有锈壁虱应立即防治	45%石硫合剂结晶粉	300倍～500倍液	晚秋喷雾	—
		95%矿物油乳油	100倍～200倍液	喷雾	—
		25%除虫脲可湿性粉剂	3 000倍～4 000倍液	喷雾	28
		50 g/L氟虫脲可分散液剂	600倍～1 000倍液	喷雾	30
		50 g/L虱螨脲乳油	1 500倍～2 500倍液	喷雾	28

表 A.2（续）

防治对象	防治时期	农药名称	使用剂量	施药方法	安全间隔期,d
潜叶蛾	集中时段放夏梢和秋梢,在夏、秋梢抽出1 cm长时进行防治,间隔5 d～7 d连续用药2次	20%甲氰菊酯乳油	8 000倍～10 000倍液	喷雾	30
		5%吡虫啉乳油	1 000倍～2 000倍液	喷雾	21
		20%啶虫脒可湿性粉剂	12 000倍～16 000倍液	喷雾	14
		50 g/L氟虫脲可分散液剂	1 000倍～1 300倍液	喷雾	30
		4.5%高效氯氰菊酯乳油	2 250倍～3 000倍液	喷雾	40
介壳虫	冬季洁园;在5月上中旬,7月～9月1龄～2龄幼虫盛发期进行防治	45%石硫合剂结晶	180倍～300倍液	早春喷雾	—
			300倍～500倍液	晚秋喷雾	
		95%矿物油乳油	50倍～70倍液	喷雾	20
		22.4%螺虫乙酯悬浮剂	3 500倍～4 500倍液	喷雾	40
		50%噻嗪酮悬浮剂	2 000倍～4 000倍液	喷雾	35
		25%噻虫嗪水分散粒剂	4 000倍～5 000倍液	喷雾	14
		100 g/L吡丙醚乳油	1 000倍～1 500倍液	喷雾	28
蚜虫	在4月下旬至5月上旬,9月中旬至10月上旬,蚜虫盛发期进行防治	95%矿物油乳油	100倍～200倍液	喷雾	—
		5%啶虫脒乳油	4 000倍～5 000倍液	喷雾	14
		25%噻虫嗪水分散粒剂	8 000倍～12 000倍液	喷雾	14
		1.5%苦参碱可溶液剂	3 000倍～4 000倍液	喷雾	10
橘小实蝇	果实7成～8成成熟时期	1%噻虫嗪饵剂	80 g/亩～100 g/亩	定点投饵	—
		1%吡虫啉饵剂	每50 m² 5 g～10 g	投饵	—
溃疡病	重点保护夏梢和秋梢。在新梢抽出1.5 cm～3 cm和叶片转绿前各喷1次。大风暴雨后要及时防治	4%春雷霉素可湿性粉剂	600倍液	喷雾	21
		77%硫酸铜钙可湿性粉剂	400倍～600倍液	喷雾	32
		30%碱式硫酸铜悬浮剂	300倍～400倍液	喷雾	收获期
		枯草芽孢杆菌可湿性粉剂（100亿芽孢/g）	60 g/亩～70 g/亩	喷雾	—
		86%波尔多液水分散粒剂	500倍～750倍液	喷雾	21
		77%氢氧化铜可湿性粉剂	400倍～600倍液	喷雾	30
炭疽病	重点4月～5月和8月～9月保梢和防治果实炭疽病	80%代森锰锌可湿性粉剂	400倍～600倍液	喷雾	21
		12.5%氟环唑悬浮剂	1 500倍～2 400倍液	喷雾	21
		20%抑霉唑水乳剂	400倍～800倍液	浸果	30
		500 g/L氟啶胺悬浮剂	1 000倍～2 000倍液	喷雾	28
		50%嘧菌酯水分散粒剂	1 600倍～2 400倍液	喷雾	21
		65%代森锌可湿性粉剂	600倍～800倍液	喷雾	21
		25%多菌灵可湿性粉剂	250倍～333倍液	喷雾	30

表 A.2（续）

防治对象	防治时期	农药名称	使用剂量	施药方法	安全间隔期,d
疮痂病	春、夏梢嫩梢期和果实接近成熟时,均需喷药	80%代森锰锌可湿性粉剂	400倍～625倍液	喷雾	21
		70%甲基硫菌灵可湿性粉剂	800倍～1 200倍液	喷雾	21
		77%硫酸铜钙可湿性粉剂	400倍～800倍液	喷雾	32
		80%硫黄水分散粒剂	300倍～500倍液	喷雾	—
		25%嘧菌酯悬浮剂	800倍～1 000倍液	喷雾	14
		40%腈菌唑水分散粒剂	4 000倍～4 800倍液	喷雾	14
树脂病（砂皮病）	发病前期或初期	80%克菌丹水分散粒剂	600倍～1 000倍液	喷雾	21
树脂病（砂皮病）	嫩梢期、幼果期	25%吡唑醚菌酯可湿性粉剂	1 000倍～2 000倍液	喷雾	14
	在柑橘各次新梢抽发期、花谢2/3、幼果发病前或发病初期	10%氟硅唑水乳剂	1 500倍～2 000倍液	喷雾	28
木虱	木虱大量产卵的嫩梢期使用	21%噻虫嗪悬浮剂	3 360倍～4 200倍液	喷雾	30
	若虫孵化初期施药	100 g/L吡丙醚乳油	1 000倍～1 500倍液	喷雾	28
	木虱卵孵化高峰期	22.4%螺虫乙酯悬浮剂	4 000倍～5 000倍液	喷雾	20
一年生阔叶杂草及禾本科杂草	每年3月下旬至8月中旬	50%丙炔氟草胺可湿性粉剂	53 g/亩～80 g/亩	定向茎叶喷雾	每季最多使用1次
		200 g/L草铵膦水剂	350 mL/亩～550 mL/亩	定向茎叶喷雾	每季最多使用1次
注:农药使用以最新版本NY/T 393的规定为准。					

绿 色 食 品 生 产 操 作 规 程

LB/T 118—2020

两广地区绿色食品沙田柚
生产操作规程

2020-08-20 发布

2020-11-01 实施

中国绿色食品发展中心 发布

前　言

本规程由中国绿色食品发展中心提出并归口。

本规程起草单位：广东省农业科学院农产品公共监测中心、广东省农产品质量安全中心、广西壮族自治区绿色食品发展站、梅州市农产品质量监督检验测试中心、梅州市果树研究所。

本规程主要起草人：陈岩、欧阳英、王富华、李仕强、陆燕、曾祥银、汤琼、钟进良。

两广地区绿色食品沙田柚生产操作规程

1 范围

本规程规定了两广地区绿色食品沙田柚的产地环境、品种选择、栽植、田间管理、整形修剪、花果管理、病虫害防治、采收、生产废弃物处理、包装与储藏及生产档案管理。

本规程适用于广东、广西的绿色食品沙田柚生产。

2 规范性引用文件

下列文件对于本文件的应用是必不可少的。凡是注日期的引用文件,仅注日期的版本适用于本文件。凡是不注日期的引用文件,其最新版本(包括所有的修改单)适用于本文件。

GB 5040　柑橘苗木产地检疫规程

GB/T 9659　柑橘嫁接苗

GB/T 15772　水土保持综合治理　规划通则

NY/T 391　绿色食品　产地环境质量

NY/T 393　绿色食品　农药使用准则

NY/T 394　绿色食品　肥料使用准则

NY/T 426　绿色食品　柑橘类水果

NY/T 658　绿色食品　包装通用准则

NY/T 1056　绿色食品　储藏运输准则

3 产地环境

3.1 气候条件

年平均气温 17 ℃,冬季绝对最低温−1 ℃,1 月平均气温 8 ℃,10 ℃的年积温 5 500 ℃,年日照时数 1 000 h,年降水量 800 mm。

3.2 土壤条件

土壤质地为壤土或沙质壤土,土层深厚,疏松肥沃,有机质含量 1.5% 以上,土壤 pH 5.0～6.5,地下水位 100 cm 以下。

3.3 环境质量

选择生态环境良好的地区,避开污染源。在绿色食品和常规生产区域之间设置有效的缓冲带或物理屏障。产地环境条件应符合 NY/T 391 的要求。

3.4 园地规划

选择坡度在 25°以下的平坝、丘陵、山地。提倡集中规模种植,栽植前进行园地规划和设计,包括划分小区、修筑必要的道路、蓄水排灌设施、附属建筑建设等。如需营造防护林,防护林应与沙田柚没有共生性病虫害。

平地和坡度在 6°以下的缓坡地,栽植行为南北向。坡度在 6°～25°的山地、丘陵地,建园时修筑水平梯地,采用等高栽植,行向与梯地走向相同。

水土保持综合治理按 GB/T 15772 的规定执行。

4 品种选择

选择适宜于本地区生长的优质丰产、有较强抗病性、抗逆性的沙田柚品种。宜选用酸柚作为砧木。

5 栽植

5.1 苗木质量

苗木质量应符合 GB/T 9659 的要求,苗木检疫应符合 GB 5040 的要求。宜栽植容器苗、脱毒苗。

5.2 栽植时间

新梢老熟后或萌芽前。秋植在秋梢老熟后至 11 月下旬,春植在春梢萌芽前或春梢老熟后 4 月下旬。

5.3 栽植密度

根据环境条件、管理水平等而定,株行距 5 m×4 m 或 5 m×5 m。

5.4 栽植技术

5.4.1 植穴准备

栽植穴长宽深均为 80 cm～100 cm,每穴施有机肥 50 kg～75 kg,分 3 层～4 层填入穴内作为基肥。回填后定植墩高于地平面 10 cm～20 cm,墩面直径 60 cm～100 cm。

5.4.2 配植授粉树

配置与其花期相近、花粉量较大的其他柚类品种作为授粉树,如文旦柚、琯溪蜜柚、酸柚等,配置比例为 5%～8%。

5.4.3 定植方法

清除苗木嫁接膜、适度修剪苗木根系和枝叶,剪截伤根,尽量保留须根。在备植穴中央挖 30 cm～40 cm 深的小穴,将苗木根部放入穴中央,舒展根系,扶正,边填细土边轻轻向上提苗、踏实,使根系与土壤密接,然后覆土至根颈部。在植株周围修成直径 80 cm～100 cm、埂高 10 cm 左右的树盘,用作物秸秆等覆盖树盘,淋透定根水。

6 田间管理

6.1 土壤管理

6.1.1 深翻扩穴,熟化土壤

幼龄树在植后第 2 年开始,每年在 5 月～6 月(夏梢萌发前)或 10 月～12 月深翻改土 1 次～2 次。改土时先株间,后行间,可采用平行沟、环沟及"7"字沟等,从树冠外围滴水线处开始,逐年向外扩展。回填时表土放在底层,心土施在表层,结合深翻埋施有机肥,肥料应与泥土拌匀。

结果树在 11 月～12 月做好深翻扩穴改土施肥工作,方法同幼龄树。

6.1.2 间作或生草

在幼龄树期间可间种花生、黄豆等豆科作物、牧草或绿肥(如黑麦草、三叶草、藿香蓟、紫花苜蓿、绿叶山绿豆等)。间作植物应与柚树无共生性病虫害,忌藤蔓、高秆作物。在草旺盛季节适时刈割翻埋于土壤或覆盖树盘。

6.1.3 覆盖与培土

柚树未封行前,宜树盘覆盖,保湿防旱。盛产树高温或干旱季节,园内或树盘内用秸秆等覆盖,覆盖物应与树干保持 10 cm 左右的距离。每年高温前的 6 月中下旬及冬季,培土 1 次～2 次。

6.2 施肥

6.2.1 施肥原则

施用的肥料应符合 NY/T 394 的要求。以有机肥和微生物肥为主,商品化肥为辅,有针对性地补充中、微量元素肥料。应根据园地土壤条件、树龄、树势、结果量进行合理评估,在保障沙田柚营养平衡的基础上合理并减控化肥使用。

6.2.2 施肥方法

6.2.2.1 土壤施肥

用穴施和沟施方法。在树冠滴水线外侧挖沟(穴),深度见须根群。东西、南北对称轮换位置施肥。施肥后及时覆土,有条件的果园推荐采用滴灌、微喷水肥一体化技术进行液体施肥。

6.2.2.2 叶面追肥

在新梢抽生期、幼果生长期、果实膨大期、果实上色期,根据树体对营养的需求,选用不同种类的叶面肥进行叶面追肥,以补充树体对营养的需求。叶面肥高温干旱期应按使用范围的下限施用,果实采收前1个月停止施肥。

6.2.3 施肥时期与种类

6.2.3.1 幼树施肥

掌握勤施薄施原则,宜高氮、中钾、少磷,氮、磷、钾(分别以 N、P_2O_5、K_2O 计,下同)比例为1∶0.3∶0.7。一年生树配施氮、磷、钾肥,折合纯氮 0.5 kg/株,二、三年生树年用氮量 0.6 kg/株～0.8 kg/株。

6.2.3.2 结果树施肥

依树龄、树势、产量、土壤及施肥方式等确定施肥量。氮、磷、钾比例宜为1∶0.5∶0.8。其中,11月中旬至12月中旬重埋冬肥,结合深翻扩穴埋施,用肥量占全年的 4 成～6 成。以有机肥为主,加适量氮、磷、钾三元化学肥料或柚类专用复合肥,同时根据树势适当补充其生长发育所需的其他微量元素。春梢萌发前 15 d 施促梢促花肥,以速效肥为主,合理配搭氮、磷、钾肥比例。花蕾期至小果期间施保花保果壮梢肥,以氮肥为主,配合充分腐熟的有机液肥。6月中旬至8月上旬施稳果壮果肥,以有机肥为主,适当增加磷钾肥用量。

6.3 水分管理

在春梢萌发、果实膨大期、采果后以及干旱时应及时灌溉,保持土壤湿度为田间最大持水量的60%～80%。灌溉用水水质应符合 NY/T 391 的要求。多雨季节或果园积水时及时排水。

7 整形修剪

7.1 整形

采取抹芽、控梢、短截、疏删、拉枝整形等方法培育自然开心形的树冠。通过整形培养树体的主干和骨架主枝,主要采用自然圆头形,干高50 cm～60 cm,主枝 3 个～5 个,每个主枝配备副主枝 2 个～3 个,主枝、副主枝均匀分布。

7.2 修剪

7.2.1 幼树期

以轻剪为主,在放梢的前15 d～20 d进行。以剪口芽方向培养分枝角度,平衡树体生长势。轻剪其余枝梢,避免过多的疏剪和重短截。

7.2.2 初结果期

继续选择和短截处理各级骨干枝、延长枝,抹除早夏梢,促发健壮的迟夏梢或早秋梢。对过长的营养枝留 8 片～10 片叶及时摘心,放梢前调整处理徒长枝,回缩或短截结果枝组。

7.2.3 盛果期

分为冬剪和夏剪。冬剪在采收后至春梢前 20 d 进行,以疏剪为主、短截为辅。剪除枯枝、病虫枝和无法转绿的新梢,回缩交叉枝,尽量保留内膛枝,压制上部过强、过多的枝条,促中下部内膛枝生长。夏剪在放秋梢前 15 d～20 d 时间内进行,剪除落花落果枝、扫把枝、弱枝等,短截废弱枝条和经多次抹除夏梢后枝梢顶部已成为瘤状的膨大部分。

8 花果管理

8.1 促花

通过水、土、肥、保一系列措施,常年保持树势健壮。在花芽分化期,结合深翻改土断根控水,针对树势强壮而开花结果少的树进行环扎或环割。

8.2 疏花

合理疏花,以花果比为5:1为宜。在花蕾有绿豆大时疏花穗,对在一个结果母枝上的花穗(序),疏头去尾,留中间2束～3束发育健壮的花序;在花蕾露白时疏花蕾,每枝花穗疏去头尾部病虫、弱小花蕾,留中间4个～5个健壮饱满的花蕾;在开花时疏花朵,摘去弱花、病花、畸形花。

8.3 授粉

进行果园放蜂,借蜜蜂授粉。需人工异花授粉品种应在开花期进行,选择初开、健壮的大花朵授粉。晴天8:00～10:00或15:00～16:00,用2 000倍泰克硼和5%白糖或20%～70%蜜糖等水溶液,加新鲜授粉树花朵20朵～50朵的花粉液50 g～60 g,用棉签等柔软工具蘸授到沙田柚雌花的柱头上。

8.4 疏果

4月～5月分2次～3次疏去病虫果、畸形果、伤果、小果和过多的果,根据树势强弱和树冠大小调控定果,叶果比宜控制为(120～180):1。

8.5 保花保果

在初花期、盛花期可喷0.3%～0.5%的硼肥保花,谢花后可喷8 mg/kg 2,4-D+0.3%尿素+0.2%磷酸二氢钾1次～2次。对结果树,应控制夏梢生长。

8.6 果实套袋

套袋适宜期为6月～7月。套袋前应根据当地病虫害发生情况对柚园全面喷药1次～2次,喷药后及时选择生长正常、健壮的果实进行套袋。纸袋应选用抗风吹雨淋、透气性好的柚果专用纸袋,以单层袋为宜,果实采收前15 d左右解袋。

9 病虫害防治

9.1 防治原则

按照"预防为主、综合防治"的植保方针,坚持"农业防治、物理防治、生物防治为主,化学防治为辅"的原则,有效控制病虫危害。

9.2 常见病虫害

主要病害有柑橘黄龙病、疮痂病、炭疽病、溃疡病、黑斑病、蒂腐病和霉病等。主要虫害有螨类、蚜虫、柑橘木虱、粉虱、介壳虫和潜叶蛾等。

9.3 防治措施

9.3.1 植物检疫

严格执行植物检疫制度,严禁从检疫性有害生物流行区引进苗木,以及任何可携带检疫性病虫害的其他植物和材料。推广无病毒苗木。园内如发现检疫性有害生物,彻底清除有害生物及其载体,立即采取措施加强防治和隔离,防止疫情蔓延。

9.3.2 农业防治

选择抗性砧木,科学施肥,合理修剪,保持树冠通风透光良好,合理负载,保持树体健壮。采取剪除并销毁病虫枝、人工捕捉害虫、清除枯枝落叶、地面覆盖等措施抑制或减少病虫害的发生。

9.3.3 物理防治

根据不同害虫生物学特性,采取频振式杀虫灯、黏着剂、性诱剂、悬挂黄板等方法诱杀害虫。

9.3.4 生物防治

改善果园生态环境,提倡生草栽培,建立生态屏障隔离有害生物。通过保护、释放等手段增加昆虫天敌数量,以虫治虫。重点保护捕食性昆虫,如小黑瓢虫、捕食螨、六点蓟马、食蚜蝇等。使用生物源农药,特别是植物源农药。

9.3.5 化学防治

根据防治对象的生物学特性和危害特点,加强病虫预测预报,使用与环境相容性好、高效、低毒、低残留的农药。轮换使用不同作用机理的农药,选用合适的高效喷药器械。严格执行农药安全间隔期。农药品种的选择和使用应符合 NY/T 393 的要求。主要病虫害化学防治方案参见附录 A。

10 采收

10.1 采收时期

在立冬前后,根据沙田柚成熟度、市场需求、天气状况分批采收。雨雾天气和露水未干时不宜采收。

10.2 采收方法

采果者应戴手套,用圆头果剪将果实连同果柄一起剪下,再剪平果蒂。先下后上、先外后内依次进行,严格按"两剪法"采收。轻拿轻放,减少果实伤口,提高采果质量。

10.3 采后处理

10.3.1 分级

采后及时剔除病果、伤果,按大小、形状、色泽进行分级,果品质量应符合 NY/T 426 的要求。

10.3.2 防腐保鲜处理

采后应将果实运至包装场地进行防腐保鲜处理,防止果实储藏腐烂。保鲜应在采后 3 d 内完成,保鲜剂的选用应符合 NY/T 393 的要求,同时符合 NY/T 426 的限量要求。

11 生产废弃物处理

保证果园具有可持续生产能力,不对环境或周边生态产生污染破坏。果园生理落果、落叶应及时收集集中处理,可以作为农家肥的物料,如作为堆肥、沤肥等。尽量减少农膜的使用,必要时应选用可降解农膜或无纺布农膜,及时清理田间各类废弃的农膜、农药包装袋和包装瓶,对废弃的包装物实施无害化处理或资源化利用。

12 包装与储藏

标志、包装、运输与储藏应分别符合 NY/T 658、NY/T 1056 的要求。储存场地应干净、卫生,应分等级、包装规格堆放,批次分明,堆码整齐,不得与有毒有害、有异味物品混放。冷库储存时,应经 2 d～3 d 预冷后达到最终冷藏温度,方可入库冷藏,冷藏温度宜为 10 ℃～12 ℃,相对湿度宜为 80%～85%。

13 生产档案管理

建立绿色食品沙田柚生产档案,做到产品生产可追溯。应详细记录产地环境条件、生产技术、病虫草害的发生和防治、采收及采后处理等情况。生产档案应由专人专柜保管,至少保存 3 年。

附 录 A

（资料性附录）

两广地区绿色食品沙田柚生产主要病虫害化学防治方案

两广地区绿色食品沙田柚生产主要病虫害化学防治方案见表 A.1。

表 A.1 两广地区绿色食品沙田柚生产主要病虫害化学防治方案

防治对象	防治时期	农药名称	使用剂量	施药方法	安全间隔期,d
螨类,包括柑橘全爪螨（红蜘蛛）、柑橘始叶螨（黄蜘蛛）、锈壁虱	冬季清园时	45％石硫合剂	300 倍～500 倍液	喷雾	15
	全年防控,以 4 月～10 月为重点	5％噻螨酮可湿性粉剂	1 500 倍～2 000 倍液	喷雾	30
		34％螺螨酯悬浮剂	6 000 倍～7 000 倍液	喷雾	30
		20％四螨嗪悬浮剂	1 600 倍～2 000 倍液	喷雾	14
		24％联苯肼酯悬浮剂	1 000 倍～1 500 倍液	喷雾	21
		110 g/L 乙螨唑悬浮剂	5 000 倍～6 000 倍液	喷雾	21
		5％唑螨酯悬浮剂	1 000 倍～1 500 倍液	喷雾	15
蚜虫	新梢期	5％啶虫脒乳油	4 000 倍～5 000 倍	喷雾	14
		95％矿物油乳油	50 倍～60 倍液	喷雾	—
		10％吡虫啉可湿性粉剂	4 000 倍～5 000 倍液	喷雾	14
		25％噻虫嗪水分散粒剂	8 000 倍～12 000 倍液	喷雾	14
粉虱和蚧类,包括矢尖蚧、吹绵蚧、红蜡蚧	春梢抽发至秋梢期	25％噻虫嗪水分散粒剂	7 500 倍液	喷雾	14
		5％啶虫脒乳油	2 000 倍～4 000 倍液	喷雾	21
		0.5％苦参碱水剂	1 000 倍～15 000 倍液	喷雾	—
		25％噻嗪酮可湿性粉剂	1 000 倍～1 500 倍液	喷雾	35
潜叶蛾	新梢抽发期,以 4 月～10 月为重点	10％吡虫啉乳油	1 000 倍～2 000 倍液	喷雾	14
		20％啶虫脒可湿性粉剂	12 000 倍～16 000 倍液	喷雾	14
		20％甲氰菊酯乳油	8 000 倍～10 000 倍液	喷雾	30
		20％除虫脲可湿性粉剂	2 000 倍～4 000 倍液	喷雾	28
疮痂病	新梢期、开花前、幼果期	80％代森锰锌可湿性粉剂	600 倍～800 倍液	喷雾	21
		70％甲基硫菌灵可湿性粉剂	1 000 倍～1 500 倍液	喷雾	21
		250 g/L 嘧菌酯混悬剂	800 倍～1 200 倍液	喷雾	14
炭疽病	夏、秋梢期和果实膨大期,以 7 月～10 月为重点	80％代森锰锌可湿性粉剂	600 倍～800 倍液	喷雾	21
		250 g/L 嘧菌酯悬浮剂	800 倍～1 200 倍液	喷雾	14

表 A.1(续)

防治对象	防治时期	农药名称	使用剂量	施药方法	安全间隔期,d
溃疡病	全年防控,以5月上旬、6月～7月、9月为重点	77%氢氧化铜可湿性粉剂	400倍～600倍液	喷雾	30
		28%波尔多液悬浮液	100倍～150倍液	喷雾	20
		4%春雷霉素可湿性粉剂	600倍液	喷雾	21
青霉病、绿霉病、蒂腐病	采收后	450 g/L噻菌灵悬浮剂	300倍～450倍液	浸果	10
		50%抑霉唑乳油	1 000倍～2 000倍液	浸果	60
注:农药使用以最新版本 NY/T 393 的规定为准。					

绿 色 食 品 生 产 操 作 规 程

LB/T 119—2020

南方地区绿色食品桃生产操作规程

2020-08-20 发布

2020-11-01 实施

中国绿色食品发展中心 发布

前　言

本规程由中国绿色食品发展中心提出并归口。

本规程起草单位：中国农业科学院郑州果树研究所、江苏省农业科学院果树研究所、湖南省农业科学院园艺研究所、北京市农林科学院植物保护研究所、上海市农科院林果研究所、扬州大学园艺与植物保护学院、湖北省农业科学院果树茶叶研究所、广西特色作物研究所。

本规程主要起草人：牛良、崔国朝、王志强、涂洪涛、张金勇、谢汉忠、俞明亮、卜范文、张帆、叶正文、纪兆林、何华平、万保雄。

南方地区绿色食品桃生产操作规程

1 范围

本规程规定了南方地区绿色食品桃生产的产地环境、品种和苗木选择、整地与定植、田间管理、采收及包装、生产废弃物处理、运输保鲜及生产档案管理。

本规程适用于长江流域和华南高温多湿产区的绿色食品桃生产。

2 规范性引用文件

下列文件对于本文件的应用是必不可少的。凡是注日期的引用文件,仅注日期的版本适用于本文件。凡是不注日期的引用文件,其最新版本(包括所有的修改单)适用于本文件。

GB 19175—2010　桃苗木

NY/T 391　绿色食品　产地环境质量

NY/T 393　绿色食品　农药使用准则

NY/T 394　绿色食品　肥料使用准则

NY/T 658　绿色食品　包装通用准则

NY/T 844　绿色食品　温带水果

NY/T 1056　绿色食品　储藏运输准则

3 产地环境

产地环境须符合 NY/T 391 的要求。包括对基地选址、地形地势、土壤条件、气候条件等方面的要求。

3.1 气候条件

年平均气温 13 ℃～17 ℃,极端低温≥−20 ℃,休眠期 0 ℃～7.2 ℃的低温积累 600 h 以上,年日照时数≥1 200 h。

3.2 土壤条件

pH 4.5～7.5 均可种植,以 5.5～6.5 微酸性为宜,盐分含量≤1 g/kg,有机质含量≥10 g/kg,地下水位在 1 m 以下。

3.3 基地选址

桃园应生态环境良好,土壤、灌溉水、空气质量应符合 NY/T 391 的要求,桃园周边应无污染源。选择平地或背风向阳的南向、东南向坡面栽植,避免重茬。在建园前,要根据经济自然条件、交通、劳力、市场、占地条件等科学规划,合理安排道路、建筑物和排灌系统。

4 品种和苗木选择

桃苗木质量应符合 GB 19175—2010 中二级苗以上规定。

4.1 选择原则

接穗品种应适应性强、质优、耐储运、自花结实、丰产,早、中、晚熟合理搭配。砧木应选择嫁接亲和性好、耐涝抗病、根系发达、生长健壮的实生砧或无性繁殖砧木。

4.2 品种选用

品种原则上应通过国家或省部级相关部门审(认)定或登记。露地栽培应谨慎选择油桃、油蟠桃品种。砧木应以毛桃实生砧为主。

5 整地与定植

5.1 整地

南方桃区降雨多,地下水位高,除设置好排水沟外,定植时起垄栽植,垄高50 cm左右。按行株距挖宽深各80 cm的栽植沟穴,沟穴底填厚20 cm~40 cm的土壤与粗有机质混合物,如作物秸秆等。挖出的表土与足量有机肥混匀,回填沟中。待填至低于地面15 cm~20 cm后,灌水浇透,使土沉实。

5.2 定植

5.2.1 定植时间

秋季落叶后至翌年春季桃树萌芽前均可栽植,建议秋、冬季栽植。

5.2.2 栽植密度与树形

根据立地条件、品种特性及可行的机械化程度等确定栽植密度。建议株距2 m~4 m、行距4 m~6 m,适宜机械化的果园适当加宽行距。

平地选择2主枝~4主枝V形,丘陵山地可选择3主枝~4主枝自然开心形。土壤肥力条件较差者,主枝数量宜少,株距相应缩小;土壤肥力条件较好者,主枝数量可适当增加,株距相应加宽。

5.2.3 定植方法

定植前应先对根系进行适当修剪,剪去损伤根及过密的根,让根系均匀伸展深入土中,深度以苗木根颈部与地面持平为宜。种植时应将根系上覆盖的土充分踏实,灌1次透水,7 d~10 d后再浇1次水,待水下渗后覆土。

6 田间管理

6.1 土壤管理

建议行间生草,可种植毛叶苕子、紫花苜蓿或白三叶,距树干1 m左右,定期刈割还田;每3年~5年翻耕松土1次。

树下采用秸秆或环保无残留园艺地布覆盖。

6.2 施肥

6.2.1 施肥原则

肥料使用应符合NY/T 394的要求。以有机肥、微生物肥为主,适当补充化肥,化肥使用量不超过同类果园1/2。树势弱多施,树势旺少施。

6.2.2 施肥方法与用量

6.2.2.1 基肥

秋季10月左右树体停止生长后施入,以有机肥为主,根据树势情况适量补充复合肥。施用方法以沟施为主,沟深30 cm~45 cm;施肥部位在树冠投影范围内。

6.2.2.2 土壤追肥

土壤追肥应根据树势来确定。追肥时期为萌芽前、谢花后、果实快速膨大期和采果后。生长前期氮肥可稍多,生长后期以磷钾肥为主。

6.2.2.3 叶面喷肥

根据树势及缺素状况来确定,一年可多次进行。果实发育后期以磷钾肥为主。

6.3 水分管理

6.3.1 灌溉时间

桃树萌芽期、果实快速膨大期、土壤封冻前应根据土壤墒情合理浇水。

6.3.2 灌溉方法

灌溉的方法有沟灌、树盘浇水、喷灌、滴灌等，具体可根据当地的经济条件、水源情况、水利设施条件以及地形等综合考虑，避免大水漫灌。推荐使用滴灌、微喷灌等节水管道灌溉方法。

6.3.3 排水

应视地形状况设置排水沟，保证雨季能及时排水。

6.4 树体管理

6.4.1 修剪时期

以休眠期修剪为主，重视生长季修剪。

6.4.2 修剪要点

6.4.2.1 定植后修剪

苗木定植后，在 40 cm～50 cm 高度处留饱满芽定干。萌芽后，立支架按 60°～70°夹角选留主枝培养，主枝向东西方向生长，延伸到 50 cm～60 cm 时摘心，延长头继续培养，其余侧枝生长到 10 cm～15 cm 时摘心。过密枝和粗度≥1 cm 的侧枝及时疏除。

6.4.2.2 幼树期修剪

幼树期夏季修剪以摘心、抹芽、疏枝为主。保持主枝夹角，及时疏除背上枝和中上部粗枝，多培养中庸果枝。主枝中下部可培养中小型结果枝组，中上部培养小型结果枝组或直接在主枝上培养结果枝。结果枝组和结果枝应交错分布，保持合理间距，避免重叠。

冬剪时，主枝延长头适当短截，疏除徒长枝、背上枝、过粗枝和过密枝，过大枝组适当回缩；同方向20 cm 左右留一结果枝，避免结果枝交叉重叠。

6.4.2.3 盛果期树修剪

生长季及时疏除背上枝、徒长枝、过粗枝、过密枝，合理调节各个枝条生长方向，配合摘心、抹芽、疏枝等手段控制枝条旺长，使所有枝条均匀分布，保证树冠中下部和内膛通风透光。休眠期修剪时，及时回缩更新结果枝组、衰退枝组，剪除枯枝、病虫枝、交叉枝、重叠枝，合理调节果枝数量与分布，实现丰产稳产。

6.5 花果管理

6.5.1 产量调节

花期遇连续阴雨可搭建避雨棚；对自交结实、坐果率高的品种可适当疏花；落花后 4 周到硬核期前进行严格疏果，将亩产量控制在 2 000 kg～2 500 kg。

6.5.2 果实套袋

生理落果结束后可对晚熟桃进行套袋。套袋前按照 NY/T 393 的规定喷施广谱低毒杀虫杀菌剂。套袋顺序为先早熟后晚熟，坐果率低的品种可适当晚套，减少空袋率。纸袋应选择抗风吹雨淋、透气性好的专用纸袋。

6.5.3 果实解袋

果实采收前适时摘袋。不易着色的品种和光照不良的地区可适当提前解袋，果实成熟期雨水集中的地区、裂果严重的品种也可不解袋。

6.6 病虫害防控

6.6.1 防控原则

以预防为主，综合运用物理防治、生物防治、化学防治等方法，将有害生物控制在经济损害水平。农药种类和使用严格按 NY/T 393 的规定执行。

6.6.2 常见病虫害

常见病害有褐腐病、疮痂病、炭疽病、缩叶病、细菌性穿孔病等。

常见虫害有桃蚜、苹果小卷叶蛾、红蜘蛛、梨小食心虫、桃蛀螟、桑白蚧等。

6.6.3 防控措施

6.6.3.1 农业防治

选用抗病虫和抗逆性较强的品种及砧木。行间生草及行内覆盖,丰富桃园生物多样性。合理修剪和施肥以培养健壮树体。及时清理落果,剪除病虫枝,做好冬季清园。树干涂白。

6.6.3.2 物理防治

利用杀虫灯、色板、食饵、中间寄主等控制成虫。如悬挂黄板防治蚜虫及梨小食心虫成虫,悬挂高度1.5 m~2.0 m,每亩悬挂20块~30块黄板即可达到良好的效果;5月~8月安置杀虫灯,防治蛾类、金龟子等害虫;配制悬挂糖醋液对梨小食心虫、多种卷叶蛾、桃蛀螟等的成虫有较好效果。

在病虫危害严重的果园,特别是吸果类害虫、实蝇等,可进行套袋处理。检疫性病虫害流行区,应用防虫网阻隔害虫或病害媒介昆虫。

6.6.3.3 生物防治

调节果园生态环境,建立生态屏障隔离有害生物,保护天敌生物生存条件。人工繁育并释放害虫的病原性天敌、捕食性天敌或寄生性天敌,提倡以螨治螨、以虫治虫或者以菌治虫,如释放瓢虫、赤眼蜂、捕食螨等天敌昆虫。

充分利用信息素、性诱剂等来监测和防治害虫。悬挂迷向丝、三角屋防治梨小食心虫,迷向丝高度不低于1.7 m,2个月换1次,具体悬挂密度参照产品说明书;或于树冠外围距地面1.5 m处悬挂装有性诱芯的诱捕器(三角屋),每亩悬挂5个三角屋,诱芯1个月换1次。

6.6.3.4 化学防治

根据病虫害发生规律进行化学防治,以防为主,农药使用上以矿物源或生物源农药为主。严格控制药量和间隔期,避免连续施用单一农药,可采取轮换使用或混用方式。化学防治方法参见附录A。

6.7 鸟害防控

在果实快速膨大期安装防鸟网,果实采收后及时收起,尽量减少对鸟类的伤害。也可使用驱鸟器和驱鸟剂驱鸟。

6.8 草害防控

自然生长高度高于50 cm的杂草或缠绕上树的杂草应及时拔除。定期刈割将草高度控制在5 cm~10 cm。

7 采收及包装

7.1 果实的采收

果实的采收取决于品种的耐储运性、果实的成熟度及采收后的用途。在当地销售的桃果,可以适当晚一些采收,采收后立即销售;需要保鲜或远距离运输的果实,可以在保证品质的前提下适当早采。采收鲜桃应符合NY/T 844的要求。

7.2 果实的分级

桃果实采收后需严格进行人工或机器分级,剔除伤病果,保证果品质量。

7.3 果实的包装

包装材料应符合NY/T 658的要求。依照运输、销售方式采取不同的包装方式,运输储藏包装可采用果箱、果筐,或临时周转箱等,木箱或纸箱上需打孔,以利于通风。销售包装则根据市场需求进行不同形式的包装,更加精细美观。

8 生产废弃物处理

8.1 枝条处理

田间修剪的较细枝条可用秸秆还田机或粉碎机直接粉碎还田,较粗枝条或淘汰大树树干可移出集中处理。

8.2 落叶处理

桃树秋季落叶及杂草可配合秋施基肥还田,或堆积发酵腐熟后还田。

8.3 包装材料

套袋纸袋、包装箱等可回收利用,农药包装废弃物等应收集,集中做无害化处理,不得随意丢弃。防草地布应使用可降解环保材料。

9 运输保鲜

果实的储藏保鲜运输应符合 NY/T 1056 的要求。桃运输过程中很容易受机械损伤,因此,包装容器不宜过大,一般以 5 kg~10 kg 为宜,应采用独立小包装,避免摩擦挤伤或腐烂感染,运输前应及时预冷,预冷温度 4 ℃以下;桃不宜长时间保鲜储藏。保鲜过程中可采用小包装,温度为 0 ℃~4 ℃,相对湿度 90%~95%。

10 生产档案管理

建立绿色食品桃生产档案。明确记录产地环境条件、日常田间管理、病虫草害的发生和防治、果品采收及采后处理等情况,记录须保存 3 年以上。做到果品生产全程可追溯。

附 录 A

（资料性附录）

南方地区绿色食品桃生产主要病虫害化学防治方案

南方地区绿色食品桃生产主要病虫害化学防治方案见表 A.1。

表 A.1 南方地区绿色食品桃生产主要病虫害化学防治方案

防治对象	防治时期	农药名称	使用剂量	使用方法	安全间隔期，d
越冬病原和害虫缩叶病等	休眠至萌芽前	80％硫黄水分散粒剂	500 倍～1 000 倍液	喷雾	14
桃蚜	花芽萌动期谢花后谢花后 2 周	0.5％苦参碱水剂	1 000 倍～2 000 倍液	喷雾	7
		10％吡虫啉可湿性粉剂	4 000 倍～5 000 倍液	喷雾	14
		50％氟啶虫胺腈水分散粒剂	15 000 倍～20 000 倍液	喷雾	14
		75％吡蚜·螺虫酯水分散粒剂	4 000 倍～6 000 倍液	喷雾	90
桃蛀螟、梨小食心虫、卷叶蛾、潜叶蛾	发生期	32 000 IU/mg 苏云金杆菌可湿性粉剂	400 倍～800 倍液	喷雾	—
		3％高效氯氰菊酯微囊悬浮剂	600 倍～1 000 倍液	喷雾	14
梨小食心虫	发生期	5％梨小性迷向素饵剂	80 g/亩～100 g/亩	投饵	—
细菌性穿孔病、褐腐病	发生期	45％春雷·喹啉铜悬浮剂	2 000 倍～3 000 倍液	喷雾	14
		10％小檗碱盐酸盐可湿性粉剂	800 倍～1 000 倍液	喷雾	—
		24％腈苯唑悬浮剂	2 500 倍～3 200 倍液	喷雾	10
注：农药使用以最新版本 NY/T 393 的规定为准。					

绿 色 食 品 生 产 操 作 规 程

LB/T 120—2020

绿色食品加工用桃生产操作规程

2020-08-20 发布

2020-11-01 实施

中国绿色食品发展中心 发布

LB/T 120—2020

前　言

本规程由中国绿色食品发展中心提出并归口。

本规程起草单位：山东省农业科学院农业质量标准与检测技术研究所、山东省绿色食品发展中心、冠县舜耕果蔬专业合作社、河北省农业特色产业技术指导总站。

本规程主要起草人：王玉涛、蔡达、赵玉华、刘俊华、纪样龙、萧枫、李超、刘娟、赵清、张潇。

绿色食品加工用桃生产操作规程

1 范围

本规程规定了绿色食品加工用桃生产的产地环境、栽植技术、整形修剪、土壤管理、肥料管理、水分管理、花果管理、病虫害防治、果实采收、包装和储藏、生产废弃物处理及生产档案管理。

本规程适用于绿色食品加工用桃的生产。

2 规范性引用文件

下列文件对于本文件的应用是必不可少的。凡是注日期的引用文件，仅注日期的版本适用于本文件。凡是不注日期的引用文件，其最新版本（包括所有的修改单）适用于本文件。

NY/T 391　绿色食品　产地环境质量

NY/T 393　绿色食品　农药使用准则

NY/T 394　绿色食品　肥料使用准则

NY/T 586　鲜桃

3 产地环境

3.1 产地环境质量

桃园应生态环境良好，土壤、灌溉水、空气质量应符合 NY/T 391 的要求。桃园周围应无工矿企业，远离交通主干线，周边无污染源。

3.2 园地选择

选择避风向阳、空气流畅的梯田地或川地。宜选择土质疏松、土层深厚、通透性好、排水通畅、地下水位低的沙壤土或壤土。土壤 pH 4.5～7.5 可种植，以 pH 5.5～6.5 为宜。

4 栽植技术

4.1 品种选择

桃罐头用桃选用白肉桃或者黄肉桃；桃干用桃选用符合 NY/T 586 要求的普通桃品种；桃汁（浆）用桃选用可溶性固形物含量≥7.0 白利度的品种。

4.2 苗木选择

选择生长健壮，根系发达（主根长 25 cm 以上，有 2 个以上的侧根，侧根不短于 15 cm），株高 1.2 m以上，嫁接口粗度 1.0 cm～1.2 cm 以上，愈合良好的苗木。

4.3 栽植时期

秋季落叶后至翌年春季桃树萌芽前均可栽植，以秋栽为宜；存在冻害或干旱抽条的地区，宜在春季栽植。

4.4 栽植密度

栽植密度应根据园地的立地条件、品种、整形修剪方式和管理水平等而定，一般株行距为（2～4）m×（4～6）m。

4.5 栽植方法

定植穴大小宜为 80 cm×80 cm×80 cm，在沙土瘠薄地可适当加大。施底肥并拌土，表土回填，苗木根颈部与地面相平为宜。填平踏实，及时浇水，待水下渗后覆平，覆地膜保湿，距地面 40 cm～50 cm

处定干套袋,防止虫咬,提高成活率。

5 整形修剪

5.1 主要树形

5.1.1 三主枝开心形

干高 40 cm～50 cm,选留 3 个主枝,在主干上分布错落有致,主枝分枝角度在 40°～70°。每个主枝配置 2 个～3 个侧枝,呈顺向排列,侧枝开张角度以 60°～80°为宜。

5.1.2 两主枝开心形

干高 40 cm～50 cm,两主枝角度 60°～90°,主枝上着生结果枝组或直接培养结果枝。

5.2 修剪

5.2.1 幼树期修剪

以整形为主,边整形边结果。轻剪长放,缓和树势,利用各类枝条扩大树冠,培养牢固的骨架。同时培养各类枝组,尽快完成整形,以提高早期产量。

5.2.2 盛果期修剪

保持树体通风透光,维持树势,协调生长与结果的关系;更新枝组,保持高产和稳产的结果能力;调整果园群体结构,改善株行间的通风透光条件。前期保持树势平衡,培养各种类型的结果枝组;中后期应抑前促后,回缩更新,培养新枝组。控上促下,防止树冠上强下弱,内膛光秃,防止早衰和结果部位外移,维持良好的树冠结构。

6 土壤管理

6.1 深翻改土

每年秋季果实采收后,结合秋施基肥,深翻改土。分为扩穴深翻和全园深翻,将挖出的表土与腐熟的有机肥分层填入,底土放在上层,然后充分灌水。

6.2 中耕

雨后或灌水后要及时中耕松土,保持土壤疏松。中耕深度为 5 cm～10 cm。

6.3 种草和覆盖

行间种植白三叶草及豆科固氮矮秆浅根性植物,树盘内用作物秸秆覆盖,厚度 15 cm～20 cm。

7 肥料管理

7.1 施肥原则

肥料施用应符合 NY/T 394 的要求。所施用的肥料为已登记的肥料或免于登记的肥料,限制使用含氯化肥。所有肥料对环境和作物不产生不良后果。

7.2 禁止使用的肥料

含有重金属、橡胶和塑料和未经无害化处理的城市垃圾,未获批准登记的商品肥。

7.3 施肥方法和数量

7.3.1 基肥

以腐熟的农家肥为主,适量加入速效化肥(过磷酸钙、硼砂、硫酸亚铁等),每年在桃采收后至落叶前进行。施肥量按 1 kg 桃果施 2 kg 优质农家肥计算。施肥方法采用放射状沟、环状沟或平行沟施。

基肥的施肥深度是 30 cm～40 cm,每次行间、株间轮换施肥位置。

7.3.2 土壤追肥

追肥时期为萌芽前、开花后、果实迅速膨大期和采收后施入。生长前期以氮肥为主,生长后期以磷钾肥为主。追肥一般每年 3 次,第 1 次在萌芽期,第 2 次在幼果期,第 3 次在硬核期。追肥施用量可按树冠垂直投影面积计算,即施尿素 0.05 kg/m²、过磷酸钙 0.02 kg/m²、磷酸二铵 0.075 kg/m²、硫酸钾 0.02 kg/m²。

7.3.3 叶面追肥

生长期叶面追肥 3 次～5 次,一般生长前期 1 次,后期 2 次。常用肥料浓度:尿素 0.3%～0.5%、磷酸二氢钾 0.3%～0.5%、硫酸钾 0.2%～0.3%、硼酸 0.1%～0.2%。距果实采收前 20 d 内停止叶面追肥。

8 水分管理

8.1 灌水

桃树芽萌动期、果实迅速膨大期、落叶后封冻前,需及时灌水。可采取树盘灌溉、沟灌、喷灌、渗灌,干旱地区及丘陵区可采用穴储肥水灌溉。如果遇干旱,要用小水细浇,忌大水漫灌。

8.2 排水

设置排水系统,雨季通过沟渠及时排水。

9 花果管理

9.1 留果量

根据果枝长短、果型大小来确定。加工用桃大多为中型果。长果枝(30 cm～60 cm 长、0.5 cm～0.9 cm 粗)留 2 个果。中果枝(15 cm～30 cm 长、0.4 cm～0.5 cm 粗)留 1 个果。短果枝和花束状枝(5 cm～15 cm 长、0.2 cm～0.3 cm 粗)2 个枝留 1 个果。预备枝、延长枝不留果。注意树冠上部和外围多留果,内膛、下部少留果。

根据叶果比来确定。平均 30 片叶～40 片叶留 1 个果。

9.2 疏果时间

第 1 次:花后 1 周。疏去枝条顶部及基部果,中部适当间疏。此次留果量为最后定果量的 3 倍。
第 2 次:硬核前,6 月上中旬,对生理落果严重的花期气温低的应适当晚疏和多留果。

10 病虫害防治

10.1 防治原则

贯彻"预防为主、综合防治"的植保方针,根据病虫发生规律和经济阈值,按照 NY/T 393 的规定,科学合理使用农药,达到安全、经济、有效的防治目的。

10.2 防治方法
10.2.1 农业防治

加强土肥水管理,合理负载,增强树势,提高桃树自身的抗病能力;合理修剪,保持树体通风透光,减轻病害;剪除病虫枝,清除枯枝落叶;地面覆膜;利用行间生草、机械除草、树下人工除草等措施,控制杂草。

10.2.2 物理防治

利用杀虫灯诱杀食心虫、桃蛀螟、金龟子等;利用粘虫板诱杀蚜虫、叶蝉等。

10.2.3 生物防治

保护瓢虫、草蛉、捕食螨等天敌;种植可吸引和诱集天敌的植物,如苜蓿、三叶草等,增殖和吸引瓢虫、草蛉等;利用糖醋液、昆虫性诱剂诱杀食心虫、桃蛀螟、桃潜叶蛾等鳞翅目害虫。

10.2.4 化学防治

合理选用农药品种,严格控制施药浓度、施药次数和安全间隔期。提倡使用生物源农药和矿物源农药。使用的农药符合 NY/T 393 的要求。

10.2.5 综合防治

主要病虫害综合防治方案参见附录 A。

11 果实采收

根据品种特性、加工用途、销售距离、运输工具等条件,确定采收时间。采收宜在晴天上午或阴天进行。整个采收过程中须避免机械损伤和暴晒。同一树上的果实要分批采收。采摘时戴手套,用手掌托住果实,向侧扳,不扭转,做到不伤果实,轻拿轻放。

12 包装和储藏

12.1 包装

在使用前应有良好的包装保护,以确保包装材料或容器在使用前的储藏、运输等过程中不被污染。

12.2 储藏

入库前进行晾晒,去除残果、杂质。库房要求清洁、干燥、通风,垛堆应离地面、墙壁 30 cm 以上,注意防虫、防鼠。

13 生产废弃物处理

13.1 彻底清园

枯枝、落叶、僵果是许多病虫的主要越冬场所之一,清园时必须将枯枝、落叶、杂草、树皮、僵果集中清理出果园,进行沤肥或集中处理。

13.2 枝条综合利用

整形修剪下来的枝条数量较多,积极开展综合利用,可制造生物质颗粒燃料产品,也可将树枝粉碎,混入畜禽粪便和生物有机菌,发酵制成肥料。

13.3 投入品包装物处理

果园施用的农药肥料包装物等废弃物,按指定地点存放,并定期处理,不得随园乱扔,避免对土壤和水源的二次污染。建立农药瓶、农药袋回收机制,统一销毁或二次利用。

14 生产档案管理

对绿色食品加工用桃的生产过程,建立并保存相关记录,为生产活动可追溯提供有效的证据。记录主要包括以土肥水管理、花果管理、病虫害防治等为主的生产记录,包装、销售记录,以及产品销售后的申诉、投诉记录等。每年记录至少保存 3 年。

附　录　A

（资料性附录）

绿色食品加工用桃主要病虫害化学防治方案

绿色食品加工用桃主要病虫害化学防治方案见表 A.1。

表 A.1　绿色食品加工用桃主要病虫害化学防治方案

防治对象	防治时期	农药名称	使用剂量	施药方法	安全间隔期，d
蚜虫类	桃芽萌动期谢花后	10%吡虫啉可湿性粉剂	4 000 倍～5 000 倍液	喷雾	14
		50%氟啶虫胺腈水分散粒剂	15 000 倍～20 000 倍液	喷雾	14
梨小食心虫	成虫羽化盛期	50%辛硫磷乳油	1 000 倍～1 500 倍液	喷雾	14
褐腐病	发生期	24%腈苯唑悬浮剂	2 500 倍～3 200 倍液	喷雾	14
细菌性穿孔病		40%噻唑锌悬浮剂	600 倍～1 000 倍液	喷雾	21
注：农药使用以最新版本 NY/T 393 的规定为准。					

绿色食品生产操作规程

LB/T 121—2020

高纬度地区绿色食品软枣猕猴桃
生产操作规程

2020-08-20 发布

2020-11-01 实施

中国绿色食品发展中心 发布

前　言

本规程由中国绿色食品发展中心提出并归口。

本规程起草单位:中国农业科学院郑州果树研究所、辽东学院、佳木斯大学、吉林农业大学、天津市林业果树研究所、辽宁省绿色农业技术中心、河南省经济作物推广站、大连润丰园珍稀果品开发有限公司、承德农林科学院。

本规程主要起草人:齐秀娟、方金豹、黄国辉、刘德江、艾军、刘景超、陈绍莉、许世杰、李宪民、陈柏华。

高纬度地区绿色食品软枣猕猴桃生产操作规程

1 范围

本规程规定了高纬度地区绿色食品软枣猕猴桃的产地环境、品种(苗木)选择、建园定植、果园管理、采收、生产废弃物处理、运输储藏及生产档案管理。

本规程适用于北纬35°～50°的华北、东北等冬季寒冷地区绿色食品软枣猕猴桃的生产。

2 规范性引用文件

下列文件对于本文件的应用是必不可少的。凡是注日期的引用文件,仅注日期的版本适用于本文件。凡是不注日期的引用文件,其最新版本(包括所有的修改单)适用于本文件。

GB 19174　猕猴桃苗木

NY/T 391　绿色食品　产地环境质量

NY/T 393　绿色食品　农药使用准则

NY/T 394　绿色食品　肥料使用准则

3 产地环境

3.1 环境要求

环境条件应符合NY/T 391的要求。

3.2 园区选址

园区应远离工业矿区和交通主干线,避开工业和城市污染源的影响。选择园址时,应避开风口、冷气滞留地带和冰雹易发地带,宜选部分平地或坡度25°以下山地、丘陵地的半阴半阳坡为佳。海拔1 000 m以下。

3.3 土壤条件

宜选择土质疏松、排灌方便、耕层深厚的壤土或沙壤土地块,重壤土建园时应进行土壤改良。土壤pH在5.5～7.5,地下水位在1 m以下。

3.4 水利条件

园区有可靠的灌溉水源,排灌设施良好。特别是4月～5月发生干旱以及年降水量<700 mm地区须有灌溉条件。

4 品种(苗木)选择

4.1 选择原则

应选择适应性强、丰产性好、品质佳、果型一致、抗性强、耐储运的品种。

4.2 苗木类型选择

嫁接苗宜选用抗性强的同种猕猴桃作砧木,也可采用扦插苗或组培苗。

4.3 苗木质量

符合GB 19174的要求。苗木应品系纯正,嫁接苗嫁接口愈合良好,无检疫性病虫害和机械损伤、生长健壮。

5 建园定植

5.1 园区规划

根据地块大小、地形、地势等将全园划分为若干作业小区,因地制宜设置主干道、小区路、管理房、灌排渠道、园地两端田间工作机械通道等。灌溉系统与道路配套,提倡节水灌溉,园区各级排水渠道互通,每个小区可设蓄水池,用于蓄水防旱。坡度较大的山地、丘陵地,应修筑水平梯田,栽植行向与梯田走向相同,采用等高栽植。

5.2 防风林建设

风害较大的地区,在主迎风面应设置防风林或人造防风障。防风林距猕猴桃栽植行 5 m～8 m,种植 2 排,行距 1 m～1.5 m,株距 1 m,树种以落叶、常绿速生乔木为主,防风林树种与猕猴桃无共同病虫害。人造防风障高 10 m～15 m。

5.3 全园整地

丘陵地和山地建园,可用挖掘机进行修路、清杂、挖沟、平整等作业,但要防止水土流失,同时配合全园深翻降低坡度。

5.4 棚架搭建

5.4.1 T形架

沿行向每隔 6 m 栽植一个立柱,立柱可采用水泥柱或镀锌管,地上部分高 2.0 m,横梁上顺行架设 5 道镀锌铁丝,每行末端立柱埋设地锚拉线或架设斜撑。

5.4.2 大棚架

大棚架立柱的规格及栽植密度同 T 形架,垂直行向在立柱顶端架设镀锌管或三角铁横梁,在横梁上每隔 50 cm～60 cm 顺行向架设镀锌铁丝,每竖行末端或每横行末端立柱埋设地锚或架设斜撑。

5.5 定植

5.5.1 定植密度

一般株距 2.5 m～3.0 m、行距 4 m～5 m 进行定植。

5.5.2 雌雄株搭配

定植时应配置与雌株品种花期基本相同、花粉量大且亲和力强的授粉雄株,雌株与雄株的配置比例为(6～8)∶1。

5.5.3 定植时期

秋季定植从落叶后到土壤封冻前进行,春季定植在土壤解冻后至萌芽前进行。

5.5.4 定植及栽后管理

按规划确定定植点,开挖长宽深各 60 cm～80 cm 的定植穴或 1 m 宽、60 cm～80 cm 深的定植沟,表土与底土分开放,每穴施入腐熟有机肥 30 kg～50 kg、钙镁磷肥 0.5 kg 左右,或每亩施腐熟有机肥 2 000 kg～3 000 kg、钙镁磷肥 25 kg～30 kg,施入肥料应符合 NY/T 394 的要求。将肥料与表土混匀后回填,最后回填底土。

定植前对嫁接苗塑料条进行解绑,剪去损伤根系或过长的根,确定雌雄株分布,栽植时以定植点为中心挖小坑,把苗木放入坑内,舒展根系,边填土边按实,苗木嫁接口应高出地面。定植后浇透定根水,用牵引绳牵引苗木或在距苗木根部 10 cm 处立直径 2 cm～3 cm,高 2 m 的竹竿,苗木嫁接口以上选留 1 个壮枝,并对其保留 2 个～3 个饱满芽定干。用秸秆或塑料薄膜覆盖树盘。幼苗期,持续高温情况下,采取遮阳网、遮阳措施。

6 果园管理

6.1 土壤管理

6.1.1 深翻改土

采果后,结合秋施基肥,在定植穴(沟)外挖环状沟或平行沟,沟宽 30 cm～40 cm,深约 40 cm。将挖出的表土与腐熟的有机肥混合后填入,底土放在上层,然后灌足水分,使根系和土壤密切接触。

6.1.2 中耕、生草与覆盖

在生长季节,果园每年中耕3次~4次,降雨或灌水后,及时中耕除草,中耕深度5 cm~10 cm。树体行间可种植绿肥,种类以豆科和禾本科牧草为宜,适时刈割。夏季高温来临前,用作物秸秆、稻糠、菜籽壳及田间杂草等在树冠下进行覆盖,厚度10 cm~15 cm,上面压少量土,以培肥地力,保湿降温。

6.2 施肥

6.2.1 施肥原则

以施有机肥为主、化学肥料为辅,增加或保持土壤肥力及土壤微生物活性,所施的肥料不应对果园环境或果实品质产生不良影响。肥料使用要求按NY/T 394的规定执行。

6.2.2 肥料类型

包括腐熟和无害化处理过的堆肥、沤肥、厩肥、绿肥、作物秸秆肥、饼肥等农家肥,以及在农业行政主管部门登记允许使用的各种肥料,如商品有机肥、微生物肥、化肥、叶面肥、有机无机复合肥等。

6.2.3 施肥量、施肥时期与方法

6.2.3.1 施肥量

根据果园的树体大小及结果量、土壤条件和施肥特点确定施肥量,一般成龄树每株施入腐熟有机肥40 kg~50 kg。

6.2.3.2 施肥时期

基肥在果实采收后到落叶前施入,以有机肥为主,占全年施肥量的60%;萌芽肥在植株萌芽前施入,以速效氮肥为主,配施磷钾肥;壮果肥在花后1周~2周果实膨大期施用,以复合肥为主,结合施有机肥。

6.2.3.3 施肥方法

基肥采用沟施法,结合深翻改土,挖条状沟、放射状沟或环状沟,沟宽30 cm~40 cm,深约40 cm。追肥在树冠投影范围内开条沟或环状沟,沟宽深均15 cm~20 cm,也可结合中耕全园撒施。植株生产期可进行多次叶面喷肥。提倡果园肥水一体化。

6.3 灌溉与排水

6.3.1 灌溉

灌溉用水应符合NY/T 391的要求。

6.3.1.1 灌溉指标

土壤湿度保持在田间最大持水量的70%~80%为宜,低于60%时应灌水。清晨叶片上不显潮湿时应灌水。夏季高温干旱季节,气温持续在35 ℃以上,叶片开始出现萎蔫时,应立即进行灌水。

6.3.1.2 灌水方式

丘陵山地果园,利用山区水库或建造蓄水池,实行树盘灌溉、沟灌、滴灌或喷灌。平地果园,宜采用微喷或滴灌。

6.3.2 排水

低洼易发生涝害的果园应修筑排水沟,主排水沟深60 cm~100 cm,支排水沟深30 cm~40 cm,果园面积较大时也应有排水沟,要及时清淤,保证果园排水畅通,雨期田间无积水。

6.4 整形修剪

6.4.1 整形

采用"一干两蔓"的整形方式,在主干上接近架面20 cm的部位留两个主蔓,分别沿中心铁丝向两侧伸展,培养成为永久的蔓,主蔓的两侧每隔20 cm~30 cm留1个结果母枝,结果母枝与行向呈直角固定在架面上。

6.4.2 修剪

6.4.2.1 冬季修剪

从枝条完全进入冬眠至早春枝蔓伤流开始前至少两周进行,一般从12月初开始至翌年2月底前结束。

结果母枝选留:结果母枝优先选留生长强壮的发育枝和结果枝,其次选留生长中庸的枝条,短枝在缺乏枝条时适量选留填空;结果母枝尽量选用距离主蔓较近的枝条,选留的枝条根据生长状况修剪到饱满芽处。

更新修剪:尽量选留从原结果母枝基部发出或直接着生在主蔓上的枝条作结果母枝,将上一年的结果母枝回缩到更新枝位附近或完全疏除掉。每年全树至少对1/2以上的结果母枝进行更新,两年内全株更新一遍。

预备枝培养:未留作结果母枝的枝条,如果着生位置靠近主蔓,留4个芽以上短截为下年培养更新枝,其他枝条全部疏除,同时剪除病虫枝、清除病僵果等。

疏枝或短截:对衰弱枝、过长枝、过密枝及病虫枝等进行处理。枝条修剪完毕后结果母枝上应保留一定的有效芽数,因品种不同有一定的差异。大多品种的有效芽数大致保持在30个/m²～35个/m²架面,所留的结果母枝均匀地分散开并固定在架面上。

6.4.2.2 夏季修剪

一般从新梢萌发期开始到9月中旬进行。

抹芽:从萌芽期开始抹除着生位置不当的芽,一般主干上萌发的潜伏芽均应疏除,但着生在主蔓上可培养作为下年更新枝的芽应根据需要保留。结果母枝上萌发过多的芽,抹掉过弱、过密芽。抹芽在生长前期大概7 d左右进行1次。

疏枝:当新梢上花序开始出现后及时疏除细弱枝、过密枝、病虫枝、双芽枝及不能用作下年更新枝的徒长枝等,结果母枝上每隔15 cm～20 cm的保留1个结果枝,每平方米架面保留正常结果枝10根～12根。疏枝宜在旺树上进行。

绑蔓:新梢长到30 cm～40 cm时开始绑蔓,使新梢在架面上均匀分布,每隔2周～3周全园检查、绑缚1遍。

摘心捻梢:开花前对强旺的结果枝、发育枝进行摘心或捻梢处理,处理后如果发出二次枝,在顶端只保留1个,其余全部抹除,对未停止生长顶端开始缠绕的枝条全部摘心。

6.5 疏蕾、授粉与疏果

6.5.1 疏蕾

侧花蕾分离后2周左右开始疏蕾,根据结果枝的强弱、长短调整花蕾数量。主要疏去病虫花蕾及发育不健康的花蕾。

6.5.2 授粉

6.5.2.1 蜜蜂授粉

在大约10%的雌花开放时,每公顷果园放置活动旺盛的蜜蜂5箱～7箱,园内和果园附近不能有与猕猴桃花期相同的植物,园内的三叶草等绿肥应在猕猴桃开花前刈割1遍。

6.5.2.2 人工授粉

雌花盛开初至盛开时,采集当天刚开放、花粉尚未散失的雄花,用雄花的花蕊在雌花柱头上涂抹,每朵雄花可授7朵～8朵雌花;在雌雄花期不遇时,也可采集第2天将要开放的雄花,在25 ℃～28 ℃下干燥12 h～16 h,收集散出的花粉储于低温干燥处,用毛笔蘸花粉在当天刚开放的雌花柱头上涂抹。授粉时间9:00前或15:00后进行。

6.5.2.3 机械授粉

采用软枣猕猴桃商业花粉与有色辅料按一定比配制,利用商品化机械进行全园授粉,机械授粉在花开30%和80%时各授粉1次。授粉时间同人工授粉。

6.5.3 疏果

花后 10 d 左右,疏去授粉受精不良的畸形果、扁平果、伤果、小果、病虫危害果等。

6.6 病虫害防控

6.6.1 防控原则

坚持"预防为主、综合防治"的原则,加强检疫,按照病虫害发生的特点,以农业防治为基础,综合利用物理、生物、化学等防治措施,有效控制病虫危害。

6.6.2 常见病虫害

常见病虫害防治方案参见附录 A。

6.6.3 防治措施

6.6.3.1 农业防治

因地制宜,选用抗病虫品种,通过合理的水、肥、修剪等栽培管理措施,增强树势,提高树体抗逆能力,营造不利于病虫滋生蔓延的果园小气候。采取剪除病虫枝,清除枯枝落叶和病僵果,刮除树干裂皮,深翻树盘等措施,杀灭病虫残体,减少侵染源,抑制病虫害发生。

6.6.3.2 物理防治

根据害虫生物学特性,在园内使用糖醋液、粘虫板、诱虫灯、防虫网及树干缠草等方法诱杀害虫,采取人工捕捉的办法防治斑衣蜡蝉、椿象等害虫。

6.6.3.3 生物防治

保护和利用天敌,以虫治虫,采取助育和人工饲放天敌控制害虫,利用昆虫性外激素诱杀或干扰成虫交配,选用有益微生物及其代谢产物控制或杀灭害虫。

6.6.3.4 化学防治

加强病虫监测预报,掌握果园病虫害发生情况。根据病虫的生物学特性和危害特点,选择使用生物源农药、矿物源农药、中毒低毒有机合成农药,禁止使用剧毒、高毒、高残留以及未在农业行政管理部门登记用于果树或猕猴桃的农药。根据保护天敌和安全性原则,合理选择农药种类、施用时间和施用方法。注意不同作用机理农药的交替使用和合理混用,严格控制农药安全生产间隔期。具体使用方法按NY/T 393 的规定执行。推荐性农药参见附录 A。

7 采收

7.1 采收指标

根据果实成熟度、用途和市场需求确定采收适期,成熟期不一致的品种应分期采收。绿肉品种果皮光泽鲜明、稍有弹性,红肉品种果面开始正常着色;切开后籽粒有 2/3 变为褐色,根据不同品种特性、产地环境和消费方式,在可溶性固形物含量达到 10% 左右时即可采收。

7.2 采收方法

采收前剪指甲,戴手套,采收时使用专用的采收布袋,轻采、轻拿、轻放、轻装、轻卸,避免划伤、压伤。

7.3 采收要求

雨天或露水未干的早晨及高温的中午,不宜采果。不同品种应分别采收,同一品种分批采收。

7.4 分级包装

果实采收后,根据不同品种等级规格及时进行分级、包装,或运到预冷场所从速进行分级、包装。从采收到入库不宜超过 12 h。包装箱或包装盒上应标注绿色食品标志,标志设计按有关规定执行。

8 生产废弃物处理

8.1 地膜、农药包装袋处理

建园时使用的地膜、生产中使用的农药包装袋,建立收购网点统一收购,通过专业公司进行集中处理。

8.2 枝条、落叶等处理

树体剪下的带有病虫害的枝条、落叶应带出果园,集中灭毁。其他修剪后的枝条进行粉碎杀菌,作为基肥还田。

9 运输储藏

9.1 建库选择

冷库周边应无污染、无酒厂、交通便利。可采用低温库或气调库。

9.2 冷库消毒

冷库在使用前应进行杀菌杀虫消毒处理,消毒方法主要采用喷药和熏蒸消毒,消毒后封闭 2 d～3 d,然后及时通风换气。消毒使用的药剂应符合 NY/T 393 的要求。

9.3 储藏条件

冷库储藏温度在 0 ℃～2 ℃,库内空气相对湿度保持在 90%～95%。果实入库前先进行预冷,入库时不同品种、不同规格、不同时间入库的果实进行分库分垛储藏。一般每 7 d～8 d 对冷库进行 1 次通风换气。

9.4 运输

运输工具的装运舱应清洁、无异味,有防晒、防雨设施。宜采用冷藏运输,做到快装、快运、快卸。运输过程不得与有毒、有害、有异味物品混运,同时应防止虫蛀、鼠咬。

10 生产档案管理

针对绿色食品猕猴桃的生产过程,建立相应的生产档案,重点记录产地环境条件、生产技术、肥水管理、病虫草害的发生和防治、采收及采后处理等情况,记录保存 3 年以上。做到猕猴桃生产可追溯。

附　录　A

（资料性附录）

高纬度地区绿色食品软枣猕猴桃生产主要病虫害化学防治方案

高纬度地区绿色食品软枣猕猴桃生产主要病虫害化学防治方案见表 A.1。

表 A.1　高纬度地区绿色食品软枣猕猴桃生产主要病虫害化学防治方案

防治对象	防治时期	农药名称	使用剂量	施药方法	安全间隔期,d
灰霉病	发生期	0.5%香芹酚水剂	800 倍～1 000 倍液	喷雾	10
褐斑病	发生期	0.5%小檗碱水剂	500 倍液	喷雾	10
花腐病	发生前	40%春雷·噻唑锌悬浮剂	1 000 倍液	喷雾	28
叶蝉	发生期	1.5%除虫菊素水乳剂	600 倍～1 000 倍液	喷雾	30
蚜虫	有蚜率 25%左右	1.5%苦参碱可溶液剂	3 000 倍～4 000 倍液	喷雾	10
红蜘蛛	发生期	0.5%藜芦碱可溶液剂	600 倍～700 倍液	喷雾	10
小卷叶蛾	发生期	1%苦皮藤素水乳剂	4 000 倍～5 000 倍液	喷雾	15
注:农药使用以最新版本 NY/T 393 的规定为准。					

绿 色 食 品 生 产 操 作 规 程

LB/T 122—2020

中西部地区绿色食品猕猴桃
生产操作规程

2020-08-20 发布

2020-11-01 实施

中国绿色食品发展中心 发布

前　　言

本规程由中国绿色食品发展中心提出并归口。

本规程起草单位：陕西省农产品质量安全中心、眉县果业技术推广服务中心、河南省绿色食品发展中心、河南省农民科技教育培训中心。

本规程主要起草人：程晓东、王珏、屈学农、王璋、王转丽、林静雅、李铁庄、赵英杰、袁宝凤、姬伯梁。

中西部地区绿色食品猕猴桃生产操作规程

1 范围

本规程规定了绿色食品猕猴桃生产的术语和定义、生产目标、产地环境、标准化建园、品种、苗木定植、栽后管理、田间管理、病虫害防治、采收与包装、储藏与运输、整形修剪、自然灾害预防、生产废弃物处理和生产档案管理。

本规程适用于河南、陕西的绿色食品猕猴桃生产。

2 规范性引用文件

下列文件对于本文件的应用是必不可少的。凡是注日期的引用文件，仅注日期的版本适用于本文件。凡是不注日期的引用文件，其最新版本（包括所有的修改单）适用于本文件。

GB 19174　猕猴桃苗木

NY/T 391　绿色食品　产地环境质量

NY/T 393　绿色食品　农药使用准则

NY/T 394　绿色食品　肥料使用准则

NY/T 658　绿色食品　包装通用准则

NY/T 844　绿色食品　温带水果

NY/T 1056　绿色食品　储藏运输准则

NY/T 1118　测土配方施肥技术规范

NY/T 1392　猕猴桃采收与储运技术规范

3 术语和定义

下列术语和定义适用于本文件。

3.1

主干

猕猴桃根颈以上到第一主蔓之间的部分称为主干。

3.2

主蔓

在主干上部形成的、着生次级主蔓或结果母枝、营养枝的枝条。

3.3

结果母枝

前一年发育成熟的、翌年能抽生结果枝和发育枝的枝条。

3.4

结果枝

由结果母枝上的芽抽生出并着生花蕾和果实的当年生枝条。

3.5

营养枝（发育枝）

当年萌发形成的只着生叶片不着生果实的枝条。

3.6

徒长枝

一般由主干或主蔓上隐芽或不定芽萌发形成,生长特别旺盛,节间长,芽体小而瘪,组织不充实的枝条。

3.7

有效芽

冬季修剪选留的能抽生枝条或者结果枝的芽。

4 生产目标

4.1 产量目标

盛果期果园产量:美味猕猴桃为 1 500 kg/亩~2 500 kg/亩,中华猕猴桃为 750 kg/亩~1 500 kg/亩。

4.2 产量构成因素

4.2.1 单位面积植株数量

55 株/亩~95 株/亩,其中雌株与雄株之比(5~8):1。

4.2.2 植株单产

单株平均产量:美味猕猴桃 15 kg~40 kg,中华猕猴桃 10 kg~20 kg。

4.2.3 平均果重

美味猕猴桃单果重为 80 g~120 g,中华猕猴桃一般为 60 g~100 g。

5 产地环境

产地环境条件应符合 NY/T 391 的要求,选择在无污染和生态条件良好的地区。基地选点应远离工矿区和公路铁路干线,避开工业和城市污染源的影响,地块应土壤肥沃、土层深厚、灌排便利。应在绿色食品和常规生产区域之间设置有效的缓冲带或物理屏障,猕猴桃园地最好选择海拔在 400 m~600 m、气候温暖湿润、年平均温度 15 ℃左右,低温不低于—13 ℃,不高于 38 ℃,年降水量 1 200 mm~2 000 mm、无霜期 240 d 左右的地方建园。

6 标准化建园

6.1 园地规划

6.1.1 总则

猕猴桃园地规划要根据地形、地貌、规模、机械化程度、气候特点、土壤状况等确定。对于面积比较大的果园,要做好猕猴桃园区的基础设施规划。

6.1.2 作业区设置

采用南北行向建园,并配置田间工作房、作业道、灌溉渠道,主迎风面设置防风林。同一小区内土质及小气候尽可能一致,地形及小气候复杂的小区面积小,一般为 1 hm²~2 hm²;平地小区面积可扩大到 2 hm²~4 hm²。一个作业区适宜种植一个品种。

6.1.3 道路

果园主干道贯穿全园,作业区四周或两端设立生产道路。主干路宽 6 m~8 m,能通过大型汽车;支路 4 m~6 m,能通过小型汽车或农耕机械。

6.1.4 辅助设施

6.1.4.1 冻害防御设施

有冻害发生的地块,建立防冻设施。

6.1.4.2 果园排水灌溉、防虫、监测设施

6.1.4.2.1 灌溉和排水渠道

灌溉渠道设计在生产道路的一侧,主管道上每隔 30 m~50 m 设立出水桩一处;垄上栽培后,垄沟作为灌水和排水利用,前端和出水桩相连,同时在地块一侧设置排水沟。

6.1.4.2.2 果园标识

猕猴桃园应当设立标识牌,标识牌应当注明:地块名称(所属单位或农户名称)、品种、面积等相关信息。

6.2 架型

大棚架或 T 形架。

6.3 立柱

选水泥立柱或镀锌钢管立柱。

6.4 横梁

根据实际情况选择钢绞线、水泥、镀锌钢管、木材作横梁。

6.5 架面拉线

沿猕猴桃行向架设 5 根钢绞线作为拉线,相隔 40 cm~50 cm,直径 2.2 mm。

7 品种

7.1 选择原则

选用经国家或省级果树品种审定部门审定并且适应本地气候环境的优质稳产抗病猕猴桃品种。

7.2 品种选择

可选择美味猕猴桃的"徐香""翠香""瑞玉"等品种,中华猕猴桃的"金桃""农大金猕""金艳"等品种。

8 苗木定植

8.1 砧木

中华猕猴桃品种可使用美味猕猴桃或中华猕猴桃作砧木,美味猕猴桃品种适宜使用美味猕猴桃作砧木。

8.2 苗木规格

应符合 GB 19174 的要求。

8.3 定植时期

秋季定植从落叶后到土壤封冻前进行,春季定植在土壤解冻后至萌芽前进行。

8.4 定植密度

栽植密度可根据品种特性、立地条件、管理水平、架型树型等来确定,一般采用株行距(2~3)m×(3.5~4)m,每亩栽植 55 株~95 株。

8.5 定植穴

栽前结合整地进行土壤改良,然后按照规划的栽植行,采取开挖条形沟、或定植穴的办法,条形沟宽60 cm~100 cm,深度 60 cm~80 cm,定植穴直径 60 cm~80 cm,深度 60 cm~80 cm。

8.6 定植方法

每穴施腐熟有机肥 50 kg,与表土充分混合,经填土、灌水、踩实、分墒后栽植。栽植时根颈部与地面持平,栽后需灌 1 次透水。

9 栽后管理

9.1 平茬定干

苗木定植后保留 2 个~3 个饱满芽平茬,大苗建园的主干可适当留高。

9.2 浇水覆盖

栽后及时浇足水,当地面开始黄干时继续浇水。树盘可用秸秆或可降解地膜进行覆盖。

9.3 插杆引绑

春季萌芽后,选留一个生长健壮的枝蔓培养,作为主干,其余抹去或摘心。在靠近苗木处插一根竹竿,将选留的枝蔓按"8"字形绑蔓法固定在竹竿上,防止风吹折断,随着枝蔓的向上生长,每隔 20 cm～30 cm 绑蔓一次,牵引向上生长,避免风折或缠绕。

9.4 遮阳

幼苗期,持续高温情况下,采取遮阳网、遮阳措施;栽植当年在行间套种早玉米或豆科绿肥作物以防夏季干热风危害。

9.5 施肥

肥料使用按照 NY/T 394 的规定执行。栽植当年,当新梢长到 50 cm 以上即可施肥,一般株施磷酸二铵 0.1 kg,或者株施沼液、沼渣 2 kg～5 kg,稀释 1 倍～2 倍使用。

10 田间管理

10.1 果园辅助管理

10.1.1 深翻改土

结合秋施基肥进行深翻改土,一般由内到外,每年顺树行逐步向外扩展,每次深翻或扩穴要做到与上一次相接,宽度 40 cm～50 cm,深度 40 cm～60 cm,不伤害直径在 0.4 cm 以上根系为宜,一般 3 年～4 年完成全园改土任务。

10.1.2 果园间套

10.1.2.1 幼树期

间作或套种矮秆无共性病虫害的绿肥或经济作物,如蔬菜、粮食、花卉等,避免土壤裸露。

10.1.2.2 盛果期

实施果园生草。果园生草时间为 10 月或翌年 3 月～4 月。种植草种可优先选择白三叶、红三叶、毛苕子等绿肥植物,不宜套种与猕猴桃共生病虫害的植物。草生长约 30 cm 高时进行刈割覆盖。

10.1.3 高接换优

对于品质不佳、市场前景不好的猕猴桃果园可进行高接换优。选择在距架面下 20 cm～30 cm 处嫁接。高接换优应在春季的 3 月下旬至 4 月上中旬或者夏季的 6 月～7 月进行。嫁接方法可选用劈接、舌接、皮下接等,嫁接工具及品种接穗必须消毒。

10.2 施肥管理

10.2.1 施肥原则

应符合 NY/T 394 和 NY/T 1118 的要求。根据猕猴桃需肥规律,以有机肥(农家肥)为主,科学配比氮、磷、钾及中微量元素肥料和生物菌肥,减少化肥特别是氮肥的使用量。

10.2.2 允许使用的肥料种类

10.2.2.1 农家肥料

包括经过无害化处理的和充分腐熟的堆肥、沤肥、厩肥、沼气肥、绿肥、作物秸秆肥、泥炭、饼肥、家畜粪便等。

10.2.2.2 商品肥料

在农业行政主管部门登记允许绿色食品生产使用的各种肥料,包括商品有机肥、微生物肥、化肥、矿质肥料、叶面肥、有机无机复合肥等。

10.2.3 施肥的数量和时期

10.2.3.1 幼龄果园

猕猴桃苗木定植后前 3 年,增加施肥次数,减少每次施肥量。

第 1 年:每株施有机肥 10 kg,氮磷钾复合肥(N 15%,P_2O_5 15%,K_2O 15%)30 g～50 g。

第 2 年:每株施有机肥 20 kg,氮磷钾复合肥(N 15%,P_2O_5 15%,K_2O 15%)40 g～60 g。

第 3 年:每株施有机肥 30 kg,氮磷钾复合肥(N 15%,P_2O_5 15%,K_2O 15%)50 g～100 g。

10.2.3.2 成龄果园

基肥:10 月中下旬至 11 月上旬施入,亩施腐熟有机肥(厩肥、堆肥、绿肥、沤肥、沼肥、饼肥、秸秆、枝条等)3 000 kg～5 000 kg,过磷酸钙 50 kg。将肥料均匀撒于全园地面,浅翻或旋耕 10 cm～15 cm 深。

追肥:萌芽肥,以速效性氮肥为主,亩施尿素 10 kg 与磷酸二铵 10 kg;促果肥(或壮果肥),以氮、磷、钾配合施用,亩追施 50 kg(氮磷钾各 18%)复合肥;优果肥,一般在 8 月中下旬追施,亩追施 30 kg 低氮复合肥或亩施磷酸二铵 15 kg,氯化钾 15 kg。

10.2.4 施肥的方法

10.2.4.1 施基肥

幼园结合深翻改土施入。成龄园采用撒施,将肥料均匀撒于树冠下,浅翻 10 cm～15 cm。

10.2.4.2 追肥

采用环状沟施法、条沟法、多点穴施法、撒施法、施肥枪施肥法、水肥一体化的微灌施法等。

10.2.4.3 根外施肥(叶面施肥)

从展叶后到采果前进行,叶面喷肥一般应在 10:00 以前或 16:00 以后进行。常用几种肥料浓度可参考表 1。

表 1 叶面喷肥浓度

名称	浓度,%	喷施时间	效果
黄腐酸、氨基酸	0.3～0.5	5 月～7 月	促进枝、叶、果生长
磷酸二氢钾	0.2～0.3	7 月～8 月	增加果实耐储存性
硼砂	0.2～0.3	5 月～8 月	减少枝条藤肿病病
硫酸锌	0.15	生长季节	防缺锌引起小叶黄化
螯合铁	0.05～0.1	5 月～8 月	防黄化
有机钙	0.1～0.15	6 月～7 月	增加果实品质

10.3 水分管理

10.3.1 灌水要求

保持土壤最大持水量为 65%～80%;土壤持水量低于 60% 时,应及时进行灌水。灌溉水质应当符合 NY/T 391 的要求。

10.3.2 猕猴桃几个重要的需水期

萌芽前、花前花后根据土壤湿度各灌水 1 次;花期控制灌水,以免降低地温;果实迅速膨大期(5 月底至 7 月中旬)为猕猴桃需水关键时期,可根据土壤墒情灌水 2 次～3 次。果实采收前 15 d 左右应停止灌水。越冬前灌水 1 次。

10.3.3 灌溉方法

灌溉方法主要有漫灌、沟灌、隔行灌溉,有条件的可采用渗灌、滴灌、喷灌等节水灌溉方法。

10.3.4 排水

低洼地、易积水果园,必须配置排水沟或加设暗管,及时排除积水。水位过高地块应采用高垄栽植。

10.3.5 保墒

实施果园生草,干旱地区4月～7月刈割青草或利用农作物秸秆进行树盘覆盖保墒,冬季深翻,将覆盖物翻入土中。

10.4 授粉

10.4.1 蜜蜂授粉

10.4.1.1 蜂群数量

每公顷园应放置7箱～8箱蜜蜂,每箱中有不少于30 000头活力旺盛的蜜蜂。

10.4.1.2 放蜂时间

一般猕猴桃果园植株10%的雌花开放时放蜂。放置后可采少量猕猴桃花朵加白糖水对蜜蜂进行驯化,诱导蜜蜂上树访花。

10.4.2 人工授粉

10.4.2.1 对花授粉

在8:00～12:00,用1朵雄花对5朵～8朵雌花授粉效。

10.4.2.2 采集花粉授粉

花粉的采集:采集露白60%～80%的雄花花蕾,用牙刷、剪刀、镊子等取花药平摊于纸上,在22 ℃～25 ℃下放置20 h～24 h阴干;散出花粉用细箩筛出,装入干净玻璃瓶,储藏于低温干燥处备用,花药壳和花丝等粉碎作为辅料备用。

花粉的储存:花粉在常温下储藏不超过6 d,最好第1天收集的花粉第2天用。若要长期储藏,需将花粉干燥后装入玻璃瓶密封,冷冻保存。

授粉方法:将花粉与粉碎的花药壳等辅料均匀混合,利用毛笔、自制授粉器、授粉枪等器具进行人工授粉,一般全园进行2次～3次。

10.4.2.3 商品花粉授粉

商品花粉质量:花粉净度70%以上,发芽率30%以上。商品花粉必须证件齐全,经检验合格后推广使用。

10.5 疏果、定果

健壮果枝留5个～6个,中等果枝留3个～4个,弱枝蔓1个～2个。

11 病虫害防治

11.1 防治原则

坚持"预防为主,综合防治"的植保原则,按照病虫害的发生规律,以农业防治为基础,综合应用物理、生物、化学等防治技术措施。选用抗性品种,选择使用植物源、矿物源、生物源及高效低毒低残留农药,有效控制病虫危害,确保果品质量安全。

11.2 植物检疫

苗木、接穗和花粉等植物活体不得带有检疫对象。

11.3 农业措施

加强栽培管理,增施有机肥,平衡施肥,合理负载,增强树势,提高树体抗病能力;加强冬季清园。注意修剪工具的消毒。

11.4 物理防治

频振灯诱杀成虫(每隔60 m～100 m安装杀虫灯1盏);糖醋液、性诱剂、树干缠草等诱杀成虫;人工捕杀蝉、椿象类、毒蛾类、金龟子等;及时刮除老树皮、粗翘皮,堵树洞,铲除和消灭越冬的椿象成虫和斑衣蜡蝉卵块;冬季或早春萌芽前,用钢丝刷或硬毛刷刷除树干上的桑白蚧、草履绵蚧等。

11.5 生物防治

保护和利用天敌,如捕食螨、蜘蛛、瓢虫、寄生蜂等;选用生物源农药,以菌治虫。

11.6 化学防治

11.6.1 化学防治要求

化学药剂防治,针对不同时期不同病虫害类型,选用相应农药,适时施药防治,统防统治。

11.6.2 农药种类选择及使用

按照 NY/T 393 的规定执行。防治时期和技术参见附录 A 执行。

11.6.3 重视病虫害的测报

从实际出发,在猕猴桃园区建立病虫害预测预报站,准确测报预报,对症选择防治药剂、剂量、方法。

11.6.4 注意事项

提倡农药科学配伍或交替使用,禁止碱性和酸性农药混合使用。农药配药稀释应边配边用;药液喷洒、喷雾使用要求细致周到,不漏枝、不漏叶。农事操作施药选取无风晴天,严防高温(30 ℃以上)、高湿、雨天作业。猕猴桃果实成熟采收前 20 d 停止使用农药。

12 采收与包装

12.1 采收质量安全要求

产品应符合 NY/T 844 的要求,采收应符合 NY/T 1392 的要求,可溶性固形物含量≥6.2%,80%以上果实的硬度开始下降。

12.2 采收时间

根据猕猴桃不同品种的生育特点,猕猴桃果实达到 NY/T 1392 的要求以上技术指标,同时具备该品种生物学果实外观时进行采收。美味猕猴桃为 9 月至 11 月上旬,中华猕猴桃为 9 月至 10 月上旬。

12.3 采收技术

采收人员不使用挥发性化妆品,不吸烟、饮酒,无传染病等健康状况良好,戴手套。采收选择无雨天进行。

12.4 采后包装

应符合 NY/T 658 的要求,包装材料使用可降解材料。

13 储藏与运输

应符合 NY/T 1056 的要求。临时储藏应在阴凉、通风、清洁、卫生条件下,防日晒、雨淋及有毒有害物质的污染。存放需堆码整齐,防止挤压损伤。运输期间不允许使用化学药品保鲜,运输工具要清洁卫生、无异味,禁止与有毒有异味物品混放混运,专用储藏区域要有明显标识。

14 整形修剪

14.1 引蔓上架

幼树期,在植株旁边插 1 根竹竿或者拉绳引蔓上架,培养直立而且强壮的主干。

14.2 树体整形

采用单主干树形。猕猴桃定干高度一般低于架面 30 cm 左右为宜。

14.3 修剪技术

14.3.1 冬季修剪

冬季修剪一般 12 月中下旬至翌年 1 月下旬进行。采用选留一年生长放预备枝条的"少枝多芽"修剪办法,每个结果母枝选留有效芽 9 个~11 个,架面均匀分布有效芽数量 30 个/m²~35 个/m²。每年全树至少对 1/2 以上的结果母枝进行更新,两年内全株更新一遍。未留作结果母枝的枝条,如果着生位置靠近主蔓,留 2 个~3 个芽短截为下年培养更新枝。

14.3.2 夏季修剪

结果枝与营养枝之比美味猕猴桃 5∶1、中华猕猴桃 4∶1,结果枝和营养枝应当稳定交替更新。叶面积指数和透光率:叶面积指数 2.8~3.2,叶幕层厚 1 m,树冠内膛透光率 30%,树冠下光斑占全树投影面积 15%~20%。

14.3.2.1 摘心

当新梢生长到 15 cm~20 cm 时摘去顶端 1 cm~5 cm。

14.3.2.2 雄株修剪

猕猴桃雄株春季开花后,选留健壮的枝蔓,将开过花的枝蔓回缩更新,同时疏除过密枝。

14.3.2.3 疏枝

根据果园结果母枝萌发情况,一般每个结果母枝每隔 20 cm 左右选留 1 个结果枝,其余的疏除,一般先疏除背下枝、发育不良的结果枝、过密枝。

14.3.2.4 疏蕾

花蕾分离后 10 d 左右开始,先疏除侧花蕾、丛生花蕾、畸形花蕾、病虫危害花蕾及结果枝基部和顶端的小蕾,保留结果枝中部的中心花蕾。

15 自然灾害预防

15.1 风害预防

栽植防风林,及时采取绑蔓、摘心等措施。

15.2 雹灾

建设防雹网,实施减灾工程、人工防雹作业等。

15.3 早霜冻害

根据天气预报,及时采收成熟果实。

15.4 晚霜冻害

15.4.1 预防措施

在 2 月至 4 月初,采取预防措施。早春时期,寒流或霜冻到来,可提前浇水。在冻害发生之前,全树喷果树防冻剂。

15.4.2 应急措施

冻害来临前 1 d 下午或傍晚对树体喷 0.3%~0.5%的蔗糖水溶液。

15.4.2.1 熏烟法

在果园内的上风方向,每隔 10 m~15 m 设 1 个放烟堆,烟堆由潮湿的麦糠、稻草及落叶等组成,当气温降至 2 ℃~3 ℃时即可点火发烟。

15.4.2.2 专用发烟剂熏烟

15.4.2.3 果园安装风机

15.5 冬季冻害

幼树及初果树管理上要前促后控,防止旺长。培育健壮实生主干,提高嫁接部位,一般在距地面 1 m 以上嫁接品种。初冬时对已上架的果树进行树体涂白,涂抹主干和枝蔓分叉处,根颈培土(涂白剂配方:水 10 份,生石灰 2 份,食盐 0.5 份,石硫合剂 1 份,动/植物油少许)。适时冬灌,根据土壤墒情及时浇水,可减轻冻害。及时收听天气预报,在寒流发生之前,全树喷果树防冻剂,可减轻冻害损失。

16 生产废弃物处理

园中的落叶和修剪下的枝条,带出园外进行无害化处理。修剪下的枝条,量大时,经粉碎、堆沤后,作为有机肥还田。废弃的果袋和农药包装袋等应收集好进行集中处理,减少环境污染。

17 生产档案管理

生产者需建立生产档案,记录品种、施肥、病虫草害防治、采收以及田间操作管理措施;所有记录应真实、准确、规范,并可追溯。生产档案应由专人专柜保管,至少保存 3 年。

附　录　A

（资料性附录）

中西部地区绿色食品猕猴桃生产主要病虫害化学防治方案

中西部地区绿色食品猕猴桃生产主要病虫害化学防治方案见表 A.1。

表 A.1　中西部地区绿色食品猕猴桃生产主要病虫害化学防治方案

防治对象	防治时期	农药名称	使用剂量	施药方法	安全间隔期,d
褐斑病	发病初期	0.5％小檗碱水剂	400 倍～500 倍液	喷雾	10
蚜虫	发病初期	1.5％苦参碱可溶液剂	3 000 倍～4 000 倍液	喷雾	10
小卷叶蛾	低龄幼虫发生期	1％苦皮藤素水乳剂	4 000 倍～5 000 倍液	喷雾	10
根结线虫	发病前期或初期	0.5％氨基寡糖素水剂	600 倍～800 倍液	灌根	—
注:农药使用以最新版本 NY/T 393 的规定为准。					

绿 色 食 品 生 产 操 作 规 程

LB/T 123—2020

云贵山地绿色食品猕猴桃生产操作规程

2020-08-20 发布　　　　　2020-11-01 实施

中国绿色食品发展中心　发布

前　言

本规程由中国绿色食品发展中心提出并归口。

本规程起草单位:中国农业科学院郑州果树研究所、贵州大学、重庆文理学院、云南省农业科学院园艺作物研究所、水城县东部农业产业园区管理委员会、水城县宏兴绿色农业投资有限公司。

本规程主要起草人:方金豹、孙雷明、齐秀娟、龙友华、兰建斌、李坤明、张辉、牛元胜。

云贵山地绿色食品猕猴桃生产操作规程

1 范围

本规程规定了云贵山地绿色食品猕猴桃的产地环境、品种(苗木)选择、建园定植、果园管理、采收、生产废弃物处理、运输储藏及生产档案管理。

本规程适用于重庆、贵州、云南的绿色食品猕猴桃的生产。

2 规范性引用文件

下列文件对于本文件的应用是必不可少的。凡是注日期的引用文件,仅注日期的版本适用于本文件。凡是不注日期的引用文件,其最新版本(包括所有的修改单)适用于本文件。

GB 19174　猕猴桃苗木

NY/T 391　绿色食品　产地环境质量

NY/T 393　绿色食品　农药使用准则

NY/T 394　绿色食品　肥料使用准则

3 产地环境

3.1 环境要求

环境条件应符合 NY/T 391 的要求。

3.2 园区选址

园区应远离工业矿区和交通主干线,避开工业和城市污染源的影响。宜选地形开阔,通风良好,阳光充足,风害、霜冻危害较轻,坡度在 30°以下的山地或丘陵地。

3.3 气候条件

适宜的年平均气温在 15 ℃以上,最冷月份平均气温应在−5 ℃以上,年降水量 800 mm～1 400 mm,海拔 1 300 m 以下。

3.4 土壤条件

宜选择土质疏松、排灌方便、耕层深厚的壤土或沙壤土地块,重壤土建园时应进行土壤改良。土壤 pH 在 5.5～7.5,地下水位在 1 m 以下。

3.5 水利条件

园区有可靠的灌溉水源,排灌设施良好。

4 品种(苗木)选择

4.1 选择原则

应选择适应性强、丰产性好、品质佳、果型一致、抗性强、耐储运的品种。

4.2 品种选用

根据种植区域地势特点,海拔 1 000 m 以上宜选用美味猕猴桃如翠香、徐香、海沃德等品种,海拔 1 000 m 以下宜选用中华猕猴桃黄肉或红肉类且不易感溃疡病的品种。

4.3 砧木选择

中华猕猴桃品种使用中华猕猴桃或美味猕猴桃苗木作砧木,美味猕猴桃品种使用美味猕猴桃苗木作砧木。

4.4 苗木质量

符合 GB 19174 的要求。苗木应品系纯正、嫁接口愈合良好、无检疫性病虫害和机械损伤、生长健壮。

5 建园定植

5.1 园区规划

根据地块大小、地形、地势等将全园划分为若干作业小区,因地制宜设置主干道、小区路、管理房、灌排渠道、园地两端田间工作机械通道等。灌溉系统与道路配套,提倡节水灌溉,园区各级排水渠道互通,每个小区可设蓄水池,用于蓄水防旱。坡度较大的山地、丘陵地,应修筑水平梯田,栽植行向与梯田走向相同,采用等高栽植。

5.2 防风林建设

风害较大的地区,在主迎风面应设置防风林或人造防风障。防风林距猕猴桃栽植行 5 m~8 m,种植 2 排,行距 1 m~1.5 m,株距 1 m,树种以落叶、常绿速生乔木为主,防风林树种与猕猴桃无共同病虫害。人造防风障高 10 m~15 m。

5.3 全园整地

丘陵地和山地建园,可用挖掘机进行修路、清杂、挖沟、平整等作业,但要防止水土流失,同时配合全园深翻降低坡度。

5.4 棚架搭建

5.4.1 T形架

沿行向每隔 6 m 栽植 1 个立柱,立柱可采用水泥柱或镀锌管,地上部分高 1.9 m,横梁上顺行架设 5 道镀锌铁丝,每行末端立柱埋设地锚拉线或架设斜撑。

5.4.2 大棚架

大棚架立柱的规格及栽植密度同 T形架,垂直行向在立柱顶端架设镀锌管或三角铁横梁,在横梁上每隔 50 cm~60 cm 顺行向架设镀锌铁丝,每竖行末端或每横行末端立柱埋设地锚或架设斜撑。

5.5 定植

5.5.1 定植密度

定植株行距根据品种长势、架式、栽培管理水平和机械化程度而定。长势较强的美味猕猴桃品种定植株距 3 m,行距 3 m~4 m;中华猕猴桃品种定植株距 2.5 m~3 m,行距 3 m~4 m。

5.5.2 雌雄株搭配

定植时应配置与雌株品种花期基本相同、花粉量大且亲和力强的授粉雄株,雌株与雄株的配置比例为(6~8):1。

5.5.3 定植时期

秋季定植从落叶后到土壤封冻前进行,春季定植在土壤解冻后至萌芽前进行。

5.5.4 定植方法

按规划确定定植点,开挖长宽深各 60 cm~80 cm 的定植穴或 1 m 宽、60 cm~80 cm 深的定植沟,表土与底土分开放,每穴施入腐熟有机肥 30 kg~50 kg、钙镁磷肥 0.5 kg 左右,或每亩施腐熟有机肥 2 000 kg~3 000 kg、钙镁磷肥 25 kg~30 kg,施入肥料应符合 NY/T 394 的要求。将肥料与表土混匀后回填,最后回填底土。

定植前对嫁接苗塑料条进行解绑,剪去损伤根系或过长的根,确定雌雄株分布,栽植时以定植点为中心挖小坑,把苗木放入坑内,舒展根系,边填土边按实,苗木嫁接口应高出地面。定植后浇透定根水,在距苗木根部 10 cm 处立直径 2 cm~3 cm,高 2 m 的竹竿,苗木嫁接口以上选留 1 个壮枝,并对其保留 2 个~3 个饱满芽定干。用秸秆或塑料薄膜覆盖树盘。

6 果园管理

6.1 土壤管理

6.1.1 深翻改土

采果后,结合秋施基肥,在定植穴(沟)外挖环状沟或平行沟,沟宽30 cm~40 cm,深约40 cm。将挖出的表土与腐熟的有机肥混合后填入,底土放在上层,然后灌足水分,使根系和土壤密切接触。

6.1.2 中耕、生草与覆盖

在生长季节,果园每年中耕3次~4次,降雨或灌水后,及时中耕除草,中耕深度5 cm~10 cm。树体行间可种植绿肥,种类以豆科和禾本科牧草为宜,适时刈割。夏季高温来临前,用作物秸秆、稻糠、菜籽壳及田间杂草等在树冠下进行覆盖,厚度10 cm~15 cm,上面压少量土,以培肥地力,保湿降温。

6.2 施肥

6.2.1 施肥原则

以施有机肥为主、化学肥料为辅,增加或保持土壤肥力及土壤微生物活性,所施的肥料不应对果园环境或果实品质产生不良影响。肥料合理使用要求按NY/T 394的规定执行。

6.2.2 肥料类型

包括腐熟和无害化处理过的堆肥、沤肥、厩肥、绿肥、作物秸秆肥、饼肥等农家肥,以及在农业行政主管部门登记允许使用的各种肥料,如商品有机肥、微生物肥、化肥、叶面肥、有机无机复合肥等。

6.2.3 施肥量、施肥时期与方法

6.2.3.1 施肥量

根据果园的树体大小及结果量、土壤条件和施肥特点确定施肥量,一般成龄树每株施入腐熟有机肥40 kg~50 kg。

6.2.3.2 施肥时期

基肥在果实采收后到落叶前施入,以有机肥为主,占全年施肥量的60%;萌芽肥在植株萌芽前施入,以速效氮肥为主,配施磷钾肥;壮果肥在花后1周~2周果实膨大期施用,以复合肥为主,结合施有机肥。

6.2.3.3 施肥方法

基肥采用沟施法,结合深翻改土,挖条状沟、放射状沟或环状沟,沟宽30 cm~40 cm,深约40 cm。追肥在树冠投影范围内开条沟或环状沟,沟宽深均15 cm~20 cm,也可结合中耕全园撒施。植株生产期可进行多次叶面喷肥。提倡果园肥水一体化。

6.3 灌溉与排水

6.3.1 灌溉

灌溉用水应符合NY/T 391的要求。

6.3.1.1 灌溉指标

土壤湿度保持在田间最大持水量的70%~80%为宜,低于60%时应灌水。清晨叶片上不显潮湿时应灌水。夏季高温干旱季节,气温持续在35 ℃以上,叶片开始出现萎蔫时,应立即进行灌水。

6.3.1.2 灌水方式

丘陵山地果园,利用山区水库或建造蓄水池,实行树盘灌溉、沟灌、滴灌或喷灌。平地果园,宜采用微喷或滴灌。

6.3.2 排水

低洼易发生涝害的果园应修筑排水沟,主排水沟深60 cm~100 cm,支排水沟深30 cm~40 cm,果园面积较大时也应有排水沟,要及时清淤,保证果园排水畅通,雨期田间无积水。

6.4 整形修剪

6.4.1 整形

采用"一干两蔓"的整形方式,在主干上接近架面 20 cm 的部位留两个主蔓,分别沿中心铁丝向两侧伸展,培养成为永久的蔓,主蔓的两侧每隔 20 cm～30 cm 留一个结果母枝,结果母枝与行向呈直角固定在架面上。

6.4.2 修剪

6.4.2.1 冬季修剪

结果母枝选留:结果母枝优先选留生长强壮的发育枝和结果枝,其次选留生长中庸的枝条,短枝在缺乏枝条时适量选留填空;结果母枝尽量选用距离主蔓较近的枝条,选留的枝条根据生长状况修剪到饱满芽处。

更新修剪:尽量选留从原结果母枝基部发出或直接着生在主蔓上的枝条作结果母枝,将上一年的结果母枝回缩到更新枝位附近或完全疏除掉。每年全树至少 1/2 以上的结果母枝进行更新,2 年内全株更新一遍。

预备枝培养:未留作结果母枝的枝条,如果着生位置靠近主蔓,留 2 个～3 个芽短截为下年培养更新枝,其他枝条全部疏除,同时剪除病虫枝、清除病僵果等。

留芽数:修剪完毕后结果母枝上应保留一定的有效芽数,因品种不同有一定的差异。大多品种的有效芽数大致保持在 30 个/m² ～35 个/m² 架面,所留的结果母枝均匀地分散开并固定在架面上。

6.4.2.2 夏季修剪

抹芽:从萌芽期开始抹除着生位置不当的芽,一般主干上萌发的潜伏芽均应疏除,但着生在主蔓上可培养作为下年更新枝的芽应根据需要保留。结果母枝上萌发过多的芽,抹掉过弱、过密芽。抹芽在生长前期大概 7 d 左右进行 1 次。

疏枝:当新梢上花序开始出现后及时疏除细弱枝、过密枝、病虫枝、双芽枝及不能用作下年更新枝的徒长枝等,结果母枝上每隔 15 cm～20 cm 的保留 1 个结果枝,每平方米架面保留正常结果枝 10 根～12根。疏枝宜在旺树上进行。

绑夏:新梢长到 30 cm～40 cm 时开始绑蔓,使新梢在架面上均匀分布,每隔 2 周～3 周全园检查、绑缚 1 遍。

摘心捏梢:开花前对强旺的结果枝、发育枝进行摘心或捏梢处理,处理后如果发出二次枝,在顶端只保留 1 个,其余全部抹除,对对未停止生长顶端开始缠绕的枝条全部摘心。

6.5 疏蕾、授粉与疏果

6.5.1 疏蕾

侧花蕾分离后 2 周左右开始疏蕾,根据结果枝的强弱、长短调整花蕾数量。强壮的长结果枝留 5个～6 个花蕾,中庸的结果枝留 3 个～4 个花蕾,短果枝留 1 个～2 个花蕾。

6.5.2 授粉

6.5.2.1 蜜蜂授粉

在大约 10% 的雌花开放时,每公顷果园放置活动旺盛的蜜蜂 5 箱～7 箱,园内和果园附近不能有与猕猴桃花期相同的植物,园内的三叶草等绿肥应在猕猴桃开花前刈割 1 遍。

6.5.2.2 人工授粉

雌花盛开初至盛开时,采集当天刚开放、花粉尚未散失的雄花,用雄花的花蕊在雌花柱头上涂抹,每朵雄花可授 7 朵～8 朵雌花;在雌雄花期不遇时,也可采集第 2 天将要开放的雄花,在 25 ℃～28 ℃下干燥 12 h～16 h,收集散出的花粉储于低温干燥处,用毛笔蘸花粉在当天刚开放的雌花柱头上涂抹。授粉时间在 9:00 前或 15:00 后进行。

6.5.2.3 机械授粉

采用商业花粉与有色辅料按一定比配制,利用商品化机械进行全园授粉,机械授粉在花开30%和80%时各授粉1次。授粉时间同人工授粉。

6.5.3 疏果

花后10 d左右,疏去授粉受精不良的畸形果、扁平果、伤果、小果、病虫危害果等。生长健壮的长果枝留4个~5个果,中庸的结果枝留2个~3个果。短果枝留1个~2个果。同时注意按叶果比(4~6):1,控制全树的留果量。

6.6 病虫害防控

6.6.1 防控原则

坚持"预防为主、综合防治"的原则,加强检疫,按照病虫害发生的特点,以农业防治为基础,综合利用物理、生物、化学等防治措施,有效控制病虫危害。

6.6.2 常见病虫害

常见病虫害参见附录A。

6.6.3 防治措施

6.6.3.1 农业防治

因地制宜,选用抗病虫品种,通过合理的水、肥、修剪等栽培管理措施,增强树势,提高树体抗逆能力,营造不利于病虫滋生蔓延的果园小气候。采取剪除病虫枝,清除枯枝落叶和病僵果,刮除树干裂皮,深翻树盘等措施,杀灭病虫残体,减少侵染源,抑制病虫害发生。

6.6.3.2 物理防治

根据害虫生物学特性,在园内使用糖醋液、粘虫板、诱虫灯、防虫网及树干缠草等方法诱杀害虫,采取人工捕捉的办法防治斑衣蜡蝉、椿象等害虫。

6.6.3.3 生物防治

保护和利用天敌,以虫治虫,采取助育和人工饲放天敌控制害虫,利用昆虫性外激素诱杀或干扰成虫交配,选用有益微生物及其代谢产物控制或杀灭害虫。

6.6.3.4 化学防治

加强病虫监测预报,掌握果园病虫害发生情况。根据病虫的生物学特性和危害特点,选择使用生物源农药、矿物源农药、中毒低毒有机合成农药,禁止使用剧毒、高毒、高残留以及未在农业行政管理部门登记用于果树或猕猴桃的农药。根据保护天敌和安全性原则,合理选择农药种类、施用时间和施用方法。注意不同作用机理农药的交替使用和合理混用,严格控制农药安全生产间隔期。具体使用方法按照NY/T 393的规定执行。推荐性农药参见附录A。

7 采收

7.1 采收指标

根据果实成熟度、用途和市场需求确定采收适期,成熟期不一致的品种应分期采收。鲜果可溶性固形物含量美味猕猴桃达6.2%以上,中华猕猴桃达7%以上为最佳采收期。

7.2 采收方法

采收前剪指甲,戴手套,采收时使用专用的采收布袋,轻采、轻拿、轻放、轻装、轻卸,避免划伤、压伤。

7.3 采收要求

雨天或露水未干的早晨及高温的中午,不宜采果。不同的品种应分别采收,同一品种分批采收。

7.4 分级包装

果实采收后,根据不同品种等级规格及时进行分级、包装,或运到预冷场所从速进行分级、包装。从采收到入库不宜超过24 h。包装箱或包装盒上应标注绿色食品标志,标志设计按有关规定执行。

8 生产废弃物处理

8.1 地膜、农药包装袋处理

建园时使用的地膜、生产中使用的农药包装袋,建立收购网点统一收购,通过专业公司进行集中处理。

8.2 枝条、落叶等处理

树体剪下的带有病虫害的枝条、落叶应带出果园,集中灭毁。其他修剪后的枝条进行粉碎杀菌,作为基肥还田。

9 运输储藏

9.1 建库选择

冷库周边应无污染、无酒厂、交通便利。可采用低温库或气调库。

9.2 冷库消毒

冷库在使用前应进行杀菌杀虫消毒处理,消毒方法主要采用喷药和熏蒸消毒,消毒后封闭 2 d~3 d,然后及时通风换气。消毒使用的药剂应符合 NY/T 393 的要求。

9.3 储藏条件

冷库储藏湿度在 0 ℃~2 ℃,库内空气相对湿度保持在 90%~95%。果实入库前先进行预冷,入库时不同品种、不同规格、不同时间入库的果实进行分库分垛储藏。一般每 7 d~8 d 对冷库进行 1 次通风换气。

9.4 运输

运输工具的装运舱应清洁、无异味,有防晒、防雨设施。宜采用冷藏运输,做到快装、快运、快卸。运输过程不得与有毒、有害、有异味物品混运,同时应防止虫蛀、鼠咬。

10 生产档案管理

针对绿色食品猕猴桃的生产过程,建立相应的生产档案,重点记录产地环境条件、生产技术、肥水管理、病虫草害的发生和防治、采收及采后处理等情况,记录保存 3 年以上。做到猕猴桃生产可追溯。

附 录 A
（资料性附录）
云贵山地绿色食品猕猴桃生产主要病虫害化学防治方案

云贵山地绿色食品猕猴桃生产主要病虫害化学防治方案见表 A.1。

表 A.1 云贵山地绿色食品猕猴桃生产主要病虫害化学防治方案

防治对象	防治时期	农药名称	使用剂量	施药方法	安全间隔期，d
溃疡病	采果后	20％噻菌铜悬浮剂	700 倍液	喷雾	14
	修剪后	84％王铜水分散粒剂	1 500 倍液	喷雾	10
	萌芽期	20％噻菌铜悬浮剂	500 倍液	喷雾	14
褐斑病	发生期	0.5％小檗碱水剂	500 倍液	喷雾	10
花腐病	发生前	40％春雷·噻唑锌悬浮剂	1 000 倍液	喷雾	28
灰霉病	发生期	0.5％香芹酚水剂	800 倍～1 000 倍液	喷雾	10
叶蝉	发生期	1.5％除虫菊素水乳剂	600 倍～1 000 倍液	喷雾	30
红蜘蛛	发生期	0.5％藜芦碱可溶液剂	600 倍～700 倍液	喷雾	10
小卷叶蛾	发生期	1％苦皮藤素水乳剂	4 000 倍～5 000 倍液	喷雾	15
根结线虫	发生期	0.5％氨基寡糖素水剂	600 mL/亩～800 mL/亩	灌根	20
注：农药使用以最新版本 NY/T 393 的规定为准。					

绿 色 食 品 生 产 操 作 规 程

绿色食品设施鲜食枣生产操作规程

2020-11-01 实施

中国绿色食品发展中心 发布

前　言

本规程由中国绿色食品发展中心提出并归口。

本规程起草单位:山东省农业科学院农业质量标准与检测技术研究所、山东省绿色食品发展中心、赞皇县大河道大枣专业合作社。

本规程主要起草人:张文君、陈子雷、赵玉华、李慧冬、栗彦良、方丽萍、纪样龙、毛江胜、丁蕊艳、郭长英、李超、刘娟。

绿色食品设施鲜食枣生产操作规程

1 范围

本规程规定了绿色食品鲜食枣设施生产的园地选择与规划、设施类型、栽植管理、扣棚管理、温湿度控制、整形修剪、土肥水管理、花果管理、病害防治、采收、生产废弃物处理、包装和储运及生产档案管理。

本规程适用于绿色食品设施鲜食枣设施的生产。

2 规范性引用文件

下列文件对于本文件的应用是必不可少的。凡是注日期的引用文件,仅注日期的版本适用于本文件。凡是不注日期的引用文件,其最新版本(包括所有的修改单)适用于本文件。

NY/T 391　绿色食品　产地环境质量

NY/T 393　绿色食品　农药使用准则

NY/T 394　绿色食品　肥料使用准则

NY/T 658　绿色食品　包装通用准则

NY/T 1056　绿色食品　储藏运输准则

3 园地选择与规划

3.1 园地选择

按 NY/T 391 的规定选择生态良好、无污染的地区,远离工矿区和公路、铁路干线,避开污染源。园区地块应集中、向阳开阔、有淡水资源、交通便利、排灌良好;土壤肥沃、理化性状良好,具有可持续生产能力。

3.2 产地环境

产地空气质量、水源质量、土壤质量符合 NY/T 391 的要求。

3.3 园地规划

栽植前对道路、排灌渠道、小区、品种配置、房屋及附属设施等进行规划设计,做到合理布局并绘制出平面图。同时与常规生产区域之间设置有效的缓冲带,防止绿色食品生产基地污染。

4 设施类型

4.1 冷棚

冷棚是指塑料大棚,一般不需要加盖草苫,只有一层塑料薄膜,没有后土墙及山墙等保温措施,设施内升温主要依靠日光照射。适用于我国北方枣区冬季气温不太低的地区。

4.1.1 钢架结构冷棚

以南北走向为宜,全钢结构跨度 8 m～12 m,长 50 m～100 m,棚体顶高 3.0 m～4.0 m,肩高 1.8 m～2 m,拱高 1.2 m～2 m,棚的四周和顶部可以通风,棚内配置滴管、自动卷膜和自动喷雾设施等。

4.1.2 竹木结构冷棚

以南北走向为宜,竹木结构冷棚跨度 8 m～12 m,长 50 m～100 m,棚体顶高 2.3 m～3.0 m,肩高 1.7 m～2.0 m。竹木结构冷棚结构简单,造价低,效果显著。

4.2 温棚

温棚,即春暖棚,是指北、东、西三面围墙,具有单坡面结构,采用光性能较好的塑料薄膜覆盖,其热量来源主要依靠太阳辐射,并采用棉被或草苫覆盖保温。目前枣树温棚栽培主要以塑料温棚为主。

4.2.1 塑料温棚

长度 60 m～80 m,宽度为 7 m～10 m,方位西南偏西。边柱、顶柱、中柱高分别为 1.5 m～1.7 m、1.8 m～2 m、2.1 m～2.5 m,拱架距 1.1 m～1.35 m。多采用半地下结构,栽培行在自然地面以下 0.5 m～1.0 m。后墙和山墙的建筑材料以土筑为主,或砖石复合结构;后屋采用作物秸秆与泥土复合结构;前屋建筑材料为钢筋骨架、薄膜、遮阳网、草苫;同时,配备卷帘机、卷膜器、滴灌、防鸟网、杀虫灯、防虫网、喷雾装置等。

4.2.2 玻璃温室或阳光板温房

玻璃温室和阳光板温室四周没有保温设施,除日光加温外还采用各种附加热源加温,适用于华北、西北冬季过分严寒的地区。目前在枣树生产上利用相对较少。

5 栽植管理

5.1 主栽品种

品种选择应遵循以下原则:选择树体矮化、早果性强、果形大、品质优、丰产性强、抗病、成枝力弱、综合性状优异、适于当地环境条件的优良品种。适宜设施栽培的鲜食枣品种有冬枣、伏脆蜜、早脆王、七月鲜、蜜罐新 1 号、京 39、灵武长枣、月光枣、晋枣、襄汾圆枣、金丝新 4 号、蛤蟆枣、不落酥等。

5.2 栽植密度

冷棚栽培多采用(2.0～3.0)m×(1.5～3.0)m 株行距栽培;温棚栽培可采用 1.0 m×2.0 m 栽植,实际栽培密度根据品种特性、栽培地块条件确定。

5.3 栽植时期

春秋两季栽植均可,春栽时间为 4 月下旬至 5 月上旬,秋栽为 10 月下旬,灌冬水前进行。一般秋栽宜早、春栽宜迟。有灌溉条件的地区秋季落叶后到翌年发芽前均可栽植;在干旱或气温较低的地区,发芽前栽植最好。

5.4 栽植方法

5.4.1 起垄栽植

适用于降水量充足、容易积水的地区,起垄后土壤透气性好,垄面提温快,有利于早熟根系生长。在定植前设计行向和株行距开挖定植沟,定植沟一般宽 80 cm,深 60 cm,定植沟挖好后回填 30 cm～40 cm 厚的秸秆或杂草,然后覆一层土,再灌水沉实。每亩准备腐熟有机肥 2 000 kg～3 000 kg 和生物有机肥 100 kg 与表层土混合,做成高 40 cm、宽 80 cm 的定植垄。

5.4.2 沟槽栽植

适用于降水较少的干旱地区,或沙质过重容易漏水肥,或地下水位过高的地区。定植前,按适宜行向和株行距开挖定植沟,定植沟宽 1 m,深 50 cm～80 cm,定植沟挖好后在沟底和两侧壁铺垫塑料薄膜,然后回填 20 cm～40 cm 厚的植物秸秆、杂草或食用菌下脚料,以及其他有机质肥料,上覆一层土压实。每亩准备腐熟有机肥 2 000 kg～3 000 kg 和生物有机肥 100 kg 与表层土混合,然后浇透水。苗木栽植、定干后用地膜覆盖。

6 扣棚管理

6.1 冷棚扣棚时间

冷棚保温效果差,扣棚时间应晚一些。扣棚时间根据当地的气候条件决定,以当地最低气温稳定在 −3 ℃以上为最佳扣棚时间。

6.2 温棚扣棚时间

6.2.1 温棚扣棚时间

当秋季夜间温度气温持续在 7.2 ℃以下时,可以扣棚。各地根据当地的气候条件确定扣棚时间。

扣棚后白天盖草苫,防止棚内增温,夜间揭开草苫并打开通风口,使棚内温度控制在7.2 ℃以下,创造一个适合枣树休眠的低温条件。

6.2.2 升温时间

升温时间根据不同品种的需冷量和各地气候条件确定。北方产区温棚12月下旬至翌年1月上旬可以开始升温;南方枣区可根据当地栽培品种和气候条件,确定适宜的升温时间。当地温达到10 ℃以上时,可以开始升温。白天揭开草苫提高棚内温度,夜间覆盖草苫进行保温。

7 温湿度控制

7.1 温度控制

每天日出后揭苫进光增温,日落前放苫保温,尽可能延长日照时间。升温后,严格按照枣树不同生育时期的要求控制温度,萌芽期昼温17 ℃~22 ℃,夜温10 ℃~13 ℃;抽枝展叶期昼温18 ℃~25 ℃,夜温10 ℃~15 ℃;初花期昼温20 ℃~28 ℃,夜温15 ℃~20 ℃;盛花期昼温25 ℃~35 ℃,夜温15 ℃~20 ℃;果实发育期昼温25 ℃~30 ℃,夜温15 ℃~20 ℃;脆熟期昼温28 ℃~33 ℃,夜温15 ℃~20 ℃。果实成熟期管理接近大田管理,但在高温烈日天气正午注意遮阳降温。

7.2 湿度控制

萌芽期相对湿度70%~80%;抽枝展叶期昼温相对湿度70%~80%;初花期相对湿度70%~85%;盛花期相对湿度80%~90%;果实发育期相对湿度30%~40%;脆熟期相对湿度30%~40%。

7.3 光照管理

设施温棚内光照不足,而枣树生长发育对光照的要求比较高。因此,在生产中建议每年使用透过率高的新棚膜,在覆膜期间要经常擦洗棚膜,保证棚膜有较高的透过率。

8 整形修剪

8.1 树体整形

枣树是喜光树种,对光照要求较高。设施栽培以矮化栽培为主,枣树宜采用的树型有主干型、细长纺锤形和开心形。其中,主干型和细长纺锤形适宜每亩栽植110株以上的高密度枣园,开心形适宜每亩栽植110株或以下的枣园。

8.1.1 主干型

8.1.1.1 树体结构

树高2 m,中心干直立,在中心干上从下到上,均匀地分布10个~18个结果枝,结果枝长0.5 m~1 m,水平伸展,或与中心干夹角70°~80°,冠径1 m左右。

8.1.1.2 整形方法

栽植后,疏除所有二次枝,距离地面50 cm处定干,发芽后抹除30 cm以下的萌芽,上部保留3个~4个新枣头,翌年春季回苫,而后注重抹芽、摘心;待树形形成后严格控制树高和枝条密度,根据树体生长情况疏枝,若树体强旺,枝条过密,适当疏除主枝,疏除时去直留斜,去弱留强;主干枝保留6个~8个结果枝,其余可疏掉。

8.1.2 细长纺锤形

8.1.2.1 树体结构

树高1.8 cm~2 cm,主干直立,干高50 cm~60 cm,主枝10个~18个,均匀排列在主干上。主枝的基角70°~80°,主枝上不再培养侧枝,而是直接着生中小型结果枝组。主枝长0.5 m~1.0 m,水平伸展,冠径2 m左右。

8.1.2.2 整形方法

栽植后距离地面50 cm~70 cm定干,剪掉所有二次枝,生长期疏除40 cm以下萌芽,培养3个~4

个主枝;轻剪或长放枝条,在主枝上选择方位合适的二次枝 2 个～4 个进行疏除,刺激基部萌发成新的主枝;拉枝,使骨干枝张开。

8.1.3 开心形

8.1.3.1 树体结构

树高 2 m 左右,树干顶部轮生或错落配备 3 个～4 个主枝,每个主枝以 40°～50°角向四周伸展,每个主枝上分布 2 个～4 个侧枝或结果枝。同一主枝上相邻两侧枝之间距离为 40 cm～50 cm,侧枝在主枝上要按一定的方向和次序分布,不相互重叠。

8.1.3.2 整形方法

栽植后距离地面 50 cm～70 cm 定干,剪掉所有二次枝,疏除主干上 30 cm 以下的萌芽,培养 3 个～4 个主枝,对主枝轻剪,在主枝距离主干 30 cm～40 cm、方位合适的二次枝 1 个～2 个进行疏除,刺激基部萌发成新的侧枝;继而培养第二侧枝,拉枝,使骨干枝张开。

8.2 修剪技术

8.2.1 休眠期修剪

休眠期修剪一般在落叶后至树液流动前进行,设施栽培一般在 11 月～12 月进行。

8.2.1.1 疏枝

将树冠内的干枯枝、无利用价值的徒长枝、下垂枝及过密的交叉从基部除掉。

8.2.1.2 短截

主要指剪掉枣头或二次枝的一部分,促进其抽生新的枣头,增加分枝数量,主要用于弱树、老树及老弱枝的复壮更新。培养主干枝时最常用的方法是对枣头进行轻短截,对其下的二次枝进行重短截。

8.2.1.3 回缩

当多年生枝条中下部出现光秃、先端长势减弱且下垂时,为了恢复树势,抬高角度,在壮枝或壮芽初缩剪。剪口下边有二次枝的,可将二次枝从基部截掉,促其萌生新枣头。

8.2.1.4 缓放

对枣头一次枝不进行修剪。一般对骨干枝的延长头进行缓放,有利于结果。

8.2.1.5 刻伤

刻伤分为芽上刻伤和芽下刻伤,芽上刻伤有利于芽萌发,有利于增强刻伤部位下方枝的生长,芽下刻伤可以抑制刻伤部位上方芽或枝的生长。

枣树骨干枝缺少枝条需要发枝时,在主芽上方约 1 cm 处横切一刀,深达木质部,刺激该芽萌发。刻芽的最佳时期是在早熟萌芽前后。有些主枝或侧枝生长势过强,可以采用枝下刻伤的方法,使其长势缓和。

8.2.2 生长期修剪

8.2.2.1 摘心

在生长季节都可进行,萌芽期主要对枣股上萌发出的枣头进行摘心,增加木质化枣吊的数量;夏秋主要对各级骨干枝的延长头进行摘心,抑制树体营养生长,使骨干枝健壮充实。夏季也可以对枣吊进行摘心,使枣吊不再延长生长,营养集中供应枣吊。

8.2.2.2 萌芽期摘心

当枣头生长 2 个～3 个二次枝时,保留基部 1 个～3 个二次枝进行重摘心,也可只保留基部的枣吊摘心。

8.2.2.3 生长期摘心

对留作结果枝组的枣头,根据空间大小和枝势强弱进行不同程度的摘心,空间大的,枝势强,在出现 4 个～7 个二次枝时摘心;空间小,枝条生长中庸,需培养中小型枝组时,可在枣头出现 3 个～5 个二次枝时摘心;生长特别旺盛的,需进行2次～3次摘心,以抑制生长,积累养分,提高坐果率。

对主干和主侧枝延长头一般在枝条停止生长前进行轻摘心,摘去顶尖1节～2节嫩梢,使剪口下的枝条发育充实。

8.2.2.4 抹芽

萌芽期抹芽:对萌芽多、芽体部位不适宜的芽抹掉,要注意保留壮芽,抹弱芽、抹里芽、留外芽。

生长期抹芽:待枣芽萌发后,对各级骨干枝、结果枝组间萌生的过密枣头从基部抹去。

8.2.2.5 环剥与环割

环剥即开甲,主要通过环状剥皮切段韧皮组织,有利于花芽和开花坐果对营养的需求,提高坐果率。环剥宜在盛花初期进行,即枣吊30%花开放时;主要在主干部位,也可在主枝、辅枝上局部环剥;第1次从地面以上20 cm初开始,每年或隔年上移5 cm左右,接近第一主枝时,再从主干下部重复进行,但剥口要错开;环剥的长度一般为树干直径的1/10～1/5,环剥宽度为0.5 cm～0.8 cm。

8.2.2.6 拿枝

拿枝是在生长季节对枣头向下轻压数次,使枝条由直立生长变成水平生长,促进开花结果。拿枝一般在6月～7月、枝条半木质化时进行。

8.2.2.7 拉枝或吊枝

在生长季节用铁丝或绳子将大枝的角度和方向改变,用于张开骨干枝角度;对直立枝用绳将其拉成水平状态,促进花芽分化,提早开花结果;对于结果量大、压弯的枝条,可以采用吊枝的方法抬高枝条的角度。

9 土肥水管理

9.1 土壤

定植后1年～2年树盘覆盖地膜,行间进行中耕,3年后进入结果期全棚采用地膜覆盖,果实采收后将地膜撤去,对土壤进行耕翻晾晒,每年秋季采果后结合施基肥进行深翻扩穴。

9.2 施肥

施肥主要有施基肥、追肥、叶面喷施,肥料应符合NY/T 394的要求。

9.2.1 施基肥

鲜枣采收后,根据枣园肥力,实行配方施肥,以腐熟的有机肥为主,适量增加磷、钾肥。施基肥的最佳时期为枣果采收后至冬灌前,每株果树根部周围在树冠滴水线处挖深度40 cm的环状沟,将50 kg～100 kg基肥施入沟中后覆土,每亩施基肥2 200 kg～4 500 kg。

9.2.2 追肥

设施枣园一般追肥3次,即花前、幼果期及果实膨大期。花前追肥,以速效氮肥为主,配以适量的磷肥,挂果树,每株施尿素0.2 kg左右;幼果期追肥以含氮、磷、钾三元素的复合肥为宜,每株施磷酸二铵0.15 kg～0.3 kg或氮磷钾含量各为10%的复合肥0.2 kg～0.4 kg;果实膨大期每株施磷酸二铵、硫酸钾0.5 kg左右。

9.2.3 叶面追肥

自展叶开始,可叶面追肥,花前以氮肥为主,幼果期以后以磷肥、钾肥为主,辅以钙肥,还应注意硼等微肥的施用。叶面喷肥及适宜浓度为:尿素0.3%～0.5%,腐熟人粪尿5%～10%,磷酸铵0.3%～0.5%,硫酸铵、氯化钾各0.3%,草木灰1%～6%,硫酸钾0.3%～0.5%,磷酸二氢钾0.2%～0.5%,过磷酸钙1%～3%,硼砂0.2%～0.3%,硼酸0.1%～0.3%,硫酸亚铁0.3%～0.5%,硫酸锌0.2%～0.4%,氯化钙0.5%。

针对枣果迅速生长期的黄叶病,可以喷施多种微量元素和氨基酸液肥,以300倍和800倍为宜;针对枣果日灼病,可以喷施氯化钙或氨基酸钙,以300 mg/L或800倍～1 000倍为宜。

9.3 灌溉

灌水要掌握前促后控,本着少量多次的原则。定植当年的灌水,一般栽后 20 d 后灌二水,以后根据墒情确定灌水次数,重点保证以下几水:

越冬水:结合秋施基肥,在施肥后至上动迁全园漫灌。

催芽水:升温后至萌芽前,对枣树萌芽、抽枝展叶和花蕾形成有重要作用,宜行灌或浅灌。

花期水:有利于开花坐果和幼果发育,常采用滴灌。

促果水:一般在落花后至生理落果前,结合施肥进行灌水,宜适量小浇为宜。

熟前水:进入或开始进入白熟期灌水,对于防止树势早衰和预防缩果病十分重要,不宜浇水太晚过量。

其他时间视土壤墒情可适当灌水。果园内要疏通灌排水沟,对于地下水位高的地块,注意排水、防涝、降渍;对于地下水位低的地块,注意抗旱等。

10 花果管理

10.1 花期开甲

花期对设施内生长健壮的枣树进行开甲,切段树干韧皮部,缓解地上部分和开花坐果间的养分竞争,提高坐果率。详见 8.2.2。开甲后注意甲口保护,可用塑料布包扎,一般甲口在 25 d～40 d 内愈合。

10.2 枣头摘心

摘心可抑制营养生长,相对促进生殖生长,使营养集中到保留下来的结果部位,从而提高坐果率。详见 8.2.2。

10.3 花期喷施激素和微量元素

在盛花期喷 15 mg/kg～30 mg/kg 的赤霉酸、0.05%～0.2% 的硼砂、0.3%～0.4% 的尿素混合水溶液。第一次喷后相隔 5 d～7 d 再喷 1 次。喷施时间在 10:00 以前或 17:00 以后,主要喷施花朵喷至湿润即可,结合叶面追肥效果更佳。

10.4 疏果

疏果是温室枣树花果管理必不可少的一项措施。首先在初花期对部分过密、细弱的枣吊进行,疏除,可减少蔬果的用工量,提高枣果质量。从果实蚕豆大小时开始疏果,每枣吊留果 2 个～4 个,木质化枣吊留果 5 个～10 个。

10.5 控制采前落果

采前 30 d～40 d 喷 1 次～2 次 10 mg/L～30 mg/L 萘乙酸,可有效防止采前落果。

11 病害防治

11.1 防治原则

坚持"预防为主、综合治理"的方针,优先采用农业防治措施,尽量采取物理防治、生物防治措施,以化学防治为应急手段,综合防治。

11.2 防治方法

11.2.1 农业措施防治

选用抗病虫品种;按植物检疫的相关法规调运苗木;培育壮苗;加强栽培管理,提高土壤肥力,保证水分供应;做好清洁工作,改善设施卫生条件。

11.2.2 物理防治、生物防治

应用黑光灯、频振式杀虫灯、色彩、粘虫板、防虫网等诱杀趋性害虫;人工直接捕杀天牛、金龟子、蚱蝉等害虫。保护和利用白僵菌、瓢虫、寄生蜂等天敌防治害虫;利用性诱剂集中诱杀或阻碍成虫交配产生后代。

11.2.3　化学防治

合理选用农药品种,控制农药使用次数和剂量。提倡使用生物源农药和矿物源农药,合理使用低风险的化学合成农药,使用的农药应符合 NY/T 393 的要求。常见病虫害及防治方法参见附录 A。

12　采收

不同品种的枣果采收期不同,应根据各个品种的品质特性适宜的采收期进行采摘,如冬枣应在白熟期采摘,灵武长枣应在大半红果时采摘;枣果应人工采摘,严禁使用竿打、振落等采摘方法,由于枣的花期很长,结果有早有迟,所以成熟期也不同。因此,采收时最好按照要求分批进行采摘,以求每次采收的枣果成熟度一致。采收时尽量保留果柄,提高鲜枣耐储性。

13　生产废弃物处理

13.1　清园废弃物

清园时产生的枯枝、落叶、杂草、树皮、僵果应集中清理,进行沤肥。

13.2　枝条综合利用

每年冬季整形修剪下来的枝梢数量较多,积极开展综合利用,可制造生物质颗粒燃料产品,也可将树枝粉碎,混入畜禽粪便和生物有机菌,发酵制成肥料。

13.3　农药瓶处理

果园施用的农药肥料包装袋、瓶和果袋等废弃物,按指定地点存放,并定期处理,不得随园乱扔,避免对土壤和水源的二次污染。建立农药瓶、农药袋回收机制,统一销毁或二次利用。

14　包装和储运

14.1　包装

包装应符合 NY/T 658 的要求。宜采用纸箱或塑料周转箱等包装。包装材料应清洁、卫生、干燥、无毒、无异味。同一包装内,应为同一地点生产、同一采收时间、同一等级和同一规格的产品。

14.2　储藏及运输

储藏及运输根据 NY/T 1056 进行规定。果品储藏、运输期间不允许使用化学药品保鲜。储藏场所和运输工具要清洁卫生、无异味,禁止与有毒、有异味的物品混放混运。应有专用区域储藏并有明显标识。中远距离(500 km 以上)运输的鲜枣应采用保温车、冷藏车或冷藏集装箱运输,运输温度为 0 ℃左右。

15　生产档案管理

生产者需建立生产档案,记录品种、施肥、病虫草害防治、采收以及田间操作管理措施;所有记录应真实、准确、规范,并具有可追溯性;生产档案应由专人专柜保管,至少保存 3 年。

附　录　A
（资料性附录）
绿色食品设施枣生产病虫害化学防治方案

绿色食品设施枣生产病虫害化学防治方案见表 A.1。

表 A.1　绿色食品设施枣生产病虫害化学防治方案

防治对象	防治时期	农药名称	使用剂量	施药方法	安全间隔期,d
盲蝽	虫害初期	25％噻虫嗪水分散粒剂	4 000 倍～5 000 倍液	喷雾	28
		70％吡虫啉水分散粒剂	7 500 倍～10 000 倍液	喷雾	28
		40％啶虫脒水分散粒剂	5 000 倍～8 000 倍液	喷雾	28
蚜虫	虫害初期	15％氟啶·吡丙醚悬乳剂	2 000 倍～3 000 倍液	喷雾	21
尺蠖	幼虫 3 龄前	8 000 IU/mg 苏云金杆菌悬浮剂	200 倍～400 倍液	喷雾	—
		0.5％甲氨基阿维菌素苯甲酸盐微乳剂	1 000 倍～1 500 倍液	喷雾	28
红蜘蛛	孵化盛期至低龄幼虫期	30％阿维·螺螨酯悬浮剂	6 000 倍～8 000 倍液	喷雾	28
		0.5％藜芦碱可溶液剂	600 倍～800 倍液	喷雾	10
尺蛾	低龄幼虫期至虫害盛发期	16 000 IU/μL 苏云金杆菌可湿性粉剂	1 200 倍～1 600 倍液	喷雾	无
食心虫	孵化盛期至低龄幼虫期	8 000 IU/μL 苏云金杆菌悬浮剂	200 倍液	喷雾	无
叶斑病	病害发生初期	250 g/L 丙环唑乳油	1 500 倍～3 000 倍液	喷雾	28
枣锈病	病害发生前至初期	22.5％啶氧菌酯悬浮剂或	1 200 倍～1 800 倍液	喷雾	21
		80％代森锰锌可湿性粉剂	600 倍～800 倍液	喷雾	21
炭疽病	病害发生前至初期	40％苯甲·嘧菌酯悬浮剂	1 500 倍～2 500 倍液	喷雾	21
		50％戊唑醇悬浮剂	2 400 倍～3 400 倍液	喷雾	21
		250 g/L 嘧菌酯悬浮剂	1 500 倍～2 500 倍液	喷雾	14
		60％唑醚·代森联水分散粒剂	1 000 倍～1 500 倍液	喷雾	21
褐斑病	发病初期	50％苯甲·丙环唑微乳剂	3 000 倍～5 000 倍液	喷雾	28
注:农药使用以最新版本 NY/T 393 的规定为准。					

绿色食品生产操作规程

LB/T 125—2020

黄河中下游地区绿色食品枣
生产操作规程

2020-08-20 发布

2020-11-01 实施

中国绿色食品发展中心 发布

前 言

本规程由中国绿色食品发展中心提出并归口。

本规程起草单位：河南省绿色食品发展中心、河南农业大学、河南省农村合作经济经营管理站、信阳市农产品质量安全检测中心、三门峡市农产品质量安全检测中心、开封市农产品质量安全检测中心、山西省农产品质量安全中心、陕西省农产品质量安全中心、黑龙江省绿色食品发展中心、好想你健康食品股份有限公司。

本规程主要起草人：樊恒明、李继东、许琦、汤朝杰、陈红、郭建平、刘明、刘姝言、郑必昭、王转丽、刘培源、石训。

黄河中下游地区绿色食品枣生产操作规程

1 范围

本规程规定了黄河中下游绿色食品枣的产地环境、品种和苗木选择、整地和栽植、田间管理、采收、运输储藏、生产废弃物处理和生产档案管理。

本规程适用于河北、山西中南部、山东、河南和陕西中部绿色食品枣的生产。

2 规范性引用文件

下列文件对于本文件的应用是必不可少的。凡是注日期的引用文件,仅注日期的版本适用于本文件。凡是不注日期的引用文件,其最新版本(包括所有的修改单)适用于本文件。

LY/T 1497　枣优质丰产栽培技术规程

NY/T 391　绿色食品　产地环境质量

NY/T 393　绿色食品　农药使用准则

NY/T 394　绿色食品　肥料使用准则

NY/T 393　绿色食品　农药使用准则

NY/T 658　绿色食品　包装通用准则

NY/T 1056　绿色食品　储藏运输准则

SL 550　灌溉用施肥装置基本参数及技术条件

3 产地环境

黄河中下游地区,冬季最低气温不低于−30 ℃,花期日均温度稳定在 22 ℃以上,花后到秋季日均气温下降到 16 ℃之前的果实发育期＞100 d,土壤厚度 30 cm 以上,排水良好的地区,园区产地环境质量应符合 NY/T 391 的要求。

4 品种和苗木选择

4.1 主栽品种

主栽品种宜选择经国家或省级审定的良种,或适应当地环境条件,果实品质优良,抗逆性强的地方品种,如灰枣、骏枣、冬枣、梨枣、金丝小枣、婆枣、赞皇大枣、圆铃枣、长红枣等。

4.2 授粉品种

自花结实能力不强的品种要搭配授粉树,授粉树可选其他花期相近的枣品种。主栽品种与授粉品种的比例为(5～10)∶1。

4.3 苗木选择

栽植所用苗木应符合 LY/T 1497 的要求。

5 整地和栽植

5.1 整地

坡度在 15°以下,采用全面整地,将园地翻耕、耙平,翻耕深度 40 cm 以上;坡度在 15°～25°,可全面整地,也可进行水平梯田整地。整地后应防止水土流失。

5.2 栽植

5.2.1 栽植密度

采用宽行密株,行距 4 m～6 m,株距 1 m～2 m。枣粮间作行距 6 m 以上,株距 2 m～3 m。行向以南北向为宜。

5.2.2 栽植时间

1 月平均气温高于−8 ℃的地区,可春栽,也可秋栽。冬季严寒,1 月平均气温低于−8 ℃的地区,只宜春栽。春栽在土壤解冻后至苗木芽体萌动前进行,秋栽在苗木落叶后至土壤封冻前进行。

5.2.3 栽植方法

穴栽,挖穴时表土和底层土分开堆放,穴深 0.6 m 以上,直径 0.5 m 以上。栽植深度以原根颈与地面相平,或高出地面 3 cm～5 cm。穴内施入腐熟有机肥 5 kg～10 kg,填土时先填表土,后填心土,分层填土踏实。

5.2.4 栽后管理

栽后浇透水,扶正苗木。春夏季注意抹除苗干中下部的萌条。调查苗木成活情况,发现缺株,及时补栽。

6 田间管理

6.1 灌溉

在萌芽期、开花前、幼果期、硬核期、越冬前遇干旱应及时灌溉。可采用喷灌、滴灌、沟灌或穴灌,枣粮间作灌溉可结合间作物灌溉进行。灌水量以浇透为止,树根处开始出现少量积水为宜。

灌溉用水应清洁无污染,符合 NY/T 391 的要求。实施水肥一体化的枣园,喷灌和滴灌设施应符合 SL 550 的要求。

6.2 施肥

6.2.1 施肥原则

按照"以有机肥为主、化学肥料为辅,总量控制,分期调控"的原则进行。施用的肥料应符合 NY/T 394 的要求。

6.2.2 基肥

可采用沟施或穴施。沟施于每年秋季落叶后,在树行内一侧,距树干 50 cm 处沿树行挖沟,翌年在另一侧挖沟,穴施在树盘内挖环状或放射状沟,沟宽 30 cm、深 30 cm,每株树施有机肥 10 kg～20 kg,施肥后封土埋平。

6.2.3 追肥

在开花前、幼果期和硬核期分 3 次进行,每次每株树施加水溶性复合肥 0.2 kg～0.5 kg。实施水肥一体化的枣园按比例溶入灌溉水中,随灌溉进行。未实施水肥一体化的枣园,可穴施或叶面喷施。

穴施在树冠下距树体 1 m 左右呈放射状挖 6 个～8 个穴,穴深 30 cm,将肥料均匀施入,埋土后及时灌溉。叶面喷施将肥料配置成 0.3%～0.5%的浓度,用喷雾器均匀喷布到叶面上。

硬核期喷 0.3%磷酸二氢钾 1 次～2 次,2 次喷施间隔 15 d。

6.3 病虫害防治

6.3.1 防治原则

病虫害防治采取"预防为主、综合防治"的原则,加强病虫害监测,以农业防治、物理防治和生物防治方法为主,科学使用化学防治方法。

6.3.2 常见病虫害

枣树常见病害有枣疯病、枣锈病、炭疽病、缩果病、裂果等。

枣树常见虫害有枣尺蠖、桃小食心虫、枣瘿蚊、食芽象甲、枣黏虫、绿盲蝽、红蜘蛛、龟蜡蚧等。

6.3.3 防治措施

6.3.3.1 农业防治

加强枣园土、肥、水管理,提高土壤肥力,保证树体水分供应,促使枣树生长健壮,提高抗病虫能力;科学修剪,控制合理树体负载;拔除枣疯病植株;控制地被物生长,保持树上树下良好的环境条件,减少病虫害的发生。

6.3.3.2 物理防治

清除地下落果、病虫果枝和翘皮,人工刮卵块,摇树振虫捕杀;使用黑光灯、频振式杀虫灯等光源性器具诱杀害虫;利用糖醋液、粘虫板或树干上缠草把诱杀害虫;在树干上扎塑料裙、涂粘虫胶阻止害虫上树。

6.3.3.3 生物防治

使用农药防治蚜虫、枣尺蠖应避开草蛉等天敌昆虫的成虫和幼虫期,在其卵和茧期使用;成虫产卵期每株释放 3 000 头～5 000 头赤眼蜂控制枣尺蠖、枣黏虫等鳞翅目害虫;产卵期用苏云金杆菌防治枣龟蜡蚧,用法用量参见附录 A;利用性诱剂集中诱杀或阻碍成虫交配产生后代。

6.3.3.4 化学防治

使用药剂应获得国家在枣上的使用登记或省级农业主管部门的临时用药措施,同时符合 NY/T 393 的要求。注意轮换用药,合理混用。常见病虫害的化学防治方法参见附录 A。

6.4 土壤管理

6.4.1 枣园生草

行间采用自然生草或人工种草,人工种草常选用的草种有紫花苜蓿、白三叶和毛叶苕子等。草高达到 30 cm 时,及时刈割,粉碎还田。

6.4.2 翻耕

每 3～5 年翻耕 1 次,翻耕深度 15 cm～30 cm。翻耕时,可结合施基肥 1 次,每亩施腐熟有机肥 500 kg～1 000 kg,在翻耕前均匀撒施,随翻耕埋入地下。施用的肥料应符合 NY/T 394 的要求。

枣粮间作的翻耕随作物耕作进行。

6.4.3 扩树盘

坡度 25°以上,穴状整地的枣树,每 1 年～2 年扩树盘 1 次,每次向外扩展 50 cm～100 cm,在树冠投影外侧开环形沟,沟深 50 cm～60 cm,宽 40 cm～50 cm,挖沟时注意不要伤及粗根,埋沟时结合施入基肥,石砾过多的土壤还应去石换土,逐渐改良土壤。

6.5 整形修剪

6.5.1 主要树形

主干分层形。树高 2.5 m～3 m,主枝分 3 层,每层分布 2 个～3 个主枝,各层间距 60 cm～80 cm,分枝角度从下到上依次减小。每个主枝上培养 1 个～2 个结果枝组。

自由纺锤形。树高 3 m,有中心干,枝下高 60 cm～80 cm,主枝交互着生于中心干上,各主枝间距 15 cm～20 cm,主枝与主干成 70°～80°夹角,主枝上着生侧枝,侧枝上着生结果枝组。

6.5.2 幼树期修剪

幼树的整形应以疏剪为主、短截为辅,将生长紊乱、细弱冗长的徒长枝,主干上过密的结果枝组,从基部疏除,选择留下生长健壮的枝,培养树体骨架。

6.5.3 成年树修剪

成年树修剪以维持树势,培养结果枝组为主。

冬季落叶后至翌年芽体萌动前,利用疏枝、短截、回缩、开角等技术,疏除交叉、重叠、密生、下垂、细弱、损伤及病虫害枝,轻截骨干枝上不需延长生长的发育枝和二次枝,重截骨干枝背上萌发的密生、丛生发育枝。

夏季利用抹芽、摘心、拿枝、扭梢等技术,抹除过多或萌发位置不当的萌芽,控制结果枝组、二次枝或木质化结果枝延长生长,开张枝条生长角度。

6.6 花果管理

6.6.1 促花促果

夏季修剪时对结果枝组进行摘心,控制旺长,促进开花坐果。

花期通过灌溉、喷水等措施保持园内湿度,防治焦花。每50亩枣园释放1箱~2箱蜜蜂或壁蜂,辅助授粉。

6.6.2 保花保果

在盛花期使用环剥剪在主干基部进行1次环剥,环剥宽度为环剥部位直径的1/20~1/10,最宽不超过1 cm,环剥后涂抹蜂蜡等促进伤口愈合和预防病虫害的药剂,涂抹的药剂应符合NY/T 393的要求。

6.7 枣粮间作

间作作物要选与枣没有共同病虫害、植株矮小的作物,如小麦、大豆、甘薯、花生等,不得选用高秆的作物。在建园初期距离幼树根际50 cm以内不得间种,随着树冠的扩大,间作距离应逐渐加大。

间作作物的管理应按照绿色食品管理要求进行。

7 采收

7.1 采收时期

根据不同品种的成熟期或消费方式确定采收时期。干制品种可一次采收,鲜食品种宜分期采收。

7.2 采收方法

干制品种用竹竿或木棒将成熟的枣果从树体上震落,或使用机械震落,采收时应避免损伤枝条。鲜食品种人工采摘。

7.3 包装

每一包装容器只能装同一品种、同一批次的枣果。包装材料应清洁卫生,干燥完整,无毒、无异味、无虫蛀、无腐蚀、无霉变,符合NY/T 658的要求。

包装容器上应系挂或粘贴标有品名、产地、净含量、生产日期、标准代号等的标签,以及防雨、防压等储运图示的标记。

8 运输储藏

运输工具应清洁,有防晒、防雨设施,专车专用,不与非绿色食品的其他货物一起运输。运输过程中应轻装轻卸,防止挤压和剧烈震动。运输工具和运输管理应符合NY/T 1056的要求。

储藏环境应清洁卫生,远离污染源。储藏设施应具有防虫、防鼠、防鸟的功能,不使用对食品产生污染或潜在污染的建筑材料。储藏时应批次分明,用木条或格板铺垫,堆码整齐,不与非绿色食品的货物混合存放。储藏设施和管理应符合NY/T 1056的要求。

9 生产废弃物处理

9.1 修剪废弃物处理

修剪过程中产生的废弃枝条,以及冬季清园时的枯枝、落叶、落果等,应集中粉碎,充分腐熟,然后覆盖于树行内或树盘下。

9.2 地表覆盖物废弃物处理

枣粮间作中间作物收获时产生的秸秆,应进行综合利用,或粉碎后随翻耕埋入土壤,还田作绿肥。枣园生草刈割下的草粉碎后撒入园地作绿肥。

9.3 其他生产废弃物处理

生产过程中产生的农药、化肥包装袋,及其他废弃物,应分类收集,进行无害化处理,或回收利用。

10 生产档案管理

10.1 档案内容

建立绿色食品枣生产档案,包括基本情况档案和技术管理档案。基本情况档案主要包括枣园的调查情况记录,包括枣园的面积、气候条件、管理情况、产量等;技术管理档案主要包括枣生产采取的技术措施,物料使用情况,包括肥水管理、病虫害发生和防治、采收和销售等情况。

10.2 档案管理

档案要有专人记载,系统整理,专人负责进行保存。档案保存时间要在3年以上。

附 录 A
（资料性附录）
黄河中下游地区绿色食品枣生产主要病虫害化学防治方案

黄河中下游地区绿色食品枣生产主要病虫害化学防治方案见表 A.1。

表 A.1 黄河中下游地区绿色食品枣生产主要病虫害化学防治方案

防治对象	防治时期	农药名称	使用剂量	施药方法	安全间隔期,d
枣锈病	果实生长期	80%代森锰锌可湿性粉剂	600 倍～800 倍液	喷施	21
		22.5%啶氧菌酯悬浮剂	1 200 倍～1 800 倍液	喷施	21
炭疽病	果实生长期	43%戊唑醇悬浮剂	2 000 倍～3 000 倍液	喷施	21
		80%代森锰锌可湿性粉剂	600 倍～800 倍液	喷施	10
缩果病	果实生长期	43%戊唑醇悬浮剂	2 000 倍～3 000 倍液	喷施	21
		80%代森锰锌可湿性粉剂	600 倍～800 倍液	喷施	10
枣尺蠖	花期	0.5%甲氨基阿维菌素苯甲酸盐	1 000 倍～1 500 倍液	喷施	28
		8 000 IU/μL 苏云金杆菌悬浮剂	200 倍液	喷雾	—
食心虫	果实生长期	8 000 IU/μL 苏云金杆菌悬浮剂	200 倍液	喷雾	—
红蜘蛛	萌芽期	0.5%藜芦碱可溶液剂	600 倍～1 500 倍液	喷施	28
食芽象甲	萌芽期	0.5%甲氨基阿维菌素苯甲酸盐微乳剂	1 500 倍液	喷施	28
绿盲蝽	花期	25%噻虫嗪水分散粒剂	4 000 倍～5 000 倍液	喷施	28
龟蜡蚧	果实生长期	25%噻虫嗪水分散粒剂	5 000 倍液	喷施	28
注:农药使用以最新版本 NY/T 393 的规定为准。					

绿 色 食 品 生 产 操 作 规 程

LB/T 126—2020

南方地区绿色食品鲜食枣
生产操作规程

2020-08-20 发布

2020-11-01 实施

中国绿色食品发展中心　发布

前　言

本规程由中国绿色食品发展中心提出并归口。

本规程起草单位：湖南省绿色食品办公室、衡阳市蔬菜研究所、衡阳市德丰源种业有限责任公司、湖南新丰果业有限公司、中南林业科技大学、浙江省绿色食品办公室、四川省绿色食品发展中心、江西省绿色食品发展中心。

本规程主要起草人：朱建湘、唐昌林、曾江桥、何振华、向晓阳、王森、贺良明、任艳芳、郑永利、邓彬、杜志明。

南方地区绿色食品鲜食枣生产操作规程

1 范围

本规程规定了绿色食品南方地区鲜食枣的产地环境、园地选择与规划、品种选择、栽植、土肥水管理、整形与修剪、保花保果、冬季管理、病虫害防治、采收、包装及储藏、生产废弃物处理及生产档案管理。

本规程适用于上海、浙江、福建、江西、湖北、湖南、四川、重庆、贵州、云南、广东、广西、海南等省份及江苏、安徽两省淮河以南地区的绿色食品鲜食枣的生产。

2 规范性引用效果

下列文件对于本文件的应用是必不可少的。凡是注日期的引用文件,仅注日期的版本适用于本文件。凡是不注日期的引用文件,其最新版本(包括所有的修改单)适用于本文件。

NY/T 391 绿色食品 产地环境质量
NY/T 393 绿色食品 农药使用准则
NY/T 394 绿色食品 肥料使用准则
NY/T 658 绿色食品 包装通用准则
NY/T 844 绿色食品 温带水果
NY/T 1056 绿色食品 储藏运输准则

3 产地环境

生产基地环境应符合 NY/T 391 的要求:选择光照充足、排灌方便、土层深厚、无环境污染的地方种植。基地相对集中连片,距离污染源 5 km 以上。

4 园地选择与规划

4.1 园地选择

选择土壤深厚、透气性和理化性状良好的沙质壤土或沙土、土壤有机质含量＞1%、土壤 pH 5.0～8.9、地势开阔平坦或坡度在 25° 以下的地块建园。

4.2 园地规划

4.2.1 小区规划

根据枣园土壤、地形等条件相近的原则,将枣园划分为若干小区。平地大型果园面积在 2 hm² ～4 hm² 的为一个小区,丘岗山地面积在 0.5 hm² ～2 hm² 的为一个小区。

4.2.2 道路规划

主路位于枣园中部,路宽 6 m～7 m,山坡地主路应顺应山势,呈"之"字形且坡度在 5°～10°;支路垂直于主路,路宽 4 m～6 m。

4.2.3 排灌系统规划

枣园应根据地势状况规划主沟、围沟、厢沟等排灌系统。

平地:正中开挖 1 条 80 cm～100 cm 深的主沟,四周开挖 60 cm～80 cm 深的围沟,每隔两行挖 1 条 50 cm～60 cm 深的厢沟,沟沟相通。

山坡地:依地势和地形间隔 30 m～50 m 距离,从坡顶至坡底挖纵向排水沟,梯田内侧要开挖排水沟,开沟土覆于梯田外侧,保证梯田做到外高内低,梯田内排水沟与纵排水沟相通。

4.2.4 水源规划

枣园要有灌溉水源并配置相应的引水系统。纵排水沟隔一定距离设置 1 个沉沙池,并安装管道,在每株树的树冠方向打 1 个 40 cm～50 cm 深、15 cm 宽的穴,干旱时往穴内灌水。

4.3 整地施肥

平地或稻田按南北向挖宽深为 1 m×1 m 的定植沟。丘岗坡地整地按等高线修成外高内低式梯土,梯面宽 2 m～3 m。定植穴(沟)规格为 0.8 m×0.8 m×0.8 m。每亩施经无害化处理的腐熟有机肥 3 000 kg～4 000 kg。

5 品种选择

可选中秋酥脆枣、赞皇大枣、沾化冬枣、鸡蛋枣、金丝 4 号、梨枣、贵妃油枣等优良品种。

6 栽植

6.1 栽培季节

10 月下旬至翌年 3 月上旬,冬季落叶后和春季萌芽前均可栽植。

6.2 栽植密度

平地适当稀植,株行距(1.5～2)m×3.5 m;山地或丘陵地适当密植,株行距 2 m×3 m。

6.3 苗木准备

栽前人工去掉嫁接膜,嫁接口以上留 3 个有效芽植进行平剪,剪除烂根、枯根以及苗干所有侧枝,留桩 1 cm 疏剪,采用浓度为 50 mg/L 的生根粉(有效成分:萘乙酸)浸根 4 h～6 h。

6.4 栽植方法

栽植时舒展根系,边填细土,边将苗木轻轻上下抖动,盖土至根颈上 3 cm～4 cm 处后压实细土,栽后立即浇透水,最后在湿土上盖一层干细土至根颈上 2 cm 处。

7 土肥水管理

7.1 土壤管理

每年于秋末或冬季进行一次全园深翻,树冠投影内浅挖 15 cm 左右,行间深挖 25 cm～30 cm;生长季节、降雨或灌水后,及时中耕除草。中耕时坡地宜深,平地宜浅,深度 5 cm～10 cm,保持土壤疏松。春季施肥后,于行间、地面覆盖农作物秸秆、园艺地布抑制杂草,减少水分蒸发。

7.2 肥料管理

7.2.1 施肥原则

以有机肥为主,化肥为辅,基肥为主,追肥为辅,控氮增磷钾的原则,注重氮肥、磷肥、钾肥及微量元素的合理搭配。肥料使用应符合 NY/T 394 的要求。

7.2.2 冬培肥

于采果后至 3 月中旬前施用,成年枣树每亩施有机肥 2 000 kg～3 000 kg。

7.2.3 追肥

7.2.3.1 催芽肥

于萌芽前一周用 10% 腐熟人粪尿或 50% 沼液 5 kg/株,在树冠滴水线处开挖 20 cm 深沟施入,施后立即覆土;或在雨前多点穴施硫酸钾复合肥(15 - 15 - 15)0.5 kg/株。

7.2.3.2 花期肥

开花前期,用 10% 腐熟人粪尿 5 kg/株或硫酸钾复合肥(15 - 15 - 15)0.25 kg/株浅沟施,或在开花 20% 时采用 0.2%～0.3% 的磷酸二氢钾与 0.1%～0.3% 硼砂溶液进行叶面追肥。

7.2.3.3 膨大肥

第一次坐果后,每株用硫酸钾复合肥(15-15-15)0.25 kg～0.5 kg或50%沼液10 kg或10%腐熟人粪尿液10 kg,于行间20 cm浅沟施入,施肥后灌水、覆土。

7.2.3.4 着色肥

用0.2%～0.3%的磷酸二氢钾溶液喷施或硫酸钾复合肥(15-15-15)0.25 kg/株,于行间20 cm浅沟施入,施肥后灌水、覆土。

7.3 水分管理

雨季注意枣园排水,做到雨停园干。枣树始花至果实膨大期是全生育期需水量最大的时期,当出现干旱天气达7 d时,及时引水灌溉,高温天气灌水一般利用傍晚以后至翌日凌晨灌水,随灌随排;到枣果白熟期后要减少灌水量,多利用低温时段实行树冠喷水、地面洒水、树盘覆盖、穴灌等办法保水。

8 整形与修剪

通过整形修剪降低树高,控制冠形,改善光照条件,促进形成粗壮的结果母枝,为丰产结实创造条件。

8.1 整形

8.1.1 矮冠分层形

8.1.1.1 树体结构

主干高>60 cm,有显著的中心干,全树留主枝6个～7个,主枝基本不留侧枝,直接着生结果枝组,层间距80 cm～90 cm。

8.1.1.2 整形方法

幼树生长1年后,定干高度80 cm,剪口下第1个二次枝留桩1 cm疏剪,再在下方整形带内选3个～4个方位二次枝留1个～2个芽短截,其余二次枝均留桩疏剪。第2年冬,将主干延长枝在距第1层主枝70 cm～80 cm处短截,保生分枝,保留2次枝2个,作为第2层主枝培养。第1层主枝以上、第2层主枝以下的二次枝从基部留桩疏剪,以同样方法培养第3层主枝1个～2个。

8.1.2 自然开心形

8.1.2.1 树形结构

主干高70 cm～100 cm,全树4个～5个主枝轮生,每个主枝上着生有2个～3个侧枝,树冠中心开心透光。

8.1.2.2 整形方法

自然开心形的修剪,就是矮冠分层形的最下一层,定干后不留主干延长枝。

8.2 修剪

8.2.1 幼树修剪

及时定干,剪掉树干距地面70 cm处上部的幼干。

8.2.2 初果时期修剪

将剪口附近的枝条剪掉,促发新枣头,对骨干枝要适当短截回缩,对各级骨干枝的延长枝摘心,疏除病枝、虫枝、弱枝。

8.2.3 盛果期修剪

主枝适当回缩,对9年生以上的结果枝组适当更新,疏除过密、交叉、枯死、徒长、细弱枝。

8.2.4 衰老期修剪

短截回缩1/3左右的骨干枝,促其萌发新的枣头,逐年培养成新的骨干枝,形成新的树冠。

9 保花保果

9.1 抹芽和摘心

9.1.1 抹芽

新生枣头长至 10 cm 时,每个节位只能留 1 个枣头,相邻枣头相距 20 cm 左右。结果树按树冠直径确定保留枣头数,即直径 100 cm 保留 10 个、150 cm 保留 15 个、200 cm 保留 20 个,其他过密枣头采取抹除或重摘心处理,主干上的萌芽随见随除。

9.1.2 摘心

枣头长出 5 个二次枝时,保留 3 个~4 个二次枝摘心,当二次枝长到 8 片叶时及时摘心,开甲前对枣树上的枣头枝、二次枝进行全部摘心。

9.2 放蜂

花期进行枣园放蜂,有利于提高果树坐果率,放蜂后严禁喷洒拟除虫菊酯类、烟碱类、有机磷类杀虫剂、杀螨剂等对蜜蜂有伤害的农药,优先选择生物源农药。

9.3 开甲

开甲即环状剥皮,在第 1 批花开到 50% 左右进行开甲,开甲一般在主枝上进行,如果该株树有 5 个主枝,开甲就开 3 个~4 个,其余作为营养枝保留。第 2 年再轮换枝开甲,树势旺盛的多开,树势弱的少开,大树旺树开甲宽度在 0.3 cm~0.8 cm,小树弱树开甲宽度在 0.2 cm~0.5 cm。开甲一般在主干进行,距地面 20 cm 处开始,以后每年隔 3 cm~5 cm 向上顺序进行,直到第 1 层主枝时,再从下而上反复进行。

9.4 环割

对 2 年~3 年生树,不能开甲,只能环割,盛花期在主干或主枝上围着枝干用刀横切一圈,深达木质部。

9.5 叶面喷施植物生长调节剂和微量元素

第 1 次喷施时间是盛花期开甲后,使用赤霉酸 50 000 倍、天达 2116 果树型 1 000 倍、磷酸二氢钾 500 倍混合溶液喷雾;第 2 次喷施时间为幼果绿豆大小时,用 50 000 倍萘乙酸喷雾;第 3 次喷施时间为第 2 次后 8 d~10 d,用天达 2116 果树型 1 000 倍、磷酸二氢钾 500 倍、葡萄糖酸钙 400 倍混合溶液喷雾。

10 冬季管理

10.1 清洁枣园

将枣园地面的残枝、落叶、落果、杂草全部清出园外,集中销毁。

10.2 枣园管理

10.2.1 树体管理

一是用刀或钢刷将枝条上介壳虫卵刮刷干净,同时用黄泥堵住树干上的虫洞。二是刮除老树主干翘皮。三是树干刷白:用生石灰、豆渣(或面粉)和食盐各 1 kg、植物油 100 g、水 10 kg 混合拌匀后,涂抹地面以上 60 cm~80 cm 的树干。

10.2.2 施肥

于秋末冬初进行,采用深沟施肥法。

10.2.3 全园挖翻

疏松熟化土壤,清除杂草及越冬虫卵和病菌。

10.3 基础设施修复

清除沟内杂草淤泥,护砌垮塌沟埂,修复排灌管道,清淤沉沙池,修缮道路。

11 病虫害防治

11.1 防治原则

按照"预防为主、综合防治"的植保方针，坚持以"农业防治、物理防治、生物防治为主，化学防治为辅"的原则。

11.2 主要病虫害

11.2.1 主要病害

有枣疯病、枣缩果病、枣炭疽病、枣白粉病、枣锈病、枣裂果病、枣煤污病、叶斑病等。

11.2.2 主要虫害

有枣瘿蚊、红蜘蛛、刺蛾、桃小食心虫、星天牛、绿盲蝽、介壳虫、金龟子等。

11.3 防治措施

11.3.1 农业防治

合理修剪，清洁田园卫生，刮除老树皮和病斑，加强保健栽培，改善树体通风透光条件，提高自身抗病虫害能力。

11.3.2 物理防治

采用园内悬挂黄板、频振式杀虫灯、性诱剂、糖醋液诱杀、人工捕杀成虫、树干缠草等方法防治虫害。

11.3.3 生物防治

利用瓢虫、草蛉、丽蚜小蜂等天敌控制蚜虫；使用植物源农药、生物农药苏云金杆菌等防治病虫害。

11.3.4 化学防治

农药使用应符合 NY/T 393 的要求。严格按照农药安全使用间隔期用药，具体病虫害化学用药情况参见附录 A。

12 采收、包装及储藏

根据市场需要，分批及时采收，果实品质应符合 NY/T 844 的要求，包装应符合 NY/T 658 的要求，储藏设施、周围环境、卫生要求等应符合 NY/T 1056 的要求。

13 生产废弃物处理

农业投入品废弃物应集中收集并进行无害化处理；修剪的枝条、病果集中进行粉碎，堆沤成有机肥料。

14 生产档案管理

生产者应建立生产档案，记录产地环境、品种、生产技术、肥水管理、病虫草害的发生和防治、采收和采后处理及运输储藏情况；所有记录应真实、准确、规范，并具有可追溯性；生产档案应保存 3 年以上。

附　录　A

（资料性附录）

南方地区绿色食品鲜食枣生产主要病虫害化学防治方案

南方地区绿色食品鲜食枣生产主要病虫害化学防治方案见表 A.1。

表 A.1　南方地区绿色食品鲜食枣生产主要病虫害化学防治方案

防治对象	防治时期	农药名称	使用剂量	施药方法	安全间隔期,d
盲蝽	虫害发生初期	25%噻虫嗪水分散粒剂	4 000 倍～5 000 倍液	喷雾	28
红蜘蛛	低龄幼虫期或卵孵化盛期	0.5%藜芦碱可溶液剂	600 倍～800 倍液	喷雾	10
枣尺蠖	发生初期	0.5%甲氨基阿维菌素苯甲酸盐	1 000 倍～1 500 倍液	喷雾	28
	虫卵孵化盛期至低龄幼虫期	16 000 IU/mg 苏云金杆菌可湿性粉剂	600 倍～800 倍液	喷雾	—
锈病	发病前或发病初期	80%代森锰锌可湿性粉剂	600 倍～800	喷雾	21
炭疽病	病害发生前或初见零星病斑时	250 g/L 嘧菌酯悬浮剂	1 500 倍～2 500 倍液	喷雾	14
	发病初期	80%戊唑醇可湿性粉剂	3 700 倍～5 500 倍液	喷雾	21
注:农药使用以最新版本 NY/T 393 的规定为准。					

绿 色 食 品 生 产 操 作 规 程

黄土高原绿色食品枣生产操作规程

2020-08-20 发布　　　　　　　　　　　　　　2020-11-01 实施

中国绿色食品发展中心　发布

前　言

本规程由中国绿色食品发展中心提出并归口。

本规程起草单位：陕西省农产品质量安全中心、西北农林科技大学、大荔县农产品质量安全检验检测中心、山西省农产品质量安全中心。

本规程主要起草人：王转丽、王璋、李新岗、高文海、张学武、程晓东、林静雅、王珏、李云、郑必昭。

黄土高原绿色食品枣生产操作规程

1 范围

本规程规定了绿色食品枣生产的园地环境与规划、品种与苗木选择、标准化建园、田间管理、整形修剪、花果管理、病虫害防治、防雨防裂、采收、包装、运输、储存、生产废弃物处理及生产档案管理。

本规程适用于山西西北部和陕西东北部的绿色食品枣生产。

2 规范性引用文件

下列文件对于本文件的应用是必不可少的。凡是注日期的引用文件,仅注日期的版本适用于本文件。凡是不注日期的引用文件,其最新版本(包括所有的修改单)适用于本文件。

NY/T 391　绿色食品　产地环境质量

NY/T 393　绿色食品　农药使用准则

NY/T 394　绿色食品　肥料使用准则

NY/T 658　绿色食品　包装通用准则

NY/T 844　绿色食品　温带水果

NY/T 1056　绿色食品　储藏运输准则

3 园地环境与规划

3.1 环境条件

园地环境应符合 NY/T 391 的要求。枣园周围避免种植松树或柏树。

3.2 小区规划

3.2.1 小区划分

滩地大型枣园 60 亩～90 亩为 1 个小区;台地枣园 30 亩左右为 1 个小区。

3.2.2 道路设计

设置主干道、支道、人行道。主干道宽 5 m～6 m,外接公路,贯穿全园,能通大货车;支道宽 3 m～4 m,外接主干道,内通各小区,能通手扶拖拉机或小四轮车;人行道宽 2 m～2.5 m,外与支道连,内通各栽植行。

3.2.3 排灌系统规划

推广低压管道输水灌溉、滴灌、喷灌。

3.2.4 建筑物规划

包括果园办公室、储藏室、农机房、选果棚、泵房、配药池等。

4 品种与苗木选择

4.1 选择原则

根据市场要求、品种特性、立地和气候条件而定。

4.2 品种选择

4.2.1 品种

选择适宜当地自然条件的优良品种,即口感好、丰产、抗病性强的枣品种。

4.2.2 苗木

苗木必须品种纯正、无检疫性病虫害、生长健壮;顶梢木质化程度高,顶芽充实,茎干通直,枝干根皮无机械损伤的一级苗或特级苗栽植。

5 标准化建园

5.1 栽植密度

枣园可根据实际情况,建成密植园、普通园和或间作园。

5.2 挖定植坑(沟)

5.2.1 尺寸

按照小区内栽植的品种和株行距,采用测绳放线,用白灰渣标示定植点的位置。在标示定植点的位置上挖定植穴或顺行挖定植沟。定植穴(沟)在定植的前1年完成。定植穴要求直径80 cm。定植沟要求宽、深各80 cm,定植穴(沟)内挖出的表土放在一侧,心土堆放在另一侧。

5.2.2 基肥

每穴施入腐熟的有机肥20 kg、过磷酸钙1 kg,当年3月回填定植穴,先将有机肥、过磷酸钙与表土混合回填在定植穴内。

5.2.3 苗木处理

栽植前,应将苗木根系浸泡水中8 h～24 h,将苗木根部劈裂处剪平,蘸泥浆后栽植。

5.3 定植

5.3.1 定植时期

秋季栽植从落叶后至地冻前进行,春季栽植在解冻后至芽萌动前进行,提倡春栽。秋栽宜早,春栽宜晚,以萌芽前10 d左右栽植成活率最高。

5.3.2 定植方法

定植枣苗时应在原回填土的基础上,将穴内堆一小土丘,将根系均匀舒展地放在土丘上,扶正苗木,纵横成行,边填土边提苗边踏实,到与地面相平,枣苗的根茎处应高于地面。

5.3.3 定植后管理

5.3.3.1 灌水

苗木栽植后,立即灌水,分墒后及时中耕,10 d～15 d后,视土壤墒情及时灌水。

5.3.3.2 覆膜

苗木栽植灌水后,立即在树盘铺覆地膜。

5.3.3.3 修剪

苗木栽后应根据整形要求及时定干、抹芽、除萌蘖。

5.3.3.4 追肥

当苗木新梢长到10 cm～15 cm时,结合灌水,每亩追施磷酸二铵8 kg～10 kg(或等量无机氮)。同时,每隔10 d～15 d,叶面喷0.3%磷酸二氢钾液。

6 田间管理

6.1 土壤管理

6.1.1 深翻改土

新建园每年结合秋季施基肥,第1年从定植穴外沿向外挖环状沟,宽度30 cm～40 cm,深度40 cm,第2年接着上年深翻的边沿向外扩展深翻,全园深翻一遍。

6.1.2 中耕

在灌水和雨后进行,每年中耕3次～5次,中耕深度5 cm～10 cm。

6.1.3 增施有机肥

结合深翻改土,施入足量有机肥,同时混合施入一定量的微生物肥料和矿物源微量元素肥料。

6.1.4 覆草

在施肥、灌水后把麦秸、麦糠、玉米秸、稻草等材料覆盖在树冠下,厚度 10 cm～15 cm,上面压少量土,连续覆盖 3 年～4 年后浅翻 1 次。

6.1.5 行间生草

行间种植白三叶草,每年刈 2 次～3 次,4 年～5 年翻压 1 次。种草时给植株留出宽 1.5 m 以上的营养带。

6.2 水分管理

6.2.1 灌溉时间

灌水的 4 个时期分别为越冬水、催芽水、花前水、促果水。

6.2.2 灌水量

灌溉水质应符合 NY/T 391 的要求。

6.2.3 方法

一般采用树盘沟灌或隔行灌溉,忌大水漫灌,有条件的可施行喷灌、滴灌、渗灌等节水灌溉。

6.2.4 排水

多雨季节,一旦土壤超过田间最大持水量 75%～80%时,应立即进行排水防涝。果园水分管理以旱作蓄水保墒为主。

6.3 施肥管理

6.3.1 肥料选择与使用

肥料选择使用应符合 NY/T 394 的要求。

6.3.2 施肥数量

6.3.2.1 幼树

按每株施入尿素 0.2 kg/株～0.4 kg/株(或等量无机氮),过磷酸钙 0.5 kg/株～1.0 kg/株,硫酸钾 0.2 kg/株～0.6 kg/株;有机肥(腐熟农家肥)25 kg/株～60 kg/株。

6.3.2.2 结果树

按每株施入尿素 0.3 kg/株～0.8 kg/株(或等量无机氮),过磷酸钙 1.0 kg/株～2.0 kg/株,硫酸钾 0.6 kg/株～1.2 kg/株;有机肥(腐熟农家肥)60 kg/株～150 kg/株。

6.3.3 施肥时间和方法

6.3.3.1 基肥

全部有机肥和各种化肥的 60%在秋季作基肥一次施入。在果实采收后至土壤封冻前提早进行;若当年未能施入,应在第二年春季及早进行。全园施入或者沟施,施肥后深翻 30 cm～40 cm。

6.3.3.2 追肥

全年追肥 3 次,萌芽前和盛花期各施 1 次,以氮肥为主,兼施磷肥;最后一次在果实膨大期进行,以磷、钾肥为主。萌芽前追肥施用化肥的 20%,果实膨大期追肥施用化肥的 20%。追肥宜穴施或沟施。穴(沟)深 10 cm～20 cm,肥、土混匀后施入。追肥后视土壤墒情及时浇水。

6.3.3.3 叶面喷肥

全年 4 次～5 次,生长前期 2 次,以氮肥为主;后期 2 次～3 次,以磷、钾肥为主。常用叶面肥浓度:尿素 0.3%～0.5%,磷酸二氢钾 0.2%～0.3%,硼砂 0.1%～0.3%。最后一次叶面肥在果实采收期 20 d 前进行。

7 整形修剪

7.1 主要树形

根据实际情况,可选择自由纺锤形、矮冠疏层形、开心形、主干疏层形、多主枝圆头形等树形。

7.2 修剪时期

分冬春修剪和夏季修剪。冬春修剪一般在落叶后至翌年春季树液流动前进行,但以3月中下旬至4月上旬为佳。夏季修剪,即在生长季的4月~8月进行修剪。

7.3 不同树龄的修剪

7.3.1 幼树期整形修剪

通过定干和各种不同程度的短截促进枣头萌发而产生分枝,培养主枝和侧枝,迅速扩大树冠,加快幼树成形。利用不作为骨干枝的其他枣头,将其培养成辅养枝或健壮的结果枝组。培养结果枝组的方法是夏季枣头摘心和冬春修剪时短截1年~2年生枣头。

7.3.2 初果期树的修剪

当冠径已达要求,则对各级骨干枝的延长枝进行短放,可摘心,控制其延长生长。继续培养大、中、小类结果枝组,结果枝组在树冠内的配置应合理。

7.3.3 盛果期树的修剪

采用疏缩结合的方法,打开光路,引光入膛,培养扶持内膛枝,防止或减少内膛枝条枯死或结果部位外移,维持稳定的树势,适时进行结果枝组的更新换代。

8 花果管理

8.1 环剥环割

对于不易坐果的鲜食枣品种,在水肥条件好的枣园可以适当进行环剥或环割,易坐果的品种不进行环剥。

8.1.1 环剥环割时间

大多数枣吊每吊开花8朵,且花变黄、蜜多时进行。

8.1.2 环剥环割部位

主干、主枝均可环剥;高接换头的枣树宜在主枝上进行。

8.1.3 留辅养枝环剥

主干环剥时留一弱枝作辅养枝;主枝环剥的可留1个~2个小的二次枝进行;培养新生枣头的更新主枝时,在新生枣头着生部位以外进行。

8.1.4 环剥宽度和甲口保留的时间

根据树势,环剥宽度一般控制树干直径的1/9~1/10,不超过1 cm。甲口愈合30 d~35 d。剥后1周内愈合的树,需进行二次造伤。

8.1.5 环剥具体操作技术

刮去环剥部位的枝干粗皮后进行环剥,做到切口宽窄一致,平整光滑。

8.1.6 甲口保护

剥后1 d~2 d,不要用手触摸新开的甲口,更不能抹掉甲口上的树液。剥后2 d,用报纸封闭保护甲口。环剥口40 d未愈合的,可用含有赤霉酸的泥封住,并用塑料包扎。

8.2 绞缢

用铁丝在树干、主枝或枣头枝下部拧紧勒伤韧皮部1圈,20 d后解除。

8.3 化学坐果保果

喷赤霉酸、苄氨基嘌呤、芸薹素内酯或硼肥有利于枣树坐果。旺树先剥后喷,幼树、弱树先喷后割,花期喷施 1 次~2 次。植物生长调节剂的选择和使用应符合 NY/T 393 的要求,使用方法参见附录 A。

8.4 叶面喷清水

盛花期如遇干旱天气,每 2 d~3 d 喷 1 次清水,连喷 3 次~5 次。

9 病虫害防治

9.1 防治原则

坚持预防为主,综合防治,以农业措施、物理措施和生物措施为主,化学防治为辅,应选用符合 NY/T 393 的要求化学农药。强化病虫害的测报。

9.2 常见病虫害

主要病害:枣疯病、枣锈病、锈病、炭疽病、叶斑病等;主要虫害:食心虫、枣尺蠖、蚜虫、盲蝽、红蜘蛛等。

9.3 农业防治

严把苗木关,加强检疫,杜绝用带病苗木、接穗或砧木进园,提倡嫁接苗建园。一旦发现病株,及早刨除,刨净根部,以减少病源。新建枣园周围不栽种松、柏、桑及泡桐等树,严禁与芝麻间作,以减少媒介害虫数量,切断传播途径。合理修剪,调整好树体结构,改善通风透光条件,增强树势。在雨季,及时排除枣园内的积水。清除病虫果、病枯枝、落叶、杂草,刮除树干老翘皮,在指定地点集中销毁或无害化处理。秋末冬初或早春,深翻枣园,减少土壤中越冬害虫。冬季清园,开春树干刮皮。采用果园生草、秸秆覆盖、科学施肥等措施强壮树势,增强抵御病虫害的能力。

9.4 物理防治

采用杀虫灯、粘虫板、诱虫带、糖醋液等方法诱杀害虫。春季发芽前,地下害虫开始上树时,在树体主干贴一圈粘虫胶带,防止盲蝽上树危害。

9.5 生物防治

保护瓢虫、寄生蜂等天敌,利用昆虫性外激素诱杀或干扰成虫交配,防治食心虫等。使用植物源农药、农用抗生素、生物农药等防治病虫,防治方法参见附录 A。

9.6 化学防治措施

农药的选择和使用应符合 NY/T 393 的要求。枣主要病虫害化学防治措施参见附录 A。

10 防雨防裂

为防止成熟期裂果可以搭建防雨棚,建立防雨设施。

10.1 棚体规格

脊高由棚体跨度确定,即脊高=跨度×(0.25~0.3),跨度合适范围为 8 m~12 m,如超过 15 m,应建 2 个连体大棚。连片建棚时,棚间距应＞2 m,前后两排距离要保持在 4 m 以上。即通风口的总宽度=大棚跨度×(0.2~0.25),一般在大棚两侧设置 2 道侧通风口,通风口下侧设置 1.0 m~1.5 m 的裙膜。当棚体跨度超过 10 m 时,顶部增加 1 道通风口。

10.2 扣棚

黄土高原鲜食枣栽培提倡防雨栽培,发芽期不进行扣棚升温,春季打开通风口,在自然条件下萌芽。若花期或幼果期遇到低温,夜间进行保温覆盖。脆熟期遇连阴雨时及时扣棚覆盖。

11 采收

11.1 采收技术要求

11.1.1 采收期确定

根据不同用途,合理掌握采收期。鲜食枣宜脆熟期采收,当果着色 1/3 时即可采收。制干枣应在颜色全红、果实变软、水分减少的完熟期(糖心期)采收。蜜枣加工品种在白熟期采收。采收时间应选择晴天露水干后,不宜在高温时段采摘。产品质量应符合 NY/T 844 的要求。

11.1.2 采收方法

采摘时轻拿轻放,采后剔除病、虫、伤果。

12 包装、运输、储存

包装应符合 NY/T 658 的要求,果品储藏、运输应符合 NY/T 1056 要求。储藏、运输期间不允许使用化学药品保鲜。储藏场所和运输工具要清洁卫生、无异味,禁止与有毒、有异味的物品混放混运。应有专用区域储藏并有明显标识。

13 生产废弃物处理

枣园中的落叶和修剪下的枝条,带出园外进行无害化处理。修剪下的枝条量大时,经粉碎、堆沤后,作为有机肥还田。废弃的地膜、果袋和农药包装袋等应收集好进行集中处理,减少环境污染。

14 生产档案管理

建立并保存相关记录,为生产活动可溯源提供有效的证据。记录主要包括以病虫害防治、土肥水管理、花果管理等为主的生产记录,包装、销售记录,以及产品销售后的申、投诉记录等。记录至少保存3年。

附 录 A

（资料性附录）

黄土高原绿色食品枣生产主要病虫害化学防治及生长调节方案

黄土高原绿色食品枣生产主要病虫害化学防治及生长调节方案见表 A.1。

表 A.1 黄土高原绿色食品枣生产主要病虫害化学防治及生长调节方案

防治对象	防治时期	农药名称	使用剂量	施药方法	安全间隔期,d
锈病	发病前或发病初期	22.5%啶氧菌酯悬浮剂	1 200 倍～1 800 倍液	喷雾	21
	发病前或发病初期	80%代森锰锌可湿性粉剂	600 倍～800 倍液	喷雾	21
炭疽病	发病初期	430 g/L 戊唑醇悬浮剂	2 000 倍～3 000 倍液	喷雾	21
	病害发生前或初见零星病斑时	250 g/L 嘧菌酯悬浮剂	1 500 倍～2 500 倍液	喷雾	14
	发病前或发病初期	60%唑醚·代森联水分散粒剂	1 000 倍～1 500 倍液	喷雾	21
叶斑病	发病前或发病初期	5%氨基寡糖素水剂	500 倍～750 倍液	喷雾	—
	发生前期或初期	250 g/L 丙环唑乳油	1 500 倍～3 000 倍液	喷雾	28
食心虫	发生初盛期	8 000 IU/mL 苏云金杆菌悬浮剂	200 倍液	喷雾	—
枣尺蠖	发生初盛期	8 000 IU/mL 苏云金杆菌悬浮剂	200 倍～400 倍液	喷雾	—
	发生初盛期	0.5%甲氨基阿维菌素苯甲酸盐微乳剂	1 000 倍～1 500 倍液	喷雾	28
蚜虫	发生初盛期	氟啶·吡丙醚悬乳剂(吡丙醚 7.5%氟啶虫酰胺 7.5%)	2 000 倍～3 000 倍液	喷雾	21
盲蝽	发生初盛期	25%噻虫嗪水分散粒剂	4 000 倍～5 000 倍液	喷雾	28
红蜘蛛	幼虫期或卵孵化盛期	0.5%藜芦碱可溶液剂	600 倍～800 倍液	喷雾	10
生长调节	开花坐果期	80%赤霉酸可溶粒剂	30 000 倍～50 000 倍液	喷雾	—
	谢花后,幼果花生米粒大小时	1%苄氨基嘌呤可溶性粉剂	250 倍～500 倍液	喷雾	—
	初花期、幼果期、果实膨大期	0.01%芸薹素内酯可溶液剂	2 000 倍～3 000 倍液	喷雾	—

注:农药使用以最新版本 NY/T 393 的规定为准。

绿 色 食 品 生 产 操 作 规 程

LB/T 128—2020

西北旱区绿色食品枣生产操作规程

2020-08-20 发布   2020-11-01 实施

中国绿色食品发展中心 发布

前　言

本规程由中国绿色食品发展中心提出并归口。

本规程起草单位：甘肃省绿色食品办公室、甘肃国信润达分析测试中心、甘肃省农科院林果花卉研究所、宁夏回族自治区绿色食品管理办公室、新疆维吾尔自治区绿色食品发展中心、青海省绿色食品管理办公室、内蒙古自治区绿色食品发展中心、武威市农产品质量安全监督管理站。

本规程主要起草人：满润、周永锋、于培杰、蔡全军、王刚、李强、张永国、郭鹏、张强强、张栓林、董芳芳、马艺萌。

西北旱区绿色食品枣生产操作规程

1 范围

本规程规定了西北旱区绿色食品枣生产的园地环境与规划、品种与苗木选择、整地与定植、田间管理、采收、生产废弃物处理、运输储藏及生产档案管理。

本规程适用于内蒙古大青山以南、甘肃河西走廊、青海湟水河谷、宁夏北部、新疆南部等西北旱区的绿色食品枣生产。

2 规范性引用文件

下列文件对于本文件的应用是必不可少的。凡是注日期的引用文件，仅注日期的版本适用于本文件。凡是不注日期的引用文件，其最新版本（包括所有的修改单）适用于本文件。

NY/T 391　绿色食品　产地环境质量

NY/T 393　绿色食品　农药使用准则

NY/T 394　绿色食品　肥料使用准则

NY/T 658　绿色食品　包装通用准则

NY/T 1056　绿色食品　储藏运输准则

3 园地环境与规划

3.1 产地环境

园地环境应符合 NY/T 391 的要求。选择土层深厚，地下水位低于 1 m，pH 低于 8.5，总盐分含量低于 0.3%，有机质含量大于 1% 的沙质壤土，且冬季气温不低于 -28 ℃；基地应相对集中连片，距离公路主干线 100 m 以上，交通方便。

3.2 建园

建园前，要根据经济自然条件、交通、劳力、市场、立地条件等科学规划，合理安排道路、建筑物和灌溉系统。

3.3 道路设计

设置主干道、支道、人行道。主干道宽 5 m～6 m，外接公路，贯穿全园，能通大货车；支道宽 3 m～4 m，外接主干道，内通各小区，能通手扶拖拉机或小四轮车；人行道宽 2 m～2.5 m，外与支道连，内通各栽植行。

3.4 小区划分

根据地形、地势划分小区，使同一小区内土壤、光照等条件大体一致，有利于运输和机械化，以方便灌溉和管理为原则。小区面积 15 亩～45 亩。

3.5 栽植防护林

选择适于当地生态条件、生长快、树体较高大、长寿、经济价值高、主根发达、水平根少、与枣无共同病虫害及中间寄主的树种。防护林的主林带与枣园有害风向垂直，栽 2 行～3 行树，三行呈梅花形栽植，两行呈三角形栽植。

4 品种与苗木选择

4.1 选择原则

根据市场要求、品种特性、立地和气候条件而定。

4.2 品种

重点发展灰枣、哈密大枣、骏枣、灵武长枣、壶瓶枣、蒙枣、七月鲜、临泽小枣、园丰枣等品种。

4.3 苗木

选择品种纯正、无病虫害及机械伤的一级或二级嫁接苗。

5 整地与定植

5.1 定植时间

以春季为宜,秋季栽植需培土防寒。

5.2 栽植方式

长方形栽植,以南北行向为宜。

5.3 栽植密度

根据建园类型来确定栽植密度,一般密植园株距 1 m～2 m,行距 3 cm～4 cm;山地枣园株距 3 m～4 m,行距 4 m～5 m。地头留 4 m 宽作业道,便于机械化作业。

5.4 挖定植坑(沟)

5.4.1 尺寸

深翻后旋耕整平,放线定点,机械或人工开挖 0.8 m^3～1.0 m^3 的定植坑(或宽 0.8 m、深 1.0 m 的定植沟)。

5.4.2 基肥

每亩施腐熟有机肥 2 000 kg～3 000 kg、三元素复合肥 15 kg～30 kg,肥料与土混匀,先表土后底土进行回填,春季栽植坑(沟)回填后应进行灌水。

5.5 苗木处理

核实品种,挑选整理,剔除不合格残次苗木,修剪根系,分级栽植。外购苗木要注意保湿运输,并避免带入检疫性有害生物。苗木栽前用清水浸泡 24 h,泥浆蘸根后,随即栽植。

5.6 开挖定植穴(坑)

定植时挖 30 cm^3 见方的定植穴(坑)。

5.7 定植

5.7.1 方法

定植时扶正苗木,纵横成行,边填土边提苗,舒展根系并踏实。

5.7.2 深度

定植深度以苗木原深度为宜。

6 田间管理

6.1 土壤管理

6.1.1 深翻

枣园深翻,以秋季为宜。深翻一般在果实采收后至土壤封冻前结合施基肥进行,耕深 15 cm～20 cm。

6.1.2 免耕覆盖

6.1.3.1 绿肥覆盖

实施枣园生草,种植绿肥高度达 30 cm 时及时刈割覆盖或翻压。禁止间作玉米等高秆作物。

6.1.3.2 其他有机物覆盖

将作物秸秆、枣树枝条等有机物经粉碎后直接覆盖树盘(距主干 20 cm 以外),厚度 20 cm,并适量压土。

6.2 水分管理

枣园水分管理以蓄水保墒为主,提倡节水灌溉,严禁用工业废水、污水灌溉果园。灌溉水质应符合NY/T 391的要求。

6.2.1 灌溉时间

根据枣树需水规律,在萌芽期、开花期、幼果期、果实膨大期、采果后到封冻前,全年灌水 5 次～6次。有节水灌溉条件的可适时适量灌溉。

6.2.2 灌水量

以田间最大持水量 60％～80％作为灌溉指标,达到果树根际土壤全部湿润即可。

6.2.3 灌水方法

一般采用沟灌,有条件的果园可安装滴灌设施。

6.3 施肥管理

6.3.1 肥料选择与使用

肥料选择使用应符合 NY/T 394 的要求。

6.3.2 时期

春季萌芽前、花期、果实膨大期 3 个时期进行追肥,枣果采收后至土壤封冻前(10 月～11 月)施基肥。

6.3.3 方法

6.3.3.1 追肥方法

采用环状、放射状沟施穴施或追肥枪施、叶面喷施等,有条件的枣园采用水肥一体化施肥技术。先将所需施肥量按 1∶10 配成肥液,再将肥液注入滴灌系统,适宜浓度为灌溉流量的 0.1％。

6.3.3.2 施基肥方法

基肥宜采取放射状或条状沟施,幼龄树施肥位置距树干 40 cm～60 cm,盛果期树施肥距树干 1 m～1.5 m 处。

6.3.4 施肥量

6.3.4.1 基肥

幼龄树亩施腐熟农家肥 2 m³～3 m³,加过磷酸钙 50 kg;盛果期树亩施腐熟农家肥 4 m³～5 m³、过磷酸钙 100 kg～150 kg。

6.3.4.2 追肥

萌芽期以氮肥为主,施入量占全年氮肥量的一半;幼龄树亩施尿素 15 kg～20 kg,盛果期树亩施尿素 45 kg～60 kg。花期追肥以氮磷肥为主,一般幼龄树亩施尿素 10 kg～20 kg、磷酸二铵 45 kg～60 kg、硫酸钾 25 kg;盛果期树亩施尿素 60 kg～80 kg、磷酸二铵 100 kg～150 kg、硫酸钾 50 kg～80 kg。果实膨大期追肥以钾肥为主、磷肥为辅,不施和少施氮肥。

6.3.4.3 叶面喷肥

在枣树生长期每隔 10 d～15 d 进行 1 次叶面喷肥。生长前期以氮肥为主,后期以磷、钾肥为主。常用肥料浓度:尿素 0.3％～0.5％、磷酸二氢钾 0.2％～0.3％、硼砂 0.1％～0.3％。最后一次叶面喷肥在距果实采收 20 d 以前进行。叶面喷肥可单独进行,也可结合喷药及花期喷施植物激素同时进行,使用的植物激素应符合 NY/T 393 的要求。

6.4 整形修剪

6.4.1 树形选择

矮化密植的枣选择小冠疏层形或自由纺锤形,干旱地区选择多主枝自然圆头形。

6.4.2 修剪技术

6.4.2.1 幼龄树修剪

6.4.2.1.1 夏季修剪

多采用除萌蘖、抹芽、摘心、开张角度、疏枝、扭梢等措施。枣树萌芽后,除萌蘖或将没有发展空间的新生芽及早抹去。6月中旬至8月上旬在新生枣头尚未木质化时,保留3个~4个二次枝,将顶梢剪去。对角度小、生长直立或较直立的枝条,用撑、拉、吊等方法,把枝条角度调整适当,使主枝角度达到60°~70°,侧枝的角度达到70°~80°。对春季漏抹芽没有发展空间或利用价值的新枝及时发现及时疏除。对新发枝着生方位、角度不理想者,待半木质化时向所需方位、角度、空间弯曲引导,改变枝向缓和枝势。

6.4.2.1.2 冬季修剪

幼龄树主要是培养主枝和侧枝。一般在2月中旬至3月下旬枣树萌芽前进行。苗木定植第二年剪除主干离地面30 cm以下所有二次枝,其上面选留不同方向的3个~4个二次枝作为第一层主枝培养并留4节~5节短截,最顶部的二次枝留1.5 cm短截,其余枝条全部剪除。主枝以树干为圆心均匀分布。分3~4年完成培养整体树形,最终主干高度定于60 cm以上,二层主枝2个~3个,层间距60 cm~80 cm。层间距内分布2个~3个大中型结果枝(或枝组)及4个~5个小型结果枝组,冠高在3 m左右。随着主枝的不断延长,采用双截法培养侧枝,第一层每一个主枝可选择侧位或侧上位壮枝为侧枝,第一侧枝距主干50 cm左右,以后侧枝间距均为40 cm左右,交替分布在主枝的两面。

6.4.2.2 成龄树修剪

6.4.2.2.1 夏季修剪

主要是抑制枣头生长,培养健壮枝组,疏除无用的枣头。多采用下拉枝、春抹芽、夏摘心、撑果枝等方法。在枣园没有郁闭之前,对骨干枝枝条进行摘心促发新枝,其他部位萌发的发育枝及时摘心。

6.4.2.2.2 冬季修剪

枣树冬季修剪应多动锯、少动剪,做到上开心、疏密枝、去弱枝、缩垂枝。

6.4.2.3 老龄树修剪

老龄枣树主要以冬季修剪为主。将中心干从基部第三主枝以上约10 cm处锯除,形成大开心形。树冠主枝残缺、单位结果枝稀少、产量低的枣树的结果枝组,按大中小1:3:4比例配置,疏除密挤枝、下垂枝、病虫枝、延长枝、回缩过旺枝,改造徒长枝,占位补空,均匀配置,更新复壮。树干衰老、腐烂,而且干冠损伤严重残缺时,培养树干周围萌蘖苗或挖除另栽植更新。

6.4.3 伤口保护处理

剪锯口要剪平,定干或短截时不留桩,半木质化枣吊、干桩要在修剪时清除、剪平,冻伤、机械伤、拉枝裂口、剪锯口要涂封口胶,并用微膜或泥巴封伤口。

6.5 花果管理

6.5.1 摘心

花前对不作骨干枝的枣头重摘心,当骨干枝上出现4个~5个永久性二次枝时,根据长势强弱,分别留3个~4个二次枝摘心,其余枣股上萌发的枣头及时抹除。

6.5.2 花期放蜂

开花前2 d~3 d放置蜂箱,每10亩放蜜蜂2箱~3箱,提高授粉率。

6.5.3 花期喷水

在开花盛期无风天气的8:00前或16:00后用高压喷雾器人工喷水,增加湿度,提高授粉率。喷雾器压力不宜过大,避免对花的伤害,一般应斜射花朵,对空喷水,自然降落。大树每株每次喷水5 kg~6 kg,中等树每株每次喷水3.5 kg~4.5 kg,小树每株每次喷水2.5 kg~3.5 kg,每隔1 d~2 d喷1次,共喷3次~4次。

6.5.4 开甲

枣树开甲一般在6月中旬盛花期进行。花开30％～40％时开甲最好。此时开甲坐果率高,成熟时果实大小整齐,色泽好,含糖量高。

6.6 病虫害防治

6.6.1 防治原则

坚持预防为主,综合防治,以农业措施、物理措施、生物措施为主,化学防治为辅,应选用符合NY/T 393要求的化学农药。强化病虫害的测报。

6.6.2 常见病虫害

病害:枣黑斑病、枣炭疽病、枣缩果病、枣锈病等。

虫害:枣粉蚧、大球蚧、梨园蚧、叶螨、枣瘿蚊、枣壁虱、枣尺蠖、枣黏虫、桃小食心虫等。

6.6.3 防治措施

6.6.3.1 农业防治

6.6.3.1.1 清洁枣园

越冬休眠期结合冬剪,去除病虫枝、枯死枝,将落果、烂果及枯枝落叶清理出园外掩埋,主干进行涂白,锯口、虫伤口涂抹保护剂,预防冻害和病害的发生。

6.6.3.1.2 刮老树皮

刮老树皮,刮除梨园蚧,刮除病斑,涂抹防治腐烂病药剂,用泥土或药饵堵塞树干洞穴,销毁有虫撑棍。

6.6.3.1.3 树干涂白

1年生～3年生幼树主干涂白,绑扎作物秸秆或薄膜,预防冻害和野兔啃食。

6.6.3.1.4 摘除卷叶

4月下旬至5上旬,当发现幼叶受害卷曲时,采取人工摘心的措施摘除卷曲叶片,集中销毁,减少枣瘿蚊虫源。

6.6.3.2 物理防治

6.6.3.2.1 涂粘虫胶

4月上旬,枣主干涂抹10 cm宽的粘虫胶成闭合环,消灭上树危害的枣粉蚧、叶螨、桃小食心虫等害虫。

6.6.3.2.2 悬挂黄板

从4月中下旬开始在枣树冠中部隔3棵挂1个黄板(每个月换1次),一直到8月下旬诱杀枣瘿蚊成虫。

6.6.3.2.3 束诱集带

8月上旬树干及主枝捆绑诱集带(秸秆、草带等),诱集叶螨。11月上中旬至翌年2月底前解除诱集物,集中烧毁。

6.6.3.2.4 地面覆膜

5月中下旬大于树冠投影处30 cm进行地面覆膜,抑制害虫出土。

6.6.3.3 生物防治

利用自然天敌球蚧花角跳小蜂、异色瓢虫、德国胡蜂、双刺胸猎蝽等控制红枣大球蚧,李斑唇瓢虫、蚜小蜂、草蛉等控制梨园蚧,当天敌寄生率在30％以上时,禁止使用化学防治。使用植物源农药、生物农药等防治病虫,如冬季清园之后,全园及时喷3波美度～5波美度石硫合剂;用苦参碱、除虫菊素、印楝素等植物源农药防治枣食心虫、枣叶壁虱、枣瘿蚊、梨园蚧等虫害;氢氧化铜防治枣缩果病等病害。桃小食心虫发生地区,每年6月～8月,在枣园内悬挂桃小诱捕剂,每亩设置一具,测报兼诱杀成虫。

6.6.3.4 化学防治

农药使用应符合 NY/T 393 的要求。严格按照农药安全使用间隔期用药,具体病虫害化学用药情况参照附录 A。

7 采收

7.1 采收时期

枣果采收适期因品种和用途而异。鲜食枣宜在脆熟期采收;制干枣宜在完熟期采收。

7.2 采收方法

7.2.1 鲜食枣

须人工采收。采收时戴柔质手套,盛具表面要柔软;采摘时轻摘轻放,保证果实完整,无损伤,保留果梗。尽量减少转换筐(篓)的次数,运输过程中防止挤、压、抛、碰、撞。

7.2.2 制干枣

用机械采收或木杆打落。

7.3 采收用具

应保证采收器物没有任何污染,采收过程不能造成污染。

7.4 采后处理

7.4.1 鲜食枣

枣采收后进行挑选、分级、清洗和预冷、装入聚乙烯袋,每袋容量 5 kg 以下,扎紧袋口,袋中部 2 面打 2 个直径 1 cm 小孔,将鲜枣分层放在储藏架上。

7.4.2 制干枣

果实采收后利用太阳的辐射热能、热风、通风阴干等自然方法或烘烤房干燥制干。制成的干枣,按大小、色泽、有无虫伤及破损程度等分等级后装入符合食品安全的聚乙烯袋,真空包装,分层放在储藏架上。

8 生产废弃物处理

枣园中的落叶和修剪下的枝条,带出园外进行无害化处理。修剪下的枝条,量大时,经粉碎、堆沤后,作为有机肥还田。废弃的地膜、农药包装袋等应集中处理,减少对环境的危害。

9 运输储藏

果品储藏、运输应符合 NY/T 1056 的要求。鲜食枣在气调库内储存,气调库温度控制在 0 ℃～2 ℃,湿度控制在 90%～95%;制干枣在室内储存,储藏场所保持干燥凉爽。储藏、运输期间不允许使用化学药品保鲜。储藏场所和运输工具要清洁卫生、无异味,禁止与有毒、有异味的物品混放混运。应有专用区域储藏,并有明显标识。

10 生产档案管理

建立绿色食品枣生产档案,详细记录产地环境条件、生产技术、肥水管理、病虫害的发生和防治、采收及采后处理等情况。所有记录应真实、准确、规范,并具有可追溯性;生产档案应由专人专柜保管,至少保存 3 年。

附 录 A

（资料性附录）

西北旱区绿色食品枣生产主要病虫害化学防治方案

西北旱区绿色食品枣生产主要病虫害化学防治方案见表 A.1。

表 A.1 西北旱区绿色食品枣生产主要病虫害化学防治方案

防治对象	防治时期	农药名称	使用剂量	施药方法	安全间隔期,d
食心虫	幼果期	8 000 IU/μL 苏云金杆菌悬浮剂	200 倍液	喷雾	—
枣尺蠖	开花前	8 000 IU/μL 苏云金杆菌悬浮剂	200 倍液	喷雾	—
叶螨	萌芽至开花前 幼果至盛果期	0.5％藜芦碱可溶液剂	600 倍～800 倍液	喷雾	10
炭疽病	开花前	60％唑醚・代森联水分散粒剂	1 000 倍～1 500 倍液	喷雾	21
炭疽病	开花前	250 g/L 嘧菌酯悬浮剂	1 500 倍～2 000 倍液	喷雾	14
枣锈病	7 月上旬至 8 月上旬	22.5％啶氧菌酯悬浮剂	1 500 倍～2 000 倍液	喷雾	21
枣锈病	7 月上旬至 8 月上旬	80％代森锰锌可湿性粉剂	600 倍～800 倍液	喷雾	21
注:农药使用以最新版本 NY/T 393 的规定为准。					

绿 色 食 品 生 产 操 作 规 程

LB/T 129—2020

黄淮海地区绿色食品露地
西瓜生产操作规程

2020-08-20 发布   2020-11-01 实施

中国绿色食品发展中心 发布

前　言

本规程由中国绿色食品发展中心提出并归口。

本规程起草单位：北京市农业绿色食品办公室、北京市农业技术推广站、山东省绿色食品发展中心、中国农业科学院郑州果树研究所、河北省农产品质量安全中心、河南省农民科技教育培训中心、仲元(北京)绿色生物技术开发有限公司、北京庞各庄乐平农产品有限公司。

本规程主要起草人：周绪宝、庞博、李浩、曾剑波、纪祥龙、李铁庄、孙德玺、马磊、郝贵宾、路森、冯乐平。

黄淮海地区绿色食品露地西瓜生产操作规程

1 范围

本规程规定了绿色食品西瓜露地生产的产地环境、品种选择、播种育苗、大田整地和施肥、大田定植、田间管理、病虫草害防治、收获、包装、储存和运输、生产废弃物处理及生产档案管理。

本规程适用于北京、天津、河北、山西、山东、河南等黄淮海地区的绿色食品露地西瓜生产。

2 规范性引用文件

下列文件对于本文件的应用是必不可少的。凡是注日期的引用文件，仅注日期的版本适用于本文件。凡是不注日期的引用文件，其最新版本（包括所有的修改单）适用于本文件。

GB/T 8321（所有部分） 农药合理使用准则

GB 16715.1 瓜菜作物种子 瓜类

NY/T 2118 蔬菜育苗基质

NY/T 391 绿色食品 产地环境质量

NY/T 393 绿色食品 农药使用准则

NY/T 394 绿色食品 肥料使用准则

NY/T 658 绿色食品 包装通用准则

NY/T 1056 绿色食品 储藏运输准则

3 产地环境

生产基地选择在无污染和生态条件良好的地区，空气环境和灌溉水质良好、避风向阳、光照条件好、地势高燥、排灌方便、土层深厚、疏松肥沃沙壤土或壤土；基地应远离工矿区和公路、铁路干线、避开工业和城市污染源；最好是与禾本科作物、豆科作物轮作 5 年以上的田块，忌选菜园地或 3 年内种过瓜类作物的土壤，若无法避开，宜使用土壤调理剂处理。大气、灌溉水、土壤的质量还应符合 NY/T 391 的要求。

4 品种选择

应选用适宜当地生态气候特点，抗病抗逆性强、优质丰产、商品率高、适合市场需求的品种。嫁接栽培时砧木选用亲和力好、共生性强、对果实品质无不良影响的葫芦、南瓜或野生西瓜品种。种子质量符合国家标准 GB 16715.1 的要求。

5 播种育苗

5.1 育苗场地和设施

育苗场地选择地势较高、通风透光良好的地方。采用塑料拱棚或大棚内营养钵、营养块或穴盘育苗。营养钵直径宜为 8 cm～10 cm、高度宜为 8 cm～10 cm，穴盘规格宜为 32 孔或 50 孔。在棚内按 1.2 m×(5～6)m 为一个育苗床，整齐排列营养钵或穴盘。

5.2 育苗基质准备

育苗基质可直接购买商品专业西瓜育苗基质或者利用当地资源自制。基质质量应符合 NY/T 2118 的要求。

自制基质用符合 NY/T 391 的要求，用没种过瓜的肥沃田土 50%、草炭土 30%、充分腐熟的优质粪肥 10%、细炉灰或沙子 10%,混拌均匀过筛充分搅拌均匀。放置 2 d～3 d 后待用。对于重复利用的基质,用过氧化物类和含氯类消毒剂(如过氧乙酸、二氧化氯等)消毒后,再补充优质腐熟的羊粪或生物有机肥 50 kg/m³,充分拌匀放置 2 d～3 d 后待用。

5.3 种子处理

未经消毒的种子应采用 55 ℃温水浸种 30 min 消毒。根据品种特性可对种子采用引发和破壳技术处理。

5.4 浸种催芽

处理后的西瓜种子浸泡 4 h～6 h、破壳西瓜种子浸泡时间不应超过 1.5 h,南瓜砧木种子常温浸泡 2 h～4 h,葫芦砧木种子浸泡 12 h;无籽西瓜种子常温浸泡 2 h,洗净种子表面黏液,擦去种子表面水分,晾到种子表面不打滑时进行破壳。

将种子沥水后放在纱布上铺平包好,覆膜保温保湿,置于 28 ℃～32 ℃ 的条件下催芽 24 h 左右,种子出芽 50% 后即可准备播种。

5.5 播种

5.5.1 播法

在棚温升到 20 ℃ 时播种。发芽率在 90% 以上的种子,一般接种量为 50 g/亩～70 g/亩,嫁接栽培时葫芦用种量为 100 g/亩～200 g/亩,南瓜用种量 120 g/亩～240 g/亩。

贴接法接穗子叶出土时播种砧木种子;顶插接法砧木子叶展平时播种接穗种子。播种前 1 d,将基质浇透,在营养钵或穴盘中央扎眼,将催芽的种子平放胚根向下播种,覆 1.0 cm～2.0 cm 的基质。苗床覆膜保湿,高温期遮阳降温。

5.6 苗床管理

出苗前白天温度保持 25 ℃～30 ℃、夜间 18 ℃～20 ℃。种子如"带帽"出土,需"脱帽"去壳。子叶出土后撤除地膜,并开始通风,保持白天温度 20 ℃～25 ℃、夜间 15 ℃～18 ℃。保持营养土或基质相对湿度 60%～80%。出苗前一般不浇水,出苗后根据床土湿度适当补充水分,不要大量浇灌,防止湿度过大引起沤根。开始使用含放线菌的复合微生物菌剂 500 倍随水浇灌,使用量为 0.5 kg/亩。

5.7 嫁接

5.7.1 嫁接条件

嫁接必须在棚内进行,棚内温度保持在 25 ℃～30 ℃。当西瓜苗第 1 片真叶完全展开时,砧木也处于 1 叶 1 心时期,此时为最佳时期。嫁接时先把苗床喷湿,然后逐苗嫁接。

尽量自然生长,减少嫁接使用。

5.7.2 嫁接方法

宜采用贴接或顶插接方式。

贴接法:先用竹签挑去砧木的真叶和生长点,用刮脸刀片从砧木子叶下部 0.5 cm～1 cm 处斜向下切,切口长 0.5 cm 左右,切口深达茎部的 1/2 左右;再于西瓜子叶下 1.5 cm～2 cm 处自下而上斜切,切口长 0.5 cm 左右,深达茎的 2/3～3/5。然后将西瓜苗的切口轻轻挂在砧木接口上,并使两者咬合密切,再用嫁接夹把接口固定即可。固定时要注意西瓜苗茎在内侧,砧木茎在外侧,操作过程用力要轻,防止用力过猛损伤幼苗组织细胞。

顶插接法:先将接穗从苗床拔出冲洗干净,整齐放入容器中,用湿布保湿备用。嫁接时去掉砧木苗的生长点,用竹签紧贴子叶叶柄中脉基部,向另一子叶的叶柄基部成 30°～45°斜插入砧木下胚轴,直至稍微穿透砧木下胚轴表皮手指有触感为宜,竹签暂不拔出。在西瓜接穗的子叶基部 0.5 cm～1 cm 处平行于子叶先斜削一刀,再垂直于子叶经胚轴切成楔形。拔出竹签,将切好的接穗迅速准确斜插入砧木切口内,使接穗与砧木密切吻合。

嫁接后迅速将嫁接苗营养钵或穴盘运回苗床,并在覆盖苗床的小拱棚上覆盖棚膜保湿。

5.8 嫁接后苗期管理

嫁接后前 3 d 苗床应密闭、遮阳,保持空气相对湿度 95％以上,白天温度宜为 25 ℃～28 ℃、夜间温度宜为 18 ℃～20 ℃,以利于嫁接口愈合;3 d 后早晚见光、适当通风;嫁接后 8 d～10 d 逐渐转入正常管理,及时除去砧木萌芽。定植前一周白天温度降至 15 ℃～18 ℃,加大通风量,锻炼幼苗。

苗期发现缺肥现象时,可以结合浇水进行少量施肥,应使用符合 NY/T 394 要求的肥料。从 2 片叶时期,开始喷施 800 倍氨基酸类叶面肥,使用量 40 g/亩。2 周后 500 倍再喷施 1 次。

5.9 壮苗标准

营养钵育苗自根苗苗龄期 25 d～30 d,嫁接苗苗龄期 30 d～42 d,4 片～5 片真叶;穴盘育苗 2 片～3 片真叶时,可移栽定植。

6 大田整地和施肥

6.1 整地

大田整地实行秋翻秋起垄,翻深 25 cm 以上。也可进行旋耕,翻旋结合,整平耙细起垄。

6.2 施底肥

应使用符合 NY/T 394 的要求的肥料,每亩施充分腐熟有机肥料 2.5 t～3 t、三元高钾缓释复合肥 30 kg/亩～35 kg/亩。缺乏中微量元素的地块,每亩还应施中微量组合肥 10 kg～20 kg。有条件的可以施用生物菌肥替代部分有机肥,沟施,深翻入土。有机肥、复合肥与中微肥与土壤混拌均匀。

6.3 起垄

采用高垄栽培,一般垄宽为 70 cm,垄高 15 cm～20 cm。实施节水灌溉的,应加铺滴灌管和地膜覆盖。

7 大田定植

7.1 定植时间

地温稳定通过 14 ℃及时定植,每亩定植数 500 棵～1 000 棵。定植时浇足底水。

7.2 定植密度

栽培方式有两种:一种是 1∶1,即栽 1 行空 1 行,向顺风方向引蔓;另一种是 2∶2,即种 2 垄空 2 垄,两行向相反方向引蔓。无籽西瓜种植需配合定植授粉株。

8 田间管理

8.1 水分管理

缓苗期不再浇水,伸蔓期浇一次小水,瓜膨大期浇 1 次～2 次大水。随水浇灌含放线菌的 500 倍复合微生物菌剂,用量为 1 kg/亩,间隔 15 d 1 次。

8.2 查田补栽

缓苗后发现田间缺苗,应及时补栽以保证苗全。

8.3 追肥

植株伸蔓开始,需肥量增加,伸蔓后期至坐果前适量追施磷、钾肥。幼瓜膨大时,每亩随水浇灌或滴灌 500 倍氨基酸肥 90 g 和追施硫酸钾 3 kg～4 kg,间隔 15 d 1 次。

8.4 整枝打杈

采用双蔓或三蔓整枝,选第 2 或第 3 雌花留果,主蔓和所保留侧蔓上叶腋内萌发的枝芽要及时打掉,坐瓜后及时压蔓、引蔓。

8.5 辅助授粉

正常情况下,不需要人工授粉。遇有阴雨天,应采用人工授粉,8∶00 至 10∶00 摘下当天开放的雄花,去掉花瓣,对准雌花柱头轻抹几次,减少脱落和畸形瓜,并做好授粉日期标记。

8.6 留瓜

当幼瓜长至鸡蛋大时疏果,选留果大、周正、无病虫伤的果实,及时摘除畸形果,以减少养分消耗。宜选留第2、第3雌花节位留瓜,及时垫瓜、翻瓜,保证瓜型端正和皮色美观。

9 病虫草害防治

9.1 防治原则

以保持和优化农业生态系统为基础,建立有利于各类天敌繁衍和不利于病虫草害滋生的环境条件,提高生物多样性,维持农业生态系统的平衡。坚持"预防为主、综合防治"的理念,以农业措施、物理防治、生物防治为主,优先采用农业措施。必要时,合理使用低风险农药。

9.2 常见病虫草鼠害

9.2.1 病害

西瓜病害主要有苗期立枯病、蔓枯病、枯萎病、炭疽病、病毒病、白粉病、细菌性角斑病、裂果病等。

9.2.2 虫害

西瓜虫害主要有瓜蚜、甜菜夜蛾、蓟马、红蜘蛛、潜叶蝇、烟粉虱、小地老虎成虫、蝼蛄、种蝇等。

9.2.3 草害

常见草害主要有牛筋草、马齿苋、苍耳、稗草、阔叶杂草、狗尾草等。

9.2.4 鼠害

常见的鼠害为田鼠。

9.3 防治措施

9.3.1 农业防治

选用对当地主要病虫害高抗的优质品种,培育无病虫壮苗;提倡穴盘育苗和营养钵育苗,选用无病土壤育苗或苗床土消毒;创造适宜作物生长发育的环境条件,施足有机肥,控制氮素化肥,平衡施肥,有机肥须充分腐熟;与非瓜类作物实行3年以上轮作;清洁田园,及时清除残株枯叶并进行废弃物回收或者与农家肥堆制高温发酵;加强水分管理,严防田间积水,育苗期间尽量少浇水,加强增温保温措施,保持苗床较低的湿度和适合的温度,可预防苗期猝倒病和炭疽病;通过人工除草以防治草害。

9.3.2 物理防治

晒垡冻垡,日光晒种,温汤浸种,设黄板诱杀蚜虫、白粉虱,每亩挂30块~40块;用频振式杀虫灯诱杀多种害虫成虫;用糖醋液(红糖∶酒∶醋=2∶1∶4)或黑光灯诱杀小地老虎成虫、蝼蛄、种蝇;铺设银灰地膜;通过安放粘鼠板防治田鼠。

9.3.3 生物防治

积极保护并利用天敌,如释放剑毛帕厉螨防治种蝇的幼虫和蛹;瓜蚜发生初期释放瓢虫;红蜘蛛发生初期释放捕食螨。用氨基酸叶肥、含放线菌的复合微生物菌剂和红糖按照1∶2∶3混合配制成500倍溶液喷施,每15 d喷1次,可有效防止裂果。或者采用春雷霉素等生物源农药防治病虫害。植保产品应符合NY/T 393的要求。

9.3.4 化学防治

若需使用化学农药,请参考附录A。

10 收获

10.1 采收成熟度

采收前5 d~7 d停止浇水。自雌花开放到果实成熟,中果型早熟品种28 d~32 d;大果型早熟品种32 d~35 d;大果型中晚熟品种35 d以上。供当地市场的应在九成熟时采收;运往外地或储藏的应在七成半至八成熟时采收。

10.2 采收时间

就近销售的西瓜晴天上午采收;长途贩运时提前 2 d～3 d 采收。雨后、中午烈日不能采收。

10.3 采收方法

用剪刀将瓜柄从基部剪断,保留 5 cm 以上枝蔓。

11 包装、储存和运输

11.1 包装

采收后及时分级,包装上市,包装应符合 NY/T 658 的要求。

11.2 储存

储藏温度 10 ℃～12 ℃,空气相对湿度 70%～80%,库内堆放应气流均匀畅通,储藏期 10 d～20 d,以保证商品的风味为宜。储藏设施、周围环境、卫生要求、出入库、堆放等应符合 NY/T 1056 的要求。

11.3 运输

运输工具和运输管理等应符合 NY/T 1056 的要求。应用专用车辆。运输过程中注意防冻、防雨、防晒、通风散热。运输散装瓜时,运输工具的底部及四周与果实接触的地方应加铺垫物,以防机械损伤。运输用的车辆、工具、铺垫物等应清洁、干燥、无污染,不得与非绿色食品西瓜及其他有毒有害物品混装混运。

12 生产废弃物处理

废旧的地膜和营养钵(穴)、农药及肥料包装统一回收并交由专业公司处理;植株残体可以采用太阳能高温简易堆沤或移动式臭氧农业垃圾处理车处理。太阳能高温简易堆沤操作方法:拉秧后,将植株残体集中堆放到向阳、平整、略高出地平面处,摞成 50 cm～60 cm 高,覆盖 4 层及以上废旧棚膜,四周压实进行高温发酵堆沤,以杀灭残体携带的病虫;根据天气决定堆沤时间,晴好高温天多,堆沤 10 d～20 d,阴雨天多,则需适当延长,发酵后可作有机肥利用。移动式臭氧农业垃圾处理车处理方法:拉秧后,将移动式臭氧农业垃圾处理车开到田边,固定拖车支腿,确保消毒设备操作过程中保持稳定,启动机器,把植株残体送入臭氧垃圾处理车内,在残体粉碎后,利用臭氧超强的杀菌功能,臭氧消毒 0.5 h～2 h 可将残体所带病虫全部杀灭,处理后的有机废弃物还可就地还田利用。

13 生产档案管理

应建立质量追溯体系,健全生产记录档案,包括地块区域、育苗处理、整地施肥、播种、定植、灌溉、追肥、病虫草害防治措施、收获储存、废弃物处理记录等。记录保存期限不得少于 3 年。

附　录　A

（资料性附录）

黄淮海地区绿色食品露地西瓜生产主要病虫草害化学防治方案

黄淮海地区绿色食品露地西瓜生产主要病虫草害化学防治方案见表 A.1。

表 A.1　黄淮海地区绿色食品露地西瓜生产主要病虫草害化学防治方案

防治对象	防治时期	农药名称	使用剂量	施药方法	安全间隔期,d
苗立枯病	发病初期	15%咯菌·噁霉灵可湿性粉剂	300 倍～353 倍液	灌根	—
蔓枯病	发病初期	60%唑醚·代森联水分散粒剂	60 g/亩～100 g/亩	喷雾	14
	发病初期	22.5%啶氧菌酯悬浮剂	40 mL/亩～45 mL/亩	喷雾	7
枯萎病	发病期	0.3%多抗霉素水剂	80 倍～100 倍液	灌根	—
	发病期	70%噁霉灵可溶粉剂	1 400 倍～1 800 倍液	灌根	3
炭疽病	发病初期	60%唑醚·代森联水分散粒剂	80 g/亩～120 g/亩	喷雾	7
	发病初期	50%吡唑醚菌酯水分散粒剂	10 g/亩～15 g/亩	喷雾	7
病毒病	发病期	1%香菇多糖水剂	200 倍～400 倍液	喷雾	—
	发病初期	4%低聚糖素可溶粉剂	85 g/亩～165 g/亩	喷雾	—
白粉病	发病初期	42%寡糖·硫黄悬浮剂	100 mL/亩～150 mL/亩	喷雾	—
		10 亿芽孢/g 枯草芽孢杆菌可湿性粉剂	1 000 倍液	喷雾	—
		30%氟菌唑可湿性粉剂	15 g/亩～18 g/亩	喷雾	7
细菌性果斑病	发病期	6%春雷霉素可湿性粉剂	32 g/亩～40 g/亩	喷雾	14
		4%低聚糖素可溶粉剂	85 g/亩～165 g/亩	喷雾	—
疫病	发病初期	23.4%双炔酰菌胺悬浮剂	20 mL/亩～40 mL/亩	喷雾	5
		68%精甲霜·锰锌水分散粒剂	100 g/亩～120 g/亩	喷雾	7
蚜虫	发生期	70%啶虫脒水分散粒剂	2 g/亩～4 g/亩	喷雾	10
甜菜夜蛾	成虫发生期至产卵初期	5%氯虫苯甲酰胺悬浮剂	45 mL/亩～60 mL/亩	喷雾	10
蓟马	发生初期	60 g/L 乙基多杀菌素悬浮剂	40 mL/亩～50 mL/亩	喷雾	5
禾本科杂草	发生初期	5%精喹禾灵乳油	40 mL/亩～60 mL/亩	茎叶喷雾	—
注:农药使用以最新版本 NY/T 393 的规定为准。					

绿 色 食 品 生 产 操 作 规 程

LB/T 130—2020

长江流域绿色食品露地西瓜
生产操作规程

2020-08-20 发布

2020-11-01 实施

中国绿色食品发展中心 发布

前　言

本规程由中国绿色食品发展中心提出并归口。

本规程起草单位：湖南省绿色食品办公室、衡阳市蔬菜研究所、湖南农业大学、衡阳市德丰源种业有限责任公司、江苏省东台市农业农村局、安徽省绿色食品管理办公室。

本规程主要起草人：朱建湘、余席茂、孙小武、唐锷、闵岳灵、刘丽辉、王月胜、谭美丽、肖昌华、刘小安、袁江、高照荣。

长江流域绿色食品露地西瓜生产操作规程

1 范围

本规程规定了长江流域绿色食品露地西瓜的产地环境、品种选择、播种育苗、整地和定植、田间管理、采收、包装、运输和储藏、生产废弃物处理及生产档案管理。

本规程适用于上海、江苏、浙江、安徽、湖北、湖南、重庆、四川、贵州、云南的绿色食品露地西瓜的生产。

2 规范性引用文件

下列文件对于本文件的应用是必不可少的。凡是注日期的引用文件,仅注日期的版本适用于本文件。凡是不注日期的引用文件,其最新版本(包括所有的修改单)适用于本文件。

GB 16715.1　瓜菜作物种子　第1部分:瓜类

GB 20287　农用微生物制剂

NY/T 391　绿色食品　产地环境质量

NY/T 393　绿色食品　农药使用准则

NY/T 394　绿色食品　肥料使用准则

NY/T 427　绿色食品　西甜瓜

NY/T 658　绿色食品　包装通用准则

NY/T 1056　绿色食品　储藏运输准则

NY/T 2118　蔬菜育苗基质

3 产地环境

生产基地环境应符合 NY/T 391 的要求;选择连续3年未种植过瓜类作物,土质疏松肥沃,排灌便利;基地相对集中连片,距离公路主干线100 m以上,交通便利。

4 品种选择

4.1 品种选用

适合南方露地种植的西瓜分有籽红瓤、有籽黄瓤、无籽红瓤、无籽黄瓤四大类型。生产者应根据市场消费习惯、上市档期,选择已通过本省和国家品种审定或登记、适合本区域生态气候特点、生长势强、耐热、耐湿、抗病、产量高、品质口感及商品性好的品种,推荐选用以下品种:

有籽红瓤类型:西农8号、黑美人、雪峰早蜜、丰乐5号、甜王等;

有籽黄瓤类型:黄小玉、金童、安生黄美人等;

无籽红瓤类型:洞庭1号、雪峰花皮、黑马王子、墨童等;

无籽黄瓤类型:洞庭3号、大玉4号、金兰无籽西瓜等。

采用嫁接育苗的,砧木根据生产季节和栽培需要,选用抗病、亲和性强的葫芦、南瓜和野生西瓜。

4.2 种子质量

种子质量应符合 GB/T 16715.1 的要求。

5 播种育苗

5.1 播种量

南方露地西瓜基本采用地爬式栽培,一般每亩定植300株~600株,种子量为30 g~50 g。

5.2 播种时间

2月底中旬至6月下旬均可安排播种,部分早熟品种最晚可延迟至7月20日播种,具体的播种适期,各地应根据当地种植习惯、品种特性和上市档期灵活掌握。

5.3 育苗方法

分自根育苗和嫁接育苗两种方式,生产中建议根据土壤状况直接从专业育苗场购苗。

5.3.1 育苗基质

育苗基质要求渗水性好,无病菌、虫卵及杂草,可选用5年内未种植过瓜类蔬菜的菜园土或稻田表土、腐熟有机肥为主要原料进行配制,并做好消毒工作,也可直接使用符合NY/T 2118的要求的商品蔬菜育苗基质。

5.3.2 苗床准备

育苗地环境应在符合NY/T 391的要求,选择通风向阳、无病菌的地块作为育苗床。进行春提早露地栽培的,需要在塑料大棚或温室内进行育苗;采用嫁接或越夏及延后栽培的,需在配有防虫网的遮阳棚内进行育苗。育苗床应整平、压实,无明显凹凸。利用设施进行春提早育苗的,需配置地热线,并做好与地表的隔热,以确保加温效果。对嫁接育苗的,还应做好在苗床悬挂白炽灯、加装空气加温线等辅助加温设备的准备工作。

5.3.3 育苗容器

自根苗和嫁接育苗的砧木一般采用穴盘、营养钵或自制营养块等方法育苗。育苗容器应摆放整齐、紧凑,以便苗床保水保温和管理。

嫁接育苗的接穗苗床则可在苗床铺上育苗基质或洁净河沙制作而成。

5.4 浸种催芽

5.4.1 种子处理

将晾晒1 d~2 d后的种子放入55 ℃温水中,不断搅拌,保持恒温10 min~15 min后,停止搅拌,用常温水继续浸泡4 h~6 h,取出种子,洗净种子表面黏液,沥干水分,进行催芽。

若选用的是无籽西瓜品种需要进行破壳处理。

采用嫁接育苗的,应根据嫁接方法掌握好砧木、接穗的播种时间差。若采用靠接法,接穗应早于砧木3 d~5 d播种;若采用顶插接法,接穗应早晚于砧木5 d~7 d播种。

5.4.2 催芽

将浸种后的种子用湿布包好,有籽瓜放入28 ℃~30 ℃、无籽瓜放入30 ℃~32 ℃的恒温条件下催芽,待胚根长至0.2 cm~0.5 cm时即可播种。

5.5 播种

播种苗床于播种前1 d浇透底水,播种时注意保持胚根朝下,播种后及时覆盖1.0 cm~1.5 cm厚的育苗基质,再用喷雾器喷湿,并根据天气情况揭盖农膜及添加遮阳网来调节温、湿度。

5.6 培育壮苗

5.6.1 苗床温湿度管理

待70%左右种子出苗后,苗床搭建小拱棚。春提早育苗的,小拱棚采用塑料薄膜进行覆盖,继续保温保湿,齐苗后白天揭开小拱棚,增加光照,通过大棚放风和电热线加热等手段控制苗床温度,白天20 ℃~24 ℃,夜间大棚密封,气温保持在15 ℃以上;夏季育苗前期采用遮阳网作为覆盖材料,晴热天于9:00~17:00覆盖,其他时间及阴雨天均应去除遮阳覆盖物。出苗期不需要浇水,出苗至第1片真叶期间应严格控水,后期视情况适量浇水。保持穴盘或营养钵内基质见干见湿,防止徒长。

5.6.2 苗床肥水管理

采用菜园土、有机肥、泥炭等为主要原料配制育苗基质的,苗期一般不需补充肥水;使用以椰糠为主要原料配制育苗基质的,齐苗后应结合苗床水分管理,使用水溶性肥进行补肥。

5.6.3 壮苗标准

西瓜壮苗标准:幼苗 2 片~3 片真叶,茎叶粗短(下胚轴长度 3 cm~5 cm),子叶平展、肥厚,真叶叶色浓绿,根系舒展、发育适度、表面白嫩,取苗时营养体不散,不伤根,苗床无病虫害,幼苗生长一致。

5.7 西瓜嫁接育苗

5.7.1 嫁接前准备工作

嫁接前 1 d,每亩用 50%的氢铜·多菌灵可湿性粉剂 100 mL~125 mL 对砧木和接穗进行喷雾消毒。嫁接前应对竹签、刀片和手等用 70%的酒精进行消毒。

5.7.2 嫁接方法

5.7.2.1 靠接法

接穗子叶充分开展,第 1 真叶显现,砧木子叶开展为嫁接适期。将接穗、砧木带根拨出,砧木苗去除生长点,自子叶节下 0.5 cm~1 cm 处用刀片自下胚轴面由上向下 40°斜切 0.5 cm~0.7 cm,深达下胚轴面 3/5;接穗苗在子叶节下 2/3 处用刀片自下胚轴宽面由下向上 40°斜切 0.5 cm~0.7 cm,深达胚轴断面 3/5;将接穗苗切口插入砧木苗切口,相互吻合,接穗高于砧木 1 cm~2 cm,接穗子叶与砧木子叶互为十字形,用嫁接夹固定,移栽到营养钵或穴盘中,嫁接口要距土面 2 cm 以上。

5.7.2.2 顶插接法

接穗苗为子叶开展初期,砧木苗为子叶充分开展,第一真叶叶宽 2 cm 左右为嫁接适期。将接穗从苗床拔出,冲洗干净。嫁接时去掉砧木苗的生长点,用粗度与接穗下胚轴相近,先端渐尖的竹签紧贴子叶的叶柄中脉基部向另一子叶的叶柄基部成 30°~45°斜插入 0.6 cm~0.8 cm,竹签稍穿透砧木苗表皮,手指有触感为宜,竹签暂不拔出。在西瓜接穗的子叶基部 0.5 cm~1 cm 处平行于子叶先斜削一刀,再垂直于子叶将胚轴切成楔形,切面长 0.5 cm~0.8 cm。拔出竹签,将切好的接穗按子叶与砧木子叶互为十字形的角度,迅速插入砧木切口内,使接穗与砧木密切吻合。

5.7.3 嫁接苗的管理

5.7.3.1 愈合期管理

嫁接完成后,将穴盘整齐摆放回苗床,喷雾,覆盖塑料薄膜封闭苗床。苗床温度控制在 18 ℃~30 ℃,相对湿度保持在 95%左右,光照过强时覆盖遮阳网,防止苗床温度过高。

5.7.3.2 炼苗

春季嫁接育苗的,约 5 d 后可视情况开始放风,增加光照,10 d 后开始按一般苗床管理要求进行管理;夏季嫁接育苗的,约 3 d 后开始放风,逐天减少遮阳网覆盖,7 d 后开始按一般苗床管理要求进行管理。

5.7.3.3 其他事项

采用靠接法嫁接的,在嫁接后的 10 d 左右,嫁接苗成活后,应及时去掉嫁接夹,从接口往下 1 cm 处将接穗的茎剪断清除接穗根系。

嫁接苗成活后要及时去除砧木上萌发出的不定芽。嫁接苗长至 2 片~3 片真叶时可移栽定植。

6 整地和定植

6.1 整地

6.1.1 基肥施用

南方各地春夏季雨量充沛,故整地应与育苗同步或早于育苗工作进行。耕地前每亩施入生物有机肥 300 kg~400 kg、腐熟饼肥 75 kg~100 kg、硫酸钾型三元复合肥 30 kg~50 kg。基肥应重点施放在定植行 1 m~1.5 m 的区域。使用的基肥应符合 NY/T 394 的要求。

6.1.2 土壤 pH 调节

适合西瓜生长的土壤 pH 在 6.5~7.5。南方地区土壤 pH 普遍偏低,建议各地根据实际情况,于翻地前每亩施入 150 kg～300 kg 的生石灰,提高土壤 pH。

6.1.3 作畦

对瓜田进行深翻后作畦,采用深沟、高畦的作畦方式。根据品种特征特性,畦宽 3.6 m～5.0 m,畦沟深 0.4 m,畦长度不超过 30 m,过长需要建腰沟,腰沟深 0.45 m。瓜田周围开好围沟,围沟深 0.5 m。

6.1.4 铺设滴灌管

离畦沿约 50 cm 处沿定植行方向铺设一根 Φ16 mm 滴灌管,每畦铺设 2 根。

6.1.5 地膜覆盖

每畦靠畦外侧沿定植行覆盖宽度为 1 m～1.2 m 的地膜,其他地表裸露或覆盖稻草、除草布除草。春提早露地栽培宜选用白色或黑色地膜,夏秋季栽培宜选用银黑地膜。建议使用可降解地膜。

6.2 定植

待瓜苗 3 片真叶以上,早春露地白天气温稳定在 15 ℃以上、地温稳定在 12 ℃以上即可移栽定植。夏秋季应选择阴天或晴天 17:00 以后移栽定植。定植前应给瓜苗浇足水。每畦靠两边畦沟约 25 cm 位置各栽 1 行,株距应根据品种特性和栽培管理模式确定合理的株行距:实行精细管理的,株距一般为 50 cm～70 cm,每亩定植 400 株～600 株;实行简约化栽培的,株距一般为 1 m～1.2 m,每亩定植 300 株左右。定植时应注意轻拿轻放,以免损伤根系。定植后及时浇足定根水。

7 田间管理

7.1 植株调整

7.1.1 引蔓

当主蔓长到约 50 cm 时,需要对西瓜进行第 1 次引蔓,引蔓时要用手捏住瓜苗的根茎处,慢慢扭转瓜苗向需要的方向,形成每畦双行对爬的态势。实行精细化管理的,以后应结合整枝,定期进行引蔓;实行简约化栽培的,以后不再整枝引蔓,放任瓜苗生长。

7.1.2 整枝留瓜

实行精细化栽培的,一般采用 2 蔓～3 蔓整枝法,坐果前要及时清除侧枝。每株留 1 个瓜,一般留第 2 至第 3 个雌花为宜。歪果、裂果等商品性不佳的果实及多余果实均应摘除。

实行简约化栽培的,幼果生长至鸡蛋大时,及时剔除畸形瓜,选健壮果实留果,一般每株留 1 个果。整个生长期一般进行 2 次～3 次选果。

7.2 授粉

选择种植无籽西瓜的应注意套种有籽西瓜作为授粉源。

露地西瓜以昆虫授粉为主,建议在西瓜花期引入蜜蜂进行授粉,对没有条件引入蜜蜂的,花期应进行人工授粉。人工授粉一般于每天 6:00～8:00 进行,如遇雨天要进行盖花,授粉时应逐个标记日期,以利及时采收。

7.3 灌溉

雨季应确保排水沟渠畅通,做到雨停水干,田间不积水。

露地西瓜的灌溉用水应符合 NY/T 391 的要求。伸蔓期间根据土壤墒情进行浇水,对保水性较差沙壤土,应隔 2 d 滴水 1 次。果实长至鸡蛋大前须严格控制浇水,只在墒情差到影响坐果时才能浇小水。果实膨大期大量需水需肥,应每隔 3 d～5 d 滴水 1 次。果实采收前 7 d 内禁止浇水,以利于西瓜糖度上升。

7.4 追肥

追肥应符合 NY/T 394 的要求,应以不含氯速效肥料为主,掌握少量多次的原则。

幼苗成活后用 30% 的腐熟人粪尿或 0.3% 的硫酸铵水溶淋施提苗,之后视天气于 5 d～7 d 再用硫酸铵随水滴灌施肥 1 次,用量 5 kg/亩。

伸蔓期根据植株生长情况可使用全水溶性复合肥随滴灌追施 1 次～2 次,每次用量 8 kg～10 kg/亩,对生长势弱的可每株埋施硫酸铵 10 g。

果实横径约 5 cm 大小时,使用全水溶性复合肥随滴灌追施 1 次,用量约 15 kg/亩;果实横径约 15 cm 大小时,再随滴灌追施 1 次,用量约 20 kg/亩。

7.5 病虫草鼠害防治

7.5.1 防治原则

按照"预防为主、综合防治"的植保方针,坚持以"农业防治、物理防治、生物防治为主,化学防治为辅"的原则。

7.5.2 常见病虫草鼠害

西瓜病害主要有枯萎病、白粉病、疫病、炭疽病等;虫害主要有蚜虫、蓟马、瓜绢螟等;顽固性杂草主要有香附子、马唐、空心莲子草、牛筋草、田旋花等;鼠害主要有田鼠、黑线姬鼠等。

7.5.3 防治措施

7.5.3.1 检疫防治

加强对细菌性果斑病的检疫,不用病区的种子或苗子,发现病种应在当地销毁,严禁外销。

7.5.3.2 农业防治

选用抗病品种;实行 3 年以上的轮作,深耕晒垡;培育壮苗,建议使用嫁接苗;创造适宜的生育环境条件;增施经无害化处理的有机肥,适量使用化肥;清洁田园,病株残枝及时带出田园,集中处理。

7.5.3.3 物理防治

大田采用黄板、频振式杀虫灯、性诱剂防治蚜虫、蓟马和蛾类害虫;使用地膜、除草布或稻草覆盖减少田间杂草;在大田老鼠经常出没的地方,放置捕鼠器进行捕杀,防治鼠害。

7.5.3.4 生物防治

利用瓢虫、草蛉、蚜小蜂等天敌控制蚜虫;使用枯草芽孢杆菌、多抗霉素、申嗪霉素等植物源农药、微生物源农药防治病虫害。

7.5.3.5 化学防治

农药使用应符合 NY/T 393 的要求。严格按照农药安全使用间隔期用药,使用广谱性除草剂时应选择无风天气施药,严防喷雾飘移至西瓜叶片。具体病虫草害化学用药情况参见附录 A。

8 采收

在本地销售的西瓜应在完全成熟时采收,外销品种可适当提前采收。采收产品应符合 NY/T 427 中有关感官、理化指标、农药残留限量的规定,果实完整,新鲜清洁,无明显,无明显雹伤、日灼、病虫斑及机械伤,可溶性固形物含量≥10.5%。

9 包装

包装应符合 NY/T 658 的要求。建议根据西瓜的形态和大小进行分级,选择合适的纸盒进行包装。

10 运输和储藏

运输和储藏应符合 NY/T 1056 的要求。有条件的地方在运输前应进行预冷,运输过程中应轻装、轻卸,防止挤压和剧烈震动,不与有毒有害、易污染环境物质一起运输,运输时注意通风散热,防日晒雨淋。库内堆码应保证气流均匀流通。

11 生产废弃物处理

农业投入品废弃物应集中收集并进行无害化处理;枝蔓、畸瓜、裂果应集中粉碎,加入降解促腐的生物菌剂,堆沤发酵成有机肥料,循环利用。生物菌剂应符合 GB 20287 的要求。

12 生产档案管理

生产者应建立绿色食品露地西瓜的生产档案,记录产地环境、栽培品种、生产技术、肥水管理、病虫草鼠害的发生和防治、采收和采后处理及运输储藏情况;所有记录应真实、准确、规范,并具有可追溯性;生产档案应有专人专柜保管,保存 3 年以上。

附　录　A

（资料性附录）

长江流域绿色食品露地西瓜生产主要病虫草害化学防治方案

长江流域绿色食品露地西瓜生产主要病虫草害化学防治方案见表 A.1。

表 A.1　长江流域绿色食品露地西瓜生产主要病虫草害化学防治方案

防治对象	防治时期	农药名称	使用剂量	施药方法	安全间隔期,d
枯萎病	移栽定植时或定植后苗期	10 亿芽孢/g 枯草芽孢杆菌可湿性粉剂	灌根:300 倍～400 倍液;穴施:2 g/株～3 g/株	灌根穴施	—
	发病初期	0.3%多抗霉素水剂	80 倍～100 倍液	灌根	—
	移栽时、发病初期	1%申嗪霉素悬浮剂	500 倍～1 000 倍液	灌根	7
炭疽病	发病前或初期	70%甲基硫菌灵可湿性粉剂	50 g/亩～80 g/亩	喷雾	—
	发病初期	50%嘧菌酯悬浮剂	2 000 倍～3 000 倍液	喷雾	7
白粉病	发病初期	50%苯甲·硫黄水分散粒剂	70 g/亩～80 g/亩	喷雾	7
疫病	发病前或发病初期	100 g/L 氰霜唑悬浮剂	55 mL/亩～75 mL/亩	喷雾	7
蚜虫	发生初期	70%啶虫脒水分散粒剂	2 g/亩～4 g/亩	喷雾	10
蓟马	发生高峰前	60 g/L 乙基多杀菌素悬浮剂	40 mL/亩～50 mL/亩	喷雾	5
	害虫初现时	10%溴氰虫酰胺可分散油悬浮剂	33.3 mL/亩～40 mL/亩	喷雾	5
甜菜夜蛾	虫卵孵华高峰	5%氯虫苯甲酰胺悬浮剂	45 mL/亩～60 mL/亩	喷雾	10
一年生禾本科杂草	禾本科杂草3 叶期～5 叶期	5%精喹禾灵乳油	40 mL/亩～60 mL/亩	喷雾	每个作物周期最多使用 1 次
注:农药使用以最新版本 NY/T 393 的规定为准。					

绿色食品生产操作规程

LB/T 131—2020

华南地区绿色食品西瓜生产操作规程

2020-08-20 发布

2020-11-01 实施

中国绿色食品发展中心 发布

前　言

本规程由中国绿色食品发展中心提出并归口。

本规程起草单位：中国农业科学院郑州果树研究所、广西壮族自治区农业科学院园艺研究所、三亚市南繁科学技术研究院、海南省农业科学院蔬菜研究所、广西壮族自治区绿色食品办公室、广西壮族自治区农业技术推广站。

本规程主要起草人：邓云、柳唐镜、孙德玺、刘君璞、朱迎春、柯用春、梁振深、谢晴晴、安国林、李卫华。

华南地区绿色食品西瓜生产操作规程

1 范围

本规程规定了华南地区绿色食品西瓜的产地环境、品种选择、嫁接育苗、定植、田间管理、病虫草害防治、采收、生产废弃物处理、包装、运输、储藏及生产档案管理。

本规程适用于福建、广东、广西和海南的绿色食品西瓜的生产。

2 规范性引用文件

下列文件对于本文件的应用是必不可少的。凡是注日期的引用文件，仅注日期的版本适用于本文件。凡是不注日期的引用文件，其最新版本（包括所有的修改单）适用于本文件。

GB 16715.1 瓜菜作物种子 第 1 部分：瓜类

GB/T 23416.3 蔬菜病虫害安全防治技术规范 第 3 部分：瓜类

NY/T 391 绿色食品 产地环境质量

NY/T 393 绿色食品 农药使用准则

NY/T 394 绿色食品 肥料使用准则

NY/T 427 绿色食品 西甜瓜

NY 525 有机肥料

NY/T 658 绿色食品 包装通用准则

NY/T 1056 绿色食品 储藏运输准则

3 产地环境

华南地区绿色食品西瓜生产的产地环境条件应符合 NY/T 391 的要求。西瓜种植地以疏松、透气，具有一定保水、保肥能力的沙壤土为宜。西瓜种植地不宜连作，种植间隔期至少 3 年。前作以水稻、玉米等禾本科作物为好，不宜选择前作为瓜类蔬菜的地块。连作地块建议采用嫁接栽培。

4 品种选择

4.1 选择原则

要求选择适宜广西、海南、广东、福建等华南地区生态气候特点，抗病抗逆性强、优质丰产、商品率高、适合市场需求的西瓜品种。

要求选择嫁接亲和力好、共生性强、成活率高、前期耐低温、后期耐高温的葫芦、南瓜和野生西瓜砧木品种。

4.2 品种选用

华南地区西瓜种植推荐选用京美 4K、京美 6K、京美 8K、京美 10K、绿棠、京丽、红星等中果型有籽西瓜品种，京玲、京珑、京颖、京雅、蜜童、桂西瓜 1 号等小型有籽和无籽西瓜品种。嫁接砧木可选用京欣砧冠、京欣砧优、京欣砧胜、京欣砧王、强根、京欣砧 1 号、京欣砧 8 号、京欣砧 9 号、勇砧等品种。

5 嫁接育苗

5.1 育苗设施准备

5.1.1 育苗场地

育苗场地应设在交通方便，土地平坦、开阔、不积水，有水源、电源的地方，育苗场地的环境条件符合

NY/T 391 的要求。

5.1.2 育苗设施

5.1.2.1 育苗棚

育苗棚采用钢架结构,棚长度 20.0 m~30.0 m,棚宽度 6.0 m~6.5 m,棚顶高度 3.0 m~3.5 m,棚肩高度 1.8 m~2.0 m,棚间距离 1.5 m~2.0 m。育苗棚大小可根据育苗规模进行调整,依据天气情况和育苗进程需要选择覆盖塑料薄膜和遮阳网。

5.1.2.2 育苗穴盘

选择 60 穴黑色塑料育苗穴盘,穴盘每孔上口直径为 5 cm,底部直径为 2 cm 有孔,穴深 5 cm。

5.1.2.3 育苗床

嫁接苗床采用起垄作畦,畦宽 1 m,垄高 10.0 cm~20.0 cm,长度可根据育苗棚确定。畦面底部先铺一层地膜,再覆 1.5 cm~2.0 cm 洁净河沙,即可备播。

5.2 育苗基质准备

育苗基质可直接购买商品专用西瓜育苗基质或者利用当地资源自制。

自制育苗基质采用高温堆沤后的椰糠:消毒处理的表土:有机肥(有机肥须采用符合行业标准 NY 525 的要求的产品,有机质含量不小于 30%)按 70:27:3 的体积比例,充分搅拌均匀。

将基质装入育苗穴盘,喷洒 40% 多菌灵 600 倍~800 倍液,要求浇透育苗基质。

5.3 种子选择标准

西瓜种子质量标准符合 GB 16715.1 中杂交种二级以上要求。品种纯度不低于 95%,净度不低于 99%;二倍体西瓜种子发芽率不低于 90%,三倍体西瓜种子发芽率不低于 75%;种子含水量不超过 8%。砧木种子要求饱满,整齐一致,种子发芽率不低于 85%。

5.4 种子选择标准

5.4.1 浸种

西瓜种子直接用 2% 春雷霉素 300 倍~400 倍液浸种 15 min~20 min,接着用 10% 石灰水清洗黏液,最后用清水清洗干净再浸种 6 h~8 h,无籽西瓜种子进行破壳处理后催芽。

砧用葫芦种子常温浸种 12 h,砧用南瓜种子常温浸种 2 h~4 h,野生西瓜种子常温浸种 6 h~8 h。

5.4.2 催芽

5.4.2.1 砧木催芽

砧木种子浸种后采取保湿恒温催芽,葫芦种子催芽温度控制在 30 ℃~32 ℃,南瓜和野生西瓜种子催芽温度控制在 30 ℃~33 ℃。

5.4.2.2 接穗催芽

接穗种子浸种催芽处理时间比砧木种子晚 3 d~5 d。

有籽西瓜种子浸种催芽处理同野生西瓜砧木种子。无籽西瓜种子催芽温度控制在 33 ℃~35 ℃。

5.5 播种

5.5.1 砧木播种

砧木种子经催芽露白即可播种,砧木种子一般采用 60 孔育苗穴盘播种,每孔播 1 粒,播种深度 1 cm,种子平放,芽尖朝下,尽量将种子的朝向一致,以利于嫁接操作。播种后覆盖消毒基质,盖塑料膜保湿保温。

种子出苗前,白天温度控制在 28 ℃~33 ℃,夜间温度 22 ℃~25 ℃。出苗后,白天温度控制在 25 ℃~28 ℃,夜间温度 18 ℃~20 ℃。加强通风透光,以防下胚轴徒长。

5.5.2 接穗播种

接穗种子一般在砧木种子破土时开始播种(提前进行接穗种子浸种催芽处理)。播种方法在接穗育苗床撒播种子,播种后覆 1.5 cm 洁净河沙。再盖塑料膜保湿保温。

接穗种子的苗床温度管理:出苗前,白天控制在 28 ℃～30 ℃,夜间在 25 ℃～28 ℃。出苗后,白天控制在 25 ℃～28 ℃,夜间在 18 ℃～20 ℃,无籽西瓜种子需及时脱帽。

5.6 嫁接

5.6.1 嫁接时期

砧木苗最适嫁接期为 0.5 片～2 片真叶时,接穗苗最佳嫁接期为胚轴伸直、子叶即将展开时。

5.6.2 嫁接前准备

嫁接操作一般在适当遮光的棚内进行。嫁接前需准备好嫁接竹签、刀片、消毒药剂等。嫁接人员和嫁接工具均用 75％乙醇溶液或 3％高锰酸钾溶液消毒。砧木和接穗也在嫁接前用 50％甲基硫菌灵 1 000 倍液或 2％春雷霉素 400 倍液等杀菌剂喷洒消毒。

5.6.3 嫁接

采用顶插接法。

嫁接前,先将接穗从苗床拔出,冲洗干净,整齐放入容器中,用湿布保湿备用。嫁接时去掉砧木苗的生长点,用竹签紧贴子叶的叶柄中脉基部向另一子叶的叶柄基部成 30°～45° 斜插入砧木下胚轴,直至稍穿透砧木下胚轴表皮手指有触感为宜,竹签暂不拔出。在西瓜接穗的子叶基部 0.5 cm～1 cm 处平行于子叶先斜削一刀,再垂直于子叶将胚轴切成楔形。拔出竹签,将切好的接穗迅速准确地斜插入砧木切口内,使接穗与砧木密切吻合。

嫁接后迅速将嫁接苗穴盘运回苗床,并在覆盖苗床的小拱棚上覆盖棚膜保湿。

5.6.4 嫁接苗管理

5.6.4.1 温度管理

嫁接后 1 d～4 d 是嫁接苗愈合关键期,嫁接后 1 d～2 d 苗床温度白天控制在 25 ℃～30 ℃,夜温在 20 ℃～25 ℃。嫁接后 3 d～4 d 苗床白天温度控制在 25 ℃～28 ℃,夜间在 20 ℃～25 ℃。嫁接后如遇寒潮或低温、阴雨天气,可依据降温情况进行人工加温及补光。

5.6.4.2 光照管理

嫁接后第 3 d 嫁接苗可适当见光,4 d 后可逐渐延长光照时间,7 d 后不需再遮阳。在保证接穗不萎蔫的情况下,尽量增加嫁接苗的光照时间,但发现接穗萎蔫时,仍需及时遮阳。

5.6.4.3 湿度管理

苗床湿度晴天以保湿为主,阴天宁干勿湿。嫁接后 1 d～3 d 以保湿为主,棚内湿度保持 95％以上,接穗生长点不能积水。嫁接后 4 d～6 d,应通风降湿,通风时间以接穗不萎蔫为宜,接穗开始萎蔫时,要保湿遮阳。

5.6.4.4 砧木不定芽摘除

嫁接苗生长过程中,及时摘除砧木发生的不定芽。

6 定植

6.1 定值前准备

6.1.1 整地

种植前进行秋耕,翻耕深度 40 cm 以上。春季待墒情适合时用大型旋耕机深翻旋耕。

6.1.2 开施肥沟、施基肥

按照种植行使用开沟机开沟,沟心距 1.8 m,开一条宽 30 cm～40 cm 的施肥沟,施肥沟深 20 cm～30 cm。沟内施入有机肥和复合肥。每亩施优质腐熟有机肥 2 000 kg 或生物有机肥 100 kg,将肥料均匀施入施肥沟内混匀后机械回填施肥沟。

6.1.3 施肥、铺滴灌带、覆膜

采用施肥覆膜铺滴灌带一体机在种植行上同时完成施肥、铺设滴灌毛管和覆盖地膜作业。每亩施

复合肥 30 kg,铺设 1 条滴灌带,采用 1.25 m 宽地膜。地膜覆盖后铺设地面支管并联通毛管,保证滴灌系统正常。

6.2 定植时间

海南地区春茬一般在当年 12 月至翌年 1 月定植;广西和广东南部地区春茬一般 1 月～2 月定植;华南其他地区适当延后至 2 月～3 月定植。

6.3 定植密度

免整枝栽培株距 1 m～1.1 m,行距 3.5 m,整枝栽培株距 0.6 m,行距 3 m。

6.4 注意事项

定植时嫁接苗嫁接口高出畦面 1 cm～2 cm。淋足定植水。

7 田间管理

7.1 缓苗期

缓苗期及时补苗。

7.2 团棵期

团棵期,滴灌浇水 1 次～2 次,随水追施水溶性氮肥 5 kg/亩～8 kg/亩。

7.3 伸蔓期

伸蔓初期滴灌浇水 2 次～3 次,隔 5 d～7 d 浇水 1 次。

采用 3 蔓整枝。第 1 次压蔓在蔓长 40 cm～50 cm 时进行,以后每间隔 4 节～6 节再压 1 次。坐瓜前及时抹除瓜杈,坐瓜后减少抹杈或不抹杈。

7.4 坐瓜期

滴灌浇水 1 次～2 次。

7.5 膨果期

坐果后每亩追施水溶性氮肥 12 kg 和钾肥 10 kg,随水滴施。每隔 3 d～5 d 浇水 1 次,连续 6 次～8 次。

7.6 施肥原则

肥料种类按照 NY/T 394 的规定执行,采用水肥一体化技术,生长前期以有机肥及生物菌肥为主,配施氮、磷、钾复合肥,后期追施微肥、黄腐酸钾等。

8 病虫草害防治

8.1 防治原则

以预防为主、综合防治。优先采用农业防治和物理防治,科学使用化学防治。按 GB/T 23416.3、NY/T 393 和 NY/T 427 的规定执行。

合理混用、轮换交替使用不同作用机制或具有负交互抗性的药剂,减缓病虫产生的抗药性。在采收前 10 d 禁止施用任何农药。

8.2 常见病虫害

主要虫害:蚜虫、粉虱、黄守瓜、瓜绢螟、斜纹夜蛾等。

主要病害:炭疽病、蔓枯病、白粉病、细菌性果斑病等。

8.3 防治措施

8.3.1 农业防治

8.3.1.1 选用抗病品种

针对当地主要病虫害发生规律,选用高抗、多抗的品种。

8.3.1.2 适宜的生育环境

培育适龄壮苗,提高抗逆性;控制好温度和空气湿度;适宜的肥水,充足的光照;通过放风和多层覆盖,调节不同生育时期的适宜温度;深沟高畦,严防积水;在采收后将残枝败叶和杂草及时清理干净,集中进行无害化处理,保持田间清洁。

8.3.1.3 合理的耕作制度

实行严格轮作制度,忌用花生、豆类和蔬菜地作西瓜的前茬。采用非嫁接栽培时,旱地需轮作5年~6年、水田需轮作3年~4年方可再种西瓜。

8.3.1.4 科学施肥

测土配方施肥,施用经无害化处理的有机肥,适当补施化肥。

8.3.2 物理防治

黄板诱杀蚜虫、粉虱等;覆盖银灰色地膜驱避蚜虫;用频振式诱虫灯诱杀成虫。

8.3.3 生物防治

保护利用天敌,防治病虫害。采用植物源农药和生物农药防治病虫害。

8.3.4 化学防治

8.3.4.1 主要虫害化学防治

主要虫害及防治方法参见附录A。

8.3.4.2 主要病害化学防治

主要病害及防治方法参见附录B。

9 采收

9.1 采收成熟度

西瓜成熟度的判定指标参考表1规定。

表 1 西瓜成熟度判定指标

项目		指标
果实发育天数		大果型中晚熟品种32 d左右
植株变化	卷须变化	留瓜节位以及前后1节~2节上的卷须由绿变黄或已经枯萎,表明该节的瓜已成熟
	果实变化	瓜皮变亮、变硬,底色和花纹对比明显,花纹清晰,边缘明显,呈现出老化状。有条棱的瓜,条棱凹凸明显。瓜的花痕处和蒂部向内凹陷明显。瓜梗扭曲老化,基部茸毛脱净。西瓜贴地部分皮色呈橘黄色

9.2 采收质量

采收前3 d~5 d停止浇水,中心可溶性固形物含量达到12%以上。

9.3 采收时间

长途运输时提前2 d~3 d采收。雨后、中午烈日时不应采收。

9.4 采收方法

采收时保留瓜柄,用于储藏的西瓜在瓜柄上端留5 cm以上枝蔓。

采收后防止日晒、雨淋,及时运送出售,暂时不能装运的,应放在阴凉处,并轻拿轻放。

10 生产废弃物处理

地膜及农药包装袋:采收后收集瓜地地膜及农药包装袋,交到村或乡镇废旧地膜回收点,集中处理。采用可降解地膜不必回收。

瓜秧:瓜秧收集后,集中进行粉碎发酵,用于沼液或无害化处理。

11 包装、运输、储藏

11.1 包装

11.1.1 容器

用于产品包装的容器如塑料箱、纸箱等须按产品的大小规格设计,整洁、干燥、牢固、透气、美观、无污染、无异味,内壁无尖突物,无虫蛀、腐烂、霉变等,纸箱无受潮、离层现象。

11.1.2 包装

应符合 NY/T 658 的要求。按产品的品种、规格分别包装,同一件包装内的产品应摆放整齐紧密且规格相同。

11.1.3 标志

每批产品所用的包装、单位质量应一致,每一包装上应标明产品名称、产品的标准编码、商标、生产单位(或企业)名称、详细地址、产地、规格、净含量、包装日期、安全认证标志和认证号等,标志上的字迹应清晰、完整、准确。

11.2 运输

应符合 NY/T 1056 的要求。运输过程中注意防冻、防雨淋、防晒、通风散热。

11.3 储藏

11.3.1 储存时应按品种、规格分别储存。

11.3.2 储存温度:2 ℃~7 ℃。

11.3.3 储存湿度:空气相对湿度保持在 90%。

11.3.4 库内堆码应保证气流均匀流通。

12 生产档案管理

建立绿色食品西瓜生产档案并保存 3 年以上。

应详细记录产地环境条件、生产技术、肥水管理、病虫害的发生与防治、采收等各环节所采取的具体措施。

附 录 A
（资料性附录）
华南地区绿色食品西瓜生产主要病虫害化学防治方案

华南地区绿色食品西瓜生产主要病虫害化学防治方案见表 A.1。

表 A.1 华南地区绿色食品西瓜生产主要病虫害化学防治方案

防治对象	防治时期	农药名称	使用剂量	施药方法	安全间隔期,d
蚜虫	整个生育期	46％氟啶·啶虫脒水分散粒剂	6 g/亩～10 g/亩	喷雾	3
甜菜夜蛾	伸蔓期至果实膨大期	5％氯虫苯甲酰胺悬浮剂	45 mL/亩～60 mL/亩	喷雾	10
炭疽病	整个生育期	22.5％啶氧菌酯悬浮剂	40 mL/亩～45 mL/亩	喷雾	7
		50％吡唑醚菌酯水分散粒剂	11 g/亩～15 g/亩	喷雾	14
蔓枯病	整个生育期	22.5％啶氧菌酯悬浮剂	38.9 mL/亩～50 mL/亩	喷施	7
白粉病	整个生育期	40％嘧菌酯悬浮剂	30 mL/亩～40 mL/亩	喷雾	14
细菌性角斑病	整个生育期	30％噻森铜悬浮剂	67 mL/亩～107 mL/亩	喷雾	10
		45％春雷·喹啉铜悬浮剂	30 mL/亩～50 mL/亩	喷雾	7
注:农药使用以最新版本 NY/T 393 的规定为准。					

绿 色 食 品 生 产 操 作 规 程

LB/T 132—2020

西北灌区绿色食品露地西瓜
生产操作规程

2020-08-20 发布

2020-11-01 实施

中国绿色食品发展中心 发布

前　言

本规程由中国绿色食品发展中心提出并归口。

本规程起草单位：甘肃省绿色食品办公室、甘肃省经济作物技术推广站、中国绿色食品发展中心、宁夏回族自治区绿色食品管理办公室、武威市农产品质量安全监督管理站。

本规程主要起草人：杨太山、周永锋、董芳芳、常跃智、张强强、程红兵、李林烜、杜彦山。

西北灌区绿色食品露地西瓜生产操作规程

1 范围

本规程规定了西北干旱半干旱地区绿色食品露地西瓜生产的产地环境,品种选择,整地,播种,田间管理,采收,生产废弃物处理、储藏及生产档案管理。

本规程适用于内蒙古西部、陕西、甘肃、青海、宁夏、新疆等西北灌区的绿色食品露地西瓜生产。

2 规范性引用文件

下列文件对于本文件的应用是必不可少的。凡是注日期的引用文件,仅注日期的版本适用于本文件。凡是不注日期的引用文件,其最新版本(包括所有的修改单)适用于本文件。

GB 16715.1 瓜菜作物种子 第1部分:瓜类

NY/T 391 绿色食品 产地环境质量

NY/T 393 绿色食品 农药使用准则

NY/T 394 绿色食品 肥料使用准则

NY/T 427 绿色食品 西甜瓜

NY/T 658 绿色食品 包装通用准则

NY/T 1056 绿色食品 储藏运输准则

NY/T 2118 蔬菜育苗基质

NY/T 2442 蔬菜集约化育苗场建设标准

3 产地环境

生产基地环境应符合 NY/T 391 的要求;选择地势高、土层深厚、土质疏松肥沃,通透性良好、排灌方便的沙壤土,有机质含量在1%以上,土壤 pH 7.5～8.5,且3年以上未种过瓜类作物的地块;基地应相对集中连片,距离公路主干线100 m 以上,交通方便。

4 品种选择

4.1 选择原则

应选择抗病、易坐果、分枝能力中等、高产、耐储运、商品性好、适合目标市场需求的主栽品种,在品种布局上要早中晚熟品种搭配,大型西瓜与中小型西瓜搭配,满足消费者的不同需求。

4.2 品种选用

根据目标市场需求,选用金城5号、甘农宝、安农2号等中晚熟和黑美人、新金兰、金美人等早熟品种。种子质量应符合 GB 16715.1 的规定。

4.2 种子处理

4.2.1 种子消毒

4.2.1.1 晒种

选无风晴天将种子摊在草席上,厚度1 cm,在阳光下晒1 d,每2 h 翻动1次。

4.2.1.2 温汤浸种

将西瓜种子放入55 ℃～60 ℃的温水中不断搅拌,15 min 后,使水自然冷却,再浸种6 h。

4.2.2 催芽

处理好的西瓜种子用湿布包好,在 28 ℃～30 ℃的条件下催芽 24 h～36 h,待 70%种子露白即可播种。

5 整地、播种

5.1 整地

秋季前茬作物收获后尽早深翻,耕深 20 cm～25 cm,适时灌足冬水。播前结合浅耕每亩施充分腐熟的农家肥 4 m³～5 m³,或商品有机肥(含生物有机肥)400 kg～600 kg、尿素 10 kg、磷酸二铵 20 kg、硫酸钾 25 kg,条施。

5.2 田园规划

田间道路按生产田块实际情况规划,要求宽 6 m;每 10 行～15 行留 2 m 宽生产路。

5.3 开沟起垄

采用垄膜沟灌种植方式的于播种(定植)前 5 d～7 d 开沟起垄。可用施肥开沟覆膜覆土复式作业机一次完成化肥深施、开沟覆膜作业;也可用开沟机开沟,垄面宽 180 cm,沟宽 70 cm,沟深 30 cm,垄面平整、无土块、草根等硬物,水沟两侧面及沟底平整,边沟和垄沟相通,保证排灌通畅。

5.4 覆膜

5.4.1 膜下滴灌

采用覆膜、滴灌带铺设复式作业机一次完成化肥深施、覆膜、铺设滴灌。用幅宽 120 cm、厚度 0.01 mm 地膜,一膜二灌,滴管带间距 60 cm,膜间距 140 cm,膜心间距 2.6 m。

5.4.2 垄膜沟灌

育苗移栽先覆膜后定植,直播应先播种后覆膜。用幅宽 140 cm、厚度 0.01 mm 地膜覆盖垄沟和沟两侧垄面,并在沟内膜面均匀撒土压膜。

5.5 播种

采用育苗移栽或者直播的栽培方法。早熟西瓜品种 850 株/亩,中晚熟品种 650 株/亩～750株/亩。

5.5.1 育苗移栽

5.5.1.1 育苗时间

提前 30 d～35 d 开始育苗。

5.5.1.2 育苗方法

工厂化穴盘育苗,选用商品育苗基质,50 穴穴盘。育苗场所符合 NY/T 2442 的要求,育苗基质符合 NY/T 2118 的要求。

5.5.1.3 苗床管理

出苗前白天保持 20 ℃～28 ℃,夜间 15 ℃左右。当真叶开始生长时,应加大通风,增加光照,促使幼苗正常生长。第 2 片真叶展开时,采取较大温差管理,白天保持 28 ℃左右,夜晚 15 ℃左右。定植前3 d,选择晴暖天气,结合浇水,施 1 次氮肥,喷 1 次防病药剂,降低苗床温度,增加通风量,适当抑制幼苗生长,增强抗逆力。

5.5.1.4 壮苗标准

苗龄 25 d～30 d,苗高 15 cm～20 cm,真叶 3 片～4 片,节间短,叶色浓绿,根系发达,根成型,健壮无病害、无机械伤。

5.5.1.5 定植

####### 5.5.1.5.1 定植时间

当定植行内地温稳定在 12 ℃以上,白天平均气温稳定超过 15 ℃时,选无风晴天定植。露地西瓜一般在 4 月中旬至下旬。

5.5.1.5.2 定植方法

5.5.1.5.3 膜下滴灌

用专用打孔器,按照要求的株距在距滴灌带内侧 5 cm～8 cm 处地膜上打洞,再放入瓜苗,定植时应保证幼苗茎叶与苗坨的完整,定植深度以苗坨上表面与地面齐平或稍低(不超过 2 cm)为宜,培土至茎基部,并封住定植穴。

5.5.1.5.4 垄膜沟灌

用专用打孔器,按照要求的株距在垄两侧距垄边缘 15 cm～20 cm 处开定植穴,其他措施膜下滴灌。

5.5.2 直播栽培

5.5.2.1 播种时间

4 月中下旬至 5 月上旬。

5.5.2.2 播种方法

5.5.2.2.1 膜下滴灌

用直径 2.5 cm 左右细棍在距滴灌带内侧 5 cm～8 cm 处地膜上打洞,深 2 cm,1 穴 2 粒或 1 穴 1 粒间隔放入种子,上覆细土 2 cm。

5.5.2.2.2 垄膜沟灌

用专用打孔机在垄两侧距垄边缘 15 cm～20 cm 处打孔,深 4 cm～5 cm,1 穴 2 粒或 1 穴 1 粒间隔放入种子,播种穴覆土后再用土封严膜孔。

6 田间管理

6.1 压蔓整枝

早熟品种采用单蔓或双蔓整枝,中晚熟品种采用双蔓或三蔓整枝。去除主蔓上的第 1 雌花及根瓜。西瓜进入伸蔓期以后整理、摆放瓜蔓;瓜蔓长 40 cm～50 cm 时进行第 1 次压蔓,每间隔 4 节～6 节再压一次,使各条瓜蔓在田间均匀分布,防止大风刮翻枝蔓影响坐果。

6.2 辅助授粉

采取蜜蜂辅助授粉或人工辅助授粉方法提高坐果率。蜜蜂辅助授粉,1 蜂箱(3 000 头～40 000 头),放在 3 亩～5 亩地西瓜地中央,当有 15％植株开花时,将蜂箱放入田中直到选瓜结束。人工辅助授粉,选用优质雌花给选留节位的雌花授粉,8:00～9:00 进行,留主蔓第 12 节位～第 13 节位上的第 2 个或第 3 个雌花授粉。

6.3 选瓜留瓜

幼瓜生长至鸡蛋大小时,及时剔除畸形瓜,选健壮果实留瓜,每株留 1 个瓜。一般进行 2 次～3 次选瓜,以保证每株选留健壮瓜。

6.4 翻瓜摆瓜

幼瓜长至拳头大小时顺直果柄,把瓜下土拍平或垫上瓜垫、麦草等。

6.5 灌水

6.5.1 膜下滴灌

定植水应滴足、滴透,以湿润地膜边缘 10 cm～12 cm 为好;伸蔓初期滴灌浇水 1 次,以后每隔 5 d～7 d 滴灌浇水 1 次,每次滴灌 6 h～8 h。

6.5.2 垄作沟灌

覆膜前亩灌水 30 m³,灌水后晾晒 2 d～3 d。苗期灌头水,亩灌水量 25 m³～30 m³。开花至坐果期灌第 2 次水,亩灌水量 15 m³～20 m³。膨瓜期灌第 3 次～第 7 次水,每 7 d～10 d 1 次,每次灌水量

20 m³～25 m³。成熟前灌第 8 次水,灌水量 15 m³～20 m³。灌水时,以不漫垄为宜。头茬瓜采收前 10 d 停止灌水。

6.6 施肥

6.6.1 膜下滴灌

追肥结合滴灌进行,坐瓜后每亩追施氮(N)12 kg、磷(P_2O_5)7 kg、钾(K_2O)10 kg(水溶性肥料),随水滴施。

6.6.2 垄作沟灌

幼瓜膨大时结合浇水亩追施尿素 5 kg、磷酸二铵 15 kg、硫酸钾 10 kg,或三元复合肥 20～25 kg。

6.7 病虫害防治

6.7.1 防治原则

坚持预防为主、综合防治的原则,以农业措施、物理措施和生物措施为主,化学防治为辅,应选用符合 NY/T 393 的要求的化学农药。强化病虫害的测报。

6.7.2 常见病虫害

病害:猝倒病、枯萎病、病毒病、疫病、白粉病、蔓枯病、炭疽病等。
虫害:蚜虫、蓟马等。

6.8 防治措施

6.8.1 农业防治

选用抗病虫、抗逆性能强、适应性广、商品性好、产量高的高抗多抗的品种,实行 3 年以上轮作。培育适龄壮苗,膜下滴灌或深沟高畦,严防积水,创造适宜的生育环境条件,增施经无害化处理的有机肥,适量使用化肥,清洁田园,病株残枝及时带出田园,集中处理。

6.8.2 物理防治

采用晒种、温汤浸种、银膜驱虫。田间悬挂黄板、蓝板,防治蚜虫、蓟马。

6.8.3 生物防治

保护利用瓢虫、草蛉、蚜小蜂等自然天敌控制蚜虫。使用微生物来源农药如乙基多杀菌素等防治蓟马。

6.8.4 化学防治

农药使用应符合 NY/T 393 的要求。严格按照农药安全使用间隔期用药,具体病虫害推荐用药使用方案参见附录 A。

7 采收

7.1 采收时间

长途运输时提前 3 d～4 d 采收。短距离运输时,完全成熟时采收。

7.2 采收方法

采收时保留瓜柄,用于储藏的西瓜在瓜柄上端留 5 cm 以上枝蔓。采收后防止日晒、雨淋,及时运送出售;暂时不能装运的,应放在阴凉处,并轻拿轻放。

7.3 分级包装

鲜果采收后,立即对产品进行分级,清洁瓜面,按产品品种、规格、等级、质量进行包装。产品应符合 NY/T 427 的要求,包装应符合 NY/T 658 的要求。

8 生产废弃物处理

生产过程中,农药、投入品等包装袋应集中收集处理,建议使用可降解地膜,减少对环境的危害。西瓜秸秆集中粉碎,堆沤有机肥料循环利用。

9 储藏

储藏设施、周围环境、卫生要求、出入库、堆放等应符合 NY/T 1056 的要求。

10 生产档案管理

生产者应建立生产档案,记录品种、施肥、病虫草害防治、采收以及田间操作管理措施;所有记录应真实、准确、规范,并具有可追溯性;生产档案应由专人专柜保管,至少保存 3 年。

附 录 A

（资料性附录）

西北灌区绿色食品露地西瓜生产主要病虫害化学防治方案

西北灌区绿色食品露地西瓜生产主要病虫害化学防治方案见表A.1。

表 A.1 西北灌区绿色食品露地西瓜生产主要病虫害化学防治方案

防治对象	防治时期	农药名称	使用剂量	施药方法	安全间隔期,d
枯萎病	苗期	4％嘧啶核苷类抗菌素水剂	300倍～400倍液	灌根	7
	定植前	0.1％噁霉灵颗粒剂	35 kg～40 kg	土壤撒施	收获期
	定植前	1％嘧菌酯颗粒剂	2 000 g/亩～3 000 g/亩	土壤撒施	收获期
病毒病	发病初	1％香菇多糖水剂	200倍～400倍液	喷雾	—
	发病初	4％低聚糖素可溶粉剂	85 g/亩～165 g/亩	喷雾	—
白粉病	果实膨大期	42％寡糖·硫黄悬浮剂	100 mL/亩～150 mL/亩	喷雾	—
		30％氟菌唑可湿性粉剂	15 g/亩～18 g/亩	喷雾	7
炭疽病	发病初	70％甲基硫菌灵可湿性粉剂	40 g/亩～50 g/亩	喷雾	`3
	发病初	80％代森锰锌可湿性粉剂	130 g/亩～210 g/亩	喷雾	21
	发病初	50％吡唑醚菌酯水分散粒剂	11 g/亩～15 g/亩	喷雾	14
	发病初	500 g/L嘧菌酯悬浮剂	1 500倍～3 000倍液	喷雾	14
蔓枯病	坐瓜期	22.5％啶氧菌酯悬浮剂	38.9 mL/亩～50 mL/亩	喷雾	7
		60％唑醚·代森联水分散粒剂	60 g/亩～100 g/亩	喷雾	14
		10％多抗霉素可湿性粉剂	120 g/亩～140 g/亩	喷雾	7
蚜虫	6月下旬至7月上旬	70％啶虫脒水分散粒剂	2 g/亩～4 g/亩	喷雾	10
		25％噻虫嗪水分散粒剂	8 g/亩～10 g/亩	喷雾	7
蓟马	6月下旬至7月上旬	60 g/L乙基多杀菌素悬浮剂	40 mL/亩～50 mL/亩	喷雾	5
注:农药使用以最新版本NY/T 393的规定为准。					

绿 色 食 品 生 产 操 作 规 程

LB/T 133—2020

华南地区绿色食品冬春甘蓝
生产操作规程

2020-08-20 发布

2020-11-01 实施

中国绿色食品发展中心 发布

前　言

本规程由中国绿色食品发展中心提出并归口。

本规程起草单位:福建省绿色食品发展中心、福建省农业科学院作物研究所、广东省绿色食品发展中心、广西壮族自治区绿色食品办公室、云南省绿色食品发展中心。

本规程主要起草人:薛珠政、杨芳、周乐峰、谢秋萍、汤宇青、胡冠华、陆燕、杨永德、郑龙。

华南地区绿色食品冬春甘蓝生产操作规程

1 范围

本规程规定了华南地区绿色食品冬春甘蓝栽培的术语和定义、产地环境及茬口安排,品种及种苗选择,播种育苗,定植管理,水肥管理,病虫害防治,采收,生产废弃物处理,包装,储运及生产档案管理。

本规程适用于福建中南部、广东省、海南省、云南省中南部及广西壮族自治区等地的冬春甘蓝的生产。

2 规范性引用文件

下列文件对于本文件的应用是必不可少的。凡是注日期的引用文件,仅注日期的版本适用于本文件。凡是不注日期的引用文件,其最新版本(包括所有的修改单)适用于本文件。

GB 16715.4 瓜菜作物种子 第4部分:甘蓝类

NY/T 391 绿色食品 产地环境质量

NY/T 393 绿色食品 农药使用准则

NY/T 394 绿色食品 肥料使用准则

NY/T 658 绿色食品 包装通用准则

NY/T 746 绿色食品 甘蓝类蔬菜

NY/T 1056 绿色食品 储藏运输准则

NY/T 2118 蔬菜育苗基质

3 术语和定义

下列术语和定义适用于本文件。

3.1

莲座期 rosette period

结球前只有外叶的增加而未形成叶球的时期。

3.2

结球期 balling period

从开始结球到形成紧实叶球的时期。

4 产地环境及茬口安排

4.1 产地选择

产地环境质量应符合 NY/T 391 的要求。

产地应选择前茬未种植过十字花科作物的土地,要求与非十字花科作物实行2年～3年的轮作,或进行1年～2年水旱轮作的,土壤疏松,土层深厚,通透性好,排灌便利,不受工业"三废"及农业、生活、医疗废弃物污染、生态环境良好的农业生产区域。

4.2 茬口安排

甘蓝喜温和冷凉气候,冬春茬甘蓝一般在9月～10月育苗,如遇低温天气,可进行保温育苗,苗龄25 d～35 d 即可定植。

5 品种及种苗选择

5.1 品种选择原则

根据甘蓝种植区域和生长特点,选择适合当地生长的适应性广、抗病抗逆性强、优质、高产品种;优先推荐选用当地自育品种,如京丰1号甘蓝、全球甘蓝、冠军甘蓝、中甘系列结球甘蓝等。

5.2 种苗选择

5.2.1 推荐购买绿色食品产地或生产记录齐全、来源可追溯的商品苗。

5.2.2 生产中推荐使用穴盘育苗。

6 播种育苗

6.1 种子质量

种子应符合GB 16715.4的要求。选择籽粒饱满、纯度好、发芽率高、发芽势强的种子。

6.2 种子消毒

采用温汤浸种,种子用50 ℃温水浸泡15 min,浸种时先倒水,后放种子,并不断搅拌,轻轻搓洗后捞出待播。

6.3 苗床准备

选择排灌良好、土壤肥沃、1年以上没有种植过十字花科蔬菜的地块做苗床。经深翻晒白后,均匀撒施商品有机肥200 kg/亩和钙镁磷肥25 kg/亩,浅刨整细,使肥土混合均匀,起畦做苗床。

穴盘育苗可选择72孔穴盘(孔径4 cm×4 cm)或128孔穴盘(孔径3 cm×3 cm)。基质符合NY/T 2118的要求。调节基质含水量至55%～60%,即用手紧握基质,有水从指缝渗出而不形成水滴,松手后30 cm自由落体基质可散开,堆置2 h～3 h使基质充分吸足水。将预湿好的基质装入穴盘中,穴面用刮板从穴盘的一方刮向另一方,使每个孔穴都装满基质,装盘后各个格室应能清晰可见。

6.4 播种

6.4.1 播种方法

苗床育苗采用条播方式,每隔3 cm压1条1 cm深的条沟,播种前浇透水,待水渗下后,将备好的种子按间隔3 cm均匀播于沟内。播完后均匀盖上1 cm厚的细土,上面覆盖遮阳网,并淋透水,以后每天早晚根据苗床湿度淋水1次,出苗前应注意保持土壤湿润。

穴盘育苗,使用配套压穴板对装好基质的穴盘进行压穴,压穴深度不超过0.5 cm～1 cm,每穴播1粒种子;也可用播种机播种,将装满基质的穴盘平放在播种机的台面上,用播种机压穴、播种。播种后,再覆盖一层基质,多余基质用刮板刮去,使基质与穴盘格室相平。种子盖好后淋透水,以穴盘底部刚渗出水为宜。出苗前应注意保持基质湿润。

6.4.2 播种量

大田栽培用种量为25 g/亩～30 g/亩。

6.5 苗期管理

苗期应保持土壤湿润,待有70%左右种子出苗拱土时应及时去掉覆盖物。前期高温时可在苗床上搭平架,中午上盖遮阳网以降温,早晚揭开。苗期要防止幼苗徒长,根据苗床湿度确定每天浇水次数,保持土表有0.5 cm的干燥层,0.5 cm以下保持湿润。苗1片～2片真叶时,覆上一层薄的细土,以防止幼苗倒伏;苗2片～3片真叶时,以0.1%尿素浇施1次;苗4片～5片真叶时即可移栽大田,移栽前1 d～2 d,喷50%多菌灵600倍～800倍液或80%代森锰锌800倍1次。

穴盘育苗,播种结束后,将穴盘堆码放置在催芽室,检查种子已经发芽后,将穴盘转移至育苗棚内,出苗后根据天气情况浇水,保持基质潮湿,一般4 d～6 d可全部出苗。齐苗后根据苗情,可用0.1%尿素浇施1次～2次肥料。当苗4片可见叶时,不再追肥,进入炼苗期,可适度控制水肥。

7 定植管理

7.1 整畦施基肥

结合整畦,酸性较强(pH≤5.5)土壤(黄红壤)在整畦时每亩施入 100 kg～150 kg 的石灰,调节土壤pH 至 6～7,深耕晒垡。撒施商品有机肥 300 kg/亩、钙镁磷肥 20 kg/亩和三元复合肥(氮肥∶磷肥∶钾肥=15∶15∶15)20 kg/亩。深翻约 30 cm,按畦带沟宽 130 cm～135 cm 作龟背形高畦,畦高约 30 cm。

7.2 定植方法

选择壮苗,在午后阳光柔和时进行定植,定植后浇足定根水,及时查苗补苗。

7.3 定植密度

根据品种特性、气候条件和土壤肥力,一般采用双行定植,中熟品种定植 3 000 株/亩～4 000 株/亩,晚熟品种定植 2 800 株/亩～3 000 株/亩。

8 水肥管理

8.1 水分管理

甘蓝种植密度大,植株较为旺盛,需水量较大,整个生育期应保持土壤湿润。定植后每天早晚浇水 1 次,缓苗后结合浇肥补充水分。中耕及浇肥时,土壤应保持稍干燥,以便于达到中耕除草的效果及肥料吸收。遇强降雨或雨水过多,要及时清沟排水;田间湿度过大,下部叶片黄化落叶,根及茎部易腐烂。

8.2 施肥管理

8.2.1 施肥原则

以有机肥为主、化肥为辅,减量施用化肥,有机肥无机肥结合施用;以施足基肥为主,适当看苗追肥为辅。肥料的选择和使用应符合 NY/T 394 的要求。按亩产 1 000 kg 需纯氮(N)3 kg、磷(P_2O_5)1 kg、钾(K_2O)4 kg 肥料的方式计算,采用当地测土配方施肥技术,做到氮、磷、钾及中、微量元素合理搭配。

8.2.2 缓苗期施肥

定植 7 d～10 d 后,浇施浓度约为 0.3%尿素作为提苗肥(用量 4 kg/亩),可根据田间水分情况适度浇水,实现根际"见干见湿",促进根系生长。

8.2.3 莲座期施肥

进入莲座期,应确保水肥均匀,及时补充水肥,形成强壮株型,确保球形正常生长,施用三元复合肥(氮肥∶磷肥∶钾肥=15∶15∶15)25 kg/亩和尿素 10 kg/亩。

8.2.4 结球期施肥

结球中期结合浇水追施三元复合肥(氮肥∶磷肥∶钾肥=15∶15∶15)30 kg/亩～40 kg/亩。

8.3 中耕除草

封行前中耕除草 1 次～2 次,并结合中耕进行培土。

9 病虫害防治

9.1 防治原则

按照"预防为主、综合防治"的植保方针,坚持"农业、物理、生物防治为主,化学防治为辅"的防治原则。推广绿色防控技术,病虫害危害造成较大影响时辅以化学防治,农药的选择和使用应符合NY/T 393 的要求。

9.2 常见病虫害

结球甘蓝主要病虫害有软腐病、菌核病、霜霉病、黑腐病、菜青虫、小菜蛾、甜菜夜蛾、蚜虫等。

9.3 防治措施

9.3.1 农业防治

应制订与非十字花科作物的3年轮作计划,避免重、迎茬;选用抗病虫害强的品种;采用深沟高畦栽培,采收后清洁田园并及时清除残株败叶,减少虫源;生长过程中发现病虫叶、病虫核心株应及时摘除并专池深埋处理。

霜霉病:合理轮作,深沟高畦。苗期防止播种过密,及时间苗,剔除病苗。田间合理密植,增加田间通透性,合理灌溉,防止大水漫灌。施足基肥,增施磷、钾肥,结球期保证水肥供应,促进植株生长旺盛,提高抗病力。

黑腐病:选用抗病品种;适时播种,合理浇水,适期蹲苗;平衡施肥,增施磷钾肥,提高植株抗病性;清除田间的植株残体,减少田间病原。

软腐病:大雨之后注意及时排水。及时防虫害,中耕除草时避免伤根。

菌核病:合理施肥,避免偏施氮肥,及时追肥。发现病株及时拔除、深埋。

9.3.2 物理防治

黑腐病:采用温汤浸种,种子用50 ℃温水浸种15 min,可有效减轻病害发生。

菜青虫、小菜蛾,甜菜蛾类:每1 hm²～1.5 hm²设立1盏杀虫灯诱杀害虫。通过在田间设置物理结构的诱捕器,将人工合成的化学信息素诱芯放置于诱捕器中,引诱成虫至诱捕器中,物理诱杀成虫。田间发现甜菜夜蛾卵块,及时摘除。

蚜虫:用银灰色膜驱蚜,在行间或株间悬挂黄板诱杀蚜虫,密度20块/亩～25块/亩,灯光诱杀成虫。

9.3.3 生物防治

用昆虫性信息素诱杀害虫或用生物源农药防治害虫。

菜青虫:8 000 IU/μL苏云金杆菌悬浮剂200 mL/亩～300 mL/亩或0.5%苦参碱水剂36 mL/亩～54 mL/亩均匀喷雾。

小菜蛾:16 000 IU/mg苏云金杆菌可湿性粉剂30 g/亩～70 g/亩或1%印楝素微乳剂42 mL/亩～56 mL/亩均匀喷雾。

甜菜夜蛾:10亿PIB/mL甜菜夜蛾核型多角体病毒悬浮剂80 mL/亩～100 mL/亩均匀喷雾。

9.3.4 化学防治

主要病虫害农药防治方案参见附录A。

10 采收

选择叶球发育完好、结球紧实、表现出品种特征性状时即可采收。采收时保留2片外叶(莲座叶)以保护叶球,做到表面干净、无裂球,并按照叶球大小进行分级,统一规格。采收时注意农药安全间隔期,产品质量应符合NY/T 746的要求。

11 生产废弃物处理

在生产基地内,建立废弃物与污染物收集设施,各种废弃物与污染物要分门别类收集。集中统一无害化处理。未发生病虫害的秸秆、叶片收割后直接还田,通过翻耕压入土壤中补充土壤有机质,培肥地力;人工摘除的发生病虫害的秸秆、叶片要及时专池处理。

12 包装、储运

12.1 包装

包装物应使用可重复利用、易降解、不造成产品污染的材料,产品的包装上应按要求加上绿色食品标志,包装应符合NY/T 658的要求。

12.2 储运

按销售计划采收,尽快销售,不宜储存。临时短期储藏的地点应通风、清洁、卫生,严防雨淋及有毒物质的污染,有条件的应进行低温储藏,冷藏温度-1 ℃～1 ℃,相对湿度 90%～95%。运输工具在装载前应清理干净,防止二次污染。储运过程应符合 NY/T 1056 的要求。

13 生产档案管理

要建立生产档案。做好记录,应有整地、种子处理、播种、肥水管理、病虫草害的发生和防治、采收及采后处理、包装、储运等情况的生产记录,生产记录保存 3 年以上,做到生产全程可追溯。

附　录　A
（资料性附录）
华南地区绿色食品冬春甘蓝生产主要病虫害化学防治方案

华南地区绿色食品冬春甘蓝生产主要病虫害化学防治方案见表 A.1。

表 A.1　华南地区绿色食品冬春甘蓝生产主要病虫害化学防治方案

防治对象	防治时期	农药名称	使用剂量	施药方法	安全间隔期,d
软腐病	发病初期	5%大蒜素微乳剂	60 g/亩～80 g/亩	喷雾	—
蚜虫	发生始盛期	70%吡虫啉水分散粒剂	1.5 g/亩～2 g/亩	喷雾	7
		10%啶虫脒微乳剂	15 mL/亩～20 mL/亩	喷雾	5
小菜蛾	卵孵盛期、低龄若虫期	5%甲氨基阿维菌素苯甲酸盐水分散粒剂	2 g/亩～4 g/亩	喷雾	7
		11%甲维·茚虫威悬浮剂	9 mL/亩～18 mL/亩	喷雾	7
菜青虫	卵及低龄幼虫发生期	10%高效氯氰菊酯乳油	10 mL/亩～20 mL/亩	喷雾	7
		25%除虫脲可湿性粉剂	60 g/亩～70 g/亩	喷雾	7
甜菜夜蛾	卵孵化盛期、低龄幼虫期	3%甲氨基阿维菌素苯甲酸盐微乳剂	4 mL/亩～5 mL/亩	喷雾	7
	甜菜夜蛾1龄期～3龄期	5%高氯·甲维盐悬浮剂	18 mL/亩～30 mL/亩	喷雾	7
注:农药使用以最新版本 NY/T 393 的规定为准。					

绿色食品生产操作规程

LB/T 134—2020

高海拔高纬度地区绿色食品夏秋露地甘蓝生产操作规程

2020-08-20 发布

2020-11-01 实施

中国绿色食品发展中心 发布

前　言

本规程由中国绿色食品发展中心提出并归口。

本规程起草单位：湖北省农业科学院经济作物研究所、湖北省绿色食品管理办公室、湖北省蔬菜办公室、湖北省荆州市农业技术推广中心、湖北省荆门市绿色食品管理办公室、安徽省农业科学院园艺研究所、安徽省绿色食品管理办公室、贵州省绿色食品发展中心、河南省绿色食品发展中心、黑龙江省绿色食品发展中心、内蒙古鄂尔多斯杭锦旗农畜产品质量安全监督管理站、新疆维吾尔自治区农产品质量安全中心、河南省农业农村厅机关服务中心。

本规程主要起草人：邓晓辉、崔磊、甘彩霞、周先竹、别之龙、廖显珍、郭征球、杨远通、胡正梅、李大勇、张宏洲、喻小兵、刘才宇、高照荣、代振江、樊恒明、王蕴琦、张义秀、玛依拉·赛吾尔丁、李芳。

高海拔高纬度地区绿色食品夏秋露地甘蓝生产操作规程

1 范围

本规程规定了高海拔高纬度地区绿色食品夏秋露地甘蓝生产的产地环境、品种选择、播种育苗、定植、田间管理、采收、包装与储藏、生产废弃物处理及生产档案管理。

本规程适用于北纬42°以北地区（包括内蒙古北部、黑龙江中北部和新疆）和北纬42°以南但海拔在600 m以上地区（包括湖北高山地区、云南高山地区和云贵高原）的绿色食品夏秋露地甘蓝的生产。

2 规范性引用文件

下列文件对于本文件的应用是必不可少的。凡是注日期的引用文件，仅注日期的版本适用于本文件。凡是不注日期的引用文件，其最新版本（包括所有的修改单）适用于本文件。

GB/T 8946 塑料编织袋通用技术要求

GB 16715.4 瓜菜作物种子 第4部分：甘蓝类

NY/T 391 绿色食品 产地环境质量

NY/T 393 绿色食品 农药使用准则

NY/T 394 绿色食品 肥料使用准则

NY/T 658 绿色食品 包装通用准则

NY/T 746 绿色食品 甘蓝类蔬菜

NY/T 1056 绿色食品 储藏运输准则

3 产地环境

生产基地环境应符合NY/T 391的要求，要求连续3年未种植过十字花科作物、土壤疏松肥沃、保肥保水能力强的壤土或沙壤土，栽培坡度<25°、排灌便利、相对集中连片、距离公路主干线100 m以上、交通方便。

4 品种选择

4.1 选择原则

宜选用抗病性和抗逆性强、优质、高产、符合市场需要的甘蓝品种。

4.2 品种选用

夏季栽培茬口选择冬性强、不易抽薹、耐裂球、耐热、商品性好的中晚熟品种，如京丰1号、中甘21号等；秋季栽培茬口选择生育期短、耐热、抗病、耐裂球的优质高产的中晚熟品种。

5 播种育苗

5.1 播种期

夏季甘蓝播种期在3月下旬至4月上旬播种，秋季甘蓝在5月～7月播种。

5.2 种子处理

种子质量应符合GB 16715.4的要求。播种前将种子用55℃温水浸种30 min，并不断搅拌，自然冷却浸种2 h～4 h，将浸好的种子捞出用清水洗净，沥干水分，晾干后播种。

5.3 苗床准备

苗床应选择通风良好、地势较高、排灌方便、3年未种过十字花科蔬菜、距定植田较近的无污染地块。营养土的配比为园土∶腐熟有机肥＝6∶4,每立方米营养土加入复合肥1 kg、辛硫磷颗粒剂100 g。将配好的营养土铺入苗床畦上,厚度10 cm～12 cm,苗床畦宽1.2 m左右,长度不限。

5.4 播种

苗床浇足底水,明水渗干后将种子均匀播撒于床面,覆盖一层0.6 cm～0.8 cm细土。播后覆膜并搭盖小拱棚。苗床育苗用种量为每亩大田25 g～30 g。

5.5 苗床管理

播种后覆盖地膜或遮阳网,70％种子出苗后,揭开覆盖物,及时间苗。保持床土见干见湿,幼苗叶片变黄时,每亩可用0.3％磷酸二氢钾和0.2％尿素混合液30 kg～45 kg追肥1次～2次。

幼苗2叶1心时分苗,按10 cm株行距在分苗床上开沟栽苗或直接分苗于10 cm×10 cm的营养钵内,分苗后不旱不浇水,浇水宜浇小水或喷水;分苗后缓苗时白天20 ℃～25 ℃,夜间10 ℃～15 ℃,缓苗后及时降温,白天10 ℃～20 ℃,夜间5 ℃以上。当幼苗茎粗达0.5 cm以上时,应尽量保持温度在15 ℃以上以免通过春化阶段,出现未熟抽薹现象。

定植前10 d,逐渐减少浇水和覆盖,提高幼苗抗逆性。

5.6 壮苗标准

植株健壮,株高15 cm～18 cm,茎粗0.5 cm,5片～6片真叶,叶色浓绿、肥厚、无病斑、无虫害;生长健壮,根坨成型,根系粗壮发达。

6 定植

6.1 整地施肥

按NY/T 394的规定执行,无机氮素用量不高于当季同种作物需求量的一半。深耕土地,耕深25 cm～30 cm,然后每亩施入有机肥500 kg～1 000 kg、氮磷钾硫基复合肥(氮肥＋磷肥＋钾肥＝15∶15∶15)30 kg～35 kg。在定植前15 d整好地。深耕土地,耕深25 cm～30 cm。采用高畦栽培,畦宽85 cm～95 cm,沟宽25 cm～30 cm,畦高20 cm～25 cm。

6.2 定植方法及密度

一般采用品字型穴栽法,每畦定植2行。夏甘蓝密度在3 500株/亩～4 500株/亩;秋甘蓝在2 500株/亩～3 000株/亩。定植深度以泥土不淹没子叶为宜,定植后及时浇足定根水。

7 田间管理

7.1 肥水管理

施肥应符合NY/T 394的要求。莲座期通过控制浇水进行蹲苗,蹲苗时间5 d～12 d。结束蹲苗后,结合浇水追施尿素3 kg/亩～4 kg/亩,同时用0.2％的硼砂溶液叶面喷施1次～2次。结球初期结合浇水追施氮磷钾硫基复合肥(N＋P_2O_5＋K_2O＝15∶15∶15)4 kg/亩～5 kg/亩,并用0.2％的磷酸二氢钾溶液每隔7 d叶面喷施1次～2次。结球后期控制浇水次数和水量,以免裂球。

7.2 中耕除草

定植缓苗后选晴天中耕松土除草,莲座期结合除草进行中耕培土。在植株封行前进行最后1次中耕,中耕要精细,除草要干净,注意不伤叶片。

7.3 病虫害防治

7.3.1 防治原则

坚持"预防为主、综合防治"原则,优先采用农业措施、物理防治、生物防治,科学合理地配合使用化学防治,将甘蓝病虫害的危害控制在允许的经济阈值以下,达到生产安全、优质绿色食品甘蓝的目的。

农药施用严格按 NY/T 393 的规定执行。不得使用国家明令禁止的高毒、高残留、高生物富集性、高三致(致畸、致癌、致突变)农药及其混配农药。严格执行农药安全间隔期。

7.3.2 常见病虫害

苗期病害主要有猝倒病、黑腐病、病毒病、霜霉病和根肿病,主要害虫有蚜虫、小菜蛾、菜青虫、甜菜夜蛾、斜纹夜蛾等;生长期病害主要有黑腐病、霜霉病、病毒病和根肿病等,虫害主要有黄曲条跳甲、蚜虫、小菜蛾、菜青虫、斜纹夜蛾、甜菜夜蛾。

7.3.3 防治措施

7.3.3.1 农业防治

选用抗(耐)病优良品种和无病种子;培育无病虫害健康壮苗;合理布局,轮作倒茬;注意及时排水灌水,防止积水和土壤干旱;加强中耕除草,及时清洁田园,减少病虫源基数。

7.3.3.2 物理防治

地面覆盖银灰膜驱避蚜虫:每亩铺银灰色地膜 5 kg~6 kg,或将银灰膜剪成 10 cm~15 cm 宽的膜条,膜条间距 10 cm,纵横拉成网眼状。

设置黄板诱杀有翅蚜:用废旧纤维板或纸板剪成 100 cm×20 cm 的长条,涂上黄色油漆,同时涂上1 层机油,制成黄板或购买商品黄板,挂在行间或株间,黄板底部高出植株顶部 10 cm~20 cm,当黄板粘满蚜虫时,再重涂 1 层机油,一般 7 d~10 d 重涂 1 次。每亩悬挂黄色粘虫板 30 块~40 块。

小菜蛾、菜青虫、斜纹夜蛾、甜菜夜蛾等虫害可用频振式杀虫灯、黑光灯、高压汞灯或双波灯诱杀。

7.3.3.3 生物防治

运用害虫天敌防治害虫,如释放捕食螨、寄生蜂等。保护天敌,创造有利于天敌生存的环境条件,选择对天敌杀伤力低的农药;释放天敌,用病毒如银纹夜蛾病毒、甜菜夜蛾病毒、小菜蛾病毒及白僵菌、苏云金杆菌制剂等防治菜青虫、甜菜夜蛾。用性诱剂防治小菜蛾、甜菜夜蛾和斜纹夜蛾。

7.3.3.4 化学防治

合理混用、轮换、交替用药。宜采用附录 A 介绍的方法。

8 采收

产品质量应符合 NY/T 746 的要求。在叶球大小定型、紧实度达到八成时即可根据市场需求陆续采收上市。去掉黄叶或有病虫斑的叶片,然后按照叶球的大小进行分级。

9 包装与储藏

9.1 标识与标签

包装上标识与标签应标明产品名称、产品的标准编号、商标(如有)、相应认证标识、生产单位(或企业)名称、详细地址、产地、规格、净含量、收获日期和包装日期等,标识上的字迹应清晰、完整、准确。

9.2 包装

包装应符合 NY/T 658 的要求。包装袋应符合 GB/T 8946 的要求。

9.3 储藏

预冷应符合 NY/T 1056 的要求。预冷应在储藏前进行,宜采用真空预冷。

储藏冷库温度应保持在 -1 ℃~-0.6 ℃,空气相对湿度为 90%。库内堆码应保证气流均匀流通。

9.4 运输

运输应符合 NY/T 1056 的要求。未储藏的甘蓝运输前应进行预冷,运输过程中要保持适当的温度和湿度,注意防冻、防淋、防晒、通风散热。

10 生产废弃物处理

生产过程中农药与肥料等投入品的包装袋和地膜应集中回收,进行循环利用或无害化处理。对废弃的甘蓝叶片和残次叶球要进行粉碎还田或堆沤还田等资源化利用。

11 生产档案管理

应建立纸质和电子生产档案,记录产地环境条件、甘蓝品种、施肥、浇水、病虫害防治、采收及田间操作等管理措施;所有记录应真实、准确、规范;生产档案应由专人专柜保管,至少保存3年,做到产品生产可追溯。

附　录　A

（资料性附录）

高海拔高纬度地区绿色食品夏秋露地甘蓝主要病虫害化学防治方案

高海拔高纬度地区绿色食品夏秋露地甘蓝主要病虫害化学防治方案见表 A.1。

表 A.1　高海拔高纬度地区绿色食品夏秋露地甘蓝主要病虫害化学防治方案

防治对象	防治时期	农药名称	使用剂量	施药方法	安全间隔期,d
小菜蛾、菜青虫、甜菜夜蛾	发生期	4.5％高效氯氰菊酯乳油	20 mL/亩～40 mL/亩	喷雾	5
		16 000 IU/mg 苏云金杆菌可湿性粉剂	25 g/亩～50 g/亩	喷雾	—
蚜虫	发生期	10％吡虫啉可湿性粉剂	10 g/亩～20 g/亩	喷雾	7
白粉虱	苗期	25％噻虫嗪水分散粒剂	7 g/亩～15 g/亩	喷雾	7
黄曲条跳甲	发生初盛期	0.3％苦皮藤素水乳剂	100 mL/亩～120 mL/亩	喷雾	—
		5％啶虫脒可湿性粉剂	30 g/亩～40 g/亩	喷雾	5
霜霉病	发生初期	40％三乙膦酸铝可湿性粉剂	235 g/亩～470 g/亩	喷雾	7
软腐病	发病初期	5％大蒜素微乳剂	60 g/亩～80 g/亩	喷雾	—
注:农药使用以最新版本 NY/T 393 的规定为准。					

绿 色 食 品 生 产 操 作 规 程

LB/T 135—2020

华南地区绿色食品露地番茄
生产操作规程

2020-08-20 发布

2020-11-01 实施

中国绿色食品发展中心 发布

前　言

本规程由中国绿色食品发展中心提出并归口。

本规程起草单位：广东省农业科学院农产品公共监测中心、广东省农产品质量安全中心、广西壮族自治区绿色食品发展站、海南省绿色食品办公室、广州市农业技术推广中心。

本规程主要起草人：耿安静、欧阳英、杨慧、杨艳芹、王绥大、李仕强、云天海、韦岚岚、张敏强。

华南地区绿色食品露地番茄生产操作规程

1 范围

本规程规定了华南地区绿色食品露地番茄的产地环境,品种选择,育苗,定植,田间管理,采收,生产废弃物处理,包装、标识、储藏、运输和生产档案管理。

本规程适用于广东、广西和海南的绿色食品露地番茄生产。

2 规范性引用文件

下列文件对于本文件的应用是必不可少的。凡是注日期的引用文件,仅注日期的版本适用于本文件。凡是不注日期的引用文件,其最新版本(包括所有的修改单)适用于本文件。

GB 7718 食品安全国家标准 预包装食品标签通则

GB/T 8321(所有部分) 农药合理使用准则

GB 16715.3 瓜菜作物种子 第3部分:茄果类

NY/T 391 绿色食品 产地环境质量

NY/T 393 绿色食品 农药使用准则

NY/T 394 绿色食品 肥料使用准则

NY/T 655 绿色食品 茄果类蔬菜

NY/T 658 绿色食品 包装通用准则

NY/T 1056 绿色食品 储藏运输准则

中国绿色食品商标标志设计使用规范手册

3 产地环境

应符合NY/T 391的要求。选择地势高燥,排灌方便,地下水位较低,土层深厚、疏松肥沃、保水力强、富含有机质、pH 6.0～7.0的壤土或沙壤土。周边无有毒有害物质、无污染源。无霜期＞300 d,年活动积温＞2 500 ℃。前茬避免与茄果类、马铃薯等茄科作物连作,宜与水稻轮作。重茬必须作土壤无害化处理。

4 品种选择

4.1 选择原则

根据季节、消费习惯和栽培目的选择品种。选择抗逆性好、优质、丰产、耐储运、商品性好、适合市场需求的优良品种。种子质量应符合GB 16715.3的要求。

4.2 品种选用

推荐选用金石番茄、菲亚菲番茄、皇冠666、广西33、钢玉1号、俏佳人、红宝石2号、千禧樱桃番茄、红箭樱桃番茄、海贝斯樱桃番茄等。

4.3 种子处理

播种前晒种。种子消毒可采用干热、温汤浸种或药剂等消毒方式。干热消毒是将种子以2 cm～3 cm厚度摊放在恒温干燥器内,60 ℃通风干燥2 h～3 h,然后75 ℃处理3 d;温汤浸种是把种子放入55 ℃～60 ℃热水中,维持水温浸泡20 min～30 min;药剂消毒是采用0.1%高锰酸钾溶液浸种20 min,清水洗净。把消毒后的种子用常温水浸泡8 h～10 h时后捞出洗清,在恒温催芽箱(或恒温箱)和其他简易催芽器具中,在25 ℃～30 ℃下催芽2 d～3 d即可出芽,30%以上露白即可播种。

5 育苗

5.1 育苗前准备

将苗盘用80℃热水浸泡20 min,取出,晾晒备用。选用养分全面、灭菌较好、质量安全的基质,按草炭∶珍珠岩∶蛭石为7∶2∶1比例配制,加水拌湿基质,加至含水量50%～60%;或按椰糠∶河沙∶腐熟农家肥配制育苗基质为5∶3∶2比例配制,用锹充分搅拌均匀后,堆置1 d后使用。将拌好的基质装入72孔穴盘,每个穴孔均装满基质。把装满基质的穴盘垂直摞6层～8层,再从上向下均匀用力下压,穴坑深度为1 cm～1.5 cm。

5.2 播种

5.2.1 时间及播种量

春播上年12月至翌年2月,秋播7月～8月,冬播10月～11月。

根据品种、种子大小及定植密度确定播种量和播种密度,一般每亩用种4 g～30 g。

5.2.2 播种方法

积极提倡育苗盘、纸袋等护根播种育苗,可直接撒播、用细沙或草木灰拌匀后播种、或穴盘点播。穴盘播种应在播种前1 d下午将装好基质的塑料穴盘浇足水分,装盘,将催芽种子朝下平放入72孔穴盘孔内。每穴1粒～2粒,深度0.5 cm,覆盖一定的疏松细土或基质,用手或刮板刮平盘面,覆盖全部种子,穴盘孔清晰可见。

5.3 嫁接育苗

5.3.1 嫁接砧木

以茄子苗作砧木,多选用套管接法进行嫁接育苗。番茄接穗比茄子砧木晚播20 d～30 d,嫁接后的苗栽植于穴盘中。

5.3.2 嫁接方法

待茄子砧木播种55 d～65 d,生长至6片～7片真叶时,番茄接穗播种30 d～35 d,生长至2片～3片真叶即可嫁接。嫁接栽培时,砧木较接穗提前20 d～30 d播种,嫁接育苗用72孔育苗穴盘。自砧木茎基部8 cm～9 cm处成45°左右切掉茎尖部,将与茎基适度大的套管固定在砧木茎基部。在番茄接穗子叶上部2 cm～3 cm处呈45°斜切接穗茎尖部,再将接穗插入套管中,保持接穗和砧木的楔面完全接合,接口紧实。

5.4 苗期管理

5.4.1 水分与施肥

播种出苗前苗床土要保持湿润,酌情补充水分,确保出苗整齐。苗期以薄施为主,秧苗迅速生长期至秧苗锻炼前应注意追肥,可叶面喷施0.1%磷酸二氢钾,隔7 d～10 d喷1次,共2次～3次。

5.4.2 温光管理

将穴盘置于苗床中,扣小拱棚保湿遮阳,棚内温度白天25℃～28℃,夜间18℃～20℃,3 d逐渐撤去遮阳物,7 d后实行全天见光。

5.4.3 间苗与炼苗

当苗龄至2片～3片叶时间苗,去弱留强,每穴留1棵壮苗。移栽前5 d～7 d,控水控肥炼苗。喷施50%矮壮素750倍～1 000倍液以防徒长。移栽定植时,喷施5%氨基寡糖素2 000倍～3 000倍液以防病。

5.4.4 病虫害防治

苗期易发生猝倒病。应严格控制湿度,可采用草木灰拌土的方法进行苗期病害防治,或每立方米用4 g～6 g 2亿孢子/g木霉菌可湿性粉剂苗床喷淋防治猝倒病。

5.4.5 适宜苗龄及壮苗指标

春播苗龄30 d～35 d,秋播苗龄20 d～30 d,冬播苗龄为40 d～50 d。要求不徒长或老化,茎深绿色,上下粗度相同,节间短,叶片肥厚,浓绿有光泽,根系发达,无病虫害;冬春育苗株高 20 cm～25 cm,7 片～9 片真叶,茎粗>0.4 cm,秋育苗 4 叶 1 心,株高 15 cm 左右,茎粗 0.3 cm 左右。健壮嫁接苗要求株高 15 cm～20 cm,茎粗 0.6 cm～0.7 cm,4 叶～5 叶 1 心。

6 定植

6.1 定植前准备

6.1.1 土壤消毒与整地

定植前 15 d～20 d,针对酸性土壤撒施石灰 75 kg/亩～100 kg/亩或氰氨化钙 40 kg/亩～60 kg/亩。深耕土地,耙碎整平,去除田间的杂草及大的石块。

6.1.2 施基肥

结合整地作畦增施基肥,施优质腐熟的农家肥 1 000 kg/亩～2 000 kg/亩,或商品生物有机肥 300 kg/亩,同时施三元复合肥 40 kg/亩～50 kg/亩。施硼肥 1 kg/亩可促进开花结果。有机肥与化肥、微肥等混合均匀。肥料使用符合 NY/T 394 要求,提倡配方施肥。

6.1.3 起垄作畦、覆盖地膜

将肥料与泥土充分混合后或作畦,开沟起垄,采用高畦栽培,畦宽 80 cm～90 cm,畦高 30 cm～40 cm。

作畦后用 100 cm～120 cm 宽银灰色双色地膜或银黑双色地膜覆盖于种植行上,宜使用可降解地膜或无纺布地膜。尽可能在晴朗无风天气覆膜,用土将地膜四周封严压实,尽量避免地膜破损。有条件的可配套安装滴灌设施后再覆盖地膜。

6.2 定植时间及密度

在气温稳定超过 12 ℃、阴天或晴天 15:00 以后定植。定植密度视品种特性、整枝方式、气候与土壤条件等而异,株行距为(25～45)cm×(50～70)cm。一般每亩 2 000 株～3 500 株(单秆)(双秆减半)。

6.3 定植方法及查苗补苗

开定植沟,浇定植水,按株行距在地膜中打洞,开定植孔,每孔植 1 株,后覆土密封。嫁接苗栽种时接口应距地面 10 cm 以上,培土时也要防止掩埋接口。淋足定根水,封严定植孔。定植后 3 d～5 d 检查田间缺苗,并及时补苗。

7 田间管理

7.1 灌溉

定植后及时浇水,3 d～5 d 后浇缓苗水。番茄全生育期应保持土壤湿润适中,切忌忽干忽湿。结果期土壤湿度应维持在土壤最大持水量的 60%～80%。采用滴灌、渗灌、膜下灌溉等,不得大水漫灌。

7.2 施肥

7.2.1 施肥原则

肥料应符合 NY/T 394 的要求。以有机肥为主,合理使用化肥,但应控制氮肥用量,增施磷钾钙肥。根据土壤肥力水平、生长阶段、生长状况等确定施肥量,提倡配方施肥。

7.2.2 施肥管理

根据土壤肥力、植株生长情况及时追肥,肥力水平较差的地块应适当多施,分多次追施。第 1 穗果膨大时,穴施三元复合肥 20 kg/亩、硫酸钾肥 10 kg/亩。成熟采收期追 5 kg/亩三元复合肥、2.5 kg/亩硫酸钾肥。土壤微量元素缺乏的地区,还应补充微量元素肥料。追肥方式包括撒施、穴施、沟施和随水冲施,重视根外追肥。采收前尽量少用速效化肥。

叶面肥可作为根外施肥的补充形式,结合病虫害防治,在基肥充足的基础上,可在番茄花后结果期至采摘前喷施叶面肥。根据使用说明先稀释,叶面喷施时以番茄叶子背面为主,均匀喷施,结果期可在

果实上适量喷施,以有效提高色泽亮度。10:00 之前和 16:00 之后进行喷施,间隔 10 d 左右喷 1 次,也可在每大批量采摘 1 次后喷施 1 次叶面肥。

7.3 植株调整

7.3.1 插架与绑枝

可用吊架、人字架、花架搭架。株高 25 cm 以上时,用细竹竿插架固定植株,及时引枝上架。每穗花结果后,用绑蔓机或固定扎将果穗绑在竹竿上防倒伏。

7.3.2 整枝打杈

可采用单秆整枝和双秆整枝,根据栽培密度和目的选择适宜的整枝方法,非自封顶品种每株留 1 枝～2 枝,自封顶或半自封品种不用打侧枝。打杈应在晴天,及时摘除侧枝。随采收将果穗下面的老叶、病叶摘除,及时清理,远处销毁,防止传播病菌。

7.3.3 摘心

自封顶品种不需摘心,非自封顶品种在齐棚架时摘心,一般留 6 穗果后摘心,摘心时在最后一穗果上留 2 片～3 片叶。

7.4 花果管理

7.4.1 授粉与保花

当温度<15 ℃或>30 ℃时,采用人工授粉、蜜蜂或雄蜂授粉。用 2,4 - D 进行蘸花、涂花柄等处理。

7.4.2 疏花与保果

开花时,每穗选留 6 朵～7 朵壮花(大果型番茄),其余疏掉,樱桃番茄一般不疏果。当果实直径达 1 cm～2 cm 时,把病果、畸形果、小果、多余的花果尽早摘除,每穗只留 4 个～6 个果实。

7.5 病虫害防治

7.5.1 防治原则

按照"预防为主、综合防治"的植保方针,坚持以"农业防治、物理防治、生物防治为主,化学防治为辅"的无害化治理原则,结合科学合理地化学防治,达到生产安全、优质番茄的目的。禁止使用高毒、高残留农药。

7.5.2 常见病虫害

常见的病害包括病毒病、青枯病、早疫病、晚疫病、灰霉病、叶霉病、根结线虫、白粉病等。

常见的虫害包括烟粉虱、蚜虫、蓟马、美洲斑潜蝇、茶黄螨等。

7.5.3 防治措施

7.5.3.1 农业防治

选择抗病品种,优化种植布局,实行严格轮作倒茬制度,采用嫁接苗、培育壮苗、控湿控水、深沟高畦、覆盖地膜、科学施肥、清洁田园等。

7.5.3.2 物理防治

主要包括晒种、温汤浸种、色板诱杀、杀虫灯诱杀、及时植株整理、清理田园等。

7.5.3.3 生物防治

人工释放天敌,积极利用、保护和扩大天敌的栖息地,采用病毒、线虫、微生物及其制剂、植物源农药和生物源农药。

7.5.3.4 化学防治

应符合 GB/T 8321(所有部分)和 NY/T 393 的要求。根据防治对象的生物学特性和危害特点适期喷药。严格控制农药用量和安全间隔期。主要病虫害化学防治方案参见附录 A。

8 采收

8.1 采摘时间

达到商品成熟度后开始采收,采收应在晴天上午或傍晚,避免雨天采收,产品质量符合 NY/T 655 的要求。

8.2 采收方法及采后处理

采用人工、机械采收方式。采收后及时存放在周围环境好,远离污染源的阴凉处。及时剔除病果、烂果、杂草、枝叶,并按成熟度、色泽、大小等进行分类分级。

9 生产废弃物处理

收获后将搭架材料收集保管好以备翌年再用。清洁田园,将地膜、植株、残枝败叶和杂草全部清理,保持田间清洁。地膜、穴盘、农药和肥料包装袋(瓶)集中收集,统一交由专业回收公司处理。

10 包装、标识、储藏、运输

10.1 包装与标识

包装应符合 NY/T 658 的要求。包装容器须整洁干燥、牢固透气、美观、无污染、无异味,内壁无尖突物、无虫蛀、腐烂、霉变等,纸箱无受潮、离层现象。每批产品所用的包装、单位质量应一致。标志应符合《中国绿色食品商标标志设计使用规范手册》的规定,标签应符合 GB 7718 的要求。

10.2 储藏与运输

储和运输应符合 NY/T 1056 的要求。储存处应阴凉通风、清洁卫生、防日晒雨淋、无冻害、无污染。长期储存应放在库内,要求 5 ℃~10 ℃,湿度 85%~90%,气流均匀流通,能够防虫防潮、防污染。

采用非控温运输和控温运输,尽量使用专车运输,运输车辆清洁、干燥、无毒、卫生;运输过程中注意防冻、防雨淋、防晒、通风散热。不得与有毒有害和有异味的物品混装。

11 生产档案管理

应建立绿色食品露地番茄生产档案,做到产品可追溯,应详细记录产地环境条件、生产记录、病虫害发生和防治、采收及销售等情况。生产档案应由专人专柜保管,保存 3 年以上。

附 录 A
（资料性附录）
华南地区绿色食品露地番茄生产主要病虫害化学防治方案

华南地区绿色食品露地番茄生产主要病虫害化学防治方案见表 A.1。

表 A.1 华南地区绿色食品露地番茄生产主要病虫害化学防治方案

防治对象	防治时期	农药名称	使用剂量	施药方法	安全间隔期，d
病毒病	发病前或发病初	5％氨基寡糖素水剂	86 mL/亩～107 mL/亩	喷雾	—
	发病前或发病初	8％宁南霉素水剂	75 g/亩～100 g/亩	喷雾	7
	发病初	0.1％大黄素甲醚水剂	60 mL/亩～100 mL/亩	喷雾	—
	发病初	2％几丁聚糖水剂	80 mL/亩～133 mL/亩	喷雾	—
青枯病	移栽时	0.5％中生菌素颗粒剂	2 500 g/亩～3 000 g/亩	穴施	—
	移栽当天、开花期、发病初	3 000 亿个/g 荧光假单胞杆菌粉剂	437.5 g/亩～500 g/亩	浸种＋泼浇＋灌根	—
早疫病	发病初	50％二氯异氰尿酸钠可溶粉剂、70％代森锰锌可湿性粉剂	75 g/亩～100 g/亩	喷雾	3
	发生前或发病初	6％嘧啶核苷类抗菌素水剂、50％肟菌酯水分散粒剂	87.5 mL/亩～125 mL/亩	喷雾	7
	发病时或发病初	0.3％多抗霉素水剂	600 g/亩～1 000 g/亩	喷雾	2
	发病前预防或田间零星发病时	50％克菌丹可湿性粉剂	125 g/亩～187.5 g/亩	喷雾	2
	发病初或发病前	2 亿孢子/g 木霉菌可湿性粉剂	100 g/亩～300 g/亩	喷雾	7
晚疫病	发病前或发病初	3％多抗霉素可湿性粉剂	150 倍液	喷雾	2
	发病初	100 万孢子/g 寡雄腐霉菌可湿性粉剂	6.67 g/亩～20 g/亩	喷雾	—
	发病初、谢花后、雨天来临前	23.4％双炔酰菌胺悬浮剂	30 mL/亩～40 mL/亩	喷雾	3
	零星病斑或发病初	30％氟吗啉悬浮剂	30 mL/亩～40 mL/亩	喷雾	5
	发病初	2％几丁聚糖水剂	125 mL/亩～150 mL/亩	喷雾	—
灰霉病	发生前或发病初	10 亿孢子/g 木霉菌可湿性粉剂	25 g/亩～50 g/亩	喷雾	—
	发病初	0.5％小檗碱水剂	200 mL/亩～250 mL/亩	喷雾	10
	发病前或发病初	50％啶酰菌胺水分散粒剂	40 g/亩～50 g/亩	喷雾	7
	发病前预防或田间零星发病时	50％克菌丹可湿性粉剂	155 g/亩～190 g/亩	喷雾	10
叶霉病	发病前或初期	10％多抗霉素可湿性粉剂	120 g/亩～140 g/亩	喷雾	7
	发病前或零星病斑	250 g/L 嘧菌酯悬浮剂	60 mL/亩～90 mL/亩	喷雾	5
	发病前预防或田间零星发病时	50％克菌丹可湿性粉剂	125 g/亩～187.5 g/亩	喷雾	2
	发病初	4％春雷霉素可溶液剂	70 mL/亩～90 mL/亩	喷雾	4

表 A.1(续)

防治对象	防治时期	农药名称	使用剂量	施药方法	安全间隔期,d
根结线虫	移栽当天	41.7%氟吡菌酰胺悬浮剂	0.024 mL/株～0.03 mL/株	灌根	90
	播种前或移栽前	5亿活孢子/g淡紫拟青霉颗粒剂	3 000 g/亩～3 500 g/亩	沟施	—
	播种前20 d以上	35%威百亩水剂	4 000 g/亩～6 000 g/亩	沟施	—
	定植前15 d	50%氰氨化钙颗粒剂	48 kg/亩～64 kg/亩	沟施	—
烟粉虱	发生初	99%矿物油乳油	300 mL/亩～500 mL/亩	喷雾	—
	产卵初期至始盛期	40%噻嗪酮悬浮剂	20 mL/亩～25 mL/亩	喷雾	5
	始盛期或产卵初期	50%螺虫乙酯悬浮剂	10 mL/亩～15 mL/亩	喷雾	5
	始盛期	25%噻虫嗪水分散粒剂	7 g/亩～20 g/亩	喷雾	3
蚜虫	发生初	10%溴氰虫酰胺可分散油悬浮剂	33.3 mL/亩～40 mL/亩	喷雾	3
	发生初	1.5%苦参碱可溶液剂	30 mL/亩～40 mL/亩	喷雾	10
蓟马	发生初	25%噻虫嗪悬浮剂	10 mL/亩～20 mL/亩	喷雾	7
	移栽前2 d	19%溴氰虫酰胺悬浮剂	2 535 mL/亩～3 135 mL/亩	苗床喷淋	90
美洲斑潜蝇	发生初	4.5%高效氯氰菊酯乳油	28 mL/亩～33 mL/亩	喷雾	3
	发生初	10%溴氰虫酰胺可分散油悬浮剂	14 mL/亩～18 mL/亩	喷雾	3

绿 色 食 品 生 产 操 作 规 程

LB/T 136—2020

高原冷凉地区绿色食品设施番茄
生产操作规程

2020-08-20 发布

2020-11-01 实施

中国绿色食品发展中心 发布

前　　言

本规程由中国绿色食品发展中心提出并归口。

本规程起草单位:楚雄州绿色食品发展中心、云南省绿色食品发展中心、玉溪市绿色食品发展中心、云南省农业科学院、云南省农业技术推广总站、青海省绿色食品办公室、贵州省绿色食品发展中心、西藏自治区绿色食品办公室。

本规程主要起草人:仲显芳、刘刚、赵春山、李丽菊、朱林立、黎其万、孙海波、罗建山山、刘跃明、刘振国、张秉奎、梁潇、黄鹏程。

高原冷凉地区绿色食品设施番茄生产操作规程

1 范围

本规程规定了高原冷凉地区绿色食品设施番茄的产地环境、品种选择、设施选择、整地和播种、定植、田间管理、采收、生产废弃物处理、储藏与运输及生产记录档案管理。

本规程适用于贵州、云南、西藏、青海高原冷凉地区绿色食品设施番茄的生产。

2 规范性引用文件

下列文件对于本文件的应用是必不可少的。凡是注日期的引用文件,仅注日期的版本适用于本文件。凡是不注日期的引用文件,其最新版本(包括所有的修改单)适用于本文件。

NY/T 391 绿色食品 产地环境质量

NY/T 393 绿色食品 农药使用准则

NY/T 394 绿色食品 肥料使用准则

NY/T 655 绿色食品 茄果类蔬菜

NY/T 1056 绿色食品 储藏运输准则

3 产地环境

产地环境应符合 NY/T 391 的要求,选择土壤疏松肥沃、排灌方便、光照充足、远离污染源且 3 年未种过茄科类作物的地块种植。基地选址和规划有利于保护生态系统平衡和生物多样性。

4 品种选择

4.1 选择的原则

根据番茄种植区域和生长特点选择适合当地生长、丰产、优质、抗逆性强的通过农业部门登记的优良品种。

4.2 品种选用

根据当地气候特点和目标市场,高原冷凉地区云南推荐性选择德瑞特 4018、8848、粉果 103、保罗塔等品种;贵州推荐性选择钢石 888、钢石 999、金塔玛、铁帅 01 等品种;西藏推荐性地选择布莱恩特、粉 15T6、深粉 1 号、特瑞皮克、浦江 1 号等品种;青海推荐性地选择迪瑞 1 号、航粉 5 号、宇航 3 号等品种。

4.3 种子处理

4.3.1 晒种

选择生产潜力大和较强抗病力的种子,播前将种子放置于太阳下晒 2 d~3 d,以提高发芽势。

4.3.2 种子消毒

种子先用 55 ℃温水浸 10 min,然后在 25 ℃~30 ℃水中浸 6 h~8 h 后,再放入 10%磷酸三钠溶液中浸 20 min,捞出用清水冲洗 3 遍~4 遍,除去种子上的黏液,进行催芽。

4.3.3 种子催芽

将处理好的种子用纯棉湿毛巾包裹,置于 25 ℃~30 ℃的温度条件下催芽 3 d~5 d,30%的种子"露白"即可播种。催芽过程中,需每天翻动,淋洗清水。

5 设施选择

选用日光温室、玻璃温室、塑料大棚设施栽培,设施大小应有利于温湿度调控及病虫害防治。

6 整地和播种

6.1 整地

定植前整地施基肥,施肥品种及用量:腐熟农家肥 3 000 kg/亩～5 000 kg/亩、过磷酸钙 30 kg/亩～40 kg/亩、三元复合肥 10 kg/亩～20 kg/亩,施后进行翻耕,翻耕深度 20 cm～25 cm,把地整平后起垄,起垄高度 15 cm～20 cm,垄宽为 70 cm～80 cm,垄间距为 30 cm。采用高温闷棚进行土壤消毒。

6.2 播种时间

按照当地气候特点、海拔适期播种,以定植前 30 d～50 d 播种为宜。可选择 4 月下旬至 5 月中旬播种,6 月中旬移栽定植;高效日光温室一年四季均可种植。

6.3 播种量、播种密度

番茄大田用种量 20 g/亩～30 g/亩,播种密度为 8 g/m²～10 g/m²。

6.4 播种育苗

番茄播种育苗可采用苗床地育苗或穴盘育苗两种方式。

6.4.1 苗床育苗

6.4.1.1 苗床选择

苗床地选择在地势相对较高、背风向阳,水源方便,3 年内未种过茄科类蔬菜作物的土壤,按每平方米施入腐熟农家肥 20 kg～30 kg、三元复合肥 50 g～80 g 后与土壤翻耕混匀。

6.4.1.2 苗床制作

按 1.2 m～1.5 m 的规格挖沟起垄,苗床高 10 cm～20 cm,要求做到垄平、土细。

6.4.1.3 播种方法

床地育苗播种前要求浇透墒水,待水完全渗下后,盖一层过筛的细粪土(粪 1 份、土 5 份),在细粪土上面把种子撒播均匀,然后再盖 1 cm 左右的细粪土,及时盖上地膜或扣小拱棚增温保湿,促使种子发芽出苗。

6.4.1.4 苗期管理

70%以上的番茄种子发芽出苗后,要及时揭膜降温炼苗,在真叶未长出之前要保持土壤湿润,在真叶长出后适当控水、控肥促进生根。浇水时间在 9:00～10:00 为宜,及时通风,降低土表温度。

6.4.2 穴盘育苗

采用适宜的营养盘,营养土选用 3 年以上未种植过茄科作物的壤土和过筛的腐熟牛羊粪按照比例(土:粪=5:1)混合均匀,加适量水搅拌均匀装盘,每穴播种一粒,苗床宽度不超过 1 m,两盘并列摆放即可,浇透水后用营养土盖种,播种深度 1 cm 左右,播后用木板刮平,之后再补水适量,架设小拱棚。白天棚内温度保持在 25 ℃～30 ℃,夜里温度保持在 17 ℃～20 ℃。视苗情施提苗肥,一般用 0.1%～0.2%复合肥水浇施。当番茄幼苗植株长出 6 片～8 片真叶时进行定植。

7 定植

选择无病虫害壮苗进行定植,双干整枝种植密度每亩 2 000 株～2 200 株,单干整枝种植密度每亩 2 500 株～3 000 株。

8 田间管理

8.1 温湿度管理

番茄定植后,幼苗会有一个快速生长期,对温室或大棚的温湿度要求比较高。夏秋季节要将栽培设施侧面以及两端打开,使内部白天温度保持在 20 ℃～28 ℃,夜间温度保持在 15 ℃～20 ℃,空气相对湿度保持在 45%～55%。

8.2 灌溉

番茄移栽后,浇定植水 3 d～5 d 后视土壤情况灌 1 次缓苗水,当第 1 穗果如核桃大小、第 2 穗果如蚕豆大小、第 3 穗花蕾开始开花时进行小水灌溉,以后每隔 7 d～10 d 灌 1 次。保持土壤见干见湿,严禁大水漫灌,每次灌水量每亩 60 m³ 左右,滴灌地每次滴灌水量每亩 15 m³～18 m³,灌水与追肥同时进行。结果期土壤相对湿度应保持在 75% 左右。

8.3 施肥

肥料使用应符合 NY/T 394 的要求,以有机肥为主,化肥减量施用。采用水肥一体化技术,番茄定植成活后 10 d～15 d 追施 1 次提苗肥,结合滴灌施水溶性复合肥 3 kg/亩～5 kg/亩,坐果期第 1～4 穗果每穗果施 1 次肥,每次施肥量 5 kg/亩～8 kg/亩。无滴灌设施的地块,番茄定植成活后 10 d～15 d 追施 1 次提苗肥,用复合肥 3 kg/亩～5 kg/亩兑水浇苗;第 1 穗幼果有蚕豆大小时追施第 1 次促花壮果肥,用三元复合肥 5 kg/亩～8 kg/亩兑水浇苗;第 1 穗果有核桃大小以及开始成熟、第 2、3 穗果迅速膨大时分别追施三元复合肥 15 kg/亩～20 kg/亩,施肥时在距根 10 cm～15 cm 处挖施肥穴,施后覆土、灌水。番茄生长后期用 0.1% 磷酸二氢钾溶液进行叶面根外追肥 2 次～3 次,防止叶片早衰。

8.4 病虫害防治

8.4.1 防治原则

坚持“预防为主、综合防治”的植保方针,以农业措施、物理防治、生物防治为主,辅之化学防治措施。使用高效、低毒、低残留农药品种,药剂选择和使用应符合 NY/T 393 的要求。

8.4.2 常见病虫害

番茄常见病害主要有早疫病、病毒病、灰霉病等;虫害主要有蚜虫、白粉虱等。

8.4.3 防治措施

8.4.3.1 农业防治

选用抗病虫品种,培育壮苗,增施有机肥,实施轮作,科学肥水管理,及时进行整株打杈,建立合理的群体结构,清洁田园。

8.4.3.2 物理防治

晒种、温烫浸种、物理杀虫灯诱杀、色板诱杀等。

8.4.3.3 生物防治

保护和利用自然天敌如寄生蜂、瓢虫、草蛉、丽蚜小蜂等自然控制蚜虫、白粉虱;使用植物源、微生物源等农药防治病虫害,如苦参碱、宁南霉素、棉铃虫核型多角体病毒等。

8.4.3.4 化学防治

严格执行 NY/T 393 的要求,加强监测,适时防治。具体病虫害化学防治用药参见附录 A。

8.5 植株调整

8.5.1 搭架绑蔓

当植株达 30 cm 高时即可进行搭架引绑或掉蔓,搭架采用人字架或四角塔架。搭架后要及时进行绑蔓上架,一般用稻草或线引绑上架,捆扎部位以“8”字形打结,以免使植株受伤。

8.5.2 枝叶整理

枝叶整理是人为地调节番茄营养生长与生殖生长,即茎叶生长与开花结果的关系,改善田间小气候温、光、湿度条件。

8.5.2.1 整枝打杈

一般采用单杆整枝方法,只留主枝,摘除其余全部侧枝,一般保留 6 穗果,每穗 3 个～4 个果,第 6 穗果以上留 3 个～4 个叶片。若采用双杆整枝,除保留主枝外,再留一个壮侧枝,其余侧枝全部摘除,主枝留 4 穗果,每穗 3 个果,侧枝留 2 穗果,每穗 2 个果,顶端花序以上保留 3 片叶。壮侧枝一般在距地面 40 cm 左右。侧枝摘除最好在侧枝长至 7 cm～8 cm 时进行,有利于伤口愈合,整枝一般在晴天中午进行。

8.5.2.2 疏果、摘除老叶、病残叶

用剪刀把过多的果实或有病虫害的花（果）及时摘除，摘叶掌握"摘老不摘嫩，摘黄不摘绿，摘内不摘外，摘弱不摘壮，摘病不摘健"的原则。生长后期可将采收了果实的果穗下部的老叶修剪干净。

8.6 辅助授粉

8.6.1 熊蜂授粉

番茄开花初期，将蜂箱放置于棚室中央，利用熊蜂对番茄进行授粉。

8.6.2 人工辅助授粉

番茄开花期晴天上午，人工用毛笔或刷子在雄蕊和柱头上进行刷动，辅助授粉，提高番茄授粉率，促进坐果，提高产量。

8.6.3 振荡器授粉

番茄开花期，用振荡器振动花朵，使雄蕊花粉均匀散落在雌蕊柱头上，提高番茄坐果率。

8.7 中耕除草

一般在定植缓苗后进行第 1 次中耕，第 2 次在定植后 1 个月左右搭架前进行，此次中耕除草结合培土，将垄沟锄松，培土于垄面上与植株四周，加高垄面有利于排水，同时促进次生根生长，扩大根系吸收面。搭架整枝后因植株已高大，一般不再进行中耕除草和培土。

9 采收

番茄成熟过程要经过绿熟、变色、红熟、完熟 4 个时期。可根据市场需求和运输距离决定采收适期。采摘时要保持双手洁净，采摘工具要清洁、卫生、无污染，所采果实着色均匀、表面光泽亮丽、无污点、带萼片、蒂不能超过底面，轻拿轻放，防止挤压。产品应符合 NY/T 655 的要求。盛装容器整洁、干燥、牢固、无污染、无异味。

10 生产废弃物处理

农膜、滴灌带、肥料包装物集中清理收集交当地相关部门，农药包装物集中收集、妥善处理，植株残体、杂草进行集中密闭高温堆捂发酵还田作下一季作物有机肥料，架材集中回收再利用。

11 储藏与运输

仓库应远离污染源，干净整洁，红熟番茄储藏适合温度 8 ℃～13 ℃，低于 8 ℃易受寒害，完熟番茄储藏温度 3 ℃～5 ℃，相对湿度 80%～85% 为宜，氧气和二氧化碳浓度均为 2%～5%。运输车辆清洁干净、专车专用。储藏运输条件应符合 NY/T 1056 的要求。

12 生产档案管理

建立绿色食品番茄生产档案。明确记录内容，如产地环境条件、生产技术、肥水管理、病虫草害的发生和防治、采收及采后处理等情况，妥善保存生产记录，做到产品生产可追溯。

附　录　A

（资料性附录）

高原冷凉地区绿色食品设施番茄生产主要病虫害化学防治方案

高原冷凉地区绿色食品设施番茄生产主要病虫害化学防治方案见 A.1。

表 A.1　高原冷凉地区绿色食品设施番茄生产主要病虫害化学防治方案

防治对象	防治时期	农药名称	使用剂量	施药方法	安全间隔期,d
早疫病	发病前或发病初期	80%代森锰锌可湿性粉剂	125 g/亩～187.5 g/亩	喷雾	15
	发病前或初期	500 g/L 异菌脲悬浮剂	75 mL/亩～100 mL/亩	喷雾	2
病毒病	发病前或初期	8%宁南霉素水剂	75 mL/亩～100 mL/亩	喷雾	7
灰霉病	发病初期	500 g/L 异菌脲悬浮剂	75 mL/亩～100 mL/亩	喷雾	2
白粉虱	低龄若虫始盛期	70%吡虫啉水分散粒剂	4 g/亩～6 g/亩	喷雾	5
蚜虫	发病初期	1.5%苦参碱可溶液剂	30 mL/亩～40 mL/亩	喷雾	10
棉铃虫	低龄幼虫盛发期	50 g/L 虫螨腈乳油	50 mL/亩～60 mL/亩	喷雾	7
	卵孵化盛期至低龄幼虫期	20 亿 PIB/mL 棉铃虫核型多角体病毒悬浮剂	50 mL/亩～60 mL/亩	喷雾	—

注:农药使用以最新版本 NY/T 393 的规定为准。

绿 色 食 品 生 产 操 作 规 程

LB/T 137—2020

华南地区绿色食品露地黄瓜
生产操作规程

2020-08-20 发布

2020-11-01 实施

中国绿色食品发展中心 发布

前　言

本规程由中国绿色食品发展中心提出并归口。

本规程起草单位：广东省农业科学院农产品公共监测中心、广东省农产品质量安全中心、广西壮族自治区绿色食品发展站、海南省绿色食品办公室、广东省农业技术推广总站。

本规程主要起草人：廖若昕、欧阳英、万凯、胡冠华、李仕强、刘淑梅、王绥大、云天海、黄真珍。

华南地区绿色食品露地黄瓜生产操作规程

1 范围

本规程规定了华南地区绿色食品露地黄瓜栽培的产地环境、品种选择、育苗、定植、田间管理、病虫害防治、采收与包装、储藏与运输、生产废弃物处理和生产档案管理。

本规程适用于广东、广西和海南的绿色食品露地黄瓜生产。

2 规范性引用文件

下列文件对于本文件的应用是必不可少的。凡是注日期的引用文件,仅注日期的版本适用于本文件。凡是不注日期的引用文件,其最新版本(包括所有的修改单)适用于本文件。

GB 7718　食品安全国家标准　预包装食品标签通则

GB/T 8321(所有部分)　农药合理使用准则

GB 16715.1　瓜菜作物种子　第 1 部分:瓜类

NY/T 391　绿色食品　产地环境质量

NY/T 393　绿色食品　农药使用准则

NY/T 394　绿色食品　肥料使用准则

NY/T 658　绿色食品　包装通用准则

NY/T 747　绿色食品　瓜类蔬菜

NY/T 1056　绿色食品　储藏运输准则

NY/T 1655　蔬菜包装标识通用准则

中国绿色食品商标标志设计使用规范手册

3 产地环境

生产的产地环境条件应符合 NY/T 391 的要求。选择地势高燥、排灌方便、透气性良好、富含有机质、pH 5.5～7.5、耕作层深 30 cm 以上的壤土或沙质壤土,前茬 1 年～2 年未种过瓜类蔬菜的地块。

4 品种选择

选择本区域适应性广、抗病、优质、高产、商品性好、适应市场需求的品种。春季生产宜选用耐寒、抗枯萎病和疫病的品种,夏季生产宜选用耐热、耐高湿的品种,秋季生产宜选用抗病毒病的品种。有条件的,培育黄瓜嫁接苗移栽。

适宜华南地区种植的黄瓜品种有力丰黄瓜、早青 4 号黄瓜、桂青系列、园丰园系列、金百玉 1 号、钦州白瓜等品种。

5 育苗

5.1 育苗设施设备与消毒

5.1.1 育苗设施设备

育苗设施一般为塑料大棚或竹子小拱棚;春育苗配套苗床、加温、补光、通风等设备,夏秋育苗配套苗床、降温、防虫、遮阳、通风等设备。

5.1.2 消毒

育苗场地及整个生产环节所用到的器具都要进行消毒。使用过的基质及操作工具用含次氯酸钠

(0.3％～1.0％)的水浸泡 30 min 以上消毒,用清水冲洗,并将基质摊开晾晒后使用。

5.2 育苗基质配制

可使用泥炭土和蛭石配制,其比例为 3∶1,并添加适量的腐熟有机肥。或选用椰糠、河沙、腐熟农家肥配制育苗基质,其比例为 5∶3∶2。

5.3 种子处理

种子质量应符合 GB 16715.1 的要求。选择籽粒饱满种子,种子纯度≥95％,净度≥99％,发芽率≥95％,含水量≤8％。依品种及其千粒重的差异,每亩苗床育苗用种量为 90 g～120 g,夏季直播用种量 150 g～200 g。浸种前去除瘪粒、小粒、破损粒和杂质,室内晾晒 2 d。

5.4 浸种

用 0.1％高锰酸钾溶液浸种 20 min,清水洗净后温汤浸种。将种子用 50 ℃～55 ℃热水中浸种 20 min～30 min,不停地搅拌,再用常温水浸种 4 h～6 h,用清水将种皮清洗干净。

5.5 播种季节及方法

5.5.1 播种季节

春季一般在 1 月～3 月播种,夏季一般在 4 月～6 月播种,秋季一般在 7 月～9 月播种。

5.5.2 播种方法

每亩黄瓜需备苗床 10 m²,苗床宽 1.2 m,一般用 54 孔或 72 孔的标准穴盘。基质土装盘时略低于育苗孔或营养钵,每穴播种 1 粒,将种子平放,芽尖向下,播完后均匀地浇足底水,再覆盖 0.5 cm～1 cm 的营养土保湿。冬春季节播种后覆盖薄膜,夏秋季节播种后覆盖遮阳网。

5.6 苗期管理

发芽初期保持较高温度,白天保持在 27 ℃～30 ℃,夜间保持在 16 ℃～18 ℃。苗出齐之后适当降温,白天保持在 26 ℃～28 ℃,夜间保持在 13 ℃～15 ℃。遇到低温寒流时,可通过覆盖薄膜或稻草调节温度。遇到高温时,应及时掀开薄膜或稻草。一般傍晚覆盖薄膜或稻草,第 2 天 8:00 前掀开薄膜或稻草,以免出现“高脚苗”。定植前 5 d～7 d 通风炼苗。播种前浇足底水,育苗期间保持土壤湿润。每天光照时间 8 h～10 h。缺苗时及时补栽或补种,筛选壮苗时,春季节育苗真叶达到 4 片～5 片,株高 10 cm～13 cm,茎粗≥0.3 cm,叶色浓绿、子叶完好、茎基部粗壮、根系发达,无病虫害。夏秋季直播栽培齐苗后及时间苗。

5.7 嫁接育苗

5.7.1 嫁接砧木

嫁接育苗以白籽南瓜作砧木,多选用顶插接进行嫁接育苗。顶插接法黄瓜接穗晚播 3 d～5 d,嫁接后的苗栽植于穴盘中。

5.7.2 嫁接方法

待南瓜砧木第 1 片真叶初展,黄瓜接穗子叶即将展开时开始嫁接。嫁接栽培时,砧木较接穗提前 2 d～3 d 播种,嫁接育苗用 54 孔或 72 孔育苗穴盘。去除砧木顶心,插入嫁接签,嫁接签紧贴子叶叶柄中脉基部向另一子叶叶柄基部成 45°左右斜插,插孔深度为嫁接签稍穿破砧木下胚轴皮层,嫁接签暂不拔出。拔取接穗苗,距子叶基部下方 0.5 cm～1 cm 处,斜削一刀,斜面长 0.7 cm～1 cm。拔出嫁接签将接穗斜削面向下插进砧木插孔,接口紧实,砧木子叶与接穗子叶交叉成“＋”形。

5.7.3 嫁接苗管理

将穴盘置于苗床中,扣小拱棚保湿遮阳,棚内温度白天 25 ℃～28 ℃,夜间 18 ℃～20 ℃,3 d 逐渐撤去遮阳物,7 d 后实行全天见光。健壮嫁接苗要求株高 10 cm～13 cm,茎粗 0.6 cm～0.7 cm,3 叶～4 叶 1 心,苗龄 35 d～40 d。

5.8 炼苗

定植前 3 d～5 d,进行控水炼苗。定植前一周逐渐掀开覆盖物。移栽大田时,给秧苗喷施 3％氨基寡糖素 1 000 倍液。

6　定植

6.1　定植前准备

6.1.1　土壤消毒与整地

定植前清除前茬残留物,忌用瓜类作物作前茬。定植前 15 d~20 d,针对酸性土壤撒施 75 kg/亩~100 kg/亩石灰,深翻土地 30 cm 以上,晒土 1 周。整地后沟施化肥,按栽培密度布置滴灌带,覆盖可降解地膜或无纺布。

6.1.2　施基肥

肥料的选择和使用应符合 NY/T 394 的要求。以腐熟的有机肥作基肥,施用量可视土壤营养状况及有机肥的质量而定。施优质腐熟的农家肥 1 000 kg/亩,或商品生物有机肥 300 kg/亩;同时施硫酸钾 5 kg/亩,或三元复合肥 15 kg/亩。缺乏微量元素的地块,适当补充相应的微肥。有机肥与化肥、微肥等混合均匀,沟施。禁止施用城市垃圾和污泥、医院的生活垃圾和有害物质的工业垃圾。严禁施用未腐熟的人粪尿和饼肥。

6.1.3　作畦

施入基肥后耙细作畦,采用高畦栽培,单行种植畦面宽 50 cm~60 cm,双行种植畦面宽 130 cm~150 cm。

6.1.4　覆盖地膜

作畦后用 100 cm~120 cm 宽银灰色或银黑双色地膜覆盖于种植行上。尽可能在晴朗无风天气覆膜,用土将地膜四周封严压实,尽量避免地膜破损。有条件的,可配套安装滴灌设施后,再覆盖地膜。

6.2　定植方法

春季苗龄 30 d~50 d、气温稳定在 12 ℃以上,选择晴天 10:00 前或 15:00 后定植。根据品种特性、栽培季节和栽培方式确定定植密度。一般每亩定植 3 000 株~4 000 株,株行距为(30~40)cm×(50~60)cm。黄瓜应浅栽,嫁接苗接口应高于地面 1 cm~2 cm。

7　田间管理

7.1　肥水管理

7.1.1　水分管理

定植后及时浇水,1 d~3 d 浇缓苗水 1 次,缓苗后至初花期控制灌水,至根瓜坐住后,再浇水,土壤相对湿度春茬保持在 60%~70%,夏秋茬保持在 75%~85%。

7.1.2　追肥

依黄瓜长势状况和生育期长短进行追肥,肥料的使用应符合 NY/T 394 的要求。根瓜采收后,加强肥水管理。结瓜初期,追施复合肥 10 kg/亩。结瓜盛期,追施复合肥 15 kg/亩。施肥后浇水。结瓜盛期,可叶面喷施 0.5%的磷酸二氢钾溶液 2 次~3 次,采收结束前 10 d 停止追肥。地膜覆盖滴灌栽培的结合灌水进行追肥。

7.2　植株调整

7.2.1　搭架引蔓

用长 1.8 m~2.5 m 的竹竿或木条搭架,采用"人"字架或篱笆式。当植株高约 30 cm 时,用绑蔓机或固定扎绑蔓固定,引蔓上架。

7.2.2　植株调整

黄瓜以主蔓结瓜为主,第 1 雌花以下侧枝全部打掉,不要第 1 次花结的果,中上部侧枝可留 1 瓜后留 2 叶摘心。当结瓜部位上移后,及时摘除基部老叶、病叶,改善通风透光条件。

7.3 中耕除草与清洁田园

及时培土,除草。将杂草、残枝败叶、病株、畸形果等清理干净,集中进行无害化处理。

8 病虫害防治

8.1 防治原则

按照"预防为主、综合防治"的植保方针,坚持以"农业防治、物理防治、生物防治为主,化学防治为辅"的无害化治理原则,结合科学合理地化学防治,达到生产安全、优质黄瓜的目的。禁止使用高毒、高残留农药。

8.2 常见病虫害

8.2.1 常见病害

真菌性病害有疫病、霜霉病、白粉病、炭疽病、褐斑病、枯萎病、立枯病、猝倒病;细菌性病害有角斑病;病毒性病害有黄瓜花叶病毒、烟草花叶病毒、黄瓜绿斑驳病毒等侵染引起的病毒病。

8.2.2 常见虫害

黄瓜主要害虫有烟粉虱、蚜虫、蓟马、瓜实蝇、瓜绢螟、斜纹夜蛾、黄守瓜、红蜘蛛、美洲斑潜蝇。

8.3 防控技术

8.3.1 农业防治

针对当地主要病害,选用抗病品种。通过与非瓜类作物轮作或稻菜水旱轮作,合理选择不同作物实行间作或套作,辅以良好的栽培管理措施、合理的作物布局等。采用耕翻整地和改变土壤环境,深沟高畦,严防积水。科学测土配方平衡施肥,增施腐熟农家肥。种子消毒、调节播种期、密度等。培育壮苗、保持瓜田清洁,发现病株和病叶要及时清除,病株穴要用药剂进行消毒处理。科学施肥,控制氮肥施用量,培育壮苗。

8.3.2 物理防治

利用害虫对灯光、颜色和气味的趋向性诱杀或驱避害虫,如黄色粘虫板可诱杀烟粉虱、蚜虫、美洲斑潜蝇等害虫,蓝色粘虫板可诱杀蓟马等昆虫;覆盖银灰色地膜驱避蚜虫等;频振式或太阳能杀虫灯诱杀瓜绢螟、斜纹夜蛾等害虫;糖醋液可诱杀地下害虫。

选择适宜的温度和处理时间以能有效地杀死病原物。如温汤浸种、杀灭或钝化病原菌;利用土壤覆盖塑料薄膜杀灭土壤表层的病原菌、害虫和线虫等。

8.3.3 生物防治

利用微生物防治:常见的有应用真菌、细菌、病毒和能分泌抗生物质的抗生菌,如苏云金杆菌制剂、苦参碱等。

8.3.4 化学防治

应符合 GB/T 8321(所有部分)和 NY/T 393 的要求,注意轮换用药。严禁使用剧毒、高毒、高残留农药。化学防治方法参见附录 A。

9 采收与包装

9.1 采收

应符合 NY/T 747 的要求,采收时应执行农药安全间隔期。及时摘除根瓜。瓜条达商品成熟时及时分批采收。结果盛期 1 d～2 d 采收 1 次。采收时用剪刀把黄瓜剪下,轻拿轻放,防止机械损伤,分级包装上市。

9.2 包装

包装应符合 NY/T 658 的要求,包装标识应符合《中国绿色食品商标标志设计使用规范手册》和 NY/T 1655 的要求,标签应符合 GB 7718 的要求。

10 储藏与运输

储藏与运输应符合 NY/T 1056 的要求。运输工具清洁、干燥、无污染、无异物。装运轻卸轻放，不允许混装。长途运输需要采用冷链系统，运输温度以 10 ℃~12 ℃为佳。

11 生产废弃物处理

黄瓜生产中产生的农药包装袋（瓶）、农膜、肥料袋（罐）应集中回收处理，不可随处堆放。植株残体可集中堆沤充分发酵后作为有机肥回田。

12 生产档案管理

应建立绿色食品黄瓜生产档案，做到产品生产可追溯。应详细记录产地环境条件、生产技术、肥水管理、病虫害发生和防治措施、采收及采后处理等情况，并保存记录 3 年以上。

附　录　A
（资料性附录）
华南地区绿色食品露地黄瓜生产主要病虫害化学防治方案

华南地区绿色食品露地黄瓜生产主要病虫害化学防治方案见表 A.1。

表 A.1　华南地区绿色食品露地黄瓜生产主要病虫害化学防治方案

防治对象	防治时期	农药名称	使用剂量	施药方法	安全间隔期，d
疫病	病害发病前或初期	50%烯酰吗啉可湿性粉剂	30 g/亩～40 g/亩	喷雾	2
		72.2%霜霉威水剂	3 335 mL/亩～5 336 mL/亩	苗床浇灌	—
霜霉病	病害初期	50%嘧菌酯水分散粒剂	16 g/亩～24 g/亩	喷雾	5
		80%代森锰锌可湿性粉剂	150 g/亩～225 g/亩	喷雾	15
		20%乙蒜素乳油	70 g/亩～87.5 g/亩	喷雾	4
白粉病	病害发病前或初期	50%硫黄悬浮剂	150 g/亩～200 g/亩	喷雾	10
	病害初期	70%甲基硫菌灵可湿性粉剂	30 g/亩～40 g/亩	喷雾	10
		25%吡唑醚菌酯悬浮剂	30 mL/亩～40 mL/亩	喷雾	2
炭疽病	病害发病前	50%克菌丹可湿性粉剂	125 g/亩～187.5 g/亩	喷雾	2
	病害初期	25%吡唑醚菌酯悬浮剂	20 mL/亩～40 mL/亩	喷雾	1
细菌性角斑病	病害初期	20%春雷霉素水分散粒剂	15 g/亩～20 g/亩	喷雾	3
		12%中生菌素可湿性粉剂	25 g/亩～30 g/亩	喷雾	3
		33.5%喹啉铜悬浮剂	60 mL/亩～80 mL/亩	喷雾	3
烟粉虱	病害初期	22%氟啶虫胺腈悬浮剂	15 mL/亩～23 mL/亩	喷雾	3
		10%溴氰虫酰胺可分散油悬浮剂	33.3 mL/亩～40 mL/亩	喷雾	3
蚜虫	病害初期	70%啶虫脒水分散粒剂	2 g/亩～2.5 g/亩	喷雾	2
		20%氟啶虫酰胺水分散粒剂	15 g/亩～25 g/亩	喷雾	3
		1.5%苦参碱可溶液剂	30 g/亩～40 g/亩	喷雾	10
	发生初盛期	48%噻虫啉悬浮剂	5 g/亩～10 g/亩	喷雾	3
蓟马	发生初盛期	20%啶虫脒可溶液剂	7.5 mL/亩～10 mL/亩	喷雾	2
	苗床期使用	19%溴氰虫酰胺悬浮剂	2 535 mL/亩～3 135 mL/亩	喷淋	—
注:农药使用以最新版 NY/T 393 规定为准。					

绿色食品生产操作规程

LB/T 138—2020

华南地区绿色食品露地辣椒
生产操作规程

2020-08-20 发布

2020-11-01 实施

中国绿色食品发展中心　发布

前　言

　　本规程由中国绿色食品发展中心提出并归口。

　　本规程起草单位：广东省农产品质量安全中心、广东省农业科学院农产品公共监测中心、广西壮族自治区绿色食品发展站、海南省绿色食品办公室、广州市农业技术推广中心。

　　本规程主要起草人：欧阳英、何强、王旭、耿安静、李仕强、王绥大、蓝怀勇、云天海、郭碧瑜。

华南地区绿色食品露地辣椒生产操作规程

1 范围

本规程规定了华南地区绿色食品露地辣椒的产地环境,品种选择,育苗,定植,田间管理,采收,生产废弃物处理,包装、标识、储藏、运输和生产档案管理。

本规程适用于广东、广西和海南的绿色食品露地辣椒生产。

2 规范性引用文件

下列文件对于本文件的应用是必不可少的。凡是注日期的引用文件,仅注日期的版本适用于本文件。凡是不注日期的引用文件,其最新版本(包括所有的修改单)适用于本文件。

GB 7718　食品安全国家标准　预包装食品标签通则

GB/T 8321(所有部分)　农药合理使用准则

GB 16715.3　瓜菜作物种子　第 3 部分:茄果类

NY/T 391　绿色食品　产地环境质量

NY/T 393　绿色食品　农药使用准则

NY/T 394　绿色食品　肥料使用准则

NY/T 655　绿色食品　茄果类蔬菜

NY/T 658　绿色食品　包装通用准则

NY/T 944　辣椒等级规格

NY/T 1056　绿色食品　储藏运输准则

3 产地环境

应符合 NY/T 391 的要求。选择地势高燥,光照好,地下水位较低,排灌方便,山地坡度≤20°的沙壤土或壤土。年日照时数≥1 200 h、无霜期>300 d、≥10 ℃积温≥4 000 ℃。前茬避免与茄科作物连作,宜与水稻轮作,重茬必须作土壤无害化处理。

4 品种选择

4.1 选择原则

根据栽培目的和栽培季节,结合区域生产条件和目标市场要求选择经审(认)定适宜本区域栽培的优质、抗害、抗逆性、丰产、耐储运、商品性好、适应市场品种。种子质量应符合 GB 16715.3 的要求。

4.2 品种选用

推荐选用汇丰 2 号、汇丰 5 号、金田 8 号、福康 8 号、宏运 35、中椒 105、黄灯笼、天樱 8 号朝天椒、辣脆螺丝椒等。

4.3 种子处理

播种前晒种。种子消毒可采用干热、温汤浸种或药剂等消毒方式。干热消毒是将种子以 2 cm～3 cm 厚度摊放在恒温干燥器内,60 ℃通风干燥 2 h～3 h,然后 75 ℃处理 3 d;温汤浸种是把种子放入 55 ℃热水中不断搅拌,维持水温浸泡 20 min～30 min;药剂消毒是采用 0.1%高锰酸钾溶液浸种 20 min,清水洗净。把消毒后的种子浸泡 8 h～10 h 时后捞出洗清,于 25 ℃～30 ℃下保温保湿催芽。

5　育苗

5.1　育苗设施设备与消毒

5.1.1　育苗设施设备

育苗设施一般为塑料大棚或竹子小拱棚。育苗配套苗床、穴盘、补光、通风、降温、防虫、遮阳等设备。

5.1.2　育苗设施设备的消毒

育苗场地及整个生产环节所用到的器具都要进行消毒。使用过的基质及操作工具用含 0.1%～0.2% 过氧乙酸消毒液擦拭或喷洒 30 min,并将基质摊开晾晒后使用。

5.1.3　育苗基质配制

育苗基质可使用泥炭土和蛭石配制,其比例为 3∶1,并添加适量的腐熟有机肥,或选用椰糠、河沙、腐熟农家肥配制育苗基质,其比例为 5∶3∶2。

5.2　播种

5.2.1　播种时间

结合栽培茬口、育苗设施、气候条件、育苗方式和品种特性,选择具体播种期。春播于 1 月～2 月,秋播于 7 月～8 月。

5.2.2　播种量

根据种子大小及定植密度确定播种量,一穴单株移栽定植的,每亩穴盘播种用种 30 g～40 g;一穴双株移栽定植的,每亩穴盘播种用种 60 g～80 g。

5.2.3　播种方法

将催芽好的种子直接在 72 孔穴盘播种育苗。每穴播 1 粒～2 粒种子。播后覆盖细土 0.8 cm～1.0 cm,淋透水。春季播种后及时用地膜薄盖增温保湿,宜采用可降解地膜。秋季播种应在苗床上方 50 cm 处覆盖遮阳网。

5.3　苗期管理

5.3.1　水分

保持床土见干见湿,切忌干旱,少浇勤浇,分苗水要浇足,缓苗视苗季节和湿度适当浇水。

5.3.2　追肥

当 2 叶 1 心时开始追肥,以后每长出 1 片叶喷 1 次叶面肥。幼苗叶片变黄、叶小、茎细时,可叶面追肥 1 次～2 次。视苗情每隔 7 d 用三元复合肥液追肥 1 次～2 次。

5.3.3　间苗与炼苗

苗长至 2 叶 1 心时进行间苗 1 次～2 次,保持苗床苗距 8 cm～10 cm。穴盘内若两株苗长势相仿不间苗;长势差异较大时拔除弱苗和拥挤苗。定植前 7 d～10 d,控水控肥炼苗 2 次～3 次,以椒苗中午萎蔫、早晚能恢复为宜,定植前 2 d 停止炼苗。移栽大田时向秧苗喷施 5% 氨基寡糖素 1 000 倍液。

5.3.4　病虫害防治

苗期易发生炭疽病,可用 80% 代森锰锌可湿性粉剂 150 g/亩～200 g/亩、或 86% 波尔多液水分散粒剂 375 倍～625 倍液、或 10% 苯醚甲环唑水分散粒剂 50 g/亩～83 g/亩、或 30% 肟菌酯悬浮剂 25 mL/亩～37.5 mL/亩、或 42% 三氯异氰尿酸可湿性粉剂 60 g/亩～80 g/亩、或 22.5% 啶氧菌酯悬浮剂 28 mL/亩～33 mL/亩喷雾。药剂使用应符合 NY/T 393 的要求。

5.3.5　壮苗标准

生理苗龄 7 片～14 片真叶,春播日历苗龄 45 d～60 d,秋播日历苗龄 25 d～30 d。直观形态表现为生长健壮,株高 15 cm～20 cm,生长舒展,茎粗节短,茎粗＞0.3 cm,有分枝;真叶宽大,叶浓绿有光泽;株型好,根系发达,侧根多,色白,无病虫害;用于春季早栽培的秧苗带有肉眼可见的健壮小花蕾。

6 定植

6.1 定植前准备

6.1.1 土壤消毒与整地

定植前 15 d~20 d,针对酸性土壤撒施石灰 75 kg/亩~100 kg/亩或氰氨化钙 40 kg/亩~60 kg/亩。深翻晒垄,晒地 7 d~15 d耙平,深翻细耙,将其与土壤混均匀。

6.1.2 施基肥

施优质腐熟的农家肥 1 000 kg/亩~2 000 kg/亩,或商品生物有机肥 300 kg/亩,同时施三元复合肥 40 kg/亩~50 kg/亩。有机肥与化肥、微肥等混合均匀。

6.1.3 作畦

施入基肥后耙细作畦,采用高畦栽培。开沟起垄。畦宽 1.2 m~1.5 m,畦高 30 cm~40 cm。

6.1.4 覆盖地膜

作畦后用 100 cm~120 cm 宽银灰色双色地膜或银黑双色地膜覆盖于种植行上。尽可能在晴朗无风天气覆膜,用土将地膜四周封严压实,尽量避免地膜破损。有条件的可配套安装滴灌设施后再覆盖地膜。

6.2 定植时间

根据栽培季节、天气、品种特性及椒苗长势,结合预期采收期确定定植期,在气温≥15 ℃时晴天开始定植。

6.3 定植密度

根据品种特性、气候条件、栽培方式和土壤肥力合理密植,株行距(27~36)cm×(50~60)cm。一般杂交品种单株定植,常规品种双株定植,每亩栽苗 3 200 穴~3 500 穴,双株后期间苗为单株。

6.4 定植方法及查苗补苗

在阴天,晴天下午天气较凉无风时定植,忌雨天定植。起苗要多带基质。开好定植穴,将带基质幼苗放入穴中,用细土将周围封实,定植后立即浇足定根水。定植 3 d 后浇缓苗水,及时查苗补苗。

7 田间管理

7.1 灌溉

灌溉水应符合 NY/T 391 的要求。宜采用浇灌、沟灌,提倡滴灌,切忌忽干忽湿和大水漫灌,灌水深度为1/3 沟深,保持土壤湿润。

7.2 施肥

7.2.1 施肥原则

以有机肥为主,在保障营养有效供给的基础上减少化肥用量,兼顾元素之间的比例平衡,推行平衡施肥、测土配方施肥。肥料应符合 NY/T 394 的要求。

7.2.2 施肥技术

定植后 1 周,用 0.3%~0.5%三元复合肥水溶液浇施。开花结果前,追施三元复合肥 15 kg/亩。初果期,追施三元复合肥 30 kg/亩~40 kg/亩、硫酸钾肥 10 kg/亩~15 kg/亩。盛果期每采收 1 次~2次,追施三元复合肥 15 kg/亩,采收前尽量少用速效化肥。肥力水平较差的地块应适当多施,分多次追施,土壤微量元素缺乏的地区,还应补充微量元素肥料。追肥方式包括撒施、穴施、沟施和随水冲施,重视根外追肥。叶面肥可作为根外施肥的补充形式,结合病虫害防治,追施叶面肥。叶面肥应在 10:00 前和 16:00 后进行喷施,间隔 10 d 左右喷 1 次,采收前 15 d 停止喷施叶面肥。

7.3 植株调整

根据品种特性及植株情况选留结果枝,生长徒长要打枝,及时抹除第一分枝以下的侧枝,摘除门椒,中后期摘除老叶、病叶病果等。

7.4 中耕除草与清洁田园

及时培土,除草。将杂草、残枝败叶、病株、畸形果等清理干净,集中进行无害化处理。

7.5 病虫害防治

7.5.1 防治原则

坚持"预防为主、综合防治"的植保方针,以农业和物理防治为基础,优先采用生物防治,辅之化学防治,严格执行 NY/T 393 的规定和农药使用安全间隔期。

7.5.2 常见病虫害

常见的病害包括青枯病、疫病、病毒病、炭疽病、白绢病、疮痂病、细菌性叶斑病等。

常见的虫害包括烟粉虱、蓟马、蚜虫、红蜘蛛、棉铃虫、甜菜夜蛾、斜纹夜蛾、潜叶蝇、地老虎等。

7.5.3 防治措施

7.5.3.1 农业防治

选用抗病品种、培育适龄壮苗、合理轮作、精细整地、深耕翻晒、科学测土配方施肥、合理灌溉、人工捕杀、清洁田园等。

7.5.3.2 物理防治

采用性诱剂、色板、银灰膜、杀虫灯、晒种、温汤浸种、糖醋液诱杀、人工摘除卵块和捕杀害虫等。

7.5.3.3 生物防治

提倡使用植物源农药、微生物农药、生物源农药等防治病虫害。保护和利用好有益生物及其优势种群。

7.5.3.4 化学防治

根据病虫害的预测预报,选用高效、低毒、低残留农药,采用适当施用方式和器械进行防治。严格按 GB/T 8321(所有部分)和 NY/T 393 的规定执行。主要病虫害化学防治方案参见附录 A。

8 采收

8.1 采收时间

应根据品种特性、用途、销售远近、市场需求、市场价格和产品成熟度灵活掌握采收时间。产品应符合 NY/T 655 的要求。

8.2 采收方法

及时分批采收。选择晴天早晨、下午和阴天采收。采摘时保留一段果柄。采摘用轻质、光滑篮子和筐盛装,采摘、装运要注意轻拿轻放。

8.3 采后处理

人工初选,剔除病、虫、伤、烂和畸形果,有泥沙的应清洗,按 NY/T 944 的规定进行品种、等级、规格分别包装,包装后应及时预冷。

9 生产废弃物处理

及时清理田间废弃地膜、投入品包装袋(瓶)和辣椒秆等,集中进行无害化处理。

10 包装、标识、储藏、运输

10.1 包装与标识

包装应符合 NY/T 658 的要求。包装容器应按产品的大小规格设计,整洁干燥、牢固透气、美观;无污染、异味、虫蛀、腐烂霉变等；内部无尖突物，外部无钉刺。标志应符合《中国绿色食品商标标志设计使用规范手册》的规定，标签应符合 GB 7718 的要求。

10.2 储藏与运输

储藏和运输应符合 NY/T 1056 的要求。储藏温度青椒 8 ℃～10 ℃、红椒 4 ℃～7 ℃，相对湿度85%～95%。储藏处应阴凉通风、清洁卫生，严防曝晒雨淋、高温、冷冻、病虫害及有毒物污染；库房应具有防潮防虫设施和通风换气装置。运输工具应清洁干燥、卫生、无毒、无污染与异物，有条件采用冷藏车，运输前应预冷，运输中应避免受潮受压，防冻防雨淋、防晒、通风，严禁与有毒、有害、有异味物品混运，轻卸轻放。

11 生产档案管理

应建立绿色食品露地辣椒生产档案，做到产品可追溯，应详细记录产地环境条件、生产记录、病虫害发生和防治、采收及销售等情况。生产档案应由专人专柜保管，保存 3 年以上。

附　录　A

（资料性附录）

华南地区绿色食品露地辣椒生产主要病虫害化学防治方案

华南地区绿色食品露地辣椒生产主要病虫害化学防治方案见表A.1。

表A.1　华南地区绿色食品露地辣椒生产主要病虫害化学防治方案

防治对象	防治时期	农药名称	使用剂量	施药方法	安全间隔期,d
青枯病	播种、移栽定植和发病初期	0.1亿CFU/g多黏类芽孢杆菌细粒剂	300倍液	浸种	—
			200 g/亩	苗床泼浇	
			1 050 g/亩～1 400 g/亩	灌根	
疫病	发病前或初期	500 g/L氟啶胺悬浮剂	25 mL/亩～35 mL/亩	喷雾	7
	发病前或发病初期	77%氢氧化铜水分散粒剂	15 g/亩～25 g/亩	喷雾	10
	发病初期	1%申嗪霉素悬浮剂	50 mL/亩～120 mL/亩	喷雾	7
	谢花后或雨天来临前	23.4%双炔酰菌胺悬浮剂	20 mL/亩～40 mL/亩	喷雾	3
病毒病	发病初期	8%宁南霉素水剂	75 mL/亩～104 mL/亩	喷雾	7
	发病前或初期	0.5%香菇多糖水剂	300 mL/亩～400 mL/亩	喷雾	10
	发病初期	5%氨基寡糖素水剂	35 mL/亩～50 mL/亩	喷雾	10
炭疽病	发生前或初见零星病斑	250 g/L嘧菌酯悬浮剂	33 mL/亩～48 mL/亩	喷雾	10
	孢子萌发和发病初期	30%肟菌酯悬浮剂	25 mL/亩～37.5 mL/亩	喷雾	7
	发病前预防或田间零星发病时	50%克菌丹可湿性粉剂	125 g/亩～187.5 g/亩	喷雾	2
	发病前或发病初期	86%波尔多液水分散粒剂	375倍～625倍液	喷雾	7
疮痂病	发病前	46%氢氧化铜水分散粒剂	30 g/亩～45 g/亩	喷雾	7～10
烟粉虱	1头～3头成虫刚出现在叶片上	10%溴氰虫酰胺悬乳剂	40 mL/亩～50 mL/亩	喷雾	3
蓟马	害虫初现时/3头～10头	10%溴氰虫酰胺悬乳剂	40 mL/亩～50 mL/亩	喷雾	3
蚜虫	发生初期	10%溴氰虫酰胺悬乳剂	30 mL/亩～40 mL/亩	喷雾	3
	发生初期	1.5%苦参碱可溶液剂	30 mL/亩～40 mL/亩	喷雾	10
红蜘蛛	低龄幼虫期或卵孵化盛期	0.5%藜芦碱可溶液剂	120 g/亩～140 g/亩	喷雾	10
棉铃虫	发生初期	10%溴氰虫酰胺悬浮剂	10 mL/亩～30 mL/亩	喷雾	3
	害虫卵孵化高峰期	5%氯虫苯甲酰胺悬浮剂	30 mL/亩～60 mL/亩	喷雾	5
甜菜夜蛾	移栽前2 d	19%溴氰虫酰胺悬浮剂	1 600 mL/亩～1 733 mL/亩	苗床喷淋	30
	发生初期至发生盛期	1%苦皮藤素水乳剂	90 mL/亩～120 mL/亩	喷雾	10
	卵孵化高峰期	5%氯虫苯甲酰胺悬浮剂	30 mL/亩～60 mL/亩	喷雾	5

绿 色 食 品 生 产 操 作 规 程

LB/T 139—2020

高海拔高纬度地区绿色食品夏秋露地豇豆生产操作规程

2020-08-20 发布

2020-11-01 实施

中国绿色食品发展中心 发布

前　言

本规程由中国绿色食品发展中心提出并归口。

本规程起草单位：湖北省农业科学院经济作物研究所、湖北省绿色食品管理办公室、湖北省蔬菜办公室、湖北省荆门市绿色食品管理办公室、安徽省绿色食品管理办公室、贵州省绿色食品发展中心、河南省绿色食品发展中心、黑龙江省绿色食品发展中心、呼和浩特市农畜产品质量安全中心、新疆维吾尔自治区农产品质量安全中心、湖北省荆州市农业技术推广中心、河南省农业农村厅机关服务中心。

本规程主要起草人：邓晓辉、崔磊、甘彩霞、周先竹、廖显珍、郭征球、杨远通、胡正梅、别之龙、李大勇、张宏洲、喻小兵、高照荣、晏宏、樊恒明、王蕴琦、栗瑞红、阿衣努尔·尤里达西、李芳。

高海拔高纬度地区绿色食品夏秋露地豇豆生产操作规程

1 范围

本规程规定了高海拔高纬度地区绿色食品夏秋露地豇豆生产的产地环境、品种选择、播种育苗、定植、田间管理、采收、包装与储运、生产废弃物处理、生产档案管理。

本规程适用于北纬 42°以北地区(包括内蒙古北部、黑龙江中北部和新疆)和北纬 42°以南但海拔在600 m 以上地区(包括湖北高山地区、云南高山地区和云贵高原)的绿色食品夏秋露地豇豆的生产。

2 规范性引用文件

下列文件对于本文件的应用是必不可少的。凡是注日期的引用文件,仅注日期的版本适用于本文件。凡是不注日期的引用文件,其最新版本(包括所有的修改单)适用于本文件。

GB/T 8946 塑料编织袋通用技术要求

NY/T 391 绿色食品 产地环境质量

NY/T 393 绿色食品 农药使用准则

NY/T 394 绿色食品 肥料使用准则

NY/T 658 绿色食品 包装通用准则

NY/T 748 绿色食品 豆类蔬菜

NY/T 1056 绿色食品 储藏运输准则

3 产地环境

生产基地环境应符合 NY/T 391 的要求,要求连续 2 年未种植过豆科作物、栽培耕坡小于 25°、土层深厚、土质疏松肥沃、背风向阳、排灌便利、相对集中连片、距离公路主干线 100 m 以上、交通方便。

4 品种选择

宜选用适宜高海拔高纬度地区栽培的早熟、优质、抗病性强、苗期耐寒性强、产量高的品种,如之豇28-2、张塘二号、青豇 901 等。

5 播种育苗

5.1 播种期

播种时间一般在 4 月下旬至 6 月中旬。直播的宜在当地旬平均气温稳定通过 15 ℃时播种。

5.2 苗床准备

选择疏松肥沃的壤土,装营养钵育苗或选用 72 穴的穴盘进行基质育苗,苗床营养土 pH 6.5～7。

5.3 种子处理

播种前先进行选种,剔除饱满度差、虫蛀、破损和霉变的种子,晒种 1 d～2 d 后待播。播前温水浸种,30 ℃温水浸种 4 h。

5.4 播种

育苗移栽,将种子直接点播于 50 孔或 72 孔的穴盘或营养钵内,每穴 2 粒～3 粒种子,播后盖 2 cm～3 cm 厚的细土,浇足底水,覆膜盖严,保温保湿。直播的一般覆膜后开穴播种,每穴播 3 粒～4 粒种子。

5.5 苗期管理

5 d～6 d,幼苗出土,齐苗后揭膜,苗床内生长 1 周即可移栽。直播的出苗后,每穴定苗 2 株～3 株苗。

6 定植

6.1 整地施基肥

肥料使用应符合 NY/T 394 的要求。一般每亩用肥量为经无害化处理的农家肥或商品有机肥 500 kg～750 kg,过磷酸钙 40 kg～50 kg、硫酸钾 6 kg～10 kg。豇豆喜欢土层深厚的土壤,播种前应该 深松土壤,耕地深度 25 cm～30 cm。包沟畦宽 100 cm,沟宽 30 cm,沟深 20 cm～25 cm。

6.2 定植时间

5 月上旬至 6 月下旬、苗龄 12 d～15 d,5 cm 深土层温度温稳定在 15 ℃以上时,宜选择雨后或者晴 天下午定植。

6.3 定植密度

品种不同密度不同。分畦定植,畦宽 1.2 m,每畦定植 2 行,行距 55 cm～60 cm,穴距 35 cm～ 40 cm。一般采用"品"字形穴栽法。定植时选择叶子完整、第一对真叶未完全展开的幼苗定植,移栽时 每穴 2 株～3 株。定植深度以泥土不淹没子叶为宜,定植后及时浇足定根水。

7 田间管理

7.1 肥水管理

在施足基肥的基础上,按"花前少施,荚期重施,不偏施氮肥,增施钾肥"的原则施肥。在抽蔓期追肥 一次,每亩兑水浇施氮磷钾硫基复合肥($N+P_2O_5+K_2O=15:15:15$)10 kg～15 kg;结荚期重施 2 次～3 次,每亩穴施 45%氮磷钾硫基复合肥($N+P_2O_5+K_2O=15:15:15$)15 kg,在根外 10 cm 处或 2 穴之间穴施;后期喷施浓度为 0.2%的磷酸二氢钾溶液。

水分管理遵循"干花湿荚"原则,结荚前一般土壤不干不浇水,开花结荚后,保持土壤湿润。

7.2 中耕除草

露地豇豆,畦面若不铺设地膜,需中耕松土除草。中耕松土,前期宜浅,后期略深,搭架前结合壅根 培垄,可深锄 1 次。搭架后不再中耕。

7.3 搭架

在茎蔓抽生至 10 cm 左右长时及时搭架,架材选用细竹竿或细木棍,长度 2.4 m～2.6 m,架杆插在 苗外 10 cm 处,每穴 1 杆,搭成"人"字形蔓架,尽量将蔓架插稳绑牢。生长过程引蔓上架 2 次～3 次。

7.4 整枝打杈

主蔓第 1 花序以下各节的侧芽应打掉。第 1 花序以上各节位的叶芽在前期应及时摘除。若无花芽 而只有叶芽萌发,则只留 3 节～4 节间摘心。对于肥水条件充足,植株生长旺盛的茎蔓,侧枝摘心不要 过重。当主蔓长到离架顶端约 10 cm 时及时打顶,可用长竹竿打顶。

7.5 病虫害防治

7.5.1 防治原则

预防为主、综合防治,优先采用农业措施、物理防治、生物防治,科学合理地配合使用化学防治,将豇 豆有害生物的危害控制在允许的经济阈值以下,达到生产安全、优质的绿色豇豆的目的。农药施用符合 NY/T 393 的要求。不应使用国家明令禁止的高毒、高残留、高生物富集性、高三致(致畸、致癌、致突 变)农药及其混配农药。严格执行农药安全间隔期。

7.5.2 常见病虫害

主要病害有煤霉病、锈病、根腐病和白粉病等,虫害有豆荚螟、蚜虫和美洲斑潜蝇等。

7.5.3 防治措施
7.5.3.1 农业防治

与非豆类实行 3 年以上轮作;选用抗(耐)病优良品种和无病种子;培育无病虫害、适龄的健康壮苗;合理布局,轮作倒茬;应用测土平衡施肥技术,增施经无害化处理的有机肥,适量使用矿质化肥;深沟高畦,注意及时排水灌水,防止积水和土壤干旱;加强中耕除草,在采收后将残枝败叶和杂草及时清理干净,集中进行无害化处理,保持田间清洁。

7.5.3.2 物理防治

地面覆盖银灰膜驱避蚜虫:每亩铺银灰色地膜 5 kg～6 kg,或将银灰膜剪成 10 cm～15 cm 宽的膜条,膜条间距 10 cm,纵横拉成网眼状。

设置黄板诱杀有翅蚜:用废旧纤维板或纸板剪成 100 cm×20 cm 的长条,涂上黄色油漆,同时涂上 1 层机油,制成黄板或购买商品黄板,挂在行间或株间,黄板底部高出植株顶部 10 cm～20 cm,当黄板粘满蚜虫时,再重涂 1 层机油,一般 7 d～10 d 重涂 1 次。每亩悬挂黄色粘虫板 30 块～40 块。

采用诱蝇纸诱杀斑潜蝇成虫,在成虫始盛期至盛末期,每亩放置 15 张诱蝇纸,3 d～4 d 更换 1 次。将斑潜蝇诱杀卡悬挂在斑潜蝇多的地方,15 d 换 1 次。

7.5.3.3 生物防治

使用农用抗生素、生物农药等防治病虫,如苏云金杆菌、枯草芽孢杆菌、苦参碱等生物农药防治病虫害。用七星瓢虫防治蚜虫,草蛉防治蚜虫和红蜘蛛。运用信息激素防治豆荚螟、斜纹夜蛾和甘蓝夜蛾等。

7.5.3.4 化学防治

合理混用、轮换、交替用药。

宜采用附录 A 介绍的方法。

8 采收

产品质量符合 NY/T 748 的要求。鲜豆荚在谢花后 9 d～13 d 采摘为宜。根据市场需求适时采摘,但不宜采收过迟。采摘豆荚时,应按住豆荚茎部,轻轻摘下。一般 2 d～3 d 采收 1 次,盛收期应每天采收 1 次。

9 包装与储运

9.1 标识与标签

包装上应标明产品名称、产品的标准编号、商标(如有)、相应认证标识、生产单位(或企业)名称、详细地址、产地、规格、净含量和包装日期等,标识上的字迹应清晰、完整、准确。

9.2 包装

包装应符合 NY/T 658 的要求,包装袋应符合 GB/T 8946 的要求。

9.3 储藏

储藏前应进行预冷,预冷应符合 NY/T 1056 的要求。预冷宜采用真空预冷。

储藏冷库温度应保持在 2 ℃～3 ℃,空气相对湿度为 80%～90%。库内堆码应保证气流均匀流通。

9.4 运输

运输应符合 NY/T 1056 的要求。未储藏的豇豆运输前应进行预冷,运输过程中要保持适当的温度和湿度,注意防冻、防淋、防晒、通风散热。

10 生产废弃物处理

生产过程中农药与肥料等投入品的包装袋和地膜应集中回收,进行循环利用或无害化处理。对废弃的豇豆和豆蔓等要进行粉碎还田或堆沤还田等资源化利用。

11 生产档案管理

应建立纸质和电子生产档案,记录产地环境条件、豇豆品种、施肥、浇水、病虫害防治、采收以及田间操作等管理措施;所有记录应真实、准确、规范;档案应由专人专柜保管,至少保存3年,做到产品生产可追溯。

附　录　A
（资料性附录）
高海拔高纬度地区绿色食品夏秋露地豇豆生产主要病虫害化学防治方案

高海拔高纬度地区绿色食品夏秋露地豇豆生产主要病虫害化学防治方案见表 A.1。

表 A.1　高海拔高纬度地区绿色食品夏秋露地豇豆生产主要病虫害化学防治方案

防治对象	防治时期	农药名称	使用剂量	施药方法	安全间隔期,d
蓟马	发生期	45%吡虫啉·虫螨腈悬浮剂	15 mL/亩～20 mL/亩	喷雾	5
蚜虫	发生期	1.5%苦参碱水剂	30 mL/亩～40 mL/亩	喷雾	7
豆荚螟	发生期	4.5%高效氯氰菊酯乳油	30 mL/亩～40 mL/亩	喷雾	3
锈病	初发期	40%腈菌唑可湿性粉剂	13 g/亩～20 g/亩	喷雾	10
炭疽病	初发期	325 g/L苯甲·嘧菌酯	40 mL/亩～60 mL/亩	喷雾	7
注:农药使用以最新版本 NY/T 393 的规定为准。					

绿 色 食 品 生 产 操 作 规 程

LB/T 140—2020

高海拔高纬度地区绿色食品夏秋
露地萝卜生产操作规程

2020-08-20 发布

2020-11-01 实施

中国绿色食品发展中心 发布

前 言

本规程由中国绿色食品发展中心提出并归口。

本规程起草单位:湖北省农业科学院经济作物研究所、湖北省绿色食品管理办公室、湖北省蔬菜办公室、湖北省荆门市绿色食品管理办公室、湖北省荆州市农业技术推广中心、贵州省绿色食品发展中心、河南省绿色食品发展中心、黑龙江省绿色食品发展中心、内蒙古自治区农畜产品质量安全监督管理中心、新疆维吾尔自治区农产品质量安全中心。

本规程主要起草人:邓晓辉、甘彩霞、崔磊、周先竹、胡军安、别之龙、於校青、陈永芳、杨远通、胡正梅、李大勇、张宏洲、沈熙、王皓瑀、喻小兵、梁潇、樊恒明、周东红、吕晶、刘萍、杨玲。

高海拔高纬度地区绿色食品夏秋露地萝卜生产操作规程

1 范围

本规程规定了高海拔高纬度地区绿色食品夏秋露地萝卜生产的产地环境、品种选择、整地、播种、田间管理、采收、包装和储藏、运输、生产废弃物处理、生产档案管理。

本规程适用于北纬 42°以北地区(包括内蒙古北部、黑龙江中北部和新疆)和北纬 42°以南但海拔在 600 m 以上地区(包括湖北高山地区、云南高山地区和云贵高原)的绿色食品夏秋露地萝卜的生产。

2 规范性引用文件

下列文件对于本文件的应用是必不可少的。凡是注日期的引用文件,仅注日期的版本适用于本文件。凡是不注日期的引用文件,其最新版本(包括所有的修改单)适用于本文件。

GB/T 8946 塑料编织袋通用技术要求

GB 16715.2 瓜菜作物种子 第2部分:白菜类

NY/T 391 绿色食品 产地环境质量

NY/T 393 绿色食品 农药使用准则

NY/T 394 绿色食品 肥料使用准则

NY/T 658 绿色食品 包装通用准则

NY/T 745 绿色食品 根菜类蔬菜

NY/T 1056 绿色食品 储藏运输准则

3 产地环境

生产基地环境应符合 NY/T 391 的要求,要求连续 3 年未种植过十字花科作物、土壤疏松肥沃、排灌便利、相对集中连片、栽培坡度＜25°,无明显遮阳,距离公路主干线 100 m 以上、交通方便。

4 品种选择

宜选用耐抽薹、抗病性和抗逆性强、优质、耐储运、高产、符合市场需求的萝卜品种,如特新白玉春、雪单一号、丰光和丰翘等品种。

5 整地、播种

5.1 整地作畦

前茬罢园后,及时清洁田园和翻耕。耕地深度 25 cm～40 cm。双行或三行栽培,包沟畦宽 75 cm～80 cm,畦面高 20 cm～30 cm,畦面宽 50 cm～55 cm,畦沟深 20 cm～30 cm。

5.2 种子处理

5.2.1 种子质量

种子质量应符合 GB 16715.2 的要求。

5.2.2 种子处理

未包衣种子播种前将种子晾晒 1 d,然后用 55 ℃ 温水浸种 30 min,其间不断搅拌,再晾干播种。符合 NY/T 393 要求的包衣种子直接播种。

5.3 播种

适宜播种期为4月下旬至8月上旬。每亩用种量为100 g～150 g。可干播或湿播,机械或人工播种。大型萝卜行距20 cm～35 cm,株距15 cm～20 cm,小型萝卜行距15 cm～30 cm,株距10 cm～15 cm。每穴播1粒～2粒种子,播后覆0.5 cm～1 cm厚细土;土壤含水量为70%时抢墒播种。

6 田间管理

6.1 肥料管理

6.1.1 施肥原则

施肥应符合NY/T 394的要求。有机肥为主,化学肥料减控施用;避免偏施氮肥,重视磷肥、钾肥、硼肥和锌肥的施用。

6.1.2 施肥方法

基肥应占到总肥量的70%以上,基肥以腐熟的农家肥或商品有机肥为主,尽量少施用化学肥料。亩施用腐熟有机肥2 000 kg～3 000 kg、氮磷钾硫基复合肥(氮肥:磷肥:钾肥=15:15:15)25 kg～30 kg、硼砂2 kg～3 kg;苗期和生长盛期以追施氮肥为主,亩施用尿素5 kg～8 kg,肉质根生长盛期应多施入磷钾肥,收获前20 d内不施用速效氮肥,可喷施叶面肥。

6.2 水分管理

播种后土壤相对湿度宜在70%左右。苗期土壤相对湿度宜在60%左右。肉质根膨大盛期需水量大,土壤相对湿度宜在80%左右。

6.3 间苗定苗

在2叶1心时开始间苗;在5片～6片真叶(肉质根破肚时)定苗,每穴定苗1株。

6.4 病虫害防治

6.4.1 防治原则

以预防为主、综合防治为原则。优先采用农业措施、物理防治、生物防治,科学合理地使用化学防治。农药施用严格按NY/T 393的规定执行。不得使用国家明令禁止的高毒、高残留、高生物富集性、高三致(致畸、致癌、致突变)农药及其混配农药。严格执行农药安全间隔期。

6.4.2 主要病虫害

苗期病害主要有病毒病和霜霉病,虫害主要有地老虎、黄曲条跳甲、小菜蛾、甜菜夜蛾和斜纹夜蛾等。生长期病害主要有黑腐病、霜霉病、黑斑病和软腐病等,虫害主要有黄曲条跳甲、蚜虫、小菜蛾、菜青虫、斜纹夜蛾和甜菜夜蛾等。

6.4.3 防治措施

6.4.3.1 农业防治

选用抗(耐)病优良品种。合理布局,实行轮作倒茬,深耕晒垡,加强中耕除草,清洁田园,降低病虫基数。

6.4.3.2 物理防治

地面覆盖银灰膜驱避蚜虫:每亩铺银灰色地膜5 kg～6 kg,或将银灰膜剪成10 cm～15 cm宽的膜条,膜条间距10 cm,纵横拉成网眼状。

设置黄板诱杀有翅蚜:用废旧纤维板或纸板剪成100 cm×20 cm的长条,涂上黄色油漆,同时涂上一层机油,制成黄板或购买商品黄板,挂在行间或株间,黄板底部高出植株顶部10 cm～20 cm,当黄板粘满蚜虫时,再重涂一层机油,一般7 d～10 d重涂1次。每亩悬挂黄色粘虫板30块～40块。

小菜蛾、菜青虫、斜纹夜蛾、甜菜夜蛾等害虫可用频振式杀虫灯、黑光灯、高压汞灯或双波灯诱杀。

6.4.3.3 生物防治

运用害虫天敌防治害虫,如释放捕食螨、寄生蜂等。保护天敌,创造有利于天敌生存的环境条件,选择对天敌杀伤力低的农药;释放天敌,用病毒如银纹夜蛾病毒、甜菜夜蛾病毒、小菜蛾病毒及白僵菌、苏云金杆菌制剂等防治菜青虫、甜菜夜蛾。用性诱剂防治小菜蛾、甜菜夜蛾和斜纹夜蛾。

菜青虫可用 100 亿芽孢/g 苏云金杆菌湿性粉剂 36 g/亩～45 g/亩喷雾。蚜虫和菜青虫均可用 1% 苦参碱水剂 27 g/亩～32 g/亩喷雾防治。

6.4.3.4 化学防治

合理混用、轮换、交替用药。宜采用附录 A 介绍的方法。

7 采收

产品应符合 NY/T 745 的要求。萝卜圆腚即可开始采收,根据市场需求适时采收。

8 包装和储藏

8.1 标识和标签

包装上应标明产品名称、产品的标准编号、商标(如有)、相应认证标识、生产单位(或企业)名称、详细地址、产地、规格、净含量和包装日期等,标识上的字迹应清晰、完整、准确。

8.2 包装

包装应符合 NY/T 658 的要求,包装袋符合 GB/T 8946 的要求。用于产品包装的容器如塑料袋等须按产品的大小规格设计,同一规格大小一致,整洁、干燥、牢固、透气、美观、无污染、无异味,内壁无尖突物,无虫蛀、腐烂、霉变等现象。

按产品的品种、规格分别包装,同一件包装内的产品需摆放整齐紧密。

每批产品所用的包装、单位净含量应一致。

8.3 储藏

预冷应符合 NY/T 1056 的要求,应在储藏前完成。

冷库温度应保持在 0 ℃～3 ℃,空气相对湿度保持在 85%～90%。

库内堆码应保证气流均匀流通,不挤压。

9 运输

运输应符合 NY/T 1056 的要求。未储藏萝卜运输前应进行预冷,运输过程中要保持适当的温度和湿度,注意防冻、防雨淋、防晒、通风散热。

10 生产废弃物的处理

生产过程中的农药、肥料等投入品的包装袋和地膜应集中回收,进行资源化、无害化处理。对废弃的萝卜缨和残次萝卜采取粉碎还田或堆沤还田等方式进行资源循环利用。

11 生产档案管理

应建立纸质和电子生产档案,记录萝卜品种、施肥、病虫害防治、采收以及田间操作管理措施;所有记录应真实、准确、规范;生产档案应由专人专柜保管,至少保存 3 年,做到产品可追溯。

附　录　A

（资料性附录）

高海拔高纬度地区绿色食品夏秋露地萝卜生产主要病虫害化学防治方案

高海拔高纬度地区绿色食品夏秋露地萝卜生产主要病虫害化学防治方案见表 A.1。

表 A.1　高海拔高纬度地区绿色食品夏秋露地萝卜生产主要病虫害化学防治方案

防治对象	防治时期	农药名称	使用剂量	施药方法	安全间隔期,d
霜霉病	发生初期	40％三乙膦酸铝可湿性粉剂	235 g/亩～470 g/亩	喷雾	7
蚜虫	发生期	70％吡虫啉可溶液剂	1.5 g/亩～2 g/亩	喷雾	14
黄曲条跳甲	发生期	5％啶虫脒乳油	60 g/亩～120 g/亩	喷雾	14
小菜蛾、菜青虫、斜纹夜蛾、甜菜夜蛾	发生期	4.5％高效氯氰菊酯乳油	50 mL/亩～60 mL/亩	喷雾	7
		16 000 IU/mg 苏云金杆菌可湿性粉剂	25 g/亩～50 g/亩	喷雾	—
注:农药使用以最新版本 NY/T 393 的规定为准。					

绿 色 食 品 生 产 操 作 规 程

LB/T 141—2020

西北地区绿色食品日光温室茄子
生产操作规程

2020-08-20 发布

2020-11-01 实施

中国绿色食品发展中心 发布

前　　言

本规程由中国绿色食品发展中心提出并归口。

本规程起草单位:陕西省农产品质量安全中心、西北农林科技大学、杨陵区农产品质量安全监管中心、青海省绿色食品办公室、宁夏回族自治区绿色食品发展中心。

本规程主要起草人:王转丽、林静雅、邹志荣、杨振超、王珏、程晓东、王璋、孙永、张海峰、史炳玲、常跃智。

西北地区绿色食品日光温室茄子生产操作规程

1 范围

本规程规定了西北地区绿色食品日光温室茄子生产的产地环境、主要茬口与品种选择、育苗、整地与定植、田间管理、病虫害防治、采收与储藏、生产废弃物处理及生产档案管理。

本规程适用于内蒙古中西部、西藏、陕西、甘肃、青海、宁夏的绿色食品日光温室茄子的生产。

2 规范性引用文件

下列文件对于本文件的应用是必不可少的。凡是注日期的引用文件，仅注日期的版本适用于本文件。凡是不注日期的引用文件，其最新版本（包括所有的修改单）适用于本文件。

GB 16715.3　瓜菜作物种子　第 3 部分：茄果类

NY/T 391　绿色食品　产地环境质量

NY/T 393　绿色食品　农药使用准则

NY/T 394　绿色食品　肥料使用准则

NY/T 655　绿色食品　茄果类蔬菜

NY/T 658　绿色食品　包装通用准则

NY/T 1056　绿色食品　储藏运输准则

3 产地环境

产地环境条件应符合 NY/T 391 的要求，基地选在远离城市、工矿区及主要交通干线，避开工业和城市污染源的影响，土壤条件要求地势平坦，排灌方便，土层深厚，理化性状良好，结构适宜。

4 主要茬口与品种选择

4.1 主要茬口

日光温室茄子主要分秋冬茬、越冬茬、冬春茬 3 个茬口，根据各地的环境条件、日光温室的设施状况以及市场情况的不同安排好适宜的茬口。

4.2 品种选用

选用抗病、耐寒、耐弱光、品质好、产量高的适合市场需求品种，目前较好的品种主要有茄冠、风眼、济杂长茄 1 号、郭庄长茄、青选长茄、布利塔等。

4.3 种子处理

4.3.1 种子质量

种子质量应符合 GB 16715.3 的要求。

4.3.2 晒种

播种前 15 d，晒种 1 d～2 d，剔除碎粒、秕粒、杂质等。

4.3.3 浸种

药剂浸种：用 0.1 亿 CFU/g 多黏类芽孢杆菌可湿性粉剂 300 倍液浸种 30 min，晾干后播种，然后将药液泼浇于苗床上。

温汤浸种：把种子放入 55 ℃温水中烫种 15 min，并不断搅动，水温降至 30 ℃后停止搅拌。继续浸种 8 h～10 h，捞出洗净。

4.3.4 催芽

将浸泡好的种子,捞出控干水分,用干净纱布包好。接穗种子置于 28 ℃～30 ℃的条件下催芽,砧木种子采取 30 ℃、8 h 和 20 ℃、16 h,反复进行变温处理,同时每天用清水冲洗 1 次。50％以上的种子"露白"后即可播种。

5 育苗

5.1 育苗床建造与选择

苗床应选在距定植地较近、地势稍高、排灌方便的中拱棚内或临时搭建拱棚,做成 1 m～1.2 m 宽的小高畦。也可直接采用营养钵育苗,营养钵直径 10 cm～12 cm。也可以工厂化育苗,用 72 孔穴盘营养基质育苗,营养基质中所含药物成分应符合 NY/T 393 的要求。

5.2 营养土配制

腐熟农家肥和大田熟土按 1∶2 的比例混合过筛,每立方米床土中加磷酸二铵 1 kg、硫酸钾 0.5 kg。

5.3 播种

一般 8 月上中旬播种。采用嫁接栽培时,育苗时间比普通栽培提前 6 d～8 d。每定植 1 亩茄子一般需要种子 60 g。采用嫁接栽培时,需用砧木种子 10 g。播种时用筷子头在营养块中部扎 1 cm 深的孔,每孔播发芽种子 1 粒,覆土 1.0 cm～1.5 cm 厚。如在播种过程中使用药剂杀菌,应符合 NY/T 393 的要求。

5.4 嫁接方法

采用劈接或斜切接法进行嫁接。选用托鲁巴姆、赤茄作砧木,当苗长至 5 片～6 片真叶、茎粗 0.5 cm时为嫁接适宜时期。

5.5 苗床管理

5.5.1 温度管理

出苗前棚内温度保持在白天气温 25 ℃～30 ℃,夜间 20 ℃～25 ℃,80％左右的相对湿度,5 d～7 d 后,大部分幼苗即可出土,通过逐步放风、覆盖遮阳网等措施进行降温,使白天气温在 25 ℃～28 ℃,夜间 18 ℃～20 ℃,相对湿度掌握在 65％左右,每隔 10 d～15 d,喷洒 1 次 500 倍的磷酸二氢钾叶面肥,定植前 7 d～10 d,温度控制在白天 20 ℃,夜间 10 ℃左右,不浇水。采用嫁接育苗时,在嫁接后的前 3 d 苗床密闭,使苗床内的空气湿度达到饱和状态,嫁接后第 4 d 逐渐降低湿度,可在清晨和傍晚湿度高时通风排湿,并逐渐增加通风时间和通风量,嫁接 9 d～10 d 后按一般苗床的管理方法进行管理。

5.5.2 光照管理

幼苗出土后,光照太强时,可用遮阳网适当遮阳。采用嫁接育苗时,在嫁接后的前 3 d,苗床应进行遮光,第 4 d 在清晨和傍晚除去覆盖物接受散射光各 30 min,以后逐渐增加光照时间,7 d 后只在中午前后遮光,10 d～12 d 后按一般苗床的管理方法进行管理。

5.5.3 分苗

采用育苗床育苗时,3 片真叶分苗。可将幼苗分入营养钵中,营养钵直径 10 cm～12 cm,每钵 1 苗。分苗后缓苗期间,午间适当遮阳。

5.5.4 其他管理

采用苗床育苗时,幼苗出土后应及时间苗,剔除带帽出土苗、畸形苗和过于拥挤处的弱小苗。嫁接育苗应及时摘除砧木上萌发的不定芽。嫁接苗成活后,应及时去掉嫁接夹或其他捆绑物。

6 整地与定植

6.1 整地

定植前 15 d～20 d 整地,结合整地,每亩施优质有机肥 4 000 kg～5 000 kg、过磷酸钙 100 kg、氮磷钾复合肥(15-15-15)40 kg～50 kg。有机肥一半撒施,一半沟施,化肥全部沟施,肥料深翻入土,并与土壤混匀。肥料施用应符合 NY/T 394 的要求。

6.2 定植

6.2.1 定植时间

日光温室秋冬茄子一般在8月下旬至9月上旬定植;越冬茄子一般在9月下旬至10月上旬定植;冬春茬茄子一般在2月上旬至2月下旬定植。

6.2.2 定植密度

采用平畦定植,之后培土成垄。畦宽70 cm～80 cm,畦间距70 cm～80 cm,株距40 cm～45 cm。每亩定植2 000株～2 200株。

6.2.3 定植方法

在定植畦内按株距挖穴,放苗坨,封穴后浇水。

7 田间管理

7.1 温湿度管理

定植后缓苗期间,白天室温25 ℃～35 ℃,夜间18 ℃～23 ℃,地温不低于25 ℃;缓苗后适当降低室温,白天25 ℃～30 ℃,夜间20 ℃左右;整个越冬期间,注意保持较高的室温,白天25 ℃～30 ℃的室温保持5 h以上:若午间室温达到32 ℃,可进行放风,下午室温降至25 ℃时,及时关闭放风口。夜间加强保温,严寒天气,适当增加覆盖物,夜温保持15 ℃～20 ℃,最低夜温不低于12 ℃;越冬后,通过放风口的打开和关闭,控制好室内温度,白天22 ℃～32 ℃,夜间15 ℃～22 ℃,阴雨天适当降低温度,白天室温22 ℃～27 ℃,夜间13 ℃～17 ℃。茄子生长期间,空气相对湿度以70%～80%为宜。

7.2 灌溉与追肥

定植时浇足底水,缓苗期一般不再浇水。缓苗水若浇的不足,室温又较高时,可浇水,但要跟上放风和中耕,防止植株生长过旺;"门茄"核桃大小时,中耕后,每亩施磷酸二铵20 kg～30 kg。并培土成垄。将垄面整平后,盖好地膜,于沟内浇透水。越冬期间,植株表现缺水时,选晴天于膜下灌水,每亩随水冲施尿素10 kg～15 kg;2月中旬至3月中旬,每12 d～15 d浇水1次,每次浇水配合冲施腐熟的有机肥,如豆饼水每亩用量80 kg～100 kg,间隔冲施速效氮肥1次,每次每亩用尿素10 kg。3月中旬以后,每7 d～8 d浇1次水,隔一水每亩施氮磷钾复合肥(15-15-15)10 kg～15 kg。

7.3 不透明覆盖物的管理

冬季上午揭不透明覆盖物的适宜时间,以揭开后室内气温无明显下降为准。晴天时,阳光照到采光屋面时及时揭开。及时清洁薄膜,保持较高的透光率。下午室温降至20 ℃左右时覆盖。深冬季节,可适当晚揭早盖。一般阴雨天,室内气温只要不下降,就应揭开草苫。大雪天,可在雪停清扫积雪后于中午短时揭开或随揭随盖。连续阴天时,可于午前揭开不透明覆盖物,午后早盖。久阴乍晴时,要陆续间隔揭开不透明覆盖物,不宜猛然全部揭开,以免叶面灼伤。揭开后若植株叶片发生萎蔫,应再覆盖,待植株恢复正常,再间隔揭开。

7.4 植株调整

"门茄"开花后,下部的侧芽及时抹去。采用单杆、双杆或三杆整枝,多余侧枝及时抹去。日光温室栽培植株易倒伏,应及时吊秧。生长中后期,及时摘除植株基部老叶、黄叶,改善通风透光条件。

7.5 保花保果

为防止落花落果和产生畸形果,在开花前后1 d～2 d,可使用2,4-D稀释液,用毛笔蘸药液涂花、涂花柄或将花蕾直接在稀释液中蘸2 s～3 s。或者采用熊蜂授粉,1箱/亩。

8 病虫害防治

8.1 防治原则

坚持"预防为主、综合防治"的原则,以农业防治、物理防治和生物防治为主,严格控制化学农药的使用。

8.2 主要病虫害

茄子的病害有黄萎病、青枯病、灰霉病、绵疫病等;虫害有白粉虱、蚜虫、红蜘蛛、蓟马、甜菜夜蛾等。

8.3 农业防治

针对当地主要病虫控制对象及地片连茬种植情况,有针对性地选用高抗多抗品种。创造适宜的生育环境:采取嫁接育苗,培育适龄壮苗,提高抗逆性;通过放风、增强覆盖、辅助加温等措施,控制各生育期温湿度,避免生理性病害发生;增施充分腐熟的有机肥,减少化肥用量;清洁棚室,降低病虫基数;及时摘除病叶、病果,集中销毁。

8.4 物理防治

运用黄板诱杀蚜虫。田间悬挂黄色粘虫板或黄色板条,其上涂一层机油,30块/亩~40块/亩。可用银灰色地膜覆盖驱避蚜虫。

8.5 生物防治

积极保护利用天敌,防治病虫害,如用瓢虫防治蚜虫,用丽蚜小蜂防治白粉虱等。使用植物源农药、农用抗生素、生物农药等防治病虫,防治方法参见附录A。

8.6 化学防治

农药使用应符合NY/T 393的要求。具体病虫害化学用药情况参见附录A。

9 采收与储藏

根据市场需求和茄子商品成熟度分批采收,采收过程应清洁、卫生、无污染。产品应符合NY/T 655的要求。包装应符合NY/T 658的要求。

储藏应符合NY/T 1056的要求。临时储藏应在阴凉、通风、清洁、卫生的条件下,防日晒、雨淋、冻害及有毒有害物质的污染。堆码整齐,防止挤压等损伤。运输期间不允许使用化学药品保鲜。储藏场所和运输工具要清洁卫生、无异味,禁止与有毒、有异味的物品混放混运。应有专用区域储藏并有明显标识。

10 生产废弃物处理

生产过程中,农药、投入品等包装袋应无害化处理,绿色食品生产中建议使用可降解地膜或无纺布地膜,减少对环境的危害。

11 生产档案管理

建立并保存相关记录,为生产活动可溯源提供有效的证据。记录主要包括以病虫草害防治、土肥水管理、花果管理等为主的生产记录,包装、销售记录,以及产品销售后的申、投诉记录等。记录至少保存3年。

附　录　A

（资料性附录）

西北地区绿色食品日光温室茄子生产主要病虫害化学防治方案

西北地区绿色食品日光温室茄子生产主要病虫害化学防治方案见表 A.1。

表 A.1　西北地区绿色食品日光温室茄子生产主要病虫害化学防治方案

防治对象	防治时期	农药名称	使用剂量	施药方法	安全间隔期,d
黄萎病	移栽定植时、发病初期时	10 亿芽孢/g 枯草芽孢杆菌可湿性粉剂	灌根:300 倍～400 倍液;药土法:2 g/株～3 g/株	灌根或药土法	—
青枯病	发生期	20 亿芽孢/g 蜡质芽孢杆菌可湿性粉剂	100 倍～300 倍液	灌根	—
青枯病	播种、假植、移栽定植和初发病时	0.1 亿 CFU/g 多黏类芽孢杆菌可湿性粉剂	300 倍液	浸种	—
			0.3 g/m²	苗床泼浇	
			1 050 g/亩～1 400 g/亩	灌根	
灰霉病	发病初期	硫黄·多菌灵可湿性粉剂（硫黄 20%、多菌灵 30%）	135 g/亩～166 g/亩	喷雾	3
白粉虱	苗期(定植前 3 d～5 d)	25%噻虫嗪水分散颗粒剂	喷雾:7 g～15 g/亩	喷雾	3
			灌根:0.12 g/株～0.2 g/株,2 000 倍～4 000 倍液	灌根	7
	害虫幼(若)虫始盛期	200 g/L 吡虫啉	15 mL/亩～30 mL/亩	喷雾	3
蚜虫	发生初期	1.5%苦参碱可溶液剂	30 mL/亩～40 mL/亩	喷雾	10
红蜘蛛	害虫低龄幼虫期	0.5%藜芦碱可溶液剂	120 mL/亩～140 g/亩	喷雾	10
蓟马	害虫低龄幼虫期	0.5%藜芦碱可溶液剂	70 mL/亩～80 mL/亩	喷雾	10
	发生高峰前	60 g/L 乙基多杀菌素悬浮剂	10 mL/亩～20 mL/亩	喷雾	5
	发生初期	25 g/L 多杀霉素悬浮剂	67 mL/亩～100 mL/亩	喷雾	3
甜菜夜蛾	产卵高峰期至低龄幼虫盛发初期	300 亿 PIB/g 甜菜夜蛾核型多角体病毒水分散粒剂	2 g/亩～5 g/亩	喷雾	—

注:农药使用以最新版本 NY/T 393 的规定为准。

绿 色 食 品 生 产 操 作 规 程

LB/T 142—2020

西北地区绿色食品拱棚茄子
生产操作规程

2020-08-20 发布

2020-11-01 实施

中国绿色食品发展中心 发布

前　言

本规程由中国绿色食品发展中心提出并归口。

本规程起草单位:陕西省农产品质量安全中心、西北农林科技大学、陕西省咸阳市农业科学研究院蔬菜中心、内蒙古自治区农畜产品质量安全监督管理中心、西藏自治区农畜产品质量安全检验检测中心。

本规程主要起草人:程晓东、王璋、邹志荣、丁明、林静雅、王转丽、王珏、李会民、孙晓强、郝贵宾、黄鹏程。

西北地区绿色食品拱棚茄子生产操作规程

1 范围

本规程规定了西北地区绿色食品拱棚茄子生产的产地环境、拱棚结构、栽培季节、品种选择、育苗、整地作畦、定植、定植后管理、病虫害防治、采收、储藏、生产废弃物处理和生产档案管理。

本规程适用于内蒙古中西部、西藏、陕西、甘肃、青海、宁夏的绿色食品拱棚茄子生产。

2 规范性引用文件

下列文件对于本文件的应用是必不可少的。凡是注日期的引用文件,仅注日期的版本适用于本文件。凡是不注日期的引用文件,其最新版本(包括所有的修改单)适用于本文件。

GB 16715.3 瓜菜作物种子 第 3 部分:茄果类

NY/T 391 绿色食品 产地环境质量

NY/T 393 绿色食品 农药使用准则

NY/T 394 绿色食品 肥料使用准则

NY/T 655 绿色食品 茄果类蔬菜

NY/T 658 绿色食品 包装通用准则

NY/T 1056 绿色食品 储藏运输准则

3 产地环境

产地环境条件应符合 NY/T 391 的要求,选择在无污染和生态条件良好的地区。基地选点应远离工矿区和公路铁路干线,避开工业和城市污染源的影响,地块应土壤肥沃,土层深厚,灌排便利。以土质疏松、肥沃、通气良好的壤土和沙壤土为宜。

4 拱棚结构

宜选择结构合理、性能优良,适合当地条件塑料薄膜覆盖的拱棚。跨度 6 m～20 m,脊高 2 m～6 m,长度不限。

5 栽培季节

西北地区拱棚茄子生产主要是早春栽培和秋延迟栽培。

6 品种选择

6.1 选择原则

选用优质、丰产、抗病性强、适应性广、商品性好、符合市场消费习惯的品种。种子质量符合 GB 16715.3 的要求。

6.2 品种选用

早春栽培可选用布利塔、长征 3 号、世纪长茄 566 等绿蒂品种,大龙、世纪长茄 1312、济杂娇子等紫蒂品种,世纪快圆等圆茄品种;秋延迟栽培可选用 765、长征 3 号、世纪长茄 566 等绿蒂品种,大龙、世纪长茄 1312、黑帅等紫蒂品种,世纪快圆等圆茄品种。

7 育苗

7.1 育苗方式

可选用苗床或穴盘育苗,早春栽培育苗宜在日光温室内进行;秋延迟栽培育苗应在具有避雨降温条件的设施内进行。苗床选择背风向阳、地势稍高的地方。

7.2 营养土或基质配制

苗床营养土用肥沃大田土 6 份,充分腐熟的优质农家肥 4 份,每立方米营养土加入氮磷钾复合肥料(15-15-15)1 kg,50% 多菌灵可湿性粉剂 80 g,混匀过筛。穴盘育苗基质选用优质草炭、蛭石、珍珠岩,三者按体积比 6∶3∶1 配制,每立方米基质加入 50% 多菌灵可湿性粉剂 0.2 kg,搅拌均匀待用。或选用商品专用育苗基质。

7.3 播种期

早春栽培一般 12 月上旬播种,采用嫁接栽培时,砧木 10 月中旬播种,接穗 11 月下旬播种。秋延迟栽培一般 6 月上中旬播种,采用嫁接栽培时砧木 6 月上旬播种,接穗 7 月上旬播种。

7.4 种子处理

将晒干的种子放入 50 ℃～55 ℃ 的热水中不断搅拌,使种子受热均匀,待水温降到 30 ℃ 以下停止搅拌,浸种 6 h～8 h。将浸泡好的种子洗净表面黏液,用湿纱布包好,放置在 28 ℃～30 ℃ 的环境中催芽,每天用温水淘洗 2 次,待 60%～70% 的种子露白时播种。

7.5 播种

苗床覆盖 5 cm 厚的营养土,整平,播种前浇足底水。将种子拌细沙均匀撒播,播后覆盖 0.5 cm～1 cm 厚的营养土。穴盘育苗,接穗用 50 孔或 72 孔穴盘,砧木用 32 孔或 50 孔穴盘,穴内装入含水量 60%～70% 的茄子专用商品基质,每穴播 1 粒种子,砧木播种深度 1 cm,接穗播种深度 0.6 cm～0.8 cm,播后覆盖消毒蛭石,淋透水。

7.6 播种量

每亩栽培用种量 15 g。嫁接栽培,砧木每亩用种 3 g～4 g。

7.7 苗床管理

7.7.1 分苗

苗床育苗,当幼苗长至 2 片真叶时,移入营养钵,每钵 1 株。冬季应选晴天进行,夏季应选阴天进行。分苗后浇足水。

7.7.2 温度

早春育苗,播种后,白天温度控制在 25 ℃～30 ℃,夜间 20 ℃～25 ℃。幼苗出土后,逐步放风降温,白天温度控制在 25 ℃～28 ℃,夜间 18 ℃～20 ℃。当真叶出现后,白天保持气温 25 ℃～30 ℃,夜间 20 ℃～23 ℃。夏季育苗应在防雨棚内进行,晴天中午加盖遮阳网降温,定植前 7 d 适当炼苗。

7.7.3 肥水

以中午前浇水为宜,15:00 以后不宜浇水。阴雨天日照不足,湿度高,不宜浇水。苗床边缘的穴盘、或穴盘边缘孔穴的幼苗易失水,要及时补水。

7.7.4 嫁接

砧木苗 4 片～5 片叶、接穗苗 3 片～4 片叶时采用靠接或劈接法嫁接。嫁接后 7 d 遮光保湿,成活后正常管理。

7.8 壮苗标准

植株健壮,无病虫害和机械损伤,子叶完整,具有 4 片～5 片真叶,叶片肥厚,节间短,株高 15 cm～18 cm,根系发达。

8 整地作畦

每亩施充分腐熟的优质农家肥 3 000 kg～4 000 kg、氮磷钾复合肥料(15－15－15)50 kg。肥料施用应符合 NY/T 394 的要求。定植前 15 d 整地,深翻 25 cm～30 cm,耙平后作平畦,畦面宽 90 cm,畦间宽 60 cm。早春栽培定植前 5 d,在棚内加盖一层薄膜,并关闭拱棚放风口。秋延迟栽培定植前,棚上部加盖一层遮阳网。拱棚两侧风口用防虫网挡严。

9 定植

9.1 定植时间

早春栽培,2月下旬定植。秋延迟栽培,7月下旬定植。

9.2 定植密度

早春栽培,每亩定植 1 600 株～1 800 株。秋延迟栽培,每亩定植 1 900 株。

9.3 定植方法

在定植畦内开穴带坨移栽,栽后立即浇水。早春栽培宜选晴天进行,秋延迟栽培宜选阴天或傍晚进行。穴盘苗用 50% 多菌灵 800 倍液蘸根。

10 定植后管理

10.1 温度

早春栽培,定植后 7 d 内,温度不宜超过 32 ℃。缓苗后,白天温度保持在 23 ℃～28 ℃,夜间 15 ℃～18 ℃。秋延迟栽培,定植后 5 d 内遮阳降温和保湿,生长前期白天温度控制在 23 ℃～28 ℃,夜间 15 ℃～18 ℃,9月中旬后注意保温。

10.2 肥水

坐果前保持土壤适度干燥,一般不浇水。门茄采收后,早春栽培每 7 d～10 d 浇 1 次水;秋延迟栽培每 10 d～15 d 浇 1 次水。结合浇水,每亩冲施大量元素水溶肥料(20－5－30)5 kg。

10.3 植株调整

早春栽培采用三杆整枝,秋延迟栽培采用双杆整枝,用细绳盘绕吊枝。侧枝上出现花朵时,花前留2 片叶摘心。及早疏除无花侧枝。生长中后期摘除中下部老黄叶片。

11 病虫害防治

11.1 防治原则

按照"预防为主、综合防治"的植保方针,坚持以"农业防治、物理防治、生物防治为主,化学防治为辅"的防治原则。

11.2 主要病虫害

黄萎病、灰霉病,蚜虫、粉虱、蓟马。

11.3 防治措施

11.3.1 农业防治

选用抗(耐)病优良品种;实行轮作换茬;中耕除草,清洁田园,降低病虫源基数;培育无病壮苗,温烫浸种,嫁接育苗防治黄萎病。

11.3.2 物理防治

棚内悬挂黄色、蓝色粘虫板诱杀害虫。规格为 25 cm×40 cm,每亩悬挂 30 块～40 块,悬挂高度与植株顶部持平或高出 10 cm。铺设银灰色地膜或挂银灰色膜条驱避蚜虫。

11.3.3 生物防治

可用枯草芽孢杆菌(1 000 亿芽孢/g)800 倍液喷雾防治病害。可用 1.5% 苦参碱可溶液剂

30 mL/亩～40 mL/亩喷雾防治害虫。

11.3.4 化学防治

农药使用应符合 NY/T 393 的要求。主要病虫害化学防治方法参见附录 A。

12 采收

当萼片与果实相连处的白色环状带(俗称茄眼)不明显时,即可采收。一般从开花到采收需 18 d～22 d,门茄、对茄适当早收。产品应符合 NY/T 655 的要求。

13 储藏

临时储藏应在阴凉、通风、清洁、卫生的条件下,防日晒、雨淋、冻害及有毒有害物质的污染。堆码整齐,防治挤压等损伤。储藏运输准则应符合 NY/T 1056 的要求。包装应符合 NY/T 658 的要求。

14 生产废弃物处理

及时回收废旧地膜、农药包装物;生产中整理的枝叶和拔秧后的秸秆及时运出田园,粉碎后发酵堆肥。

15 生产档案管理

生产者需建立生产档案,记录品种、施肥、病虫草害防治、采收以及田间操作管理措施;所有记录应真实、准确、规范,可追溯;生产档案应由专人专柜保管,至少保存 3 年。

附　录　A
（资料性附录）
西北地区绿色食品拱棚茄子病虫害化学防治方案

西北地区绿色食品拱棚茄子病虫害化学防治方案见表 A.1。

表 A.1　西北地区绿色食品拱棚茄子病虫害化学防治方案

防治对象	防治时期	农药名称	使用剂量	施药方法	安全间隔期,d
灰霉病	发病初期	硫黄多菌灵可湿性粉剂（硫黄 20%＋多菌灵 30%）	135 g/亩～166 g/亩	喷雾	3
黄萎病	发病前或发病初期	10 亿芽孢/g 枯草芽孢杆菌	灌根:300 倍～400 倍液；药土法:2 g/株～3 g/株	灌根或药土法	—
蚜虫	发生初期	1.5%苦参碱可溶液剂	30 mL/亩～40 mL/亩	喷雾	10
粉虱	达到防治指标时	10%吡虫啉可湿性粉剂	10 g/亩～20 g/亩	喷雾	7
蓟马	害虫低龄幼虫期	0.5%藜芦碱可溶液剂	70 mL/亩～80 mL/亩	喷雾	7
		25 g/L 多杀霉素悬浮剂	67 mL/亩～100 mL/亩	喷雾	3
注:农药使用以最新版本 NY/T 393 的规定为准。					

———————————

绿 色 食 品 生 产 操 作 规 程

LB/T 143—2020

高海拔高纬度地区绿色食品夏秋
露地芹菜生产操作规程

2020-08-20 发布

2020-11-01 实施

中国绿色食品发展中心　发布

前　言

本规程由中国绿色食品发展中心提出并归口。

本规程起草单位：湖北省农业科学院经济作物研究所、湖北省绿色食品管理办公室、湖北省蔬菜办公室、湖北省荆门市绿色食品管理办公室、安徽省农业科学院园艺研究所、贵州省绿色食品发展中心、河南省绿色食品发展中心、黑龙江省绿色食品发展中心、内蒙古自治区阿拉善盟农畜产品质量安全监督管理中心、新疆维吾尔自治区农产品质量安全中心、湖北省荆州市农业技术推广中心、湖北省通山县农业农村局。

本规程主要起草人：邓晓辉、周先竹、甘彩霞、崔磊、胡军安、郭征球、杨远通、胡正梅、别之龙、李大勇、张宏洲、喻小兵、刘才宇、张剑勇、樊恒明、刘培源、吴芳、赵芙蓉、夏有杰。

高海拔高纬度地区绿色食品夏秋露地芹菜生产操作规程

1 范围

本规程规定了高海拔高纬度地区绿色食品夏秋露地芹菜的产地环境、品种选择、栽培季节、育苗、大田直播、定植、田间管理、采收、运输与储藏、生产废弃物处理及生产档案管理。

本规程适用于北纬 42°以北地区（包括内蒙古北部、黑龙江中北部和新疆）和北纬 42°以南但海拔在 600 m 以上地区（包括湖北高山地区、云南高山地区和云贵高原）的绿色食品夏秋露地芹菜的生产。

2 规范性引用文件

下列文件对于本文件的应用是必不可少的。凡是注日期的引用文件，仅注日期的版本适用于本文件。凡是不注日期的引用文件，其最新版本（包括所有的修改单）适用于本文件。

GB/T 8946 塑料编织袋通用技术要求

GB 16715.5 瓜菜作物种子 第 5 部分：绿叶菜类

NY/T 391 绿色食品 产地环境质量

NY/T 393 绿色食品 农药使用准则

NY/T 394 绿色食品 肥料使用准则

NY/T 658 绿色食品 包装通用准则

NY/T 743 绿色食品 绿叶类蔬菜

NY/T 1056 绿色食品 储藏运输准则

3 产地环境

生产基地环境应符合 NY/T 391 的要求，要求连续 3 年未种植过同科作物、土壤疏松肥沃、排灌便利、坡度在 25°以下、相对集中连片、距离公路主干线 100 m 以上、交通方便。

4 品种选择

4.1 选择原则

芹菜有本芹（中国品种）和西芹两大类型，本芹以叶柄颜色分白色种和青色种。首先确定芹菜类型，然后选择品种。宜选用抗病性和抗逆性强、优质、高产、适应市场需求的露地芹菜品种。

4.2 品种选用

选择植株直立性强、株型紧凑，长势较强、分枝不多、抽薹偏晚的品种。本芹主要有福州长乐芹、金于夏芹和铁杆青芹等；西芹主要有绿剑、皇后、文图拉、皇妃和加州王等。本芹与西芹杂交类型的有半白芹和玻璃脆等。

4.3 种子处理

种子质量应符合 GB 16715.5 中的要求。种子采用温汤浸种或用符合 NY/T 393 要求的种衣剂处理，消灭种子带菌及虫卵，防治地下害虫危害。秋茬种子必须经低温处理。播前要浸种催芽，先用清水浸泡种子 24 h，再用手就清水揉搓、冲洗后摊开，待种子上水分稍干后，用湿布包好，置于 15 ℃～20 ℃处催芽。催芽过程中每天用清水把种子清洗 1 次。约 7 d 后露白，待 60%～80% 种子露白时即可播种。

5 栽培季节

5.1 夏茬

大田直播一般在 3 月至 5 月上中旬播种,7 月下旬至 8 月中下旬陆续收获。育苗移栽芹菜于 2 月～4 月育苗,4 月中下旬至 5 月中下旬定植于大田,一般在 6 月下旬至 8 月陆续收获。

5.2 秋茬

育苗移栽芹菜于一般在 5 月至 7 月上旬育苗,8 月中下旬定植于大田,10 月中下旬陆续收获。高纬度地区芹菜秋茬宜使用育苗移栽,不适宜直播。

6 育苗

6.1 夏茬

6.1.1 苗床准备

苗床应选择地势高、排灌通畅、土层疏松、土质肥沃的地块,沙壤土最好。苗床宜用经无害化处理的农家肥或商品有机肥作基肥,亩施有机肥 800 kg～1 200 kg。深耕细作,播种前将畦床拍平,然后浇足底墒水。

6.1.2 播种

本芹播种量为 250 g/亩～300 g/亩,西芹播种量为 40 g/亩～120 g/亩。2 月～3 月为适宜的播种期。可撒播或条播。育苗分苗床育苗和穴盘育苗。苗床育苗宜湿法播种,先在细土厚度为 3 cm 以上的苗床上浇足底水,水渗进苗床后,把掺沙的种子按每平方米 2 g 均匀地撒在苗床上,然后覆土,覆土要薄而均匀,一般厚度为 0.5 cm,播种后覆盖遮阳网保湿。穴盘育苗播种,可用播种机或手持播种器给穴盘定量播种、洒水和覆盖基质,再置于 15 ℃～20 ℃处催芽出苗,出土后将穴盘排放在温室移动式育苗床上,摆放整齐。

6.1.3 苗床管理

苗床要一直保持湿润,根据天气情况,一般每隔 1 d～2 d,在早上或黄昏时小水轻轻喷浇,浇水持续到苗出齐。

芹菜苗期人工拔草。幼苗 2 叶时,按照苗距 1 cm 拔除弱苗、病苗。幼苗 3 片～4 片叶时,宜分苗 1 次,苗距 8 cm～10 cm,分苗宜加盖遮阳网保湿,成活后适当中耕,亩追施尿素 9 kg～10 kg,培育壮苗。

6.2 秋茬

6.2.1 苗床准备

同 6.1.1。

6.2.2 播种

4 月～5 月播种。采用避雨棚育苗,棚四周挖好排水沟,及时覆盖遮阳网。

6.2.3 苗床管理

7 月～8 月温度高,通过覆盖遮阳网调节温度,小水勤浇,保持畦面湿润;当幼苗 1 片～2 片真叶时,浇水后应向畦面撒一层细土,将露出地面的苗根盖住,每次浇水应在早晚气温低时浇水。

6.3 炼苗

定植前 6 d～7 d 要逐渐去掉遮阳网并减少浇水,开始炼苗。

7 大田直播

当 3 月中下旬至 6 月上旬晚霜过后,其间平均地温稳定在 10 ℃以上、夜温不低于 5 ℃、10 cm 深土壤温度保持在 10 ℃以上时开始播种。播种前根据地块作畦,畦宽 1.8 m～2.4 m,提前 3 d～5 d 浇 1次透水,以浇水后地面不积水、土壤湿润为宜;每畦播种 6 行～8 行(行距 30 cm),先在畦面上打小穴

（直径 7 cm,深 3 cm）,穴距 20 cm,每穴 8 粒~12 粒,播完后立即覆盖 3 mm~5 mm 厚的河床细沙,并及时推平压实;然后用幅宽 1.2 m、厚 0.01 mm 的地膜全地面覆盖,或无膜栽培、遮阳网覆盖直至幼苗全苗。

8 定植

8.1 整地施肥

肥料使用应符合 NY/T 394 的要求。深耕土地;每亩撒施有机肥 600 kg~1 000 kg、南方宜用 45% 氮磷钾硫基复合肥(N+P$_2$O$_5$+K$_2$O=15:15:15)30 kg~40 kg 作基肥,北方宜用 64% 磷酸二铵 20 kg~30 kg 作基肥,再翻耕作垄。垄宽 0.9 m~1.0 m,沟宽 0.3 m~0.4 m。

8.2 定植时间

苗床幼苗长到 5 片~7 片叶,苗高 15 cm~18 cm 时,即可定植。

夏茬 5 月至 6 月上中旬定植;秋茬 8 月~9 月定植。

8.3 定植密度

本芹单株定植,每畦栽 6 行,株距 7 cm~8 cm,密度 5 万株/亩~7 万株/亩。西芹单株定植,行距 35 cm~40 cm,株距 25 cm~30 cm,密度为 6 000 株/亩~10 000 株/亩。定植时要稍微浅植,深度以"浅不露根、深不淤心"为宜。

9 田间管理

9.1 肥水管理

定植后及时浇定根水,气温高、光照强的区域宜用遮阳网覆盖。遇上连续高温干旱,定植时覆盖的遮阳网宜持续覆盖一段时间遮阳保苗。缓苗阶段(栽后 1 d~10 d),每天早上或黄昏应小水浇苗;缓苗后少浇水,进行 20 d 左右的蹲苗,浇水时及时追肥,亩施硫酸铵或尿素 6 kg~8 kg;旺盛生长期要保持土壤湿润,勤施薄施追肥,结合浇水及时追肥 2 次~3 次,每次每亩施用尿素 5 kg~7 kg。

9.2 病虫害防治

9.2.1 防治原则

预防为主、综合防治,优先采用农业措施、物理防治、生物防治,科学合理地配合使用化学防治。不应使用国家明令禁止的高毒、高残留、高生物富集性、高三致(致畸、致癌、致突变)农药及其混配农药。农药施用严格执行 NY/T 393 的要求。严格执行农药安全间隔期。

9.2.2 常见病虫害

芹菜主要病害有根腐病、灰霉病、立枯病、花叶病、叶斑病、斑枯病和软腐病等,主要虫害有蚜虫、斑潜蝇等。

9.2.3 防治措施

9.2.3.1 农业防治

选用抗(耐)病优良品种。合理布局,实行 3 年~4 年轮作倒茬,加强中耕除草,清洁田园,降低病虫草害基数。

9.2.3.2 物理防治

覆盖银灰膜驱避蚜虫;设置黄板诱杀有翅蚜,每亩悬挂黄色粘虫板 30 块~40 块;设置蓝板诱杀蓟马,方法与黄板一致。

斑潜蝇等虫害可用频振式杀虫灯、黑光灯、高压汞灯和双波灯诱杀。

9.2.3.3 生物防治

运用害虫天敌防治害虫,如释放捕食螨、寄生蜂等。保护天敌,创造有利于天敌生存的环境条件,选择对天敌杀伤力低的农药。释放潜蝇姬小蜂或小花蝽防治斑潜蝇。

9.2.3.4 化学防治

合理混用、轮换、交替用药,防止和推迟病虫害抗性的发生和发展。宜采用附录 A 介绍的方法。

10 采收

产品质量应符合 NY/T 743 的要求。当株高 60 cm～80 cm 时即可开始陆续采收上市。同时去掉黄叶和有病虫斑的叶片,然后进行分级包装。采收后及时清理田间根茬、病残叶等。

11 运输与储藏

11.1 标识与标签

包装上应标明产品名称、产品的标准编号、商标(如有)、相应认证标识、生产单位(或企业)名称、详细地址、产地、规格、净含量和包装日期等,标识上的字迹应清晰、完整、准确。

11.2 包装

包装应符合 NY/T 658 的要求,包装袋符合 GB/T 8946 的要求。用于产品包装的容器如塑料袋等须按产品的大小规格设计,同一规格大小一致,整洁、干燥、牢固、透气、美观、无污染、无异味,内壁无尖突物,无虫蛀、腐烂、霉变等现象。按产品的品种、规格分别包装,同一件包装内的产品需摆放整齐紧密。每批产品所用的包装、单位净含量应一致。

11.3 储藏

储藏应符合 NY/T 1056 的要求。按品种、规格分别储存。冷库储藏适宜温度为 0 ℃～2 ℃,适宜相对湿度为 90%～95%。库内堆码应保证气流均匀流通,不挤压。

11.4 运输

运输应符合 NY/T 1056 的要求。运输前应进行预冷,运输过程中要保持适当的温度和湿度,注意防冻、防淋、防晒、通风散热。

12 生产废弃物处理

生产过程中,农药、肥料等投入品的包装袋和农膜应集中回收,进行循环利用或无害化处理。对废弃的露地芹菜叶片和残次品采用粉碎还田或堆沤还田等方式进行资源化利用。

13 生产档案管理

应建立纸质和电子生产档案,记录产地环境条件、品种、施肥、浇水、病虫害防治、采收以及田间操作等管理措施;所有记录应真实、准确、规范;档案应由专人专柜保管,至少保存 3 年,做到产品生产可追溯。

附　录　A

（资料性附录）

高海拔高纬度地区绿色食品露地芹菜生产主要病虫害化学防治方案

高海拔高纬度地区绿色食品露地芹菜生产主要病虫害化学防治方案见表 A.1。

表 A.1　高海拔高纬度地区绿色食品露地芹菜生产主要病虫害化学防治方案

防治对象	防治时期	农药名称	使用剂量	施药方法	安全间隔期，d
蚜虫	发生期	10%吡虫啉可溶液剂	10 g/亩～20 g/亩	喷雾	7
		5%啶虫脒乳油	24 mL/亩～36 mL/亩	喷雾	7
		25%噻虫嗪水分散粒剂	4 g/亩～8 g/亩	喷雾	7
霜霉病	发生初期	40%三乙膦酸铝可湿性粉剂	235 g/亩～470 g/亩	喷雾	7
叶枯病、斑枯病、叶斑病	发生期	10%苯醚甲环唑水分散粒剂	35 g/亩～45 g/亩	喷雾	5
根腐病	发生期	80%代森锌可湿性粉剂	80 g/亩～100 g/亩	喷雾	7
注:农药使用以最新版本 NY/T 393 的规定为准。					

绿 色 食 品 生 产 操 作 规 程

LB/T 144—2020

绿色食品物理压榨花生油
生产操作规程

2020-08-20 发布

2020-11-01 实施

中国绿色食品发展中心 发布

前　　言

本规程由中国绿色食品发展中心提出并归口。

本规程起草单位:山东省农业科学院农业质量标准与检测技术研究所、山东省绿色食品办公室、青岛长生集团股份有限公司、金胜粮油集团有限公司。

本规程主要起草人:张丙春、刘宾、刘学锋、矫明佳、张红、鲁源、赵玉华、裴宗飞、董燕婕。

绿色食品物理压榨花生油生产操作规程

1 范围

本规程规定了绿色食品物理压榨花生油的术语和定义、一般要求、原料要求、生产工艺、平行生产管理、生产废弃物处理、储藏与运输和生产档案管理。

本规程适用于绿色食品物理压榨花生油的生产。

2 规范性引用文件

下列文件对于本文件的应用是必不可少的。凡是注日期的引用文件，仅注日期的版本适用于本文件。凡是不注日期的引用文件，其最新版本（包括所有的修改单）适用于本文件。

GB/T 191　包装储运图示标志

GB 1534　花生油

GB 5491　粮食、油料检验　扦样、分样法

GB 8955　食品安全国家标准　食用植物油及其制品生产卫生规范

GB 14881　食品安全国家标准　食品生产通用卫生规范

NY/T 391　绿色食品　产地环境质量

NY/T 420　花生及制品

NY/T 658　绿色食品　包装通用准则

NY/T 751　绿色食品　食用植物油

NY/T 1055　绿色食品　产品检验规则

NY/T 1056　绿色食品　储藏运输准则

3 术语和定义

下列术语和定义适用于本文件。

3.1

物理压榨花生油

利用物理压力将油脂直接从清理破碎后的花生仁中压榨分离、采用天然过滤提纯技术制取的，保留了花生原有气味、滋味和营养物质的可食用花生油。

3.2

蒸坯

生坯经过湿润、加热等处理，使其内部结构发生一定的物理化学变化转变为熟坯的过程。

4 一般要求

4.1　选址及厂区环境、厂房和车间、设施与设备、生产卫生管理、原料和生产过程的食品安全控制应符合 GB 14881 和 GB 8955 的要求。

4.2　生产厂区空气质量应符合 NY/T 391 的要求。选择生态环境良好、无污染的地区，远离工矿区和道路、铁路干线，避开污染源。保证生产基地可持续生产，不污染环境或周边其他生物。

5 原料要求

5.1　应选用当季绿色食品花生。花生应来自获证绿色食品企业、合作社等主体，或全国绿色食品花生标准化生产基地。

5.2 原料花生感官除符合 NY/T 420 的要求外,还应符合:纯仁率≥71.0%,不完善果≤5.0%,损坏果≤0.5%,一般性杂质≤0.7%,恶性杂质不得检出。

5.3 理化指标应符合 NY/T 420 的相关要求:脂肪≥48.0%,酸价(以脂肪计)≤3.0 mg/g,含水量≤10.0%。

5.4 应按 GB 5491 的要求对每批次原料进行抽样检验,检验合格。花生应无可能危害健康的微生物、寄生虫和微生物源物质。

5.5 原料验收时,应拒收有虫害或霉菌生长迹象的花生。拒收的花生原料应销毁或尽快与检验合格的原料隔离,每批原料加工前应获知黄曲霉毒素检测结果。应尽可能快地将原料转移至加工区立刻加工。

5.6 预先储存的原料,应保持在防污染、防侵染和最小变质条件下。不立刻使用的花生原料应储存在防侵染和防霉菌生长的条件下。

5.7 影响花生原料储藏期、品质或风味的产品不应与花生原料储存在同一房间或隔间内。

5.8 花生原料应包装于干净的黄麻袋子、纸箱或聚丙烯袋子内,不得使用盛装过化学类物料的包装。若使用黄麻,确保袋子未用无机羟基润滑油处理。

6 生产工艺

6.1 脱壳

采用齿辊式、锤击式或圆盘剥壳机对花生原料进行机械剥壳,同时进行仁壳分离。确保脱壳过程中无外来物质和污染。若直接使用花生仁原料,本工序在实际生产过程中可酌情删减。

6.2 花生仁清理

6.2.1 应用适当的筛选设备、风选设备和磁选设备及相应工艺,以去除花生仁中的壳碎屑、脱落的花生红衣等一般性杂质和金属杂质等。

6.2.2 应用适当的花生仁色选设备及工艺,以去除花生仁中霉变粒、变色粒和异色粒。色选机的色选精度≥99%。

6.2.3 获得的原料花生仁除符合 NY/T 420 的要求外,还应符合:纯质率≥96.0%、不完善粒≤4.0%、损坏粒≤0.5%、一般性杂质≤0.1%,恶性杂质不得检出。

6.2.4 原料花生仁的理化指标应符合 NY/T 420 中油用花生仁的相关要求:脂肪≥48.0%、酸价(以脂肪计)≤3.0 mg/g,含水量≤8.0%。

6.3 花生仁脱种皮(仅适用于低温物理压榨花生油)

采用 60 ℃~80 ℃低温热风干燥,随后迅速冷却至室温,进入脱皮机内脱花生种皮,通过设备自带风选功能将红衣和仁分离。脱皮率应≥95.0%。

6.4 花生仁炒籽(仅适用于物理压榨浓香花生油)

6.4.1 在保证浓香花生油香味和质量安全的前提下,对花生仁进行适度焙炒。炒籽温度应≤160 ℃,炒籽时间应≤40 min。根据炒籽设备技术参数确定炒籽时间,要求炒籽均匀,避免局部过热,不焦煳不夹生,及时吸风降温并去除炒籽过程中脱落的花生红衣。

6.4.2 宜采用清洁能源,如天然气等加热介质炒籽。绿色食品花生油生产,不宜采用导热油加热,以防导热油渗透花生籽造成污染。

6.5 花生仁破碎

应用牙板式、对辊式或齿辊式破碎设备破碎花生仁。破碎粒度 4 瓣~8 瓣,过 20 目筛的粉末限量应≤5.0%。

6.6 轧坯

应用适当的轧坯设备及工艺,将破碎的花生粒碾轧成薄坯,生坯厚度 0.3 mm~0.8 mm,坯厚均匀,不漏油,粉末度≤3.0%。

6.7 调质(仅适用于低温物理压榨花生油)

应用适当的调质设备,在调质温度≤60 ℃的温度条件下,对轧坯后的生坯物料进行调质,使生坯物料最终含水率为4%~8%。本工序实际生产过程中可酌情删减。

6.8 蒸坯和炒坯(仅适用于物理压榨浓香花生油)

6.8.1 采用湿润蒸炒法对花生仁生坯进行蒸坯和炒坯。本工序在实际生产过程中可酌情删减。

6.8.2 利用添加水分或直接喷入蒸汽的方法对生坯进行润湿,可采用层式或卧式蒸炒锅,将生坯均匀平铺。湿润时应均匀加水、充分搅拌,使料坯与水分接触充分,保证料坯湿润均匀。润湿技术参数为:
——润湿含水量13%~14%,最高不应超过15%~17%;
——装料量80%~90%;
——润湿终温85 ℃~100 ℃。

6.8.3 蒸坯时应蒸透,关闭蒸锅排气孔保持其密闭,保证蒸汽质量和流量稳定,上汽均匀,防止水分散失,保证料坯内外温度水分一致。蒸好后一捻见油。蒸坯技术参数为:
——蒸坯时间50 min~60 min;
——装料量80%~90%;
——蒸坯终温95 ℃~120 ℃;
——出料含水量5%~8%。

6.8.4 炒坯应炒熟。炒坯时,应打开蒸炒锅排气孔尽快排除料坯中的水分,保证各层蒸锅合理排气,加热去水,以满足料坯高温低水的入榨要求。炒坯技术参数为:
——炒坯时间30 min;
——装料量40%;
——出料温度125 ℃~130 ℃;
——出料含水量1%~2.8%。

6.8.5 蒸坯和炒坯全过程一般为90 min~120 min。应保证适宜的蒸炒时间使料坯内部发生完善的变化,以利于油脂从油料中分离,提高毛油质量。

6.8.6 蒸炒时应生熟度均匀,不生、不焦、不结皮;颗粒度均匀一致不结团;可塑性均匀,塑性和弹性适宜。

6.8.7 蒸炒时应进出料速度均匀,蒸炒锅各层存料高度均匀,料门控制机构灵活可靠,加热充分均匀。

6.9 压榨

6.9.1 利用机械外力挤压作用使油脂从榨料中挤压出来。根据不同榨油机类型及花生油产品种类采用相应的压榨工艺条件。

6.9.2 低温物理压榨宜采用两次压榨工艺,以提高压榨出油率。入榨温度≤65 ℃,调节设备参数使压榨温度维持在花生蛋白变性温度下,压榨温度保持在70 ℃以下,饼残油≤6%。

6.9.3 物理压榨浓香花生油入榨温度应<130 ℃,入榨含水量<4%。应避免压榨过程温度过高产生多环芳烃类物质。

6.9.4 采用螺旋榨油机压榨时,将调质后的榨料喂入榨油机进料口,压榨得到花生原油。采用液压榨油机压榨时,将调质后的榨料包饼预压后,压榨得到花生原油。花生原油立即储存于不锈钢原油罐中。

6.9.5 压榨时,榨料内外结构一致,颗粒大小适当,压力分布均匀,流油速度一致。应定期清理榨腔,保持榨油机清洁,以防榨腔中残留榨料发霉变质造成花生油污染。

6.9.6 应使用食品级设备润滑油,以防润滑油渗透至榨料污染花生油。

6.10 原油除渣

6.10.1 选用沉降池、沉降罐或澄油箱等沉降设备,将原油静置24 h~48 h,经自沉降作用使水分及部分杂质与原油分离。

6.10.2 采用卧式圆盘叶滤机、真空过滤机等过滤设备,过滤去除花生原油中饼渣,除渣后原油含渣量应<0.3%。饼渣含油量应为20%~50%,送回榨机随料坯一起进行复榨。

6.11 冷滤

6.11.1 将除渣后的毛油转移至冷滤车间的冷却锅,锅内盘管中加入冷冻水,同时以一定速度搅拌,控制降温时间4 h左右,使毛油缓慢降温至20 ℃。冷却后的毛油泵入冷库不锈钢储油罐中冷藏静置10 d左右。

6.11.2 选用箱式、管式、立式或板框式压滤机对静置后的毛油进行二次精滤。过滤时,起压应慢而稳,毛油温度保持在15 ℃~20 ℃。

6.11.3 精滤后,得到物理压榨花生油。

6.12 检验

绿色食品物理压榨花生油应按GB/T 1 534和NY/T 751的规定执行检验。其他要求按NY/T 1055的规定执行。

6.13 包装与标识

6.13.1 应按NY/T 658的规定执行。包装图示标志应按GB/T 191的规定执行,同时应印有包装回收标志。

6.13.2 应在标签上标明压榨方式,如"物理压榨浓香花生油"或"低温压榨花生油"。同时应印有绿色食品标志。

6.13.3 通常采用塑料桶分装成品花生油,应尽可能充满容器并密闭。分装时,每次操作均应在最低操作温度下进行,以防油脂氧化过程随温度增加而加剧。

6.13.4 绿色食品散装成品花生油应储于不锈钢储油罐中,严禁使用铜和铜合金,以防氧化作用。直立储油罐最适宜,最好为圆锥形外形。若可能,高而窄的油罐可以将内容物表面面积降至最低,使内容油脂与空气和氧气的接触降至最低。油罐底部应为圆锥或带斜坡以便沥干。

6.13.5 非零售包装:除产品名称、批次识别和生产商或包装商的名称、地址在容器上标注外,非零售包装的信息可在容器上或其相随文件中给出。然而,批次识别和生产商或包装商的名称、地址也可以用在相随文件中清楚标注的标识代替。

7 平行生产管理

7.1 物理压榨花生油生产商同时生产绿色食品和常规产品时,应对平行生产过程进行严格管理,对原料、运输、生产线、包装、储藏等环节进行全程控制,确保绿色食品物理压榨花生油质量,确保绿色食品生产与常规产品生产有效隔离。

7.2 原料运输时,绿色食品原料应与非绿色食品原料分开装运,装车前将车厢彻底清理干净。若混运,采用易区分的容器单独存放绿色食品原料。

7.3 绿色食品花生或花生仁原料应与非绿色食品原料分开存放,宜有绿色食品原料专用储藏库。若与常规产品原料共用仓库,应划定明确区域分区域储藏,做好相应的标识和记录。储藏前,应对库房进行全面清洁,防止交叉。

7.4 绿色食品物理压榨花生油的生产,宜有专用生产线。若与常规产品生产共用一条生产线,在生产绿色食品物理压榨花生油前,应对设备管道和储油罐进行彻底清洁,清除油罐底残留油脂。同时,应对车间包括设备外部、工作服等进行彻底清洁与消毒,指定专人全程监控清洁消毒过程,并保留相应记录。

7.5 绿色食品物理压榨花生油的包装物,应与常规产品的包装物分开存放,设置货物卡、分区分堆,避免混用。

7.6 绿色与非绿色物理压榨花生油应分区存放,设置明显的货物卡进行标识,不得混放。产品出入库及库存量应有完整的档案记录。

7.7 绿色与非绿色物理压榨花生油应分开运输。运输前应对车辆进行清洗和消毒。运输及装卸时,不得损毁外包装标识及有关说明,并保留相关记录。

7.8 应设置专人生产绿色食品物理压榨花生油。对生产人员进行绿色食品生产培训,考核合格后上岗。

8 生产废弃物处理

8.1 生产厂区应有一套有效排水和废弃物处理系统。系统应时刻保持良好状态并有良好维护。所有排水管道(包括下水道系统)应足以承载泄流峰,其结构应避免污染加工用水。

8.2 废弃物和不能食用物料从厂区移走前,应有相应的储存设施。该设施应防虫并防止污染食用料、设备、厂房或通道。

8.3 脱掉的花生壳、分选出的外来物质和缺陷仁(发霉、变色、腐败、瘪粒、昆虫等)应分开装袋并标识说明不适合人类食用。装有缺陷仁的容器应尽快从加工间移走。黄曲霉毒素已污染或有潜在污染的物料应消毒或销毁。

8.4 压榨后的渣饼应尽快从加工车间移走,以用于制作肥料、饲料等。

9 储藏与运输

9.1 绿色食品成品花生油应储存于卫生、干燥、避光、低温场所,尽可能采用低温库或充氮储存。储油库最好建于地下,以确保花生油储藏温度低于 20 ℃,最适宜温度为 15 ℃~20 ℃。尽可能缩短成品油储藏时间。

9.2 拟长期储藏的绿色食品花生油,可添加抗坏血酸。不得与有毒有害物品一起存放。

9.3 检验合格的绿色食品花生油才能入库储藏。入库时详细记录生产日期、保质期、存放位置等关键信息。按生产日期先后有序存放,做到"先进先出",定期清理库存并及时清理过期产品。储油库内应配有消毒、通风、照明、防鼠蝇、防虫设施及温湿度监控设备。

9.4 绿色食品花生油运输应按 NY/T 1056 的规定执行。运输车辆和器具应保持清洁和卫生,运输中应注意安全,防晒、防雨、防渗漏、防污染并防标签脱落,不得与有毒有害物质混装运输。

10 生产档案管理

10.1 生产商应建立绿色食品物理压榨花生油档案管理制度,保存生产档案。对各项文件和记录进行有效管理,确保各项文件均为有效版本。

10.2 应建立记录制度,对采购、加工、储存、检验、销售等环节详细记录。记录内容应真实有效,确保从原料采购到产品销售各环节可进行有效追溯。

10.3 应建立客户投诉处理机制,对客户提出的书面或口头意见及投诉做好记录、查找原因,对处理过程形成文件保存。

10.4 各项记录均应由记录和审核人员复核签名,至少保存 3 年。鼓励采用计算机等电子手段记录并用电子文档保存。

绿 色 食 品 生 产 操 作 规 程

LB/T 145—2020

绿色食品预榨浸出花生油
生产操作规程

2020-08-20 发布

2020-11-01 实施

中国绿色食品发展中心　发布

前　言

本规程由中国绿色食品发展中心提出并归口。

本规程起草单位:山东省农业科学院农业质量标准与检测技术研究所、青岛长生集团股份有限公司、金胜粮油集团有限公司、山东省绿色食品发展中心。

本规程主要起草人:张红、刘宾、刘学锋、张丙春、矫明佳、鲁源、赵玉华、裴宗飞、梁京芸。

绿色食品预榨浸出花生油生产操作规程

1 范围

本规程规定了绿色食品预榨浸出花生油的术语和定义，一般要求，原辅料要求，生产工艺，包装、运输和储藏，平行生产管理，生产废弃物处理及生产档案管理。

本规程适用于绿色食品预榨浸出花生油的生产。

2 规范性引用文件

下列文件对于本文件的应用是必不可少的。凡是注日期的引用文件，仅注日期的版本适用于本文件。凡是不注日期的引用文件，其最新版本（包括所有的修改单）适用于本文件。

GB/T 191　包装储运图示标志

GB/T 1534　花生油

GB 1886.52　食品安全国家标准　食品添加剂　植物油油提溶剂（又名己烷类溶剂）

GB 2760　食品安全国家标准　食品添加剂使用标准

GB 7718　食品安全国家标准　预包装食品标签通则

GB 8955　食品安全国家标准　食用植物油及其制品生产卫生规范

GB/T 13383　食用花生饼、粕

GB 14881　食品安全国家标准　食品生产通用卫生规范

GB 16629　植物油油提溶剂

GB 31621　食品安全国家标准　食品经营过程卫生规范

NY/T 133　饲料用花生粕

NY/T 391　绿色食品　产地环境质量

NY/T 392　绿色食品　食品添加剂使用准则

NY/T 420　绿色食品　花生及制品

NY/T 658　绿色食品　包装通用准则

NY/T 751　绿色食品　食用植物油

NY/T 1055　绿色食品　产品检验规则

NY/T 1056　绿色食品　储藏运输准则

NY/T 2786　低温压榨花生油生产技术规范

3 术语和定义

下列术语和定义适用于本文件。

3.1

预榨浸出

花生经预处理后，先利用机械压力压榨出一部分油脂，然后再用浸出法提取花生预榨饼中剩余部分油脂的工艺。

3.2

花生原油（毛油）

以花生为原料制取的，用于加工食用花生油、不直接食用的原料油。

3.3

成品花生油

经加工处理符合本规程成品油质量指标和食品安全国家标准供人食用的花生油品。

3.4

精炼

指对花生原油进行精制的过程。一般可通过机械、化学、物理化学方法中的一种或多种方法联用去除原油中杂质及污染物的过程。

3.5

平行生产

在同一生产线或生产加工区域内,同时生产绿色食品和非绿色食品,称为平行生产。

4 一般要求

4.1 生产厂区的环境应良好、无污染,远离工矿区和公路、铁路干线,避开污染源。厂房和车间、设施与设备、卫生管理及规范等应符合 GB 14881 和 GB 8955 的要求。

4.2 灌装车间应维持温度在(26±1)℃、湿度45％～60％;尽量减少人员出入,进入车间应着清洁工作服,戴无菌手套和口罩,并定期对车间进行紫外杀菌;生产设备保持清洁卫生,避免杂质混入油脂中。

5 原辅料要求

5.1 应选用当季绿色食品花生,花生应来自获证绿色食品企业、合作社等主体,或全国绿色食品花生标准化生产基地。

5.2 原料花生除符合 NY/T 420 中油用花生果的感官要求外,还应符合:纯仁率≥71.0％,不完善果≤5.0％,损坏果≤0.5％,一般性杂质≤0.7％,恶性杂质不得检出。

5.3 理化指标应符合 NY/T 420 中油用花生果的相关要求:脂肪≥48.0％,酸价(以脂肪计)≤3.0 mg/g,含水量≤10.0％。

5.4 辅料选择应符合绿色食品相关规定的要求。

5.5 生产过程用水应符合生活饮用水卫生标准和 NY/T 391 的要求,加工过程所使用的食品添加剂应符合 NY/T 392 的要求。

5.6 原辅料的采购、运输、验收、储存等应按照 GB 31621 的规定执行。

6 生产工艺

通常预榨浸出花生油的生产工艺为:花生果清理→脱壳→色选→破碎→轧坯→蒸炒→预榨→饼破碎→浸出→精炼。

6.1 花生果清理

采用筛选、风选和磁选设备去除花生果中的泥土、沙石、轻杂质、灰尘和金属杂质,应用比重设备去除与原料颗粒相仿而比重不同的杂质,应用牙板剥壳机、铁棍筒碾米机等设备清除并肩泥。

6.2 脱壳

应用花生剥壳机进行剥壳,花生果剥壳质量要求应符合 NY/T 2786 的要求。

6.3 色选

应用花生仁色选装置,去除花生仁中的霉变粒、变色粒和不完整粒。

6.4 破碎、轧坯

应用破碎设备将花生仁破碎,破碎粒度 6 瓣～8 瓣,过 20 目网筛、粉末度≤5.0％。

应用轧坯设备及工艺,将破碎花生仁颗粒轧成坯片,厚度宜为 0.5 mm～0.8 mm,坯片厚度均匀结实、不露油、过 20 目网筛、粉末度≤3.0%。

6.5 蒸炒

用合适的蒸炒设备和工艺条件,通过湿润、蒸坯、炒坯等处理,将生坯转变为熟坯。

6.5.1 润湿蒸炒

生坯润湿后,在密闭的条件下进行加热,经过润湿、蒸坯后的料坯再进行干燥去水,一般宜在温度 130 ℃左右,炒坯时间不少于 20 min,炒至含水量为 1.5%～2%,可出料入榨。

6.5.2 加热蒸坯

加热蒸坯适用于小型榨油机和水压机等压榨设备。

料坯预先加水润湿,并放置一定的时间,使喷洒的水分均匀渗入花生之中。然后进行加热,加热时应经常翻动或搅拌,使料坯受热均匀。最后将加热后的半熟坯直接喷以蒸汽成为入榨熟坯。

6.6 预榨

蒸炒后的入榨熟坯进入压榨系统进行预榨取油。根据不同的预榨工艺条件,调整相应的入榨料水分和温度范围。进行预榨后,得到压榨原油,即毛油。预榨后,料饼的含油量宜 10%左右。

6.7 毛油除渣

设置合理的毛油除渣设备和工艺条件,采用沉降和过滤的方法有效去除初榨毛油中的饼渣,除渣后毛油含渣量应<0.3%。分离后的饼渣可进入浸出系统。

6.8 浸出

预榨饼破碎、冷却后进入浸出工序。

6.8.1 油脂浸出

设置合理的工艺条件,利用油脂浸出设备和有机溶剂萃取花生饼中的油脂。浸出溶剂应符合 GB 1886.52 和 GB 16629 的要求。用己烷作为浸出溶剂的技术参数为:

——浸出温度 50 ℃～55 ℃;

——入浸料温度 50 ℃～55 ℃;

——浸出时间 60 min～100 min;

——溶剂比(0.8～1)∶1;

——花生粕残油(干基)宜在 1%以下。

6.8.2 湿粕处理

采用湿粕处理设备和工艺条件,在蒸脱机中对湿粕进行溶剂脱除、加热干燥、冷却等处理,成品粕无溶剂味、溶剂残留达到燃爆试验合格(<500 mg/kg),粕温不高于环境温度 10 ℃～15 ℃。饲料用花生粕应符合 NY/T 133 的要求,食用花生粕应符合 GB/T 13 383 的要求。

6.8.3 混合油处理

采用混合油处理设备和工艺条件,对混合油净化、蒸发、汽提,得到浸出毛油。

混合油净化可采用过滤、悬液分离、重力沉降等方法,在混合油沉降中应避免采用盐水作为沉降介质。混合油蒸发采用两次蒸发工艺,第一次技术参数为:

——蒸发温度 55 ℃～65 ℃;

——蒸发器工作压力 40 kPa～50 kPa;

——蒸发后混合油浓度 65%～70%。

第二次蒸发工艺技术参数为:

——蒸发温度 90 ℃～105 ℃;

——蒸发器工作压力 40 kPa～50 kPa;

——蒸发后混合油浓度 85%～90%。

混合油汽提进一步脱除溶剂,汽提技术参数为:

——温度 100 ℃～110 ℃;

——汽提塔工作压力 30 kPa～50 kPa;

——汽提后毛油中残留溶剂量≤100 mg/kg。

6.8.4 溶剂回收

应用溶剂回收设备和工艺条件,对溶剂气体冷凝冷却、溶剂和水分离,废水中溶剂回收及自由气体中溶剂回收。

应定期对循环使用溶剂中的邻苯二甲酸酯类塑化剂和多环芳烃含量进行检测,防范在溶剂中其含量升高对浸出毛油造成安全风险。

6.9 精炼

6.9.1 脱胶

6.9.1.1 冷滤脱胶

应采用冷滤脱胶设备和工艺条件,对毛油冷却、过滤,去除磷脂等胶体杂质及饼屑等悬浮杂质,使花生油不溶性杂质和 280 ℃加热试验符合 GB/T 1534 的要求。

6.9.1.2 水化脱胶

应采用水化脱胶设备和工艺条件,向油脂中加入一定量的热水或磷酸等电解质水溶液,其中的胶溶性杂质吸水絮凝,利用离心分离或沉降分离将胶体杂质从油脂中脱除。

宜采用的水化脱胶条件:水化温度 80 ℃～85 ℃,加水量为磷脂含量的 3 倍～3.5 倍,水温同油温或稍高,反应时间 40 min。当需要加入磷酸进行强化脱胶时,宜按油质量的 0.05%～0.20% 添加 85% 的磷酸。

水质应符合生活饮用水卫生标准的要求并经过软化处理,磷酸等加工助剂应符合 GB 2760 的要求。

6.9.2 脱酸

可采用碱炼脱酸或水蒸气蒸馏脱酸,优先选用碱炼脱酸。

碱炼脱酸碱液浓度为 4 波美度～10 波美度(质量分数 2.50%～6.58%),理论加碱量依据毛油的酸价计算确定,超量碱 0.05%～0.2%,中和温度 50 ℃～60 ℃,反应时间 10 min～20 min。油-皂分离温度 80 ℃～85 ℃;水洗时水温同油温,用水量为油重的 5%～10%。

碱炼脱酸使用的烧碱应符合 GB 2760 的要求,水质应符合生活饮用水卫生标准的要求并经过软化处理,应选用塑化剂含量低的加工助剂。

6.9.3 吸附脱色

对于压榨花生油,应选用对多环芳烃吸附效果好的专用活性炭,活性炭用量为油重的 0.05%～0.2%,吸附反应温度 100 ℃～110 ℃,反应时间 25 min～35 min,操作压力 1.3 kPa～3.3 kPa。

对于浸出花生油,应选用复合吸附剂(活性白土＋活性炭),兼顾脱色和脱除多环芳烃。

应选用塑化剂含量低的吸附剂。

6.9.4 脱臭

浸出花生油在吸附脱色之后应进行高温、高真空的水蒸气蒸馏脱臭。脱臭用直接蒸汽应为过热、除氧的蒸汽,应对直接蒸汽的水源进行脱除氯离子处理。脱臭温度不高于 240 ℃,时间 60 min～80 min,操作压力 0.27 kPa～0.40 kPa。如果待脱臭油脂中塑化剂含量较高时,宜采用脱臭温度 260 ℃,时间 80 min～100 min。

脱臭成品油应及时冷却降温至 40 ℃以下。如果添加抗氧化剂,应符合 NY/T 392 的要求。

6.10 分装

精炼后的产品应依据 NY/T 1055 的要求进行产品检验,符合 NY/T 751 的要求。检验合格后进行分装、充氮保鲜、封盖和贴标签等。净含量检验参照定量包装商品净含量计量检验规则进行。

7 包装、运输和储藏

7.1 包装与标识

绿色食品成品花生油的包装应符合 NY/T 658 的要求,并应印有绿色食品标志,食品标签还应符合 GB 7718 的要求,营养标签应按照预包装食品营养标签通则的规定进行标注。

7.2 储藏和运输

绿色食品成品花生油的储藏和运输应严格按照 GB 31621 和 NY/T 1056 的规定进行。包装储运图示标志应按 GB/T 191 的规定执行。经检验合格的绿色食品才能入库进行储藏,应储存于卫生、干燥、避光和低温场所,尽可能采用低温库储存。入库时对生产日期、保质期、存放位置等重要信息进行详细记录,按照生产日期先后顺序有序存放,做到"先进先出",并定期清理库存,及时清理过期产品。

运输车辆和器具应保持清洁和卫生,运输中应注意安全,防止日晒、雨淋、渗漏、污染和标签脱落,不得与有毒有害物质混装于同一运输单元。

8 平行生产管理

生产企业同时生产绿色食品和常规产品时,应对原料采购、运输、生产线、包装、储藏等环节进行全程控制,保证绿色食品生产与常规产品生产的有效隔离。

8.1 加工过程管理

8.1.1 加工车间管理

绿色食品的加工应由专人管理,进行独立的加工生产,加工过程中所使用设备器械按不同的工艺流程进行编号。尽量避免同时进行绿色食品和常规产品的加工生产;如确需同时生产,应优先满足绿色食品的生产,每次生产前后应对所用的容器、管道和储油罐进行清洁和消毒,以防交叉污染。

8.1.2 原料、配料管理

绿色食品和常规产品的加工原料应分开存放,并划定明确区域,进行明确标识和记录。如在生产过程加工辅料一致时,应按照绿色食品生产要求进行管理,建立完整的出入库记录,明确配料流向。

8.1.3 人员管理

对生产加工人员必须进行绿色食品生产知识的培训,考核合格后方可上岗。

监管人员应对生产加工人员进行教育与监督,定期检查生产管理工作,并做好相应记录,对发现问题及时整改。

8.2 包装、储运、成品标识管理

8.2.1 原料运输管理

绿色食品原料应由专车完成运输。混运时,采用易于分区的容器分别存放绿色食品和常规产品原料,并明确标识。运输车辆每天清洗 1 次,混运时应每趟清洗 1 次。

8.2.2 储藏管理

绿色食品的生产原料和产品应有单独的仓库。如与常规产品原料共用仓库,应分区域储藏。仓储前应对库房进行全面清洁,并有显著的标识区分两种原料。

8.2.3 成品包装、标识管理

绿色食品包装应采用分时段、分区域等方法避免同时包装同种规格的绿色食品和常规产品。根据生产日期、生产批号等,按照绿色食品标识规则进行编号、标识,分别存放包装成品。绿色食品的包装、存储区域应设置明显标识,防止与常规产品混淆。

8.2.4　销售运输管理

绿色食品成品应与常规产品分开销售运输、并有明显的标识,保持运输车辆清洁卫生,每次卸货后都要及时打扫。产品运输、装卸、出入库和库存量过程必须有完整的档案记录。

8.2.5　记录与追溯管理

按照生产加工企业追溯制度要求建立产品加工记录,绿色食品预榨浸出花生油应有独立的记录,追溯编号信息明确,易于识别常规产品和绿色食品。

9　生产废弃物处理

9.1　废水的处理

生产过程中产生的废水应集中收储,统一进行中和处理后进行无污染排放,严禁直接排放。企业应建立"废水处理程序"和"废水处理质量控制记录",规范废水处理的方法,并详细记录每次处理的数量、时间、人员等。

9.2　其他副产物和废弃物的处理

应配备存放生产副产物和废弃物的专用场所和设施,依其特性分类存放,并有明确的标识。生产过程中用碱炼脱酸法形成的主要副产物皂脚,可利用连续分离方法使其与油脂分离,定期将皂脚运离厂区并进行肥皂等产品的生产,达到较好的副产物综合利用;预榨浸出后的渣饼可用于制作肥料、饲料等产品。同时,应制定废弃物存放和清除制度,有特殊要求废弃物的处理方式应符合有关规定。

10　生产档案管理

加工企业应单独建立绿色食品预榨浸出花生油生产档案。明确记录内容包括油料来源、油料入库时间、油料保存环境温湿度记录、包装材料来源等所有相关生产记录;花生油加工过程各工序的工艺参数,产品储存情况及其检验批号、检验日期、检验人员、检验方法、检验结果等;产品包装、销售记录和产品销售后的申、投诉记录等。明确记录保存3年以上。做到农产品生产可追溯。

绿 色 食 品 生 产 操 作 规 程

LB/T 146—2020

绿色食品物理压榨葵花籽油
生产操作规程

2020-08-20 发布

2020-11-01 实施

中国绿色食品发展中心 发布

前　言

本规程由中国绿色食品发展中心提出并归口。

本规程起草单位：中国农业科学院农产品加工研究所、包头市金鹿油脂有限责任公司、湖南省绿色食品办公室、河南省绿色食品发展中心。

本规程主要起草人：王锋、顾丰颖、朱建湘、樊恒明、刘新桃、刘宏、常春林、史加宁、丁雅楠、许润琦。

绿色食品物理压榨葵花籽油生产操作规程

1 范围

本规程规定了绿色食品物理压榨葵花籽油生产的术语和定义、一般要求、原辅料要求、加工工艺、包装、检验、储藏和运输、平行生产管理、生产废弃物处理以及生产档案管理。

本规程适用于绿色食品物理压榨葵花籽油的生产。

2 规范性引用文件

下列文件对于本文件的应用是必不可少的。凡是注日期的引用文件,仅注日期的版本适用于本文件。凡是不注日期的引用文件,其最新版本(包括所有的修改单)适用于本文件。

GB 7718　食品安全国家标准　预包装食品标签通则

GB 8955　食品安全国家标准　食用植物油及其制品生产卫生规范

GB 14881　食品安全国家标准　食品生产通用卫生规范

GB 28050　食品安全国家标准　预包装食品营养标签通则

GB 31621　食品安全国家标准　食品经营过程卫生规范

GB/T 191　包装储运图示标志

GB/T 17374　食用植物油销售包装

JJF 1070　定量包装商品净含量计量检验规则

NY/T 391　绿色食品　产地环境质量

NY/T 392　绿色食品　食品添加剂使用准则

NY/T 658　绿色食品　包装通用准则

NY/T 751　绿色食品　食用植物油

NY/T 902　绿色食品　瓜籽

NY/T 1055　绿色食品　产品检验规则

NY/T 1056　绿色食品　储藏运输准则

中国绿色食品商标标志设计使用规范手册

3 术语和定义

下列术语和定义适用于本文件。

3.1

葵花籽油

亦称向日葵油。葵花籽制取的油,属半干性油。

3.2

压榨油

利用机械压榨方法从油料中提取的油脂。

3.3

油料剥壳

利用机械方法将带壳油料的外壳剥开的过程。

3.4

仁中含壳率

壳仁分离后,仁中残留的壳占总量的质量百分率。

3.5

清理

除去油料中所含杂质的工序的总称。

3.6

轧坯

亦称压片、轧片。利用机械的作用,将油料由粒状压成片状的过程。

3.7

蒸炒

生坯经过湿润、加热、蒸坯及炒坯等处理,发生一定的物理化学变化,并使其内部的结构改变,转变成熟坯的过程。

3.8

压榨法制油

利用外力使料坯受挤压而出油的榨油方法。

3.9

油脂精炼

清除植物油中所含固体杂质、游离脂肪酸、磷脂、胶质、蜡、色素、异味等的一系列工序的统称。

3.10

毛油

经压榨或浸出等工艺得到的未经处理的油。

3.11

脱酸

脱除毛油中所含游离脂肪酸的工序,脱酸的方法有碱炼、水蒸气蒸馏、溶剂萃取等。

3.12

碱炼

采用烧碱、纯碱等碱类中和油中的游离脂肪酸,使其生成皂脚从油中沉淀分离的精炼方法。

3.13

理论碱量

理论计算中和油脂中游离脂肪酸所需之碱量。

3.14

超碱量

油脂碱炼时,实际用碱量超过理论碱量的部分。

3.15

水洗

在碱炼过程中,用水洗去油脂中悬浮的微量皂粒的方法。

3.16

脱色

除去油脂中某些色素及碱炼过程中没能除去的一些残余物质,改善色泽,提高油脂品质的精炼工序。

3.17

吸附剂

具有强选择性吸附作用的物质,常用的有天然漂土、活性白土、活性炭等。

3.18

脱臭

除去油脂中臭味物质的精炼工序。

3.19

脱蜡

除去油脂中蜡质和少量固体脂的精炼工序。

3.20

油脚

毛油水化后的沉淀物。

3.21

皂脚

油脂碱炼后的沉淀物。

4 一般要求

绿色食品物理压榨葵花籽油生产厂区选址及厂区环境、生产过程中原料采购、加工、包装、储存和运输等环节的场所、设施与设备、卫生管理、人员的基本要求和管理准则等应符合 GB 14881 和 GB 8955 的要求;工作间应减少外来人员出入,进入车间必须着清洁工作服,戴无菌手套和口罩,定期对车间和工作服进行紫外杀菌;生产设备保持清洁卫生,避免杂质等混入油脂中造成二次污染,影响产品品质。

5 原辅料要求

5.1 原料葵花籽应选用绿色食品葵花籽(油葵籽),应符合 NY/T 902 的要求,且应来自获证绿色食品企业、合作社等主体或国家级绿色食品葵花籽原料标准化生产基地,或经绿色食品工作机构认定,按照绿色食品生产方式生产,达到绿色食品葵花籽(油葵籽)标准的自建基地。

5.2 辅料的选择应符合绿色食品相关规定的要求。

5.3 加工过程中用水应符合 NY/T 391 的要求。

5.4 加工过程中所使用的食品添加剂种类和用量应按照 NY/T 392 的规定执行。

5.5 原辅料的采购、运输、验收、储存等应按照 GB 31621 的规定执行。

6 加工工艺

6.1 剥壳

筛选去除葵花籽中杂质并剥壳,剥壳后损失率<1%,剥壳葵花籽仁中含壳率<15%。

6.2 清理、清洗及软化调质

经检验合格的葵花籽需采用筛选清洗等方式去除瘪粒、不完善粒、霉变粒等不良籽粒。采用物理软化技术软化调制,控制软化料出料温度为 40 ℃~50 ℃。

6.3 轧坯、蒸炒

将调质后的葵花籽轧坯,控制坯片厚度为 0.3 mm~0.5 mm;通过除湿风网系统除去残余湿气,然后蒸炒坯片,控制油料温度为 105 ℃~110 ℃、入榨残余水分低于 5%。

6.4 压榨取油

经蒸炒后的油料应立即压榨取油。控制压榨温度低于 80 ℃,压榨工艺可重复 1 次,每次压榨的葵花籽毛油应立即储存至毛油罐。

6.5 精炼

6.5.1 预处理

毛油静置 6 h~8 h,自沉降水分及部分杂质与毛油;沉降油渣可二次压榨,制取葵花籽毛油。

6.5.2 脱胶

6.5.2.1 酸法脱胶

将毛油缓慢加热至 60 ℃～80 ℃,按毛油质量的 0.05％～0.20％加入 85％磷酸或 50％柠檬酸水溶液,搅拌 20 min,按毛油质量的 1％～5％加入等于或高于油温 5 ℃～10 ℃的热水,搅拌洗涤 30 min～40 min,静置沉淀并离心分离油胶质,毛油进入脱胶油储罐,重复该工序,控制脱胶油含磷浓度≤10 mg/kg。

6.5.2.2 特殊法脱胶

将毛油加热至 60 ℃～70 ℃,按毛油质量的 0.05％～0.10％加入 85％磷酸或 50％柠檬酸,转入高剪切力混合器中混合均匀,按毛油质量的 0.05％～0.1％加碱中和过量酸,加水混合反应 20 min～30 min,静置沉淀并离心分离油胶质,毛油进入脱胶油储罐,控制脱胶油含磷浓度≤10 mg/kg。

6.5.3 脱酸

6.5.3.1 化学脱酸

测定脱胶油的酸价,计算理论碱量,超碱量按理论碱量的 1.05 倍～1.15 倍计算。加碱时控制油温为 85 ℃,控制加碱时间在 5 min～10 min,搅拌速度 40 r/min～70 r/min,加碱完毕后调节搅拌速度为 30 r/min～40 r/min,搅拌 30 min 后沉降 8 h～12 h。

6.5.3.2 物理脱酸

采用高真空、水蒸气蒸馏法物理脱酸。控制组合填料塔进油温度为 90 ℃～110 ℃、喷入蒸汽量 1％～3％,停留时间 50 min～70 min。

6.5.4 水洗、脱水

脱酸后调节油温至 85 ℃～90 ℃,离心除去部分皂脚,同时将去离子软水加热至微沸,按离心油质量的 5％～8％加入油中,搅拌水洗 3 min,离心脱去油中残余皂脚和胶质物。油相在真空(0.08 MPa～0.09 MPa)和加热(105 ℃～110 ℃)条件下进行脱水,控制油品酸价≤1.0 mg KOH/g,含水量≤0.1％。

6.5.5 脱色

真空 0.08 MPa～0.09 MPa 下,油温加热至 105 ℃～110 ℃,按脱色油质量的 1.5％～3％和 0.03％～0.08％向油中分别添加活性白土和活性炭,吸附剂总添加量不超过待脱色油质量的 3％,保持 20 min,过滤为脱色油。

6.5.6 脱臭

将脱色油温控制在 230 ℃～240 ℃,真空 0.08 MPa～0.09 MPa,保持 60 min～80 min,利用直接蒸汽汽提脱臭。可采用连续式脱臭,加热介质采用高压蒸汽或热载体。为提高脱臭时油脂的稳定性,可根据生产需要加入抗氧化剂,抗氧化剂的选择和用量参照 NY/T 392 标准规定执行。

6.5.7 脱蜡

将油脂冷却至 6 ℃～8 ℃,保持 6 h～8 h,待原油中的蜡质结晶析出后过滤 4 h～6 h,分离油、蜡,控制油品中蜡含量低于 5 mg/kg。

7 包装、检验、储藏和运输

7.1 包装和标签

绿色食品葵花籽油的包装应按照 GB/T 17374 和 NY/T 658 的规定执行。绿色食品产品标签,除符合 GB 7718 的要求外,还应符合《中国绿色食品商标标志设计使用规范手册》的要求。营养标签标注按照 GB 28050 的规定执行。

7.2 产品检验

经分装、包装、贴标的成品葵花籽油产品,依据 NY/T 1055 和 NY/T 751 的规定检验产品,净含量检验参照 JJF 1070 的规定。检验合格的产品为绿色食品葵花籽油产品。

7.3 储藏和运输

绿色食品物理压榨葵花籽油的储藏和运输严格按 GB 31621 和 NY/T 1056 的规定执行。包装储运图示标识标志应按 GB/T 191 的规定执行。经检验合格的绿色食品,入库应详细记录生产日期、保质期、存放位置等重要信息,按照生产日期先后顺序有序存放,做到"先进先出",并定期清理库存,及时清理过期产品。仓库内应配有相应的消毒、通风、照明、防鼠、防蝇、防虫设施以及温湿度监控设施。运输车辆和器具应保持清洁卫生。运输中应注意安全,防止日晒、雨淋、渗漏、污染和标签脱落。

8 平行生产管理

生产企业同时生产绿色食品和常规产品时,应全程控制原料采购、运输、生产线、包装、储藏等环节。企业应单独记录管理绿色食品生产原辅料、设备、容器、产品,严格按照绿色食品相关标准,有效控制生产过程,确保绿色食品的产品质量。企业应合理安排绿色食品生产与常规产品生产,保证两者有效隔离,防止绿色食品与非绿色食品交叉污染。

8.1 加工过程管理

8.1.1 加工车间管理

绿色食品的加工由专人管理,独立加工生产,绿色食品生产前应清洗所使用的容器、工具和设备进行,清洗应采用绿色食品成品冲洗管道和相关设施,以防交叉污染。

8.1.2 原料、配料管理

绿色食品和常规产品的加工原料分开存放并明确标识。在生产过程使用的加工辅料一致时,应符合绿色食品生产管理要求。

8.2 包装、储运成品标识管理

8.2.1 原料运输管理

绿色食品与非绿色食品原料应分开装运,绿色食品原料采购后,应由专车运输,装运车厢应干净。若混运,采用易于区分的容器分开存放绿色食品和常规产品用原料。

8.2.2 原料储藏管理

绿色食品与非绿色食品葵花籽原料应分开存放,应有专用的储藏库。若与常规产品的加工原料共用同一仓库时,应划定明确区域,分区域储藏,应有明确标识区分两种生产原料,做好相应的标识和记录。储藏前,库房应全面清洁,以防止交叉污染。

8.2.3 记录与追溯管理

按照生产加工企业追溯制度要求建立产品加工记录,绿色食品物理压榨葵花籽油应有独立记录,追溯编号信息应明确,易于区分常规产品。区分标记记录信息的时间、产品批次、包装标识等内容,应确保记录从原料、加工过程到运输销售过程的追溯查询。

8.2.4 成品包装、标识管理

根据生产日期、生产批号等,编号、标识应按照绿色食品标识规定执行,并分时段、分区域的存放包装成品,避免同时包装同种规格的绿色食品和常规产品。绿色食品的包装、存储区域应设置明显标识,与常规产品分开存放,防止产品混淆。

8.2.5 销售运输管理

绿色食品葵花籽油与其他葵花籽油应分开运输,不得混装、混运,保持车辆清洁卫生,每次卸货后应打扫,运输前车辆应清洗和消毒。运输及装卸时,不得损毁外包装标识及有关说明,并保留相关记录。

8.3 人员管理

8.3.1 生产操作人员

从事与绿色食品生产有关的人员的健康管理与卫生要求应符合 GB 14881 的要求。应建立绿色食品生产相关岗位的培训制度,绿色食品生产人员以及相关岗位的从业人员定期培训食品安全知识、绿色

食品相关法律法规标准知识,应有培训及考核记录,须考核合格后方可上岗。

8.3.2 管理人员

应配备食品安全专业技术人员、管理人员,应提高食品安全卫生与质量意识,应持续性教育与监督生产加工人员,培训和考核参加或从事与绿色食品生产有关的人员,定期检查绿色食品与常规产品生产管理工作,并做好相应记录,发现的问题应实施预防和纠正措施,确保绿色食品生产安全。

9 生产废弃物处理

9.1 废水的处理

生产过程中产生的废水应集中收储,统一净化处理,或利用或无污染排放,严禁直接排放。企业应建立"废水处理程序"和"废水处理质量控制记录",规范废水处理程序,并详细记录每次处理的数量、时间、人员等。

9.2 其他副产物和废弃物的处理

压榨后的渣饼宜浸出法提取葵花籽油,也宜作为肥料、饲料的原料出售。油脂水化和碱炼分出的副产品油脚和皂脚,宜用于生产磷脂和酸化油或作为脂肪酸和肥皂的原料出售;脱臭馏分宜用于提取脂肪酸、维生素 E 等。脱色和脱蜡工段产生的废白土渣、废活性炭渣、废蜡饼宜处理后二次加工利用。

10 生产档案管理

加工企业应单独建立绿色食品物理压榨葵花籽油档案管理制度,建立并依据管理制度保存生产档案,提供生产活动溯源的证据。记录应包括油料来源、油料入库时间、油料保存环境温湿度、包装材料来源等所有相关生产记录,以及包装、销售记录和产品销售后的申、投诉记录等。生产档案至少保存 3 年,应由专人专柜保管。

绿 色 食 品 生 产 操 作 规 程

LB/T 147—2020

绿色食品预榨浸出葵花籽油
生产操作规程

2020-08-20 发布 2020-11-01 实施

中国绿色食品发展中心 发布

前　言

本规程由中国绿色食品发展中心提出并归口。

本规程起草单位:中国农业科学院农产品加工研究所、包头市金鹿油脂有限责任公司、湖南省绿色食品办公室、河南省绿色食品发展中心。

本规程主要起草人:王锋、顾丰颖、刘宏、常春林、史加宁、朱建湘、樊恒明、刘新桃、丁雅楠、许润琦。

绿色食品预榨浸出葵花籽油生产操作规程

1 范围

本规程规定了绿色食品预榨浸出葵花籽油生产的术语和定义、一般要求、原辅料要求、加工工艺、包装、检验、储藏和运输、平行生产管理、生产废弃物处理以及生产档案管理。

本规程适用于绿色食品预榨浸出葵花籽油的生产。

2 规范性引用文件

下列文件对于本文件的应用是必不可少的。凡是注日期的引用文件，仅注日期的版本适用于本文件。凡是不注日期的引用文件，其最新版本（包括所有的修改单）适用于本文件。

GB/T 191　包装储运图示标志

GB 1886.52　食品安全国家标准　食品添加剂　植物油抽提溶剂（又名己烷类溶剂）

GB 7718　食品安全国家标准　预包装食品标签通则

GB 8955　食品安全国家标准　食用植物油及其制品生产卫生规范

GB 14881　食品安全国家标准　食品生产通用卫生规范

GB 16629　植物油抽提溶剂

GB/T 17374　食用植物油销售包装

GB 28050　食品安全国家标准　预包装食品营养标签通则

GB 31621　食品安全国家标准　食品经营过程卫生规范

JJF 1070　定量包装商品净含量计量检验规则

NY/T 391　绿色食品　产地环境质量

NY/T 392　绿色食品　食品添加剂使用准则

NY/T 658　绿色食品　包装通用准则

NY/T 751　绿色食品　食用植物油

NY/T 902　绿色食品　瓜籽

NY/T 1055　绿色食品　产品检验规则

NY/T 1056　绿色食品　储藏运输准则

中国绿色食品商标标志设计使用规范手册

3 术语和定义

下列术语和定义适用于本文件。

3.1

葵花籽油

亦称向日葵油。葵花籽制取的油，属半干性油。

3.2

预榨浸出

油料经预榨取出部分油脂后，再将含油较高的饼进行浸出的工艺。

3.3

油料剥壳

利用机械方法将带壳油料的外壳剥开的过程。

3.4

仁中含壳率

壳仁分离后,仁中残留的壳占总量的质量百分率。

3.5

清理

除去油料中所含杂质的工序的总称。

3.6

轧坯

亦称压片、轧片。利用机械的作用,将油料由粒状压成片状的过程。

3.7

蒸炒

生坯经过湿润、加热、蒸坯及炒坯等处理,发生一定的物理化学变化,并使其内部的结构改变,转变成熟坯的过程。

3.8

预榨

为浸出提供仍含油较高残油饼料的压榨方式。通常对高含油油料宜采用预榨-浸出工艺。

3.9

浸出工序

亦称"萃取",即用溶剂提取的过程。

3.10

封闭绞龙

出料端缺一小段旋叶,并设有重力门的水平密闭螺旋输送机。属浸出器的喂料机构。

3.11

湿粕

浸出后含油溶剂的粕。

3.12

引爆试验

对脱溶后成品粕检测溶剂含量的简易方法。在规定条件下进行点火试验,以不燃不爆为合格,爆或燃烧为不合格。

3.13

混合油

油脂与溶剂的混合液。

3.14

混合油蒸发

利用混合油中溶剂易挥发的特性,用加热的方法使溶剂汽化,而浓缩混合油的工序。

3.15

油脂精炼

清除植物油中所含固体杂质、游离脂肪酸、磷脂、胶质、蜡、色素、异味等的一系列工序的统称。

3.16

毛油

经压榨或浸出等工艺得到的未经处理的油。

3.17

脱酸

脱除毛油中所含游离脂肪酸的工序,脱酸的方法有碱炼、水蒸气蒸馏、溶剂萃取等。

3.18

碱炼

采用烧碱、纯碱等碱类中和油中的游离脂肪酸,使其生成皂脚从油中沉淀分离。

3.19

理论碱量

理论计算中和油脂中游离脂肪酸所需之碱量。

3.20

超碱量

油脂碱炼时,实际用碱量超过理论碱量的部分。

3.21

水洗

在碱炼过程中,用水洗去油脂中悬浮的微量皂粒的方法。

3.22

脱色

除去油脂中某些色素及碱炼过程中没能除去的一些残余物质,改善色泽,提高油脂品质的精炼工序。

3.23

吸附剂

具有强选择性吸附作用的物质,常用的有天然漂土、活性白土、活性炭等。

3.24

脱臭

除去油脂中臭味物质的精炼工序。

3.24

脱蜡

除去油脂中蜡质和少量固体脂的精炼工序。

3.26

油脚

毛油水化后的沉淀物。

3.27

皂脚

油脂碱炼后的沉淀物。

4 一般要求

绿色食品预榨浸出葵花籽油生产厂区选址及厂区环境、生产过程中原料采购、加工、包装、储存和运输等环节的场所、设施与设备、卫生管理、人员的基本要求和管理准则等应符合 GB 14881 和 GB 8955 的要求;工作间应减少外来人员出入,进入车间必须着清洁工作服,戴无菌手套和口罩,定期对车间和工作服进行紫外杀菌;生产设备保持清洁卫生,避免杂质等混入油脂中造成二次污染,影响产品品质。

5 原辅料要求

5.1 原料葵花籽应选用绿色食品葵花籽(油葵籽),应符合 NY/T 902 的要求,且应来自获证绿色食品企业、合作社等主体或国家级绿色食品葵花籽原料标准化生产基地,或经绿色食品工作机构认定,按照绿色食品生产方式生产,达到绿色食品葵花籽(油葵籽)标准的自建基地。

5.2 辅料的选择应符合绿色食品相关规定的要求。

5.3 加工过程中用水应符合 NY/T 391 的要求。

5.4 加工过程中所使用的食品添加剂种类和用量应按照 NY/T 392 规定执行。

5.5 加工过程中所使用的植物油抽提溶剂应符合 GB 1886.52 和 GB 16629 的要求。

5.6 原辅料的采购、运输、验收、储存等应按照 GB 31621 的规定执行。

6 加工工艺

6.1 剥壳

筛选去除葵花籽中杂质并剥壳,剥壳后损失率<1%,剥壳葵花籽仁中含壳率<15%。

6.2 清理、清洗及软化调质

经检验合格的葵花籽需采用筛选清洗等方式去除瘪粒、不完善粒、霉变粒等不良籽粒。采用物理软化技术软化调制,控制软化料出料温度为 40 ℃~50 ℃。

6.3 轧坯、蒸炒

将调质后的葵花籽轧坯,控制坯片厚度为 0.3 mm~0.5 mm;通过除湿风网系统除去残余湿气,然后蒸炒坯片,控制油料温度≤70 ℃、入榨残余水分<5%。宜选用立式蒸炒锅蒸坯,脱水除湿宜用平板烘干机、气流干燥剂或卧式软化锅。

6.4 预榨

破碎预榨饼,控制饼块最大对角线≤15 mm,粉末(30 目以下)≤5%,筛下的细粉回机复榨。预榨温度保持在 68 ℃~73 ℃,含水量为 6%~8%,残油率≤12%。预榨饼经冷却至 50 ℃~55 ℃后进入浸出工序。

6.5 浸出

浸出溶剂应符合 GB 1886.52 和 GB 16629 的要求,物料进入浸出器时,应采取封闭绞龙将破碎的预榨饼装入浸出器,入浸料温度 50 ℃~55 ℃,物料与溶剂的重量比为 1∶(1.1~1.2),溶剂温度 50 ℃~55 ℃,浸出器温度为 50 ℃;浸出时间 90 min~120 min。湿粕残余溶剂量<35%。混合油过滤或离心,分离固体湿粕,泵入混合油罐。

6.6 湿粕脱溶烘干

脱溶烘干提油后的湿粕,粕出口温度≤80 ℃。入库粕温<40 ℃。成品粕应无溶剂味,引爆试验合格(溶剂残留小于 500 mg/kg),含水量<13%,不焦不糊。

6.7 混合油蒸发

混合油罐中加入混合油含质量 5% 的食盐水,沉降时间不低于 5 min,将混合油泵入蒸发器,经二次蒸发和汽提塔汽提除去浸提溶剂。控制第一蒸发器温度 70 ℃~85 ℃,混合油浓度达 60%;第二蒸发器温度 115 ℃~130 ℃,混合油浓度达 85%~95%;汽提塔真空度 0.035 MPa~0.05 MPa。获得的葵花籽毛油中残留溶剂量≤100 mg/kg。

6.8 溶剂的回收

冷凝器冷凝由浸出器、粕蒸机、第一蒸发器、第二蒸发器、汽提塔出来的溶剂和水汽,冷凝的水进入蒸水罐,保持温度 90 ℃~98 ℃,蒸去微量溶剂后集中排放,冷凝的溶剂进入循环溶剂罐;冷凝器未凝结气体应通过填料塔吸收回收溶剂,进入循环溶剂罐,填料塔中的吸收油应采用精炼油,含溶剂达 5% 时须更换新油。排放大气的尾气中溶剂含量不超过 0.1%(体积)。

6.9 精炼

6.9.1 预处理

毛油静置 24 h～48 h,自沉降水分与部分杂质;沉降油渣可进行二次压榨制取葵花籽毛油。

6.9.2 脱胶

6.9.2.1 酸法脱胶

将毛油缓慢加热至 60 ℃～80 ℃,按毛油质量的 0.05%～0.20%加入 85%磷酸或 50%柠檬酸水溶液,搅拌 20 min,按毛油质量的 1%～5%加入等于或高于油温 5 ℃～10 ℃的热水,搅拌洗涤 30 min～40 min,静置沉淀并离心分离油胶质,原油进入脱胶油储罐,重复该工序,控制脱胶油含磷浓度≤10 mg/kg。

6.9.2.2 特殊法脱胶

将毛油加热至 60 ℃～70 ℃,按毛油质量的 0.05%～0.10%加入 85%磷酸或 50%柠檬酸,转入高剪切力混合器中混合均匀,按毛油质量的 0.05%～0.1%加碱中和过量酸,加水混合反应 20 min～30 min,静置沉淀并离心分离油胶质,脱胶油进入脱胶油储罐,控制脱胶油含磷浓度≤10 mg/kg。

6.9.3 脱酸

6.9.3.1 化学脱酸

测定脱胶油的酸价,计算理论用碱量,超碱量按理论碱量的 1.05 倍～1.15 倍计算。加碱时控制油温为 85 ℃,控制加碱时间在 5 min～10 min,搅拌速度 40 r/min～70 r/min,加碱完毕后调节搅拌速度为 30 r/min～40 r/min,搅拌 30 min 后沉降 8 h～12 h。

6.9.3.2 物理脱酸

采用高真空、水蒸气蒸馏法物理脱酸。控制组合填料塔进油温度为 90 ℃～110 ℃、喷入蒸汽量 1%～3%,停留时间 50 min～70 min。

6.9.4 水洗、脱水

脱酸后调节油温至 85 ℃～90 ℃,离心除去部分皂脚,同时将去离子软水加热至微沸,按离心油质量的 5%～8%加入油中,搅拌水洗 3 min,离心脱去油中残余皂脚和胶质物。油相在真空(0.08 MPa～0.09 MPa)和加热(105 ℃～110 ℃)条件下进行脱水,控制油品酸价≤0.2 mg KOH/g,含水量≤0.1%。

6.9.5 脱色

真空 0.08 MPa～0.09 MPa 下,油温加热至 105 ℃～110 ℃,按脱色油质量的 1.5%～3%和 0.03%～0.08%分别向油品中添加活性白土和活性炭,吸附剂总添加量不超过待脱色油质量的 3%,保持 20 min,过滤为脱色油。

6.9.6 脱臭

将脱色油温控制在 230 ℃～240 ℃,真空 0.08 MPa～0.09 MPa,保持 60 min～80 min,利用直接蒸汽汽提脱臭。可采用连续式脱臭,加热介质采用高压蒸汽或热载体。为提高脱臭时油脂的稳定性,可根据生产需要加入抗氧化剂,抗氧化剂的选择和用量参照 NY/T 392 标准规定执行。

6.9.7 脱蜡

将油脂冷却至 6 ℃～8 ℃,保持 6 h～8 h,待原油中的蜡质结晶析出后过滤 4 h～6 h,分离油、蜡,控制油品中蜡含量低于 5 mg/kg。

7 包装、检验、储藏和运输

7.1 包装和标签

绿色食品葵花籽油的包装应按 GB/T 17374 和 NY/T 658 的规定执行。绿色食品产品标签,除符合 GB 7718 的要求外,还应符合《中国绿色食品商标标志设计使用规范手册》的规定。营养标签标注应按 GB 28050 规定执行。

7.2 产品检验

经分装、包装、贴标的成品预榨浸出葵花籽油产品，依据 NY/T 1055 和 NY/T 751 的规定检验，净含量检验参照 JJF 1070 的规定。检验合格的产品为绿色食品葵花籽油产品。

7.3 储藏和运输

绿色食品预榨浸出葵花籽油的储藏和运输严格按 GB 31621 和 NY/T 1056 的规定执行。包装储运图示标志标识应按 GB/T 191 的规定执行。经检验合格的绿色食品才能入库进行储藏，入库时应详细记录生产日期、保质期、存放位置等重要信息，按照生产日期先后顺序有序存放，做到"先进先出"，并定期清理库存，及时清理过期产品。仓库内应配有相应的消毒、通风、照明、防鼠、防蝇、防虫设施以及温湿度监控设施。运输车辆和器具应保持清洁卫生。运输中应注意安全，防止日晒、雨淋、渗漏、污染和标签脱落。

8 平行生产管理

生产企业同时生产绿色食品和常规产品时，应全程控制原料采购、运输、生产线、包装、储藏等环节。企业应单独记录管理绿色食品生产原辅料、设备、容器、产品，严格按照绿色食品相关标准，有效控制生产过程，确保绿色食品的产品质量。企业应合理安排绿色食品生产与常规产品生产，保证两者有效隔离，防止绿色食品与非绿色食品交叉污染。

8.1 加工过程管理

8.1.1 加工车间管理

绿色食品的加工由专人管理，独立加工生产，绿色食品生产前清洗对所使用的容器、工具和设备，清洗应采用绿色食品成品冲洗管道和相关设施，以防交叉污染。

8.1.2 原料、配料管理

绿色食品和常规产品的加工原料分开存放，明确标识。在生产过程使用的加工辅料一致时，应符合绿色食品生产管理要求。

8.2 包装、储运成品标识管理

8.2.1 原料运输管理

绿色食品与非绿色食品原料应分开装运，绿色食品原料采购后，应专车运输，装运车厢应干净。若混运，采用易于区分的容器分开存放绿色食品和常规产品用原料。

8.2.2 原料储藏管理

绿色食品与非绿色食品葵花籽原料应分开存放，应有专用储藏库。若与常规产品的加工原料共用同一仓库时，应划定明确区域，分区域储藏，应有明确标识区分两种生产原料，做好相应的标识和记录。储藏前，库房应全面清洁，以防止交叉污染。

8.2.3 记录与追溯管理

按照生产加工企业追溯制度要求建立产品加工记录，绿色食品预榨浸出葵花籽油应有独立记录，追溯编号信息应明确，易于区分常规产品。区分标记记录信息的时间、产品批次、包装标识等内容，应确保记录从原料、加工过程到运输销售过程的追溯查询。

8.2.4 成品包装、标识管理

根据生产日期、生产批号等，编号、标识应按照绿色食品标识规定执行，并分时段、分区域的存放包装成品，避免同时包装同种规格的绿色食品和常规产品。绿色食品的包装、存储区域应设置明显标识，与常规产品分开存放，防止产品混淆。

8.2.5 销售运输管理

绿色与非绿色葵花籽油应分开运输，不得混装、混运，保持车辆清洁卫生，每次卸货后应打扫，运输前车辆应清洗和消毒。且运输及装卸时，不得损毁外包装标识及有关说明，并保留相关记录。

8.3 人员管理

8.3.1 生产操作人员

从事与绿色食品生产有关的人员的健康管理与卫生要求应符合 GB 14881 的要求。应建立绿色食品生产相关岗位的培训制度,绿色食品生产人员以及相关岗位的从业人员定期培训食品安全知识、绿色食品相关法律法规标准知识,应有培训及考核记录,须考核合格后方可上岗。

8.3.2 管理人员

应配备食品安全专业技术人员、管理人员,应提高食品安全卫生与质量意识,应持续性教育与监督生产加工人员,培训和考核参加或从事与绿色食品生产有关的人员,定期检查绿色食品与常规产品生产管理工作,并做好相应记录,发现的问题应实施预防和纠正措施,确保绿色食品生产安全。

9 生产废弃物处理

9.1 废水的处理

热水循环罐、分水箱、混合油罐内排出废水应集中收储,经废水蒸煮罐蒸汽加热至 90 ℃后冷却,回收含溶蒸汽。其余生产过程中产生的废水统一净化处理,或利用或无污染排放,严禁直接排放。企业应建立"废水处理程序"和"废水处理质量控制记录",规范废水处理程序,并详细记录每次处理的数量、时间、人员等。

9.2 其他副产物和废弃物的处理

葵花籽脱溶粕宜作为肥料、饲料的原料出售。油脂水化和碱炼分出的副产品油脚和皂脚,宜用于生产磷脂和酸化油或作为脂肪酸和肥皂的原料集中出售;脱臭馏分宜用于提取脂肪酸、维生素 E 等。脱色和脱蜡工段产生的废白土渣、废活性炭渣、废蜡饼宜处理后二次加工利用。

10 生产档案管理

加工企业应单独建立绿色食品预榨浸出葵花籽油档案管理制度,建立并依据管理制度保存生产档案,提供生产活动溯源的证据。记录应包括油料来源、油料入库时间、油料保存环境温湿度、包装材料来源等所有相关生产记录,以及包装、销售记录和产品销售后的申诉、投诉记录等。生产档案至少保存 3 年,应由专人专柜保管。

绿 色 食 品 生 产 操 作 规 程

LB/T 148—2020

绿色食品水代法芝麻油生产操作规程

2020-08-20 发布 2020-11-01 实施

中国绿色食品发展中心 发布

前　言

本规程由中国绿色食品发展中心提出并归口。

本规程起草单位:中国农业科学院农产品加工研究所、山东省十里香芝麻制品股份有限公司、中国绿色食品发展中心、湖南省绿色食品办公室、河南省绿色食品发展中心、瑞福油脂股份有限公司。

本规程主要起草人:王锋、顾丰颖、丁雅楠、任长博、孟维国、樊恒明、朱建湘、刘新桃、崔瑞福、杨忠欣。

绿色食品水代法芝麻油生产操作规程

1 范围

本规程规定了绿色食品水代法芝麻油生产操作的术语和定义、一般要求、原辅料要求、加工技术要求、包装、检验、储藏和运输、平行生产管理、生产废弃物处理及生产档案管理。

本规程适用于绿色食品水代法芝麻油的生产。

2 规范性引用文件

下列文件对于本文件的应用是必不可少的。凡是注日期的引用文件,仅注日期的版本适用于本文件。凡是不注日期的引用文件,其最新版本(包括所有的修改单)适用于本文件。

GB/T 191　包装储运图示标志

GB 5749　生活饮用水卫生标准

GB 7718　食品安全国家标准　预包装食品标签通则

GB 8955　食品安全国家标准　食用植物油及其制品生产卫生规范

GB/T 11761　芝麻

GB 14881　食品安全国家标准　食品生产通用卫生规范

GB/T 17374　食用植物油销售包装

GB 28050　食品安全国家标准　预包装食品营养标签通则

GB 31621　食品安全国家标准　食品经营过程卫生规范

JJF 1070　定量包装商品净含量计量检验规则

NY/T 392　绿色食品　食品添加剂使用准则

NY/T 658　绿色食品　包装通用准则

NY/T 751　绿色食品　食用植物油

NY/T 1055　绿色食品　产品检验规则

NY/T 1056　绿色食品　储藏运输准则

NY/T 1509　绿色食品　芝麻及其制品

中国绿色食品商标标志设计使用规范手册

3 术语和定义

下列术语和定义适用于本文件。

3.1

芝麻油

芝麻籽制取的油,属半干性油。

3.2

水代法制油

油料经过处理后加水将油代替出来的取油方法。

3.3

清理

除去油料中所含杂质的工序的总称。

3.4

炒料

亦称"炒籽"。将油料加热搅拌均匀去水,使蛋白质受热变性。油料结构酥松的工序。

3.5

扬烟

炒料后泼水降温,通风散热出烟的工序。

3.6

磨籽

将炒熟吹净后的油料用磨研磨成酱状的工序。

3.7

兑浆搅油

将热水加入料酱中,随之搅拌,把油从料浆中取出来的工序。

3.8

震荡分油

借"葫芦"的震荡作用将料浆中油滴积聚起来浮于表面随之撇取的工序。

4 一般要求

绿色食品水代法芝麻油生产厂区选址及厂区环境、生产过程中原料采购、加工、包装、储存和运输等环节的场所、设施与设备、卫生管理、人员的基本要求和管理准则等应符合 GB 14881 和 GB 8955 的要求;工作间尽量减少外来人员出入,进入车间必须着清洁工作服,戴无菌手套和口罩,定期对车间和工作服进行紫外杀菌;生产设备保持清洁卫生,避免杂质等混入油脂中造成二次污染,影响产品品质。

5 原辅料要求

5.1 原料芝麻应选用绿色食品芝麻,应符合 GB/T 11761 和 NY/T 1509 的要求,且应来自获证绿色食品企业、合作社等主体或国家级绿色食品芝麻原料标准化生产基地或经绿色食品工作机构认定,按照绿色食品生产方式生产,达到绿色食品芝麻标准的自建基地。

5.2 辅料的选择应符合绿色食品相关规定的要求。

5.3 加工过程中用水应符合 GB 5749 的要求。

5.4 加工过程中所使用的食品添加剂种类和用量应按照 NY/T 392 的规定执行。

5.5 原辅料的采购、运输、验收、储存等应按照 GB 31621 的规定执行。

6 加工技术要求

6.1 清理去杂

经检验合格的芝麻原料需采用如筛网、风机、磁石、比重去石机等工具设备,去除铁杂、石子、泥沙等大杂以及灰尘、皮壳等轻型杂质。

6.2 清洗、润水及调质

采用芝麻清洗机流水清洗,将芝麻常温浸泡至含水量为 30%～45%。

6.3 炒籽扬烟

炒籽温度一般控制在 150 ℃～200 ℃,焙炒时间一般为 15 min～20 min,不应超过 30 min。炒制过程应及时排除烟气,焦末和碎皮,并采用吹风或过筛除去炒煳的油末(麻糠)。

6.4 磨籽

将炒酥吹净后的芝麻置于石磨或不聚热的砂轮磨浆机中,均匀添料,研磨成酱。控制磨子转速为

30 r/min,控制磨浆温度 60 ℃～70 ℃,芝麻浆细度超过 100 目。

6.5 兑浆搅油

将芝麻浆泵入搅油锅,入锅温度≥40 ℃,分次加入相当于芝麻浆等重量的 90 ℃～100 ℃ 热水,连续搅拌,视出油情况分批次撇油,加水次数一般不超过 4 次。兑浆搅油时可加入 0.5% 浓度的食盐水,不超过总加水量的 5%,提高芝麻浆出油率和芝麻油纯度。

6.6 震荡分油

采用墩油机震荡撇油,温度控制在 30 ℃～40 ℃,多次撇油,尽量降低芝麻渣浆内的残油率,获得芝麻原油。再经沉淀分离,获得湿芝麻渣,含水量为 50%～65%。

6.7 沉淀精制

芝麻原油经沉降、脱蜡、过滤等工序除杂、除水和脱蜡。沉降设备可选沉降池、沉降罐、澄油箱等;脱蜡处理初始温度为常温,结晶罐搅拌速度为 10 r/min～13 r/min,冷却速率为 1.0 ℃/h,冷却终点温度 5 ℃～10 ℃,保持 8 h～12 h 养晶,待原油中的蜡质结晶析出后采用过滤装置滤除结晶;过滤设备可采用板框过滤机、管式过滤机、箱式过滤机、振动式排渣机等。

7 包装、检验、储藏和运输

7.1 包装和标签

绿色食品芝麻油的包装应按照 GB/T 17374 和 NY/T 658 的规定执行。绿色食品产品标签,除符合 GB 7718 的要求外,还应符合《中国绿色食品商标标志设计使用规范手册》的规定。营养标签标注应按照 GB 28050 的规定执行。

7.2 产品检验

经分装、包装、贴标的成品芝麻油产品,依据 NY/T 1055 和 NY/T 751 的规定检验产品,净含量检验参照 JJF 1070 的规定。检验合格的产品为绿色食品芝麻油产品。

7.3 储藏和运输

绿色食品芝麻油的储藏和运输严格按照 GB 31621 和 NY/T 1056 的规定执行。包装储运图示标志标识应按 GB/T 191 的规定执行。经检验合格的绿色食品入库时对生产日期、保质期、存放位置等重要信息进行详细记录,按照生产日期先后顺序有序存放,做到"先进先出",并定期清理库存,及时清理过期产品。仓库内应配有相应的消毒、通风、照明、防鼠、防蝇、防虫设施以及温湿度监控设施。运输车辆和器具应保持清洁卫生。运输中应注意安全,防止日晒、雨淋、渗漏、污染和标签脱落。

8 平行生产管理

生产企业同时生产绿色食品和常规产品时,应对原料采购、运输、生产线、包装、储藏等环节进行全程控制。企业应对绿色食品生产原辅料、设备、容器、产品进行单独记录管理,严格按照绿色食品相关标准,有效控制生产过程,确保绿色食品的产品质量。企业应合理安排绿色食品生产与常规产品生产,保证两者有效隔离,防止绿色食品与非绿色食品交叉污染。

8.1 加工过程管理

8.1.1 加工车间管理

绿色食品的加工由专人管理,独立加工生产,绿色食品生产前应清洗所使用的容器、工具和设备,清洗应采用绿色食品成品冲洗管道和相关设施,以防交叉污染。

8.1.2 原料、配料管理

绿色食品和常规产品的加工原料分开存放,明确标识。在生产过程使用的加工辅料一致时,应符合绿色食品生产管理要求。

8.2 包装、储运成品标识管理

8.2.1 原料运输管理

绿色食品与非绿色食品原料应分开装运,绿色食品原料采购后,应专车运输,装运车厢应干净。若混运,采用易于区分的容器分开存放绿色食品和常规产品用原料。

8.2.2 储藏管理

绿色食品与非绿色食品芝麻原料应分开存放,应有专用的储藏库。若与常规产品的加工原料共用同一仓库时,应划定明确区域,分区域储藏,应有明确标识区分两种生产原料,做好相应的标识和记录。储藏前,库房应全面清洁,以防止交叉污染。

8.2.3 记录与追溯管理

按照生产加工企业追溯制度要求建立产品加工记录,绿色食品水代法芝麻油应有独立记录,追溯编号信息应当明确,易于区分常规产品。区分标记记录信息的时间、产品批次、包装标识等内容,应确保记录从原料、加工过程到运输销售过程的追溯查询。

8.2.4 成品包装、标识管理

根据生产日期、生产批号等,编号、标识应按照绿色食品标识规定执行,并分时段、分区域的存放包装成品,避免同时包装同种规格的绿色食品和常规产品。绿色食品的包装、存储区域应设置明显标识,与常规产品分开存放,防止产品混淆。

8.2.5 销售运输管理

绿色与非绿色芝麻油应分开运输,不得混装、混运,保持车辆清洁卫生,每次卸货后应打扫,运输前车辆应清洗和消毒。运输及装卸时,不得损毁外包装标识及有关说明,应保留相关记录。

8.3 人员管理

8.3.1 生产操作人员

从事与绿色食品生产有关的人员的健康管理与卫生要求应符合 GB 14881 的要求。应建立绿色食品生产相关岗位的培训制度,绿色食品生产人员以及相关岗位的从业人员应定期培训食品安全知识、绿色食品相关法律法规标准知识,应有培训及考核记录,须考核合格后方可上岗。

8.3.2 管理人员

应配备食品安全专业技术人员、管理人员,应提高食品安全卫生与质量意识,应持续性教育与监督生产加工人员,培训和考核参加或从事与绿色食品生产有关的人员,定期检查绿色食品与常规产品生产管理工作,并做好相应记录,发现的问题应实施预防和纠正措施,确保绿色食品生产安全。

9 生产废弃物处理

9.1 废水的处理

生产过程中产生的废水应集中收储,统一净化处理或利用或无污染排放,严禁直接排放。企业应建立"废水处理程序"和"废水处理质量控制记录",规范废水处理程序,并详细记录每次处理的数量、时间、人员等。

9.2 其他副产物和废弃物的处理

水代法生产芝麻香油产生大量副产物湿芝麻渣,含水量高,应立即脱水烘干;芝麻油脚中油脂、蛋白质含量高,宜高值化加工利用。

9.2.1 高值化利用

湿芝麻渣可采用离心设备脱除部分水分,热风烘干设备进一步脱水,或将湿芝麻渣与压榨产生低水分芝麻粕混合造粒再经挤压膨化烘干或直接烘干。干燥的芝麻渣宜作为肥料、饲料的原料出售,也宜提取芝麻油、芝麻蛋白、芝麻酚及芝麻素、芝麻林酚素等物质。

9.2.2 溶剂浸提取油

湿芝麻渣、干燥的芝麻渣和油脚,可经预混料、溶剂浸提、精炼等工艺生产精制芝麻油。

10 生产档案管理

加工企业应单独建立绿色食品芝麻油档案管理制度,建立并依据管理制度保存生产档案,提供生产活动溯源的证据。记录应包括油料来源、油料入库时间、油料保存环境温湿度、包装材料来源等所有相关生产记录,以及包装、销售记录和产品销售后的申诉、投诉记录等。生产档案至少保存3年,应由专人专柜保管。

绿 色 食 品 生 产 操 作 规 程

LB/T 149—2020

绿色食品物理压榨玉米油
生产操作规程

2020-08-20 发布

2020-11-01 实施

中国绿色食品发展中心 发布

前　　言

本规程由中国绿色食品发展中心提出并归口。

本规程起草单位：中国农业科学院农产品加工研究所、湖南省绿色食品办公室、河南省绿色食品发展中心、山东三星玉米产业科技有限公司。

本规程主要起草人：王锋、顾丰颖、王月华、程芳园、樊恒明、朱建湘、刘新桃、许润琦。

绿色食品物理压榨玉米油生产操作规程

1 范围

本规程规定了绿色食品物理压榨玉米油生产操作的术语和定义,一般要求,原辅料,加工工艺要求,包装、检验、储藏和运输,平行生产管理,生产废弃物处理及生产档案管理。

本规程适用于绿色食品物理压榨玉米油的生产。

2 规范性引用文件

下列文件对于本文件的应用是必不可少的。凡是注日期的引用文件,仅注日期的版本适用于本文件。凡是不注日期的引用文件,其最新版本(包括所有的修改单)适用于本文件。

GB/T 191 包装储运图示标志

GB/T 5491 粮食、油料检验扦样、分样法

GB 7718 食品安全国家标准 预包装食品标签通则

GB 8955 食品安全国家标准 食用植物油及其制品生产卫生规范

GB 14881 食品安全国家标准 食品生产通用卫生规范

GB/T 17374 食用植物油销售包装

GB 28050 食品安全国家标准 预包装食品营养标签通则

GB 31621 食品安全国家标准 食品经营过程卫生规范

GB/T 35870 玉米胚

JJF 1070 定量包装商品净含量计量检验规则

NY/T 418 绿色食品 玉米及玉米粉

NY/T 391 绿色食品 产地环境质量

NY/T 392 绿色食品 食品添加剂使用准则

NY/T 658 绿色食品 包装通用准则

NY/T 751 绿色食品 食用植物油

NY/T 1055 绿色食品 产品检验规则

NY/T 1056 绿色食品 储藏运输准则

中国绿色食品商标标志设计使用规范手册

3 术语和定义

下列术语和定义适用于本文件。

3.1

玉米油

采用玉米胚(包括玉米胚芽和少量的玉米皮、玉米胚乳)制取的油品。

3.2

压榨油

利用机械压榨方法从油料中提取的油脂。

3.3

清理

除去油料中所含杂质的工序的总称。

3.4

轧坯

亦称压片、轧片。利用机械的作用,将油料由粒状压成片状的过程。

3.5

蒸炒

生坯经过湿润,加热、蒸坯及炒坯等处理,发生一定的物理化学变化,并使其内部的结构改变,转变成熟坯的过程。

3.6

压榨法制油

利用外力使料坯受挤压而出油的榨油方法。

3.7

油脂精炼

清除植物油中所含固体杂质、游离脂肪酸、磷脂、胶质、蜡、色素、异味等的一系列工序的统称。

3.8

毛油

经压榨或浸出等工艺得到的未经处理的油。

3.9

脱酸

脱除毛油中所含游离脂肪酸的工序,脱酸的方法有碱炼、水蒸气蒸馏、溶剂萃取等。

3.10

碱炼

采用烧碱、纯碱等碱类中和油中的游离脂肪酸,使其生成皂脚从油中沉淀分离的精炼方法。

3.11

理论碱量

理论计算中和油脂中游离脂肪酸所需之碱量。

3.12

超碱量

油脂碱炼时,实际用碱量超过理论碱量的部分。

3.13

水洗

在碱炼过程中,用水洗去油脂中悬浮的微量皂粒的方法。

3.14

脱色

除去油脂中某些色素及碱炼过程中没能除去的一些残余物质,改善色泽,提高油脂品质的精炼工序。

3.15

吸附剂

具有强选择性吸附作用的物质,常用的有天然漂土、活性白土、活性炭等。

3.16

脱臭

除去油脂中臭味物质的精炼工序。

3.17

脱蜡

除去油脂中蜡质和少量固体脂的精炼工序。

3.18

油脚

毛油水化后的沉淀物。

3.19

皂脚

毛油碱炼后的沉淀物。

4 一般要求

绿色食品物理压榨玉米油生产厂区的环境质量应符合 GB 14881 和 NY/T 391 的要求,选址和厂区环境、生产过程中原料采购、加工、包装、储存和运输等环节的场所、设施与设备、卫生管理、人员的基本要求和管理准则等应符合 GB 8955 的规定;罐装车间地面采用食品级环氧树脂自流平,避免高温高湿等不利环境条件引起油脂氧化酸败、微生物的滋生、静电产生等;工作间应减少外来人员出入,进入车间必须着清洁工作服,戴无菌手套和口罩,定期对车间和工作服进行紫外杀菌;生产设备保持清洁卫生,避免杂质等混入油脂中造成二次污染,影响产品品质。

5 原辅料要求

5.1 原料应按照 GB/T 5491 的规定取样和品质检验,制胚用绿色食品玉米应符合 NY/T 418 的要求,玉米胚应符合 GB/T 35870 的要求且选用由绿色食品玉米经破碎后所得胚芽,破碎加工过程卫生规范应按照 GB 14881 和 GB 8955 的规定执行。生产环境质量应符合 NY/T 391 要求,且应来自获证绿色食品企业、合作社等主体或国家级绿色食品玉米原料标准化生产基地,或经绿色食品工作机构认定,按照绿色食品生产方式生产,达到绿色食品玉米标准的自建基地。

5.2 辅料的选择应符合绿色食品相关规定的要求。

5.3 加工过程中用水应符合 NY/T 391 的要求。

5.4 加工过程中所使用的食品添加剂的种类和用量应按 NY/T 392 的规定执行。

5.5 原辅料的采购、运输、验收、储存等应按照 GB 31621 的规定执行。

6 加工工艺

6.1 玉米胚芽清理、干燥和储藏

去除玉米粉、碎粉和皮屑等非胚芽杂质,除杂率不低于 90%。应采用新鲜、完整的玉米胚生产。储藏玉米胚应晒干或烘干至含水量低于 9.0%,储藏温度低于 20 ℃,储藏湿度 20%～50%,储藏时间不超过 20 d。

6.2 玉米胚软化调质

玉米胚软化温度控制在 50 ℃～55 ℃,软化时间 20 min～30 min,软化后含水量 10%～14%。

6.3 轧坯、蒸炒

将调质后的玉米胚轧坯,控制玉米胚坯片厚度为 0.3 mm～0.4 mm;除去残余湿气,然后蒸炒坯片,控制油料温度低于 100 ℃,残余含水量低于 4%。

6.4 压榨取油

蒸炒后的油料应立即压榨取油。压榨温度在 70 ℃～90 ℃,压榨工艺可重复 1 次,每次压榨的玉米毛油应立即储存至毛油罐。

6.5 精炼

6.5.1 预处理

毛油静置 24 h~48 h,自沉降水分与部分杂质;沉降油渣可二次压榨制取玉米毛油。

6.5.2 脱胶

将毛油缓慢加热至 60 ℃~70 ℃后,用热水进行搅拌洗涤,用水量为磷脂含量的 2 倍~3 倍,使油水充分混合后静置沉淀 20 min~30 min,使油温达到 70 ℃~80 ℃,离心分离油胶质,毛油进入脱胶油储罐,重复该工序,控制脱胶油含磷浓度不超过 10 mg/kg。

6.5.3 脱酸

测定脱胶的酸价,计算理论碱量,超碱量按理论用量的 1.05 倍~1.15 倍计算。加碱时控制油温 60 ℃~70 ℃,控制加碱时间在 5 min~10 min,搅拌速度 40 r/min~70 r/min,加碱完毕后调节搅拌速度为 30 r/min~40 r/min,搅拌 30 min 后沉降 8 h~12 h。

6.5.4 水洗、脱水

脱酸后原油温度升高为 80 ℃以上,离心除去部分皂脚,按离心油质量的 5%~10%加 90 ℃~95 ℃ 去离子水,离心除去原油中残余的皂脚和磷脂。油相在真空(0.08 MPa~0.09 MPa)和加热(105 ℃~ 110 ℃)条件下脱水,控制油品酸价不超过 0.2 mg KOH/g、含水量不超过 0.1%。

6.5.5 脱色

真空 0.08 MPa~0.09 MPa 下,油温加热至 105 ℃~120 ℃,按脱色油质量的 1.5%~3%和 0.03%~0.08%向油中分别添加白土和活性炭。脱色剂总添加量不超过玉米油质量的 3%,保持 20 min。过滤为脱色油。

6.5.6 脱臭

将脱色油温控制在 240 ℃~250 ℃的真空条件下,利用直接蒸汽法汽提脱除油脂中的臭味,保持 1 h 左右。也可采用组合塔与填料塔双温双塔分段脱臭。为了提高脱臭时油脂的稳定性,可根据生产需要加入抗氧化剂,抗氧化剂的选择和用量按 NY/T 392 的规定执行。

6.5.7 脱蜡

将油脂冷却至 4 ℃~6 ℃或适度冷冻,保持 20 h~30 h,可加入油重 0.2%~0.5%的助滤剂,待原油中的蜡质结晶析出后过滤,分离油、蜡,控制油品中蜡含量低于 5 mg/kg。

7 包装、检验、储藏和运输

包装、检验、储藏和运输经营过程中的食品安全要求应符合 GB 31621 的要求。

7.1 包装和标签

绿色食品物理压榨玉米油的包装应按 GB/T 17374 和 NY/T 658 的规定进行,绿色食品产品标签,除符合 GB 7718 的要求外,还应符合《中国绿色食品商标标志设计使用规范手册》的要求。营养标签标注应按 GB 28050 的规定执行。

7.2 产品检验

经分装、包装、贴标的成品物理压榨玉米油产品,依据 NY/T 1055 和 NY/T 751 的规定检验,净含量检验参照 JJF 1070 的规定。检验合格的产品为绿色食品物理压榨玉米油产品。

7.3 储藏和运输

绿色食品物理压榨玉米油的储藏和运输严格按 GB 31621 和 NY/T 1056 的规定执行。包装储运图示标志标识应按 GB/T 191 的规定执行。经检验合格的绿色食品入库时应详细记录生产日期、保质期、存放位置等重要信息,按照生产日期先后顺序有序存放,做到"先进先出",并定期清理库存,及时清理过期产品。仓库内应配有相应的消毒、通风、照明、防鼠、防蝇、防虫设施以及温湿度监控设施。运输车辆和器具应保持清洁卫生。运输中应注意安全,防止日晒、雨淋、渗漏、污染和标签脱落。

8 平行生产管理

生产企业同时生产绿色食品和常规产品时,应全程控制原料采购、运输、生产线、包装、储藏等环节。企业应单独记录管理绿色食品生产原辅料、设备、容器、产品,严格按照绿色食品相关标准,有效控制平行生产过程,确保绿色食品的产品质量。企业应合理安排绿色食品生产与常规产品生产,保证两者有效隔离,防止绿色食品与非绿色食品交叉污染。

8.1 加工过程管理

8.1.1 加工车间管理

绿色食品的加工由专人管理,独立加工生产,绿色食品生产前清洗所使用的容器、工具和设备,清洗应采用绿色食品成品冲洗管道和相关设施,以防止交叉污染。

8.1.2 原料、配料管理

绿色食品和常规产品的加工原料分开存放,明确标识。在生产过程使用的加工辅料一致时,应符合绿色食品生产要求。

8.2 包装、储运成品标识管理

8.2.1 原料运输管理

绿色食品与非绿色食品原料应分开装运,绿色食品原料采购后,应专车运输,装运车厢应干净。若混运,采用易于区分的容器分开存放绿色食品和常规产品用原料。

8.2.2 储藏管理

绿色食品与非绿色食品玉米、玉米胚原料应分开存放,应有专用储藏库。若与常规产品的加工原料共用同一仓库时,应划定明确区域,分区域储藏,应有明确标识区分两种生产原料,做好相应的标识和记录。储藏前,库房应全面清洁,以防止交叉污染。

8.2.3 记录与追溯管理

按照生产加工企业追溯制度要求建立产品加工记录,绿色食品物理压榨玉米油应有独立记录,追溯编号信息应明确,易于区分常规产品。区分标记记录信息的时间、产品批次、包装标识等内容,应确保记录从原料、加工过程到运输销售过程的追溯查询。

8.2.4 成品包装、标识管理

根据生产日期、生产批号等,编号、标识应按照绿色食品标识规定执行,并分时段、分区域的存放包装成品,避免同时包装同种规格的绿色食品和常规产品。绿色食品的包装、存储区域应设置明显标识,与常规产品分开存放,防止产品混淆。

8.2.5 销售运输管理

绿色与非绿色物理压榨玉米油应分开运输,不得混装、混运,保持车辆清洁卫生,每次卸货后应及时打扫,运输前车辆应清洗和消毒。且运输及装卸时,不得损毁外包装标识及有关说明,并保留相关记录。

8.3 人员管理

8.3.1 生产操作人员

从事与绿色食品生产有关的人员的健康管理与卫生要求应符合 GB 14881 的要求。应建立绿色食品生产相关岗位的培训制度,绿色食品生产人员以及相关岗位的从业人员定期培训食品安全知识、绿色食品相关法律法规标准知识,应有培训及考核记录,须考核合格后方可上岗。

8.3.2 管理人员

应配备食品安全专业技术人员、管理人员,应提高食品安全卫生与质量意识,应持续性教育与监督生产加工人员,培训和考核参加或从事与绿色食品生产有关的人员,定期检查绿色食品与常规产品生产管理工作,并做好相应记录,发现的问题应实施预防和纠正措施,确保绿色食品生产安全。

9 生产废弃物处理

9.1 废水的处理

生产过程中产生的废水应集中收储,统一净化处理,或利用或无污染排放,严禁直接排放。企业应建立"废水处理程序"和"废水处理质量控制记录",规范废水处理程序,并详细记录每次处理的数量、时间、人员等。

9.2 其他副产物和废弃物的处理

油脂水化和碱炼分出的副产品油脚和皂脚,宜制作磷脂和酸化油或作为脂肪酸和肥皂的原料;脱臭馏分得副产物脂肪酸,宜提取活性物质,如维生素 E 等。脱色和脱蜡工段产生的废白土渣、废活性炭渣、废蜡饼宜处理后二次利用。压榨后的渣饼宜采用浸出法进一步提取玉米油,也宜用于制作肥料、饲料等产品。

10 生产档案管理

加工企业应单独建立绿色食品物理压榨玉米油档案管理制度,建立并依据管理制度保存生产档案,提供生产活动溯源的证据。记录应包括油料来源、油料入库时间、油料保存环境温湿度、包装材料来源等所有相关生产记录,以及包装、销售记录和产品销售后的申、投诉记录等。生产档案至少保存 3 年,应由专人专柜保管。

绿 色 食 品 生 产 操 作 规 程

LB/T 150—2020

绿色食品物理压榨茶籽油
生产操作规程

2020-08-20 发布

2020-11-01 实施

中国绿色食品发展中心 发布

前　言

本规程由中国绿色食品发展中心提出并归口。

本规程起草单位：中国农业科学院农产品加工研究所、湖南省绿色食品办公室、河南省绿色食品发展中心、湖南山润油茶科技发展有限公司、浙江久晟油茶科技股份有限公司。

本规程主要起草人：王锋、顾丰颖、丁雅楠、朱建湘、樊恒明、刘新桃、欧阳鹏飞、翁剑德。

绿色食品物理压榨茶籽油生产操作规程

1 范围

本规程规定了绿色食品物理压榨茶籽油生产操作的术语和定义、一般要求、原辅料要求、加工工艺、包装、检验、储藏和运输、平行生产管理、生产废弃物处理及生产档案管理。

本规程适用于绿色食品物理压榨茶籽油的生产。

2 规范性引用文件

下列文件对于本文件的应用是必不可少的。凡是注日期的引用文件，仅注日期的版本适用于本文件。凡是不注日期的引用文件，其最新版本（包括所有的修改单）适用于本文件。

GB/T 191　包装储运图示标志

GB 5749　生活饮用水卫生标准

GB 7718　食品安全国家标准　预包装食品标签通则

GB 8955　食品安全国家标准　食用植物油及其制品生产卫生规范

GB 14881　食品安全国家标准　食品生产通用卫生规范

GB/T 17374　食用植物油销售包装

GB 28050　食品安全国家标准　预包装食品营养标签通则

GB 31621　食品安全国家标准　食品经营过程卫生规范

GB/T 37917　油茶籽

JJF 1070　定量包装商品净含量计量检验规则

NY/T 391　绿色食品　产地环境质量

NY/T 392　绿色食品　食品添加剂使用准则

NY/T 658　绿色食品　包装通用准则

NY/T 751　绿色食品　食用植物油

NY/T 1055　绿色食品　产品检验规则

NY/T 1056　绿色食品　储藏运输准则

中国绿色食品商标标志设计使用规范手册

3 术语和定义

下列术语和定义适用于本文件。

3.1

茶籽油

亦称山茶油。油茶籽制取的油，属不干性油。

3.2

压榨油

利用机械压榨方法从油料中提取的油脂。

3.3

油料剥壳

利用机械方法将带壳油料的外壳剥开的过程。

3.4

仁中含壳率

壳仁分离后,仁中残留的壳占总量的质量百分率。

3.5

清理

除去油料中所含杂质的工序的总称。

3.6

轧坯

亦称压片、轧片。利用机械的作用,将油料由粒状压成片状的过程。

3.7

蒸炒

生坯经过湿润、加热、蒸坯及炒坯等处理,发生一定的物理化学变化,并使其内部的结构改变,转变成熟坯的过程。

3.8

压榨法制油

利用外力使料坯受挤压而出油的榨油方法。

3.9

油脂精炼

清除植物油中所含固体杂质、游离脂肪酸、磷脂、胶质、蜡、色素、异味等的一系列工序的统称。

3.10

毛油

经压榨或浸出等工艺得到的未经处理的油。

3.11

脱酸

脱除毛油中所含游离脂肪酸的工序,脱酸的方法有碱炼、水蒸气蒸馏、溶剂萃取等。

3.12

碱炼

采用烧碱、纯碱等碱类中和油中的游离脂肪酸,使其生成皂脚从油中沉淀分离的精炼方法。

3.13

理论碱量

理论计算中和油脂中游离脂肪酸所需之碱量。

3.14

超碱量

油脂碱炼时,实际用碱量超过理论碱量的部分。

3.15

水洗

在碱炼过程中,用水洗去油脂中悬浮的微量皂粒的方法。

3.16

脱色

除去油脂中某些色素及碱炼过程中没能除去的一些残余物质,改善色泽,提高油脂品质的精炼工序。

3.17

吸附剂

具有强选择性吸附作用的物质,常用的有天然漂土、活性白土、活性炭等。

3.18

脱臭

除去油脂中臭味物质的精炼工序。

3.19

脱蜡

除去油脂中蜡质和少量固体脂的精炼工序。

3.20

油脚

毛油水化后的沉淀物。

3.21

皂脚

油脂碱炼后沉淀物。

4 一般要求

绿色食品物理压榨茶籽油生产厂区选址及厂区环境、生产过程中原料采购、加工、包装、储存和运输等环节的场所、设施与设备、卫生管理、人员的基本要求和管理准则等应符合 GB 14881 和 GB 8955 的要求;工作间应减少外来人员出入,进入车间必须着清洁工作服,戴无菌手套和口罩,定期对车间和工作服进行紫外杀菌;生产设备保持清洁卫生,避免杂质等混入油脂中造成二次污染,影响产品品质。

5 原辅料要求

5.1 原料油茶籽应符合 GB/T 37917 的要求,生产环境质量应符合 NY/T 391 的要求,且应来自获证绿色食品企业、合作社等主体或国家级绿色食品油茶籽原料标准化生产基地,或经绿色食品工作机构认定,按照绿色食品生产方式生产,达到绿色食品茶籽标准的自建基地。

5.2 辅料的选择应符合绿色食品相关规定的要求。

5.3 加工过程中用水应符合 NY/T 391 的要求。

5.4 加工过程中所使用的食品添加剂种类和用量应按 NY/T 392 的规定执行。

5.5 原辅料的采购、运输、验收、储存等应按 GB 31621 的规定执行。

6 加工工艺

6.1 烘干

含水量超过 8% 的油茶籽应烘干,使含水量达到 5%～8%,以便脱壳和轧坯。

6.2 剥壳

油茶籽原料需经剥壳及仁壳分离处理,控制茶籽剥壳后损失率≤1%,剥壳茶籽仁中含壳率≤20%。

6.3 清理、清洗

经检验合格的油茶籽需采用风选、磁选、清洗、色选等方式去除铁杂、石子、泥沙等杂质以及灰尘、皮壳等轻型杂质。

6.4 轧坯、蒸炒

将清洗清理后的油茶籽轧坯,控制坯片厚度为 0.2 mm～0.3 mm;除去残余湿气,然后蒸炒坯片,控制油料温度低于 95 ℃、残余水分低于 5％。

6.5 压榨取油

蒸炒后的油料应立即压榨取油,压榨温度应低于 80 ℃,压榨工艺可重复 1 次,每次压榨的茶籽毛油应立即储存至毛油罐。

6.6 精炼

6.6.1 预处理

毛油静置 24 h～48 h,自沉降水分与部分杂质;沉降油渣可二次压榨制取茶籽毛油。

6.6.2 脱胶

将毛油缓慢加热至 85 ℃,按原油质量的 0.1％～0.15％加入 85％磷酸(V/V)水溶液,按原油质量的 10％加入 90 ℃的热水,搅拌洗涤使油水充分混合,静置沉淀 20 min～30 min,离心机分离油、胶质,毛油进入脱胶油储罐,重复该工序,控制脱胶油含磷浓度≤10 mg/kg。

6.6.3 脱酸

测定脱胶油的酸价,计算理论碱量,超碱量按理论碱量的 1.05 倍～1.15 倍计算。加碱时控制油温 85 ℃,控制加碱时间在 5 min～10 min,搅拌速度 40 r/min～70 r/min,加碱完毕后调节搅拌速度为 30 r/min～40 r/min,搅拌 30 min 后沉降 8 h～12 h。

6.6.4 水洗、脱水

脱酸后调节油温至 100 ℃～105 ℃,离心除去部分皂脚,按油质量的 5％～8％加入微沸的去离子水,搅拌水洗 3 min,离心除去油中残余皂脚和磷脂。油相在真空(0.08 MPa～0.09 MPa)和加热(105 ℃～110 ℃)条件下脱水,控制油品酸价≤1.0 mg KOH/g、含水量≤0.1％。

6.6.5 脱色

在真空 0.08 MPa～0.09 MPa 下,油温加热至 60 ℃～80 ℃,按脱色油质量的 1.5％～3％添加活性白土,并按所加活性白土质量的 0.2％～2％添加活性炭,吸附剂总添加量不超过油质量的 3％,保持 20 min,过滤为脱色油。

6.6.6 脱臭

将脱色油温控制在 230 ℃～240 ℃,真空 0.08 MPa～0.09 MPa,保持 60 min～80 min,利用直接蒸汽汽提脱臭。可采用连续式脱臭,加热介质可采用高压蒸汽或热载体。为提高脱臭时油脂的稳定性,可根据生产需要加入抗氧化剂,抗氧化剂的选择和用量参照 NY/T 392 标准规定执行。

6.6.7 脱蜡

将油脂冷却至 0 ℃～5 ℃,保持 24 h～48 h,待原油中的蜡质结晶析出后过滤,分离油、蜡,控制油品中蜡含量低于 5 mg/kg。

7 包装、检验、储藏和运输

7.1 包装和标签

绿色食品茶籽油的包装应按 GB/T 17374 和 NY/T 658 的规定进行。绿色食品产品标签,除符合 GB 7718 的要求外,还应符合《中国绿色食品商标标志设计使用规范手册》的规定。营养标签标注按 GB 28050 的规定执行。

7.2 产品检验

经分装、包装、贴标的成品茶籽油产品,依据 NY/T 1055 和 NY/T 751 的规定检验,净含量检验参照 JJF 1070 的规定。检验合格的产品为绿色食品茶籽油产品。

7.3 储藏和运输

绿色食品物理压榨茶籽油的储藏和运输严格按 GB 31621 和 NY/T 1056 的规定执行。包装储运图示标识标志应按 GB/T 191 的规定执行。经检验合格的绿色食品入库时应详细记录生产日期、保质期、存放位置等重要信息,按照生产日期先后顺序有序存放,做到"先进先出",并定期清理库存,及时清理过期产品。仓库内应配有相应的消毒、通风、照明、防鼠、防蝇、防虫设施以及温湿度监控设施。运输车辆和器具应保持清洁卫生。运输中应注意安全,防止日晒、雨淋、渗漏、污染和标签脱落。

8 平行生产管理

生产企业同时生产绿色食品和常规产品时,应全程控制原料采购、运输、生产线、包装、储藏等环节。企业应单独记录管理绿色食品生产原辅料、设备、容器、产品,严格按照绿色食品相关标准,有效控制生产过程,确保绿色食品的产品质量。企业应合理安排绿色食品生产与常规产品生产,保证两者有效隔离,防止绿色食品与非绿色食品交叉污染。

8.1 加工过程管理

8.1.1 加工车间管理

绿色食品的加工由专人管理,独立加工生产,绿色食品生产前清洗所使用的容器、工具和设备,清洗应采用绿色食品成品冲洗管道和相关设施,以防交叉污染。

8.1.2 原料、配料管理

绿色食品和常规产品的加工原料分开存放,明确标识。在生产过程使用的加工辅料一致时,应符合绿色食品生产管理要求。

8.2 包装、储运成品标识管理

8.2.1 原料运输管理

绿色食品与非绿色食品原料应分开装运,绿色食品原料采购后,应专车运输,装运车厢应干净。若混运,采用易于区分的容器分开存放绿色食品和常规产品用原料。

8.2.2 原料储藏管理

绿色食品与非绿色食品茶籽原料应分开存放,应有专用储藏库。若与常规产品的加工原料共用同一仓库时,应划定明确区域,分区域储藏,应有明确标识区分两种生产原料,做好相应的标识和记录。储藏前,库房应全面清洁,以防止交叉污染。

8.2.3 记录与追溯管理

按照生产加工企业追溯制度要求建立产品加工记录,绿色食品物理压榨茶籽油应有独立记录,追溯编号信息应明确,易于区分常规产品。区分标记记录信息的时间、产品批次、包装标识等内容,应确保记录从原料、加工过程到运输销售过程的追溯查询。

8.2.4 成品包装、标识管理

根据生产日期、生产批号等,编号、标识应按照绿色食品标识规定执行,并分时段、分区域的存放包装成品,避免同时包装同种规格的绿色食品和常规产品。绿色食品的包装、存储区域应设置明显标识,与常规产品分开存放,防止产品混淆。

8.2.5 销售运输管理

绿色与非绿色茶籽油应分开运输,不得混装、混运,保持车辆清洁卫生,每次卸货后应打扫,运输前车辆应清洗和消毒。运输及装卸时,不得损毁外包装标识及有关说明,并保留相关记录。

8.3 人员管理

8.3.1 生产操作人员

从事与绿色食品生产有关的人员的健康管理与卫生要求应符合 GB 14881 规定。应建立绿色食品生产相关岗位的培训制度,绿色食品生产人员以及相关岗位的从业人员定期培训食品安全知识、绿色食品相关法律法规标准知识,应有培训及考核记录,须考核合格后方可上岗。

8.3.2 管理人员

应配备食品安全专业技术人员、管理人员,应提高食品安全卫生与质量意识,应持续性教育与监督生产加工人员,培训和考核参加或从事与绿色食品生产有关的人员,定期检查绿色食品与常规产品生产管理工作,并做好相应记录,发现的问题应实施预防和纠正措施,确保绿色食品生产安全。

9 生产废弃物处理

9.1 废水的处理

生产过程中产生的废水应集中收储,统一净化处理,或利用或无污染排放,严禁直接排放。企业应建立"废水处理程序"和"废水处理质量控制记录",规范废水处理程序,并详细记录每次处理的数量、时间、人员等。

9.2 其他副产物和废弃物的处理

压榨后的渣饼宜浸出法提取茶籽油,也宜作为肥料、饲料的原料出售。油脂水化和碱炼分出的副产品油脚和皂脚,宜用于生产磷脂和酸化油或作为脂肪酸和肥皂的原料出售;脱臭馏分宜用于提取脂肪酸、维生素 E 等。脱色和脱蜡工段产生的废白土渣、废活性炭渣、废蜡饼宜处理后二次加工利用。

10 生产档案管理

加工企业应单独建立绿色食品品物理压榨茶籽油档案管理制度,建立并依据管理制度保存生产档案,提供生产活动溯源的证据。记录应包括油料来源、油料入库时间、油料保存环境温湿度、包装材料来源等所有相关生产记录,以及包装、销售记录和产品销售后的申、投诉记录等。生产档案至少保存 3 年,应由专人专柜保管。

绿色食品生产操作规程

LB/T 151—2020

绿色食品预榨浸出茶籽油
生产操作规程

2020-08-20 发布

2020-11-01 实施

中国绿色食品发展中心 发布

前　言

本规程由中国绿色食品发展中心提出并归口。

本规程起草单位:中国农业科学院农产品加工研究所、湖南省绿色食品办公室、河南省绿色食品发展中心、湖南山润油茶科技发展有限公司、浙江久晟油茶科技股份有限公司。

本规程主要起草人:王锋、顾丰颖、丁雅楠、许润琦、白冰睿、朱建湘、樊恒明、刘新桃、欧阳鹏飞、翁剑德。

LB/T 151—2020

绿色食品预榨浸出茶籽油生产操作规程

1 范围

本规程规定了绿色食品预榨浸出茶籽油生产操作的术语和定义,一般要求,原辅料要求,加工工艺,包装、检验、储藏和运输,平行生产管理,生产废弃物处理及生产档案管理。

本规程适用于绿色食品预榨浸出茶籽油的生产。

2 规范性引用文件

下列文件对于本文件的应用是必不可少的。凡是注日期的引用文件,仅注日期的版本适用于本文件。凡是不注日期的引用文件,其最新版本(包括所有的修改单)适用于本文件。

GB/T 191　包装储运图示标志

GB 1886.52　食品安全国家标准　食品添加剂植物油抽提溶剂(又名己烷类溶剂)

GB 7718　食品安全国家标准　预包装食品标签通则

GB 8955　食品安全国家标准　食用植物油及其制品生产卫生规范

GB 14881　食品安全国家标准　食品生产通用卫生规范

GB 16629　植物油抽提溶剂

GB/T 17374　食用植物油销售包装

GB 28050　食品安全国家标准　预包装食品营养标签通则

GB 31621　食品安全国家标准　食品经营过程卫生规范

GB/T 37917　油茶籽

JJF 1070　定量包装商品净含量计量检验规则

NY/T 391　绿色食品　产地环境质量

NY/T 392　绿色食品　食品添加剂使用准则

NY/T 658　绿色食品　包装通用准则

NY/T 751　绿色食品　食用植物油

NY/T 1055　绿色食品　产品检验规则

NY/T 1056　绿色食品　储藏运输准则

中国绿色食品商标标志设计使用规范手册

3 术语和定义

下列术语和定义适用于本文件。

3.1

茶籽油

亦称山茶油。油茶籽制取的油,属不干性油。

3.2

预榨浸出

油料经预榨取出部分油脂后,再将含油较高的饼进行浸出的工艺。

3.3

油料剥壳

利用机械方法将带壳油料的外壳剥开的过程。

3.4

仁中含壳率

壳仁分离后,仁中残留的壳占总量的质量百分率。

3.5

清理

除去油料中所含杂质的工序的总称。

3.6

轧坯

亦称压片、轧片。利用机械的作用,将油料由粒状压成片状的过程。

3.7

蒸炒

生坯经过湿润、加热、蒸坯及炒坯等处理,发生一定的物理化学变化,并使其内部的结构改变,转变成熟坯的过程。

3.8

预榨

为浸出提供仍含油较高残油饼料的压榨方式。通常对高含油油料宜采用预榨-浸出工艺。

3.9

浸出工序

亦称"萃取",即用溶剂提取的过程。

3.10

封闭绞龙

出料端缺一小段旋叶,并设有重力门的水平密闭螺旋输送机。属浸出器的喂料机构。

3.11

湿粕

浸出后含油溶剂的粕。

3.12

引爆试验

对脱溶后成品粕检测溶剂含量的简易方法。在规定条件下进行点火试验,以不燃不爆为合格,爆或燃烧为不合格。

3.13

混合油

油脂与溶剂的混合液。

3.14

混合油蒸发

利用混合油中溶剂易挥发的特性,用加热的方法使溶剂汽化,而浓缩混合油的工序。

3.15

油脂精炼

清除植物油中所含固体杂质、游离脂肪酸、磷脂、胶质、蜡、色素、异味等的一系列工序的统称。

3.16

毛油

经压榨或浸出等工艺得到的未经处理的油。

3.17

脱酸

脱除毛油中所含游离脂肪酸的工序,脱酸的方法有碱炼、水蒸气蒸馏、溶剂萃取等。

3.18

碱炼

采用烧碱、纯碱等碱类中和油中的游离脂肪酸,使其生成皂脚从油中沉淀分离的精炼方法。

3.19

理论碱量

理论计算中和油脂中游离脂肪酸所需之碱量。

3.20

超碱量

油脂碱炼时,实际用碱量超过理论碱量的部分。

3.21

水洗

在碱炼过程中,用水洗去油脂中悬浮的微量皂粒的方法。

3.22

脱色

除去油脂中某些色素及碱炼过程中没能除去的一些残余物质,改善色泽,提高油脂品质的精炼工序。

3.23

吸附剂

具有强选择性吸附作用的物质,常用的有天然漂土、活性白土、活性炭等。

3.24

脱臭

除去油脂中臭味物质的精炼工序。

3.25

脱蜡

除去油脂中蜡质和少量固体脂的精炼工序。

3.26

油脚

毛油水化后的沉淀物。

3.27

皂脚

油脂碱炼后的沉淀物。

4 一般要求

绿色食品物理压榨茶籽油生产厂区选址及厂区环境、生产过程中原料采购、加工、包装、储存和运输等环节的场所、设施与设备、卫生管理、人员的基本要求和管理准则等应符合 GB 14881 和 GB 8955 的要求;工作间尽量减少外来人员出入,进入车间必须着清洁工作服,戴无菌手套和口罩,定期对车间和工作服进行紫外杀菌;生产设备保持清洁卫生,避免杂质等混入油脂中造成二次污染,影响产品品质。

5 原辅料要求

5.1 原料茶籽应符合 GB/T 37917 的要求,生产环境质量应符合 NY/T 391 的要求,且应来自获证绿色食品企业、合作社等主体或国家级绿色食品茶籽原料标准化生产基地或经绿色食品工作机构认定,按照绿色食品生产方式生产,达到绿色食品茶籽标准的自建基地。

5.2 辅料的选择应符合绿色食品相关规定的要求。

5.3 加工过程中用水应符合 NY/T 391 的要求。

5.4 加工过程中所使用的食品添加剂的种类和用量应按 NY/T 392 的规定执行。

5.5 加工过程中所使用的植物油抽提溶剂应按 GB 1886.52 和 GB 16629 的规定执行。

5.6 原辅料的采购、运输、验收、储存等应按 GB 31621 的规定执行。

6 加工工艺

6.1 烘干

含水量超过 8% 的油茶籽应烘干,使其含水量达到 5%~8%,以便脱壳和轧坯。

6.2 剥壳

油茶籽原料需经剥壳以及仁壳分离处理,控制茶籽剥壳后损失率≤2%,剥壳茶籽仁中含壳率≤20%。

6.3 清理、清洗

经检验合格的油茶籽需采用色选、风选、磁选、清洗等方式去除铁杂、石子、泥沙等杂质以及灰尘、皮壳等轻型杂质。

6.4 轧坯、蒸炒

将清洗清理后的油茶籽原料轧坯,控制坯片厚度为 0.2 mm~0.3 mm;除去残余湿气,然后蒸炒坯片,控制油料温度低于 95 ℃、残余水分低于 5%。宜选用立式蒸炒锅蒸坯,脱水除湿宜用平板烘干机、气流干燥剂或卧式软化锅。

6.5 预榨

破碎预榨饼,控制饼块最大对角线≤15 mm,粉末(30 目以下)≤5%,筛下的细粉回机复榨。预榨温度保持在 60 ℃~75 ℃,含水量为 6%~8%,残油率≤12%。预榨饼经冷却至 50 ℃~55 ℃后进入浸出工序。

6.6 浸出

浸出溶剂应符合 GB 1886.52 和 GB 16629 的要求,物料进入浸出器时,应采取封闭绞龙将破碎的预榨饼装入浸出器,入浸料温度 50 ℃~55 ℃,物料与溶剂的重量比为 1:(1.1~1.2),溶剂温度 50 ℃~55 ℃,浸出器温度为 50 ℃;浸出时间 90 min~120 min。湿粕残余溶剂量<35%。混合油过滤或离心,分离固体湿粕,泵入混合油罐。

6.7 湿粕脱溶烘干

脱溶烘干提油后的湿粕,粕出口温度≤80 ℃。入库粕温度<40 ℃。成品粕应无溶剂味,引爆试验合格(溶剂残留<500 mg/kg),含水量<13%,不焦不煳。

6.8 混合油的蒸发

混合油罐中加入混合油质量 5% 的食盐水,沉降时间不低于 5 min,将混合油泵入蒸发器,经二次蒸发和汽提塔汽提除去浸提溶剂。控制第一蒸发器温度 70 ℃~85 ℃,混合油浓度达 60%;第二蒸发器温度 115 ℃~130 ℃,混合油浓度达 85%~95%;汽提塔真空度 0.035 MPa~0.05 MPa。获得的茶籽毛油中残留溶剂量≤100 mg/kg。

6.9 溶剂的回收

冷凝器冷凝由浸出器、粕蒸机、第一蒸发器、第二蒸发器、汽提塔出来的溶剂和水汽,冷凝的水进入蒸水罐,保持温度 90 ℃~98 ℃,蒸去微量溶剂后集中排放,冷凝的溶剂进入循环溶剂罐;冷凝器未凝结气体应通过填料塔吸收回收溶剂,进入循环溶剂罐,填料塔中的吸收油应采用精炼油,含溶剂达 5% 时须更换新油。排放大气的尾气中溶剂含量不超过 0.1%(体积)。

6.10 精炼

6.10.1 预处理

毛油静置 24 h~48 h,自沉降水分与部分杂质;沉降油渣可进行二次压榨制取茶籽毛油。

6.10.2 脱胶

将毛油缓慢加热至 85 ℃,按毛油质量的 0.1%~0.15%加入 85%磷酸(V/V)水溶液,按毛油质量的 10%加入 90 ℃的热水,搅拌洗涤使油水充分混合,静置沉淀 20 min~30 min,离心机分离油胶质,脱胶油进入脱胶油储罐,重复该工序,控制脱胶油含磷浓度≤10 mg/kg。

6.10.3 脱酸

测定脱胶油的酸价,计算理论碱量,超碱量按理论碱量的 1.05 倍~1.15 倍计算。加碱时控制油温 85 ℃,控制加碱时间在 5 min~10 min,搅拌速度 40 r/min~70 r/min,加碱完毕后调节搅拌速度为 30 r/min~40 r/min,搅拌 30 min 后沉降 8 h~12 h。

6.10.4 水洗、脱水

脱酸后调节油温至 85 ℃~90 ℃,离心除去部分皂脚,按油质量的 5%~8%加入微沸的去离子水,搅拌水洗 3 min,离心除去油中残余皂脚和磷脂。油相在真空(0.08 MPa~0.09 MPa)和加热(105 ℃~110 ℃)条件下进行脱水,控制油品酸价≤0.2 mg KOH/g,含水量≤0.1%。

6.10.5 脱色

在真空 0.08 MPa~0.09 MPa 下,油温加热至 60 ℃~80 ℃,按脱色油质量的 1.5%~3%添加活性白土,并按所加活性白土质量的 0.2%~2%添加活性炭,吸附剂总添加量不超过油质量的 3%,保持 20 min,过滤为脱色油。

6.10.6 脱臭

将脱色油温控制在 230 ℃~240 ℃,真空 0.08 MPa~0.09 MPa,保持 60 min~80 min,利用直接蒸汽汽提脱臭。可采用连续式脱臭,加热介质可采用高压蒸汽或热载体。为提高脱臭时油脂的稳定性,可根据生产需要加入抗氧化剂,抗氧化剂的选择和用量按 NY/T 392 的规定执行。

6.10.7 脱蜡

将油脂冷却至 0 ℃~5 ℃,保持 24 h~48 h,待原油中的蜡质结晶析出后过滤,分离油、蜡,控制油品中蜡含量低于 5 mg/kg。

7 包装、检验、储藏和运输

7.1 包装和标签

绿色食品茶籽油的包装应按 GB/T 17374 和 NY/T 658 的规定执行,绿色食品产品标签,除符合 GB 7718 的要求外,还应符合《中国绿色食品商标标志设计使用规范手册》的要求。营养标签标注应按 GB 28050 的规定执行。

7.2 产品检验

经分装、包装、贴标的预榨浸提茶籽油产品,依据 NY/T 1055 和 NY/T 751 的规定检验,净含量检验参照 JJF 1070 的要求。检验合格产品为绿色食品茶籽油产品。

7.3 储藏和运输

绿色食品预榨浸出茶籽油的储藏和运输应严格按 GB 31621 和 NY/T 1056 的规定执行。包装储运图示标志标识应按 GB/T 191 的规定执行。经检验合格的绿色食品入库时应详细记录生产日期、保质期、存放位置等重要信息,按照生产日期先后顺序有序存放,做到"先进先出",并定期清理库存,及时清理过期产品。仓库内应配有相应的消毒、通风、照明、防鼠、防蝇、防虫设施以及温湿度监控设施。运输车辆和器具应保持清洁卫生。运输中应注意安全,防止日晒、雨淋、渗漏、污染和标签脱落。

8 平行生产管理

生产企业同时生产绿色食品和常规产品时,应全程控制原料采购、运输、生产线、包装、储藏等环节。

企业应单独记录管理绿色食品生产原辅料、设备、容器、产品,严格按照绿色食品相关标准,有效控制生产过程,确保绿色食品的产品质量。企业应合理安排绿色食品生产与常规产品生产,保证两者有效隔离,防止绿色食品与非绿色食品交叉污染。

8.1 加工过程管理

8.1.1 加工车间管理

绿色食品的加工由专人管理,独立加工生产,绿色食品生产前清洗对所使用的容器、工具和设备,清洗应采用绿色食品成品冲洗管道和相关设施,以防交叉污染。

8.1.2 原料、配料管理

绿色食品和常规产品的加工原料分开存放,明确标识。在生产过程使用的加工辅料一致时,应符合绿色食品生产管理要求。

8.2 包装、储运成品标识管理

8.2.1 原料运输管理

绿色食品与非绿色食品原料应分开装运,绿色食品原料采购后,应专车运输,装运车厢应干净。若混运,采用易于区分的容器分开存放绿色食品和常规产品用原料。

8.2.2 原料储藏管理

绿色食品与非绿色食品茶籽原料应分开存放,应有专用储藏库。若与常规产品的加工原料共用同一仓库时,应划定明确区域,分区域储藏,应有明确标识区分两种生产原料,做好相应的标识和记录。储藏前,库房应全面清洁,以防止交叉污染。

8.2.3 记录与追溯管理

按照生产加工企业追溯制度要求建立产品加工记录,绿色食品物理压榨茶籽油应有独立记录,追溯编号信息应明确,易于区分常规产品。区分标记记录信息的时间、产品批次、包装标识等内容,应确保记录从原料、加工过程到运输销售过程的追溯查询。

8.2.4 成品包装、标识管理

根据生产日期、生产批号等,编号、标识应按照绿色食品标识规定执行定,并分时段、分区域的存放包装成品,避免同时包装同种规格的绿色食品和常规产品。绿色食品的包装、存储区域应设置明显标识,与常规产品分开存放,防止产品混淆。

8.2.5 销售运输管理

绿色与非绿色茶籽油应分开运输,不得混装、混运,保持车辆清洁卫生,每次卸货后应打扫,运输前车辆应清洗和消毒。运输及装卸时,不得损毁外包装标识及有关说明,并保留相关记录。

8.3 人员管理

8.3.1 生产操作人员

从事与绿色食品生产有关的人员的健康管理与卫生要求应符合 GB 14881 的要求。应建立绿色食品生产相关岗位的培训制度,绿色食品生产人员以及相关岗位的从业人员应定期培训食品安全知识、绿色食品相关法律法规标准知识,应做好培训及考核记录,须考核合格后方可上岗。

8.3.2 管理人员

应配备食品安全专业技术人员、管理人员,应提高食品安全卫生与质量意识,应持续性教育与监督生产加工人员,培训和考核参加或从事与绿色食品生产有关的人员,定期检查绿色食品与常规产品生产管理工作,并做好相应记录,发现的问题应实施预防和纠正措施,确保绿色食品生产安全。

9 生产废弃物处理

9.1 废水的处理

热水循环罐、分水箱、混合油罐内排出废水应集中收储,经废水蒸煮罐蒸汽加热至 90 ℃以上后冷却,回收含溶蒸汽。其余生产过程中产生的废水统一净化处理,或利用或无污染排放,严禁直接排放。企业应建立"废水处理程序"和"废水处理质量控制记录",规范废水处理程序,并详细记录每次处理的数量、时间、人员等。

9.2 其他副产物和废弃物的处理

茶籽脱溶粕宜作为肥料、饲料的原料出售。油脂水化和碱炼分出的副产品油脚和皂脚,宜用于生产磷脂和酸化油或作为脂肪酸和肥皂的原料集中出售;脱臭馏分宜提取脂肪酸、维生素 E 等。脱色和脱蜡工序产生的废白土渣、废活性炭、废蜡饼宜处理后二次加工利用。

10 生产档案管理

加工企业应单独建立绿色食品预榨浸出茶籽油档案管理制度,建立并依据管理制度保存生产档案,提供生产活动溯源的证据。记录应包括油料来源、油料入库时间、油料保存环境温湿度、包装材料来源等所有相关生产记录,以及包装、销售记录和产品销售后的申诉、投诉记录等。生产档案至少保存 3 年,应由专人专柜保管。

绿 色 食 品 生 产 操 作 规 程

LB/T 152—2020

绿色食品舍饲生猪养殖规程

2020-08-20 发布

2020-11-01 实施

中国绿色食品发展中心 发布

前　言

本规程由中国绿色食品发展中心提出并归口。

本规程起草单位：湖南省畜牧兽医研究所、湖南省绿色食品办公室、湖南省畜牧技术推广总站、河南省绿色食品发展中心、四川省绿色食品发展中心、湖北省绿色食品管理办公室、湘阴县泓康生态农业科技发展有限公司。

本规程主要起草人：彭英林、杨青、崔清明、刘俊杰、邓缘、谢菊兰、张星、王育群、陈晨、彭善珍、张琪、周熙、周先竹、任艳芳、罗文伟。

绿色食品舍饲生猪养殖规程

1 范围

本规程规定了我国绿色食品舍饲生猪养殖的产地环境、品种、饲料营养、生物安全体系、饲养管理、疫病防控、废弃物综合处理、质量溯源体系和生产档案管理。

本规程适用于绿色食品舍饲生猪的饲养管理。

2 规范性引用文件

下列文件对于本文件的应用是必不可少的。凡是注日期的引用文件，仅注日期的版本适用于本文件。凡是不注日期的引用文件，其最新版本（包括所有的修改单）适用于本文件。

GB 13078 饲料卫生标准
GB/T 17823 集约化猪场防疫基本要求
GB/T 17824.1 规模猪场建设
GB/T 17824.2 规模猪场生产技术规程
GB/T 17824.3 规模猪场环境参数及环境管理
GB 18596 畜禽养殖业污染物排放标准
NY/T 65 猪饲养标准
NY/T 391 绿色食品 产地环境质量
NY/T 471 绿色食品 饲料及饲料添加剂使用准则
NY/T 472 绿色食品 兽药使用准则
NY/T 473 绿色食品 畜禽卫生防疫准则
NY 884 生物有机肥
NY/T 1055 绿色食品 产品检验规则
NY/T 1568 标准化规模养猪场建设规范
NY/T 1761 农产品质量安全追溯操作规程 通则
NY/T 2799 绿色食品 畜肉

3 产地环境

3.1 基本要求

生猪产地环境质量、生猪养殖环境质量，应分别符合 NY/T 473、NY/T 391 的要求。

3.2 场址选择

3.2.1 地形地势

根据猪场性质和规模，考虑地形、地势、土壤和当地气候等自然条件，以及交通运输、饲料能源供应和周围环境等社会条件，猪场周围 2 km 范围内无居民区、公众聚会场所、工矿企业和医疗机构，且距离垃圾处理场、垃圾填埋场、风景旅游区、点污染源 5 km 以上。

选择地势高燥、开敞、背风向阳、水源充足、排水良好、交通方便但略显偏僻的地方建设，猪场地形要求开阔整齐，符合 GB/T 17824.1、GB/T 17824.2、GB/T 17824.3 和 NY/T 1568 的要求。

3.2.2 水源

水源充足，最好采用深井水，水质应符合国家饮用水标准，且水源应便于取用和卫生防护，符合 NY/T 391 的要求。为保证猪群健康，应由有检测资质的机构对水样取样进行检测并出具报告。

3.2.3 土壤

土壤透气性和透水性好,自净能力强,以沙壤土或沙土为好。场址用地符合当地土地利用规划和环保要求,办理环评手续。

3.3 规划布局

根据当地全年主风向和地势,猪场按照生活区、管理区、生产区、隔离区和排污区顺序划分为5个功能区,各功能区之间间距不少于30 m,整个场区使用围墙与外界隔离,生产区用实心围墙隔离。管理区、生活区位于生产区常年主导风向的上风或侧风向及地势较高处,隔离区、排污区位于生产区主风向的下风或侧风向及地势较低处。注意生产区猪舍风机端抽出的污浊空气不要因主风向而再次吹进其他猪舍进风口,尽量避免并排猪舍的设计布局。

猪场建筑物的布局应母猪区和保育生长育肥区在不同的区域,隔离距离越远越好。保育舍北方要有地暖,栏内布局高度不同饮水器。生长育肥舍强调环控自动化系统保证猪舍良好通风保温环境。考虑各建筑物间的功能关系、卫生防疫、通风、采光、防火、节约用地等。

4 品种

4.1 选择原则

根据自然环境、消费习惯以及养殖模式,综合考虑适用性好、产仔性能好、抗病力强、肉质好、出肉率高、饲料报酬高等优点的优质生猪品种。

4.2 品种选用

选择杜洛克猪、长白猪、大白猪、巴克夏猪及优质地方猪种、培育品种或者配套系等。

4.3 引种

4.3.1 引种注意事项

禁止从疫区引进种猪或仔猪;供种企业应具有"种畜禽生产经营许可证""营业执照""动物防疫许可证""非洲猪瘟检测报告"等法定销售种源资格证;引进的种猪应符合NY/T 473的要求,必须有标识,经当地动物防疫机构或动物卫生监督所检疫合格,取得检疫合格证明。

4.3.2 种猪健康评估

查看免疫程序,与原始记录比对。确定引种意向后,对猪瘟、口蹄疫、伪狂犬病、蓝耳病、非洲猪瘟等重大疫病进行检测,取得检疫合格证明。

4.3.3 引种隔离

进猪前30 d对隔离舍及用具严格消毒并封闭,进猪前1 d再次消毒;引进的生猪必须隔离饲养45 d以上,经观察、检疫确认健康者,免疫驱虫后方可混群饲养。

5 饲料营养

5.1 营养需求和能量水平

所选原料应满足各阶段猪对营养物质的需要。营养水平应符合NY/T 65的要求。

育肥猪饲养阶段分为前期、中期和后期,育肥前期为15 kg~50 kg,育肥中期为50 kg~90 kg,育肥后期为90 kg~125 kg;各阶段推荐日粮组成推荐方案参见附录A。

5.2 饲料原料

饲料原料应遵从安全优质、绿色环保、以天然原料为主的原则,符合NY/T 471的要求;饲料原料的产地环境应符合NY/T 391的要求。饲料原料可以是已通过认定的绿色食品及来源于绿色食品标准化生产基地的产品,或按照绿色食品生产方式生产、经绿色食品工作机构认定、达到绿色食品标准的自建基地生产的产品。饲料原料不应使用同源性动物源性饲料,不应使用工业合成的油脂,不应使用动物粪便等。

5.3 饲料添加剂

饲料添加剂应符合 NY/T 471 的要求,应是农业农村部批准使用的饲料添加剂品种,不应使用任何药物饲料添加剂。饲料添加剂应选自具有生产许可证的厂家,不应选用无生产许可证、无产品标签、无产品质量检验合格证的饲料添加剂。应不少于 60% 的种类来源天然矿物质饲料或有机微量元素。

5.4 饲料储存

储存饲料的卫生标准应符合 GB 13078 和 NY/T 471 的要求,储存中不应使用任何化学合成的药物毒害虫、鼠。猪场应设有饲料储存专用仓库,库存谷类饲料的含水量不能超过 14%;保证仓库干燥和空气流通,防止高湿气候引起的饲料霉变;防止虫、鼠、微生物及有毒物的污染。

6 生物安全体系

6.1 清洗消毒

在非洲猪瘟存在的背景下,因为非洲猪瘟主要是接触性传染,必须筑牢生物安全体系,非生产区工作人员及车辆严禁进入生产区,确有需要必须经场长或主管兽医批准并经严格消毒后,在场内人员陪同下方可进入,只可在指定范围内活动。

生活区大门应设消毒门岗,全场员工及外来人员入场时,均应通过消毒门岗,消毒池每周更换 2 次消毒液;有条件的要建立洗消中心,猪场每个饲养单元入口处设消毒池;每周对生活区及周边环境进行清洁、消毒、灭鼠、灭蚊蝇等工作。消毒剂使用应符合 NY/T 472 的要求,猪场消毒药选择参见附录 B。

6.2 人员管理

饲养员要在场内宿舍居住,不得随便外出;场内技术人员不得到场外出诊,不得去屠宰场、猪场等场所;禁止携带生肉及肉制品入场,场内不得饲养禽畜和宠物;员工休假回场或新招员工必须在生活区隔离 48 h 以上才能进入生产区,所穿衣物必须熏蒸消毒且不能带入生产区,进入生产区必须洗澡后穿生产区工作服进入。

6.3 车辆管理

场内运猪车辆出入生产区、隔离舍、出猪台要彻底消毒,赶猪时沿走廊单向下坡出猪,饲养员赶猪上走廊,出猪台接猪。上述车辆司机不许离开驾驶室与场内人员接触,随车装卸工需更衣、换鞋和消毒。

7 饲养管理

7.1 种公猪的饲养管理

种公猪应单栏饲养,饲料使用高能、高蛋白饲料,配以优质的青绿多汁饲料。种公猪自幼龄开始培育:小公猪应保证充足的运动;青年期注意饲料的喂量,同时加强运动;要建设舍外运动场地,以便公猪在阳光明媚的天气进行运动。成年公猪要经常进行体重和背膘测量,防止公猪过肥或过瘦。

后备公猪大栏饲养,密度应控制在 1.0 m²/头~1.5 m²/头。在 7 月龄~8 月龄开始调教,初配时间在 9 月龄以上;采精频率:青年公猪 1 周 1 次,成年公猪 1 周 2 次~3 次。

7.2 种母猪的饲养管理

7.2.1 空怀母猪的饲养管理

加强饲喂管理,促进空怀母猪发情;除必需精料外,增加优质青绿多汁饲料;加强运动,促进发情。

7.2.2 妊娠母猪的饲养管理

母猪发情配种后 25 d 未发情的,可认定为怀孕,再经过 20 d 未发情的母猪,被认定为妊娠,22 d~35 d 做 B 超妊检。妊娠母猪初期营养需要量不大,妊娠后期(妊娠 80 d 以后)对营养需求迫切。在临产前 7 d,妊娠母猪进入围产期母猪饲养管理阶段。

7.2.3 围产期母猪的饲养管理

母猪临产前 7 d 上产床,产前 3 d~5 d 逐渐减少妊娠母猪饲料给量的 10%~30%,检测控制产前母猪背膘厚度在 18 mm~22 mm,转入产房当天要用温水给母猪洗澡,也可配备体外寄生虫消毒药一起清洗母猪。分娩舍适宜温度为 22 ℃~25 ℃。当舍温高于 25 ℃时应开窗通风降温;高于 27 ℃时,视情况开风扇;30 ℃以上可考虑对母猪进行滴水等措施降温;当舍温低于 22 ℃时需通过关门或开保温灯等来保温。

7.2.4 哺乳母猪的饲养管理

加强饲养管理,增加蛋白质饲料和优质的青绿饲料,保证饲料质量无发霉变质。尽可能减少冲洗次数和冲洗用水量,降低室内湿度,湿度保持在 65%~75%。圈舍温度保持在 18 ℃~20 ℃,圈舍的有效面积不低于 7 m²。

7.3 哺乳仔猪的饲养管理

适宜温度:1 日龄~7 日龄为 28 ℃~30 ℃,8 日龄~28 日龄为 24 ℃~28 ℃,舍内温度控制在 18 ℃~22 ℃。相对湿度:50%~70%。做好产仔记录,0.6 kg~0.9 kg 为弱仔,0.9 kg 以上为健仔,记录好每头仔猪的性别、体重及僵猪、木乃伊胎情况,对应好母猪卡。仔猪出生后 6 h 内,吃足初乳,并在当天断齿、断尾。仔猪生后 5 日龄训练饮水,3 日龄~7 日龄训练开食,至 20 日龄应全部开食。

7.4 断奶仔猪的饲养管理

南方地区一般在 21 日龄~25 日龄断奶,北方地区一般在 25 日龄~28 日龄断奶。断奶体重必须大于 4.5 kg 以上。断奶仔猪及时赶上保育床,密度控制在 0.3 m²/头~0.4 m²/头。断奶前后,维持原饲粮和饲养制度 7 d 不变,减少应激和疾病发生。

7.5 后备猪的饲养管理

7.5.1 后备猪的选择

2 月龄时从产仔数多、哺育率高、断奶和育成窝重大的窝中选留体质健壮、外形没有重大缺陷、乳头在 6 对以上且分布均匀的公母仔猪。

4 月龄时淘汰生长发育不良或有突出缺陷的个体;6 月龄时,根据体型外貌、生长发育、性成熟表现、外生殖器官好坏等性状进行严格选择。

初配前最终淘汰发育不良、性欲低下、精液品质差的后备公猪和发情周期不规律、发情症状不明显的后备母猪。

7.5.2 后备猪的饲养管理

后备母猪大栏饲养,密度应控制在 1.0 m²/头~1.5 m²/头。幼龄阶段,日粮中须含有足够的矿物质、维生素;中猪阶段,须增加蛋白质供给量;大猪阶段,减少蛋白质供给量,增加能量饲料、粗饲料。在 6 月龄之后进行限饲,防止猪过肥,加强后备猪的运动。

7.6 育肥猪的饲养管理

育肥猪大栏饲养,根据栏舍大小控制在 0.7 m²/头~1.0 m²/头。对育肥猪进行防疫、驱虫;随着猪的生长发育不断增加饲料供给量,科学配制饲料,饲料日粮中脂肪含量不超过 5%,粗纤维含量不超过 7%~10%。

8 疫病防控

生猪疾病防疫应符合 NY/T 473 的要求。

8.1 免疫接种

猪群的免疫应符合 GB/T 17823 的要求。适时抽取血样送检测各种传染病抗体水平,有专业兽医师制订免疫程序,选取行业有公信力的疫苗厂商产品。按照国家规定的强制免疫名录,对猪群实施强制免疫。此外,结合本场实际情况,确定猪群的免疫种类及免疫程序。推荐免疫程序参见附录C。

8.2 药物防治

观察猪群健康情况,发现病猪,及时治疗,及时采样粪便和唾液试纸样品进行药敏试验及病毒定性检测,如确诊是国家一类疫病,应及时上报。兽医技术人员根据猪群情况科学提出防治方案,并监督执行。诊断后及时对因对症用药,有并发症、继发症的采取综合措施。常见猪只疫病诊断和药物处理表参见附录D,药品选用及使用规范参照 NY/T 472 的规定执行。

8.3 卫生消毒

及时清除排粪沟、污水沟、圈舍内部粪便,做好日常消毒,适当增加消毒次数。轮换使用消毒药品,防止细菌产生耐药性,确保消毒效果。

9 废弃物综合处理

9.1 废弃物综合处理配套设施建设

养殖场粪污处理,大规模养猪场主要采用尿泡粪便地下管道虹吸进入沼气池厌氧处理,中小型养猪场采用干清粪便方式处理。

养殖场废弃物综合处理配套设施主要包括污水处理设备、沼气池、有机肥加工厂、异位发酵床处理、无害化处理设备等。应独立于生活、生产功能区、办公区,置于常年主导风向的下风向或侧风向,根据养殖规模、粪污处置工艺来建设相应的设施,所有设施应具备防雨、防渗漏、防溢流措施。

9.2 处理工艺及排放标准

污水通过沼气池、污水处理设备等设施有效处理后达标排放或还田利用。污水达标排放应符合 GB 18596 的要求。根据场区条件,因地制宜选取粪污处理工艺,生产有机肥应符合 NY 884 的要求。病死猪应全部进行无害化处理;其他有害废弃物,如医疗废弃物应交由有资质的处理机构无害化处理。

10 质量溯源体系

10.1 绿色食品质量标准

申报绿色食品应符合 NY/T 391、NY/T 1055 和 NY/T 2799 的要求。

10.2 溯源系统

根据技术条件及成本选择追溯载体,载体宜选条码、二维码或 RFID 射频识别标签。对质量追溯信息进行编码、从业者编码、批次编码、产品编码按照 NY/T 1761 的规定执行。生猪出生至屠宰销售应佩戴唯一对应的电子跟踪二标,对生猪出生信息、生长信息、屠宰信息等信息进行记录和追溯,记录信息应提供给消费者和供应方。记录应真实、准确、完整,易于识别和检索,至少保留 2 年。

11 生产档案管理

生猪养殖场应建立健全生产档案,如猪场生产记录、饲料消耗记录、防疫记录、兽药使用记录和猪群变动记录等,对生产数据应严格、细致、准确记录,不得弄虚作假。档案保存 3 年以上。

附 录 A
（资料性附录）
绿色食品舍饲生猪日粮组成推荐方案

绿色食品舍饲生猪日粮组成推荐方案见表 A.1。

表 A.1 绿色食品舍饲生猪日粮组成推荐方案

单位为百分号

项目	育肥前期	育肥中期	育肥后期
玉米	62.8	66	69.5
豆粕(42% CP)	26	28	23
鱼粉(62% CP)	7	2	—
麦麸	—	—	3
大豆油	1.95	1.5	2.1
$CaHPO_4$	0.45	0.7	0.65
$CaCO_3$	0.5	0.5	0.45
食盐	0.3	0.3	0.3
预混料	1	1	1

附　录　B
（资料性附录）
绿色食品舍饲生猪日常消毒推荐方案

绿色食品舍饲生猪日常消毒推荐方案见 B.1。

表 B.1　绿色食品舍饲生猪日常消毒推荐方案

消毒场所	消毒药种类	有效浓度	备注
进场消毒池	烧碱	1%～2%	及时更换消毒液
进场人员消毒	碘消毒剂	1∶（200～800）	洗手、更衣
进场人员靴子消毒	碘消毒剂或复合戊二醛	1∶200	浸泡 5 min 以上
进场物料或车辆消毒	复合戊二醛消毒剂	1∶200	喷雾。车辆清洗轮胎后消毒，停滞 30 min 以上
场内环境或舍内带猪消毒	碘消毒剂	1∶200	带猪消毒的频率：每周 2 次～7 次。药液稀释后，每平方米地面使用 50 mL～100 mL
	复合戊二醛消毒剂	1∶200	
水线消毒	漂白粉	20 g/t 水	—
	碘酸（优绿环净）	200 mL～300 mL	
	二氧化氯	50 mL～100 mL	
猪舍终末消毒	泡沫清洗剂	—	参照产品使用说明

附　录　C

（资料性附录）

绿色食品舍饲生猪免疫程序推荐方案

C.1　仔猪免疫程序

见表 C.1。

表 C.1　仔猪免疫程序

免疫时间	疫苗	免疫剂量	免疫方法
1 日龄～3 日龄	伪狂犬活疫苗	1 头份	喷鼻
4 日龄～7 日龄	猪支原体肺炎活疫苗	1 头份	胸腔注射
14 日龄～15 日龄	猪呼吸与繁殖系统综合征活疫苗	1 头份	肌肉注射
	猪圆环病毒 2 型灭活疫苗	1 头份	肌肉注射
28 日龄	猪瘟活疫苗	1 头份	肌肉注射
35 日龄	口蹄疫灭活疫苗	2 mL	肌肉注射
55 日龄～70 日龄	伪狂犬活疫苗	1 头份	肌肉注射
60 日龄～62 日龄	猪瘟活疫苗	1 头份	肌肉注射
	口蹄疫灭活疫苗	2 mL	肌肉注射

C.2　经产母猪免疫程序

见表 C.2。

表 C.2　经产母猪免疫程序

免疫时间	疫苗	免疫剂量	免疫方法
间隔 3 个～4 个月	伪狂犬活疫苗	1 头份	肌肉注射
间隔 3 个～4 个月	猪瘟活疫苗	1 头份	肌肉注射
间隔 3 个～4 个月	口蹄疫灭活疫苗	2 mL	肌肉注射
产前 30 d	猪圆环病毒 2 型灭活疫苗	1 头份	肌肉注射
产后 2 周	猪呼吸与繁殖系统综合征活疫苗	1 头份	肌肉注射
4 月～5 月	猪乙型脑炎活疫苗	1 头份	肌肉注射
配种前 4 周及配种前 2 周各 1 次	猪细小病毒灭活疫苗	2 mL	肌肉注射
每年 2 次	猪丹毒疫苗	1 头份	皮下注射
9 月、10 月间隔 1 个月普免 2 次	腹泻二联活疫苗	1 头份	肌肉注射

C.3　后备（公、母）猪免疫程序

见表 C.3。

表 C.3　后备（公、母）猪免疫程序

免疫时间	疫苗	免疫剂量	免疫方法
配种前 8 周及配种前 5 周各 1 次	猪呼吸与繁殖系统综合征活疫苗	1 头份	肌肉注射
配种前 1 个月及妊娠中期各 1 次	口蹄疫灭活疫苗	2 mL	肌肉注射

表 C.3（续）

免疫时间	疫苗	免疫剂量	免疫方法
配种前 4 周及配种前 2 周各 1 次	猪细小病毒灭活疫苗	2 mL	肌肉注射
配种前 2 周及产前 4 周各 1 次	猪圆环病毒 2 型灭活疫苗	1 头份	肌肉注射
配种前 1 周	猪瘟活疫苗	1 头份	肌肉注射
3 月及 9 月各 1 次	猪乙型脑炎活疫苗	1 头份	肌肉注射
产前 3 周 1 次	伪狂犬活疫苗	1 头份	肌肉注射
产前 4 周及产前 2 周各 1 次	腹泻二联活疫苗	1 头份	肌肉注射

C.4 种公猪免疫程序

见表 C.4。

表 C.4 种公猪免疫程序

免疫时间	疫苗	免疫剂量	免疫方法
间隔 3 个～4 个月	伪狂犬活疫苗	1 头份	肌肉注射
间隔 4 个～6 个月	猪瘟活疫苗	1 头份	肌肉注射
间隔 3 个～4 个月	口蹄疫灭活疫苗	2 mL	肌肉注射
间隔 4 个月	猪圆环病毒 2 型灭活疫苗	1 头份	肌肉注射
每年 2 次	猪呼吸与繁殖系统综合征活疫苗	1 头份	肌肉注射
4 月～5 月	猪乙型脑炎活疫苗	1 头份	肌肉注射
每年 2 次	猪细小病毒灭活疫苗	2 mL	肌肉注射
9 月、10 月间隔 1 个月普免 2 次	腹泻二联活疫苗	1 头份	肌肉注射

附　录　D
（资料性附录）
绿色食品舍饲生猪推荐兽药使用方案

绿色食品舍饲生猪推荐兽药使用方案见表 D.1。

表 D.1　绿色食品舍饲生猪推荐兽药使用方案

类别	药名	制剂	途径	剂量	休药期,d
抗寄生虫药	伊维菌素	注射液	皮下注射	0.3 mg/kg 体重	18
	盐酸噻咪唑	片剂	口服	10 mg/kg～15 mg/kg 体重	3
	盐酸左旋咪唑	注射液	皮下注射或肌肉注射	7.5 mg/kg 体重	28
	磷酸派嗪	片剂	口服	0.2 g/kg～0.25 g/kg 体重	21
抗菌药	氨苄西林钠	注射液	皮下注射或肌肉注射	5 mg/kg～7 mg/kg 体重	15
	恩诺沙星	注射液	肌肉注射	2.5 mg/kg 体重,1 次/d～2 次/d,连用 2 d～3 d	10
	乳糖酸红霉素	注射用粉针	静脉注射	3 mg～5 mg,1 d 2 次,连用 2 d～3 d	—
	氟苯尼考	注射液	肌肉注射	20 mg/kg 体重	30
	硫酸庆大霉素	注射液	肌肉注射	2 mg/kg～4 mg/kg 体重	40
注:兽药的使用及休药期参照 NY/T 472 执行。					

绿 色 食 品 生 产 操 作 规 程

LB/T 153—2020

北方农牧交错带绿色食品
肉牛养殖规程

2020-08-20 发布

2020-11-01 实施

中国绿色食品发展中心 发布

前　言

本规程由中国绿色食品发展中心提出并归口。

本规程起草单位:陕西省农产品质量安全中心、陕西省畜牧产业试验示范中心、陕西秦宝牧业股份有限公司、河北省农产品质量安全中心、内蒙古自治区农畜产品质量安全监督管理中心。

本规程主要起草人:王转丽、王珏、马国际、程助国、张眉、王璋、林静雅、程晓东、陈帅、曹晖、钟秀华、郝贵宾。

北方农牧交错带绿色食品肉牛养殖规程

1 范围

本规程规定了北方农牧交错带绿色食品肉牛养殖的产地环境、牛舍建设及配套设施、引种转运、投入品使用、饲养管理、卫生防疫、废弃物处理与利用及档案记录。

本规程适用于河北、山西、内蒙古、辽宁、陕西、甘肃、宁夏的绿色食品肉牛养殖。

2 规范性引用文件

下列文件对于本文件的应用是必不可少的。凡是注日期的引用文件,仅注日期的版本适用于本文件。凡是不注日期的引用文件,其最新版本(包括所有的修改单)适用于本文件。

GB 4143 牛冷冻精液

GB 18596 畜禽养殖业污染物排放标准

NY/T 391 绿色食品 产地环境质量

NY/T 393 绿色食品 农药使用准则

NY/T 394 绿色食品 肥料使用准则

NY/T 471 绿色食品 饲料及饲料添加剂使用准则

NY/T 472 绿色食品 兽药使用准则

NY/T 473 绿色食品 畜禽卫生防疫准则

NY/T 815 肉牛饲养标准

NY/T 1335 牛人工授精技术规程

NY/T 1339 肉牛育肥良好管理规范

NY/T 1446 种公牛饲养管理技术规程

NY/T 2660 肉牛生产性能测定技术规范

农医发〔2017〕25 号 病死及病害动物无害化处理技术规范

中华人民共和国畜牧法

中华人民共和国动物防疫法

中华人民共和国国务院令〔2011〕第 153 号 种畜禽管理条例

中华人民共和国农业部令〔2010〕第 6 号 动物检疫管理办法

3 产地环境

3.1 场址选择

3.1.1 牛场建设必须符合《中华人民共和国畜牧法》《中华人民共和国动物防疫法》及区域内土地使用和农业发展布局规划。选址建设前应进行环境影响评估,产地环境应符合 NY/T 391 和 NY/T 473 的要求。

3.1.2 应选择地势较高、向阳、背风、干燥地域。应选择水源充足、无污染和生态条件良好的地区,且应距离交通要道、城镇、居民区、医疗机构、公共场所、工矿企业 2 km 以上,距离垃圾处理场、垃圾填埋场、风景旅游区 5 km 以上。

3.1.3 场区应选择在居民点的下风向或侧风向,远离化工厂、屠宰场、制革厂等容易造成环境污染企业及居民点污水排出口;远离畜禽疫病常发区及山谷、洼地等易受洪涝威胁的地段,以及水源保护区、环境污染区、检疫隔离场等。

3.2 规划布局

3.2.1 牛场区规划布局应符合 NY/T 473 的要求。面积能达到年出栏 500 头以上牛场的生产所需面积。场内应分区设置生活管理区、生产区、无害化处理区,不同区域相对隔离,场区周围应设立防疫隔离带,场内应设有人员、物品、车辆消毒设施。

3.2.2 生活管理区应设在地势较高的上风向,入口要设置消毒池,消毒池长度不小于大型机动车车轮周长的一周半,宽度与大门宽度相等,深度能保证入场车辆所有车轮外延充分浸在消毒液中,同时建立消毒间,消毒间安装相关消毒设施。

3.2.3 生产区应设在生活管理区常年主导风向的下风向,通常位于场区中央区域;其中的草料储存和加工区应位于牛舍临近上风向或侧风向一侧;生产区入口应设置消毒室、喷淋室和沐浴更衣间,各圈舍门口应设置消毒池。

3.2.4 无害化处理区应距离生产区 100 m 以上,设在地势较低且在生产区、生活管理区的下风向或偏离风向区域;应兼有粪污储存设施、粪污处理设施、病死牛无害化处理设施等,并有单独通道将粪污或其他处理物运出场区。

3.2.5 场内净道和污道、雨水管道和污水管道应分开设置。人员、肉牛和物资运转采用不交叉的单一流向。

3.2.6 应配置满足生产需要的兽医场所,并具备常规的化验检验条件。

4 牛舍建设及配套设施

4.1 建圈条件

根据肉牛的生物学特性及中原地区气候条件,综合考虑保温、通风、采光、防雨雪以及生产操作等因素,建造肉牛棚圈,并配套设置活动场,适合牛只生长发育需要。

4.2 材料要求

建筑材料和设备应选用高效低耗,便于清洗消毒、耐腐蚀的材料;地面、墙壁和屋顶应坚固、防水、防火、防风、防雪压,墙表面应光滑平整,不含有毒物质;圈舍、通道、地面、储存装置不应有尖锐突出物,以免伤害牛只。

4.3 配套设施

饮水设施应安装合理,坚固无渗漏,冷季饮水应防冻结或安装恒温饮水设施。

5 引种转运

5.1 牛只引进

5.1.1 种牛应从符合中华人民共和国国务院令〔2011〕第 153 号的要求的种牛场或来自非疫区的符合种用标准,并经过防疫检疫的健康牛群中引进。

5.1.2 牛离开饲养地和外运前,应按照中华人民共和国农业部令〔2010〕第 6 号规定,经动物检疫部门实施产地检疫,并出具检疫证明和标识,合格者方可外运,并对牛只进行编号。

5.2 牛只转运

5.2.1 应根据当地的自然地理、交通路程、季节等不同条件及牛群种类选择合适的运输方式。

5.2.2 引购牛的养殖过程应符合 NY/T 471、NY/T 472 和 NY/T 473 的要求,不同来源的牛不能混群运输。

5.2.3 销售或转群前禁饲 12 h,运输时要加装防护栏,厢内不能有钉子等尖锐物品,同时要采取防滑措施。

5.2.4 运输途中应备足所需的药品、器具,并携带好检疫证明和有关单据,运输过程车速平稳,防止剧烈颠簸及急刹车等。

5.3 隔离观察

引购的牛应在隔离舍(区)内隔离观察饲养15 d以上,应进行免疫处理,经兽医检查确定为健康合格后,方可转入生产群。

6 投入品使用

6.1 饲草饲料及饲料添加剂

6.1.1 饲草饲料及添加剂的选择和使用应符合 NY/T 471 的要求。

6.1.2 饲草饲料应来源于绿色食品生产基地,产地环境应符合 NY/T 391 的要求,生产过程中施用农药、肥料应分别符合 NY/T 393 和 NY/T 394 的要求。

6.1.3 使用自制配合饲料时,应保留饲料配方,推荐饲料使用参见附录 A。

6.1.4 不同种类饲草饲料应分类存放、清晰标识,防止饲草饲料变质和交叉污染。

6.1.5 应建立用草用料记录和饲草饲料留样记录,使用的饲草饲料及饲料添加剂样品至少保留3个月,对饲草、饲料原料及饲料添加剂的采购来源、质量、标签情况等进行记录,确保可追溯。

6.2 兽药

6.2.1 兽药使用应符合 NY/T 472 的要求,参见附录 B 的表 B.1。

6.2.2 使用时应按照产品说明操作,处方药应按照兽医出具的处方执行。

6.2.3 建立采购记录和用药记录。采购记录应包括产品名称、购买日期、数量、批号、有效期、供应商和生产厂家等信息。用药记录应包括用药牛只的批次与数量、兽药产品批号、用药量、用药开始时间和结束日期、休药期、药品管理者和使用者等信息,同时应保留使用说明书。

6.2.4 应按照药品说明书要求进行储藏,过期药物应及时销毁处理。

6.3 饮用水

应保障牛只充足的饮水,水温适中、清洁卫生,水质符合 NY/T 391 的要求。

7 饲养管理

7.1 放牧

7.1.1 放牧场。放牧场应进行科学规划,划区轮牧。牧场符合 NY/T 393 的要求,同时防止因使用除草剂、杀虫剂、灭鼠剂等药剂引起牛只中毒。

7.1.2 冬春季放牧管理。冬春季放牧要充分利用中午暖和时间放牧和饮水,上午在阳坡山腰地段放牧,下午在阴坡地段放牧,日落后收牧。晴天放较远的山坡;风雪天近牧,放避风的洼地或山湾。放牧牛群朝顺风方向行进。

7.1.3 夏秋季放牧管理。夏秋季放牧要早出牧、晚归牧,延长放牧时间,让肉牛多采食。天气炎热时,中午让肉牛在凉爽的地方反刍和卧息。出牧后由低逐渐向通风凉爽的高山放牧。夏秋放牧要及时更换牧场和搬迁,每隔15 d~20 d 轮牧1次。

7.2 舍饲

7.2.1 圈舍环境。肉牛采用圈舍饲养时,根据当地气候条件,综合考虑饲养密度、通风设施、采光等条件,可分别采用开放式牛舍、半开放式牛舍和封闭式牛舍,舍内分布可采用单列式、双列式或多列式,圈舍应通风除湿、温度适中,日常保持环境清洁卫生、驱蚊灭蝉。同一饲养场所不应饲养不同种类的畜禽。

7.2.2 饲养管理。根据不同生长发育阶段,参照 NY/T 815 的要求,合理搭配日粮,有条件的可采用全混合日粮(TMR)饲喂技术,做到原料组成宜多样化,营养全面,各营养素间平衡。同时保证充足饮水和合理运动,满足其生长发育需要。

7.3 不同生长发育阶段肉牛的饲养管理

7.3.1 犊牛。肉牛犊出生后,加强护理,充分通风,保障空气质量良好,避免呼吸道疾病发生,做好防寒保暖,尽早吃足初乳。犊牛 15 日龄后,逐步补饲优质干草和颗粒精料,训练犊牛自由采食。当哺乳喂养至犊牛 4 月龄~6 月龄,能大量采食草料时,可与母牛彻底分开,实施断奶,并分群饲养。

7.3.2 育成牛。成牛应按性别单独组群,防止早配;夏季安排较好的草场放牧,放牧时控制牛群,距离不应太远;在冬春季,除放牧外,还应按 NY/T 815 的标准补饲精料,饲养管理符合 NY/T 1339 的要求。

7.3.3 种公牛。应符合 NY/T 1446 的要求,保证各种营养物质的均衡供给,日粮应是全价营养,多样配合,适口性好,容易消化,精、青、粗搭配适当,蛋白质生物价值高,矿物质和微量元素必须按量供应,但同时应防止营养过剩,并坚持运动。公牛应和母肉牛分群放牧。在自然交配情况下,公、母比例为 1 :(20~30)。在人工授精情况下,牛冷冻精液应符合 GB 4143 的要求,人工授精操作应符合 NY/T 1335 的要求。

7.3.4 成年母牛。参配母肉牛在发情前一个月内完成组群,注意观察发情变化,及时配种。妊娠母牛要避免在冰滩地放牧,注意避免剧烈运动、拥挤及其他易造成流产的事件发生,不宜在早晨及空腹时饮水。在妊娠前 5 个月可和空怀母牛一样饲喂,怀孕最后 2 个月~3 个月每头牛每天应补饲精料 1 kg~2 kg,满足胎儿生长发育所需营养,但也要避免饲喂过度,引发母牛难产。

7.3.5 育肥牛。肉牛育肥根据生产经营条件,分别采取持续育肥、直线育肥或架子牛快速育肥模式,符合 NY/T 1339 的要求。

7.4 饲养人员管理

7.4.1 饲养人员定期进行健康检查,并依法取得健康证明后方可上岗工作。传染病患者不得从事饲养和管理工作。

7.4.2 具有相关管理和饲养经验,具备专业知识,熟悉绿色食品生产要求。

7.4.3 场内兽医人员不应对外出诊,配种人员不应对外开展牛的配种。场内工作人员不应携带非本场的动物食品进入饲养区。

7.5 牛群观察

日常应仔细观察牛只的采食、饮水、粪便和行为表现,一旦发现异常,应及时处理。

8 卫生防疫

8.1 消毒

8.1.1 应制定消毒制度,定期检测消毒效果,符合 NY/T 473 的要求。

8.1.2 选用消毒剂应符合 NY/T 472 的要求,按照说明书使用,不同类型的消毒剂交替使用。

8.1.3 牛舍在牛群转入前应彻底清洗、消毒,至少空置 1 个月。

8.2 免疫接种

8.2.1 按 NY/T 472 的规定执行,根据当地疫病流行情况和牛群免疫抗体检测结果,参照附录 B 的表 B.2 制定免疫接种计划并严格实施。

8.2.2 超过免疫保护期或免疫效果不佳的牛只应及时补充免疫。

8.2.3 建立免疫档案,记录免疫的疫苗种类、厂家、有效期、产品批号、接种日期、接种量等信息,存档备查。

8.2.4 疫苗保管应符合疫苗保存条件。

8.3 疫病监测

8.3.1 定期对口蹄疫、结核、布鲁氏菌病等重大疫病进行检疫监测,牛只不应患有附录 C 所列的各种疾病。

8.3.2 定期对环境、管理制度进行安全评估,及时调整饲养管理制度和免疫预防措施。

8.4 重大疫病应急措施

制定重大疫病应急预案,如发现重大疫病倾向,迅速封锁场区,对感染牛只及疑似感染牛只立即进行隔离,并按规定及时向当地畜牧兽医行政管理部门报告。

9 废弃物处理与利用

9.1 处理原则

养殖废弃物处理应遵循减量化、无害化、资源化的原则,按照 GB 18596 的规定执行,设置废弃物处理设施,采用堆积发酵、制取沼气、制造有机肥等方法,对废弃物进行无害化处理和综合利用。

9.2 过期药品处理

剩余的疫苗和过期的药品及其包装不得随意丢弃,进行无害化处理。

9.3 病死牛只处理

对非正常死亡的牛只应由专门的兽医进行死亡原因鉴定,病死牛应按农医发[2017]25 号的规定,进行无害化处理。

10 档案记录

10.1 牛只档案

应及时记录购牛或犊牛出生日期、产地、品种、年龄、胎次、体尺体重、照片等,建立牛只档案。

10.2 生产记录

包括母牛发情、配种、妊娠、流产、产犊、哺乳和产后护理;饲料来源及配方、各种添加剂使用情况、喂料量;牛只的生长发育性状(体重、体尺、肉质等),生产性能测定按照 NY/T 2660 的规定执行。

10.3 管理记录

包括牛场的管理制度、卫生防疫制度;牛场的环境温度、湿度、光照度、二氧化碳、氨气、废弃物处理及利用等记录;牛群健康状况、消毒记录、免疫记录、用药记录、发病及治疗情况;投入品的购入、消耗及库存情况;牛只的调入/出生、断奶、分群等存栏情况;牛只的调出、淘汰、死亡以及销售等出栏情况;牛场的生产资料成本、销售收入、牛只销售去向等,并定期核算牛场经营考核指标。

10.4 档案保存

建立牛场生产经营全过程的记录档案,并妥善保存,档案资料保存 3 年以上。

附　录　A
（资料性附录）
北方农牧交错带绿色食品肉牛养殖推荐饲料方案

A.1　北方农牧交错带绿色食品肉牛养殖推荐饲料方案

见表 A.1。

表 A.1　肉牛精饲料组成参考配方

单位为百分号

肉牛生长阶段	玉米	饼粕类	麸皮	预混料
犊牛期	60	25	11	4
育成期	65	21	10	4
育肥前期	70	17	9	4
育肥中期	72	16	8	4
育肥后期	73	15	8	4
注：饼粕类指芝麻粕、豆粕、花生饼等,豆粕、花生饼日食量不超过 3 kg。				

A.2　肉牛全价日粮组成参考配方

见表 A.2。

表 A.2　肉牛全价日粮组成参考配方

单位为千克

平均日总采食量	精饲料	青贮饲料	干草
4	1	0	3
6	1.5	3	3
10	2	5	3
14	3	7	4
15	4	7	4
20	5	11	4
注：青贮饲料主要包括玉米全株青贮、高丹草、甜高粱等专用青贮牧草。干草主要包括玉米秸秆、干麦草、苜蓿、花生秧等区域内农作物优质秸秆和专用牧草。			

附　录　B
（资料性附录）
北方农牧交错带绿色食品肉牛兽药使用方案及免疫程序

B.1　北方农牧交错带绿色食品肉牛兽药使用方案

见表 B.1。

表 B.1　推荐的肉牛兽药使用方案

类别	药名	剂型	免疫方法	免疫剂量	停药期
抗寄生虫药	伊维菌素	注射液	皮下注射	0.2 mg/kg 体重	35 d,产奶期禁用
	碘醚柳胺	粉剂	口服	7 mg/kg～12 mg/kg 体重	60 d,产奶期禁用
	氯氰碘柳胺	注射液	皮下注射或肌肉注射	2.5 mg/kg～5 mg/kg 体重	28 d
	左旋咪唑	片剂	口服	7.5 mg/kg 体重	3 d,产奶期禁用
		注射液	肌肉注射	7.5 mg/kg 体重	20 d,产奶期禁用
抗菌药	普鲁卡因青霉素	注射液	肌肉注射	1 万 IU～2 万 IU/kg 体重	10 d
	替米考星	注射液	皮下注射	10 mg/kg 体重	35 d
	庆大霉素	注射液	肌肉注射	2 mg/kg～4 mg/kg 体重	40 d
	氟苯尼考	注射液	肌肉注射	20 mg/kg～30 mg/kg 体重	14 d
	环丙沙星	粉剂	口服	0.02%～0.04%	0 d
	林可霉素	注射液	肌肉注射	10 mg/kg～15 mg/kg 体重	0 d
		粉剂	饮水	0.02%～0.03%	5 d
		注射液	肌肉注射	20 mg/kg～50 mg/kg 体重	5 d
注:兽药使用以最新版本 NY/T 472 的规定为准。					

B.2　肉牛场常用免疫程序

见表 B.2。

表 B.2　肉牛场常用免疫程序

免疫时间	疫苗	免疫方法和剂量	备注
1 月龄	伪狂犬灭活苗	皮下注射 8 mL	免疫期 12 个月
	破伤风明矾沉淀类毒素	皮下注射 0.5 mL	免疫期 9 个月
6 月龄	兽医狂犬病 ERA 株弱毒细胞苗	每天肌肉或皮下注射 5 mL～10 mL	免疫期 12 个月
	O 型口蹄疫疫苗 A 型口蹄疫疫苗	每天肌肉或皮下注射 1 mL～3 mL,每年换季注射 1 次	免疫期 6 个月
	牛流行热灭活苗	每头份牛颈部皮下注射 2 次,每次 4 mL,间隔 21 d,6 月龄以下犊牛,注射量减半	免疫期 6 个月
12 月龄	猪种布鲁氏菌 2 号弱毒苗	皮下或肌肉注射 500 亿活菌	免疫期 12 个月
	牛传染性鼻气管炎灭活苗	皮下注射 10 mL	免疫期 6 个月
	魏氏梭菌灭活苗	皮下注射 5 mL	免疫期 6 个月
妊娠母牛	犊牛副伤寒苗	根据说明书使用	分娩前 4 周注射
	犊牛大肠杆菌苗	根据说明书使用	分娩前 2 周～4 周注射
	牛传染性鼻气管苗	根据说明书使用	分娩前 8 周注射

附 录 C
（规范性附录）
北方农牧交错带绿色食品肉牛不应患病种类名录

C.1 人畜共患病
口蹄疫、结核病、布鲁氏菌病、炭疽、狂犬病。

C.1 其他不应患病种类
牛瘟、牛传染性胸膜肺炎、牛海绵状脑病、日本血吸虫病。

绿 色 食 品 生 产 操 作 规 程

LB/T 154—2020

南方草山草地绿色食品肉牛养殖规程

2020-08-20 发布

2020-11-01 实施

中国绿色食品发展中心 发布

前　言

本规程由中国绿色食品发展中心提出并归口。

本规程起草单位：湖南农业大学、湖南省绿色食品办公室、湖南省畜牧水产技术推广站、湖南省畜牧兽医研究所、中南林业科技大学、湖南阳春农业生物科技有限责任公司、农业农村部南京设计院中南分院、湖南舜天恒禾农业科技发展有限公司、茶陵县林丰农业发展有限公司、广东省农产品质量安全中心、广西壮族自治区绿色食品办公室、四川省绿色食品发展中心、贵州省绿色食品发展中心、云南省绿色食品发展中心、宜昌市夷陵区绿色食品管理办公室。

本规程主要起草人：陈东、杨青、刘俊杰、李昊帮、祝贺、杜送德、刘平云、林进行、封林为、蒋尊芳、祝远魁、胡冠华、李仕强、周熙、梁潇、邱纯、王凌霞。

南方草山草地绿色食品肉牛养殖规程

1 范围

本规程规定了南方草山草地绿色食品肉牛养殖过程中的产地环境、品种选择、投入品、饲养管理、疾病防治、出栏和运输、质量追溯、废弃物处理与利用及生产档案管理。

本规程适用于湖北、湖南、广东、广西、四川、贵州和云南等南方草山草地的绿色食品肉牛养殖。

2 规范性引用文件

下列文件对于本文件的应用是必不可少的。凡是注日期的引用文件，仅注日期的版本适用于本文件。凡是不注日期的引用文件，其最新版本（包括所有的修改单）适用于本文件。

DB 34/T 650　青贮饲料生产技术规范

GB 13078　饲料卫生标准

HJ 497　畜禽养殖业污染治理工程技术规范

NY/T 388　畜禽场环境质量标准

NY/T 391　绿色食品　产地环境质量

NY/T 393　绿色食品　农药使用准则

NY/T 394　绿色食品　肥料使用准则

NY/T 471　绿色食品　饲料及添加剂使用准则

NY/T 472　绿色食品　兽药使用准则

NY/T 473　绿色食品　畜禽卫生防疫准则

NY/T 815　肉牛饲养标准

NY/T 1055　绿色食品　产品检验准则

NY/T 1056　绿色食品　储藏运输准则

NY/T 1176　休牧和禁牧技术规程

NY/T 1237　草原围栏建设技术规程

NY/T 1335　牛人工授精技术规程

NY/T 1343　草原划区轮牧技术规程

NY/T 1446　种公牛饲养管理技术规程

NY/T 1764　农产品质量安全追溯操作规程　畜肉

NY/T 1892　绿色食品　畜禽饲养防疫准则

NY/T 2663　标准化养殖场　肉牛

NY/T 2799　绿色食品　畜肉

农医发〔2017〕25号　病死及病害动物无害化处理技术规范

中华人民共和国动物防疫法

中华人民共和国农业部令 2006 年第 67 号　畜禽标识和养殖档案管理办法

3 产地环境

3.1 基本要求

肉牛产地要求有配套的供应粗饲料的草山草地资源，良好的养殖环境质量，应分别符合 NY/T 388、NY/T 391 的要求。

3.2 选址与布局

场址不应位于《中华人民共和国动物防疫法》规定的禁止区域,并符合相关法律法规及土地利用规划。肉牛养殖基地(场)选择水源稳定,取用方便,水质符合 NY/T 391 的要求,交通便利,场界距离生活饮用水源地、居民区、主要交通干线、畜禽屠宰加工和畜禽交易场所 500 m 以上,其他畜禽养殖场 1 000 m 以上。选址与场区布局应符合 NY/T 2663 的要求。

3.3 生产设施与设备

肉牛养殖场(户)生产设施与设备应符合 NY/T 2663 的要求。牛舍具备防暑、通风和采光等基本条件。每头存栏牛牛舍建筑面积 6 m² ～8 m²,其他附属面积 2 m²～3 m²,具有饲喂、饮水与清粪设施设备。宜有青贮窖池、干草棚、精料库等饲料加工与储藏设施。牛场设有粉碎机、搅拌机等相应的加工设备。

4 品种选择

4.1 品种选用

本地品种选购种牛应符合本品种标准的规定。杂交父本的选择,应根据当地的自然环境、肉牛养殖模式以及消费习惯来进行选择,如选择耐粗饲、适宜放牧、抗病力强的品种。适宜南方草山草地绿色食品肉牛养殖生产的父本品种有西门塔尔牛、安格斯牛、利木赞牛、夏洛莱牛、德国黄牛、婆罗门牛、云岭牛等,欧洲大陆性品种体型大,与本地母牛配种应避免选用头胎母牛、体型过小母牛,避免难产。

4.2 引种配种

4.2.1 引种

应符合 NY/T 473 的要求,经当地动物防疫机构或动物卫生监督所检验检疫合格,并在隔离场观察45 d 后,方可用于养殖生产。

4.2.2 配种

4.2.2.1 初配年龄和体重

种公牛满 18 月龄且体重达到成年体重的 70%可用于采精,满 24 月龄可用于本交;母牛在性成熟后,体重达到成年牛体重的 70%后开始初配,本地牛为 24 月龄～28 月龄,杂交牛为 18 月龄～22 月龄。

4.2.2.2 种牛等级

以选用品种标准为依据,公牛等级高于或等于母牛等级,母牛等级应不低于二级,种公牛等级应不低于一级。

4.2.2.3 血缘关系

交配公母牛应至少三代以内无亲缘关系。

4.2.2.4 配种方法

按照 NY/T 1335 的规定执行人工授精,部分偏远山区可采用本交。

5 投入品

5.1 饲草

饲草使用应符合 NY/T 471 的要求,以安全优质、绿色环保、以天然原料为主。饲草应是已通过认定的绿色食品及其副产品;或来源于绿色食品原料标准化生产基地的产品及其副产品;或按照绿色食品生产方式生产、并经绿色食品工作机构认定基地生产的产品及其副产品。

5.1.1 粗饲料

南方草山草地肉牛养殖饲草来源分为天然草地放牧与高产牧草的种植。

5.1.1.1 草地放牧

放牧草地应符合 NY/T 1237 的要求进行围栏建设。放牧季节,应符合 NY/T 1343 的要求进行轮牧管理,在适度放牧(可配合割草)利用并维持草山草地可持续生产的条件下,能满足放牧家畜生长、繁殖和生产需要,估算所能承养家畜数量和时间,即载畜量。枯草季节,应按 NY/T 1176 的要求对放牧草地进行休牧。放牧草地可引进适宜南方草山草地的优良牧草,如牛鞭草、多年生黑麦草、三叶草等,种植管理过程中农药和肥料使用应符合 NY/T 393 和 NY/T 394 的要求,放牧草地牧草栽培要点参见附录 A。

5.1.1.2 牧草种植

南方草山草地肉牛舍饲养殖需配套种植高产牧草来满足肉牛对粗饲料的需求,适宜南方种植的优良高产牧草有皇竹草、墨西哥玉米、甜高粱、一年生黑麦草等,种植管理过程中农药和肥料使用应符合 NY/T 393 和 NY/T 394 的要求。常见优质牧草特点如下:白三叶作为多年生豆科,是南方草山草地的当家草种,生长的适宜温度是 15 ℃～25 ℃,一般作为混播草地草种选用,可以刈用或放牧利用。多年生黑麦草是常见的一年生冬季优质栽培禾本科牧草,喜温凉湿润气候,宜在夏季气温不超过 35 ℃、冬季气温不低于－15 ℃的地区种植,可单播或混播利用,调制干草宜选用抽穗至盛花期进行,刈割和放牧留茬高度以 5 cm～10 cm 为宜。扁穗牛鞭草是多年生匍匐禾本科牧草,喜温暖湿润气候,极端温服39.8 ℃生长良好,－3 ℃茎叶仍保持青绿,全年可种植,结实率低,多用种茎繁殖,再生性好,每年可刈割 4 次～6 次。黄竹草食高大型多年生禾本科牧草,株高可达 3.5 m,喜温暖湿润气候,春季日均温达 14 ℃时开始生长,冬季极端低温低于－5 ℃越冬困难,耐高温,一般用种茎繁殖,株高 2.5 m 左右进行刈割,每年可刈割 3 次～4 次,鲜草产量高达 10 t/亩。甜高粱是一年生高大禾本科牧草,株高2 m～4 m,喜温暖,具有抗旱、耐涝、耐盐碱等特性,株高达到 1.2 m～2 m 时第 1 次收割,当株高再长到 1.2 m～2 m 时可第 2 次收割,每次收割必须留茬 10 cm～15 cm。甜高粱鲜草产量高达 15 吨/亩左右。

5.1.1.3 青贮饲料

青贮饲料的制作过程、储后管理、品质要求、取饲等技术要求应符合 DB 34/T 650 的要求。

5.1.2 精饲料

饲料原料产地环境应符合 NY/T 391 的要求,植物源性饲料原料种植过程中肥料和农药的使用应符合 NY/T 393 和 NY/T 394 的要求,饲料的使用符合 GB 13078 和 NY/T 471 的要求,禁止在反刍动物饲料中添加乳和乳制品以外的动物源性成分。应根据肉牛不同生理阶段和营养需求选择饲料,要求饲料原料组成宜多样化,营养全面,各营养素间相互平衡,饲料的配制应当符合健康、节约、环保。使用的饲料原料、配合饲料、浓缩饲料和添加剂预混合饲料应符合其产品质量标准的规定。

5.2 添加剂

天然植物饲料添加剂的原料产地环境应符合 NY/T 391 的要求。使用的饲料添加剂应符合其产品质量标准的规定,卫生指标应符合 GB 13078 的要求。

5.3 饮水

肉牛饮用水应符合 NY/T 391 的要求。

5.4 兽药

兽药使用应符合 NY/T 472 的要求。有完整的兽药使用记录,包括药品来源、使用时间和用量。育肥牛后期使用药物时,应符合 NY/T 472 的要求执行休药期。

6 饲养管理

6.1 种公牛

6.1.1 饲料与饲喂

种公牛的饲草料要求体积小,营养丰富,适口性强,容易消化,同时也要注意粗纤维供给量。成年种公牛日粮的营养水平,应按照 NY/T 1446 的要求配制。种公牛的饲喂应定时、定量、定人,每日饲喂不少于 2 次,按先精后粗的顺序饲喂。种公牛日粮水平应根据食欲、膘情、采精频率、气温变化等因素适当调整。

6.1.2 日常管理

种公牛应在配种期或开始采精前 1 个月完成主要疫病的免疫与驱虫工作。种公牛应定期对生殖器官进行全面检查,青年种公牛在首次采精前检查 1 次,成年种公牛每年检查 1 次。种公牛在采精生产前应进行调教,避免采精动作不规范造成的人畜伤害。种公牛应保持足量的运动,成年种公牛每天应自由运动 2 h～3 h,肥胖的种公牛可强制驱赶运动,以维持种公牛形体。

6.1.3 配种管理

种公牛采用本交进行配种时,公母牛的比例宜为 1∶20 左右。种公牛进行采精生产时,采精频率为每周 2 d～3 d,每日采精 3 次～4 次,采精频率为每周 2 日上午生产,中间间隔 3 d,每日采精 2 次,以确保种公牛使用年限及生产效率。

6.2 成年母牛

6.2.1 空怀期管理

成年母牛应维持在中上等膘情,日常可在放牧后按照体重 0.5% 的比例补充精补料,冬季舍饲期间按照体重 1% 的比例补充精补料。按照 NY/T 1335 的规定,采用外部观察法或直肠检查法进行发情鉴定。应在母牛外部发情症状结束、卵泡排卵前进行,通常在母牛开始发情后的 18 h～27 h 为最佳输配时间;对于发情时间把握不准确的母牛,可在首次输精后间隔 8 h～12 h 再输精 1 次。母牛配种 21 d后,连续 2 个情期母牛无发情表现,食欲增强、皮毛逐渐光泽、膘情逐渐变好,视为妊娠。

6.2.2 妊娠期管理

妊娠母牛应加强管理,避免惊吓,劳役适度,根据怀孕时间分阶段逐渐增加精补料饲喂量,最高与空怀期相比可增加 50%～60%,保持妊娠母牛有中上等膘情。为防止母牛过肥发生难产,产前 1 个月左右应适当减少精补料饲喂量 20%～30%;产前半个月左右应提高日粮中的粗蛋白至 18% 左右,有助于提高母牛产乳量。

6.2.3 围产期管理

围产期母牛提前进入产房,产房要保持宽敞、清洁、安静,并经过 2% 的火碱喷洒消毒。母牛分娩后喂给温热麸皮盐水汤(麸皮 1.5 kg～2 kg,补液盐 100 g～150 g),3 d 内禁止饲喂青绿饲料、青贮饲料或糟渣类饲料等不易消化的饲料,饲草应以青干草为主,搭配麸皮与小苏打,并适当补钙。

6.2.4 哺乳期管理

泌乳前期母牛应逐渐增加精料的补饲量,并根据不同个体产乳量的多少适当增减精料的给量,并给予充足饮水,冬季应给温水。随着产乳量的下降精料的补饲量也要减少,直至干乳时恢复到空怀期的日补饲水平。

6.3 犊牛

6.3.1 新生犊牛

犊牛出生后,首先除去口腔鼻孔内的黏液,然后距离躯体 10 cm 左右断开脐带,并将脐带血挤入犊牛体内,脐带游离端用络合碘消毒,并诱使母牛舔净犊牛躯体上的黏液。犊牛出生后 1 h 内,必须吃上初乳,母乳不足的应及时寻找代乳母牛或人工哺乳,犊牛饮乳的温度一般在 37 ℃ 左右为宜,每天哺乳 4 次～6 次。要注意对犊牛舍的环境消毒,可在出生 7 d 内的犊牛在乳中加入 20 mg～50 mg 土霉素或金霉素以预防牛犊下痢。

6.3.2 哺乳犊牛

犊牛出生 7 d 后可训练采食干草和精饲料,20 d 后可在混合精料中加少许质量好的块根饲料,以后逐步增加普通饲料的饲喂量。犊牛宜采取自由运动与采食,4 月龄～6 月龄适时断奶。

6.4 育成牛

6.4.1 育成公牛

对育成公牛,适当增加日粮的精料,减少粗料量,日喂精料补充料为体重的 1%～2%。

6.4.2 育成母牛

育成母牛 12 月龄时开始触摸乳房和牵引调教,体重达到成年体重的 70% 左右时达到体成熟,开始适时配种。

6.5 育肥牛

选 1 岁到 1 岁半的架子牛,经 4 个月～6 个月左右的强度肥育,饲养营养需要符合 NY/T 815 肉牛饲养标准的要求,达到本品种膘情后出栏。外场调入的育肥牛入场前要检疫,确定无疾病后编号、称重、驱虫、建立档案。要有固定的牛槽。饲喂酒糟、青贮饲料时,要逐渐增加饲喂量,一周左右达到最大采食量,饲喂同时应添加适量的小苏打。育肥牛每天饲喂 2 次～3 次,自由饮水。要经常观察牛采食、反刍、排便和牛的精神状况等,发现异常及时诊治。

7 疾病防治

养殖过程中应符合《中华人民共和国动物防疫法》,肉牛卫生防疫应符合 NY/T 473 的要求,饲养防疫应符合 NY/T 1892 的要求。

7.1 卫生消毒

消毒剂的选用应符合 NY/T 472 的要求。消毒药选用次氯酸盐、有机碘混合物、过氧乙酸、新洁尔灭、煤酚、生石灰、火碱等。消毒采用喷雾、浸液、紫外线、喷洒、火焰等消毒方法并举的原则。

7.1.1 环境消毒

牛舍周围环境用 2%氢氧化钠或撒生石灰每月消毒 1 次。场周围及场内污水池、排粪坑、下水道出口,用次氯酸钠每季度消毒 1 次。牛场入口、圈舍和各生产区入口消毒池应定期更换消毒液。牛只出舍后,先用高压水枪冲洗牛床,后用 2%氢氧化钠液喷雾消毒牛舍。带牛消毒可用 0.1%苯扎溴铵、0.2%～0.5%过氧乙酸或 0.1%次氯酸钠进行喷雾消毒。用 2%氢氧化钠或撒生石灰定期对堆粪场消毒。粪便在发酵池内堆放发酵,堆放时间夏季为 1 个月,冬季 2 个～3 个月。定期用 0.1%苯扎溴铵或 0.2%～0.5%过氧乙酸对饲槽、水槽、饲料车等生产用具消毒。

7.1.2 人员消毒

工作人员进入生产区要更换工作服和工作鞋,并经消毒。外来人员进入生产区时,应更换场区工作服和工作鞋,经消毒,并遵守场内防疫制度,按指定路线行走。

7.1.3 器具消毒

每月对饲喂用具、饲料车等器具消毒两次,消毒前先用水彻底清洗,然后以采用浸泡、喷雾等方法消毒。免疫、治疗用器械应在使用前后彻底消毒。

7.2 免疫接种

根据当地疫病流行情况和牛群免疫抗体检测结果制定免疫计划并严格实施。牛群的免疫程序参见附表 B。建立免疫档案,记录免疫的疫苗种类、厂家、有效期、产品批号、接种日期、拌种量等信息,并存档备查。疫苗的存放应符合疫苗保存条件。

7.3 疫病监测

肉牛养殖场应建立健全整体防疫体系,各项防疫措施应完整、配套、实用,应符合 NY/T 473 的要求,制订疫病监测方案。

7.4 疫病治疗

肉牛养殖场出现传染性疾病、烈性传染性疾病应及时报告属地兽医主管部门做好相关记录并一律捕杀进行无害化处理,常见疾病,如瘤胃酸中毒、病毒性腹泻等可参考附录 C 进行防治。

8 出栏和运输

8.1 出栏

达到该品种牛出栏标准时可出栏。

8.2 运输

应符合 NY/T 1056 的要求。

9 质量追溯

9.1 质量标准与检验

应符合 NY/T 391、NY/T 2799 和 NY/T 1055 的要求。

9.2 记录追溯

需要对牛肉来源、用途和位置的相关信息进行记录和追溯,记录信息应提供给消费者和供应方。记录信息应提供给供应方,追溯信息应提供给消费者。记录应真实、准确、完整,易于识别和检索,至少保留 3 年。

9.3 质量追溯

应符合 NY/T 1764 的要求,对质量追溯信息进行编码,从业者编码、批次编码和产品编码。

9.4 追溯载体

根据技术条件及成本选择追溯载体,载体宜选条码、二维码或射频识别标签。

10 废弃物处理与利用

10.1 处理利用设施

养殖场粪污处理区独立于办公、生活、生产功能区,放在常年主导风向的下风向或侧风向处;根据养殖规模建设相应规模的粪污收集、储存、处理设施,所有设施应具备防雨、防渗漏、防溢流措施。

10.2 资源化利用

根据场区利用条件进行净污分离、雨污分离,粪便堆沤制腐熟肥的一般规定、制作工艺及肥料品质应符合 HJ 497 的要求,加工商品有机肥、生物有机肥、有机-无机复混肥须分别符合 NY/T 394 的要求。养殖污水采用暗管收集运输,通过三级及以上沉淀无害化处理后沼气池等设施厌氧发酵处理后还田利用或达标排放,污水作为灌溉用水排入农田前,应采取有效措施净化处理;污水达标排放,应经深度处理后,排放去向应符合国家和地方的有关规定。

10.3 其他废弃物处理

病死牛只、胞衣等废弃物应全部进行无害化处理,应符合农医发[2017]25 号的规定。养殖场医疗废弃物为危废,由专门容器收集,交由有资质的处理机构无害化处理。

11 生产档案管理

南方草山草地肉牛养殖场(户)按照中华人民共和国农业部令 2006 年第 67 号的要求应建立绿色食品肉牛养殖档案,对日常生产、活动等进行记录。档案保存 3 年以上。

附　录　A
（资料性附录）
南方草山草地绿色食品肉牛免疫程序推荐方案

南方草山草地绿色食品肉牛免疫程序推荐方案见表 A.1。

表 A.1　南方草山草地绿色食品肉牛免疫程序推荐方案

免疫时间	疫苗种类	免疫方法	预防疾病	免疫期
1 周龄以上	无毒炭疽芽孢苗、Ⅱ 号炭疽芽孢苗、炭疽芽孢氢氧化铝佐剂疫苗等任选 1 种	皮下注射,每年 3 月～4 月免疫 1 次	牛炭疽	1 年
1 月～2 月龄	牛气肿疽灭活疫苗	皮下或肌肉注射	牛气肿疽	6 个月
3 月龄	牛口蹄疫疫苗(O 型、亚洲Ⅰ型二价苗,种公牛和部分地区尚需接种 A 型)	皮下或肌肉注射	牛口蹄疫	6 个月
4 月龄	牛口蹄疫疫苗(O 型、亚洲Ⅰ型二价苗,种公牛和部分地区尚需接种 A 型)	加强免疫,皮下或肌肉注射。以后每隔 4 个月～6 个月免疫 1 次或每年 3 月～4 月和 9 月～10 月各免疫 1 次,疫区可于冬季加强免疫 1 次	牛口蹄疫	6 个月
4 月～5 月龄	牛魏氏梭菌病灭活疫苗	皮下或肌肉注射,以后每年 3 月～4 月和 9 月～10 月各免疫 1 次	牛魏氏梭菌(产气荚膜梭菌)病	6 个月
4.5 月～5 月龄	牛巴氏杆菌病灭活疫苗	皮下或肌肉注射	牛出血性败血病	9 个月
6 月龄	牛气肿疽灭活疫苗	皮下或肌肉注射,以后每年 3 月～4 月和 9 月～10 月各免疫 1 次	牛气肿疽	6 个月
成年牛	牛流性热灭活疫苗	皮下注射,每年 4 月～5 月免疫 2 次,每次间隔 21 d,6 月龄以下的犊牛,注射剂量减半	牛流性热	6 个月

附 录 B

（资料性附录）

南方草山草地绿色食品肉牛常见病防治措施

南方草山草地绿色食品肉牛常见病防治措施见表 B.1。

表 B.1 南方草山草地绿色食品肉牛常见病防治措施

疾病种类	病因	症状	治疗	预防
牛病毒性腹泻	由病毒性腹泻病毒引起的一种传染病	白细胞减少、黏膜发炎、糜烂、坏死和腹泻	尚无特效治疗方法,对症治疗和加强护理科减轻症状,应用收敛法和补液疗法可缩短恢复期	做好平时检疫工作,防治引入带毒牛,发病牛隔离治疗或急宰,受威胁的健康牛群应用弱毒疫苗和灭活疫苗进行免疫接种
瘤胃酸中毒	采食大量精料,导致瘤胃内快速产生大量乳酸,并通过瘤胃进入血液 慢性酸中毒可以使瘤胃功能下降,频繁出现腹泻,粪便酸臭,可能出现跛行	精神高度沉郁,极度虚弱,侧卧而不能站立,瞳孔散大,双目失明,体温降低,重度脱水	瘤胃冲洗是急救措施,用胃管或内径 25 mm～30 mm 粗胶管经口插入瘤胃,用 1% 食盐水或 5% 碳酸氢钠水、自来水反复冲洗。或者口服碳酸氢钠,严重的一次静脉注射 5% 碳酸氢钠溶液 3 L～6 L,葡萄糖盐水 2 L～4 L	日粮构成相对稳定,加喂精料要逐步过渡,在饲料中添加瘤胃缓冲剂
瘤胃鼓气	采食大量精料,并在瘤胃中快速发酵产生大量气体,采食了雨后的水草和早晨含有大量露水的青草也易发生	左侧肷部明显鼓掌,有鼓音	瘤胃放气	
瘤胃积食	采食大量精料,导致食物长时间停留在瘤胃中,引起瘤胃功能下降		软化食物	
乳腺炎		乳房红、肿、热、痛、乳变性	抗生素(头孢、红霉素等)乳房灌注或肌肉注射	注意牛舍、牛体卫生,供给营养均衡的饲料,防止过度使用精料,预防营养代谢疾病
寄生虫			肝片吸虫:硝氯酚 线虫:每千克体重 10 mg 左旋咪唑/次,口服或肌肉注射(非泌乳期) 绦虫:每千克体重 100 mg～120 mg 氯硝柳胺/次 焦虫:每千克体重 3.5 mg 贝尼尔(三氮脒)/次肌肉或皮下注射 外寄生虫:螨病可用碘硝酚每千克体重 10 mg 或伊维菌素(非泌乳期)每千克体重 0.2 mg,皮下注射,后者隔 1 周再注射 1 次。蜱病治疗方法同"螨病"。 疥螨:1% 伊维菌素(非泌乳期) 血吸虫:每千克体重 50 mg～75 mg 吡喹酮/次	定期修理牛圈,定期清除垃圾和灰尘,定期消毒,减少圈内蜱的数量;牛舍要保持干燥清洁。每年春秋两季要对牛只皮下注射伊维菌素类或阿维菌素类药物进行预防性驱虫,亦可选择上述药物进行药浴;新引进的牛只要隔离观察 2 周～3 周,确定健康后再混群饲养

附 录 C
（资料性附录）
南方草山草地绿色食品肉牛养殖推荐兽药使用方案

南方草山草地绿色食品肉牛养殖推荐兽药使用方案见表 C.1。

表 C.1 南方草山草地绿色食品肉牛养殖推荐兽药使用方案

类别	药品名称	制剂	用法与用量（用量以有效成分计）	休药期,d
抗寄生虫药	青蒿琥酯	片剂	内服，一次量 5 mg/kg 体重，首次量加倍，2 次/d，连用 2 d～4 d	不少于 28
	溴酚磷	片剂、粉剂	内服，一次量 12 mg/kg 体重	21
	氯氰碘柳胺钠	片剂、混悬液	内服，一次量 5 mg/kg 体重	—
		注射液	皮下或肌肉注射，一次量 2.5 mg/kg～5 mg/kg 体重	28
	氰戊菊酯	溶液	喷雾，配成 0.05%～0.1%的溶液	1
	盐酸左旋咪唑	片剂	内服，一次量 7.5 mg/kg 体重	2
		注射液	皮下、肌肉注射，一次量 7.5 mg/kg 体重	14
	碘醚柳胺	混悬液	内服，一次量 7 mg/kg～12 mg/kg 体重	60（泌乳期禁用）
	三氯苯唑	混悬液	内服，一次量 6 mg/kg～12 mg/kg 体重	28
抗菌药	氨苄西林钠	注射用粉针	肌肉注射，一次量 10 mg/kg～20 mg/kg 体重，连用 2 次/d～3 次/d	不少于 28
		注射液	皮下或肌肉注射，一次量 5 mg/kg～7 mg/kg 体重	21
	苄星青霉素	注射用粉针	肌肉注射，一次量 2 万单位～3 万单位/kg 体重，必要时 3 d～4 d 重复 1 次	30
	青霉素钾（钠）	注射用粉针	肌肉注射，一次量 1 万单位～2 万单位/kg 体重，2 次/d～3 次/d，连用 2 d～3 d	不少于 28
	硫酸小檗碱	注射液	肌肉注射，一次量 0.15 g～0.4 g	0
		粉剂	内服，一次量 3 g～5 g	
	恩诺沙星	注射液	肌肉注射，一次量 2.5 mg/kg 体重，1 次/d～2 次/d，连用 2 d～3 d	14
	乳糖酸红霉素	注射用粉针	静脉注射，一次量 3 mg/kg～5 mg/kg 体重，2 次/d，连用 2 d～3 d	21
	土霉素	注射液（长效）	肌肉注射，一次量 10 mg/kg～20 mg/kg 体重	28
	盐酸土霉素	注射用粉针	静脉注射，一次量 5 mg/kg～10 mg/kg 体重，2 次/d，连用 2 d～3 d	19
	普鲁卡因青霉素	注射用粉针	肌肉注射，一次量 1 万单位～2 万单位/kg 体重，1 次/d，连用 2 d～3 d	10
	硫酸链霉素	注射用粉针	肌肉注射，一次量 10 mg/kg～15 mg/kg 体重，2 次/d，连用 2 d～3 d	14

附　录　D
（资料性附录）
南方草山草地绿色食品肉牛日粮推荐方案

D.1　育肥牛不同阶段（前期）日粮参考配方

见表 D.1。

表 D.1　育肥牛不同阶段（前期）日粮参考配方

饲料原料	育肥肉牛体重,kg		
	350	400	425
玉米,kg	2.50	2.75	3.00
麸皮,kg	0.25	0.25	0.30
饼粕类,kg	1.40	1.55	1.70
预混料（3%～5%）,kg	0.13	0.15	0.15
小苏打,kg	0.05	0.06	0.07
盐,kg	0.05	0.05	0.05
白酒糟（DM:40%）,kg	2.50	3.50	4.00
全株玉米青贮（DM:30%）,kg	2.00	3.00	4.00
稻草（风干2个月以上）,kg	1.50	1.50	1.50
采食时间,min	45～50	50	55

D.2　育肥牛不同阶段（中期）日粮参考配方

见表 D.2。

表 D.2　育肥牛不同阶段（中期）日粮参考配方

饲料原料	育肥肉牛体重,kg		
	450	500	550
玉米,kg	3.4	4.15	4.9
麸皮,kg	0.35	0.4	0.5
饼粕类,kg	1.8	2.0	2.0
预混料（3%～5%）,kg	0.15	0.2	0.2
小苏打,kg	0.07	0.08	0.09
盐,kg	0.05	0.05	0.05
白酒糟（DM:40%）,kg	4	4.5	4.5
全株玉米青贮（DM:30%）,kg	4	4	4
稻草（风干2个月以上）,kg	1.5	1.5	1.5
采食时间,min	55	55	55

D.3 育肥牛不同阶段(后期)日粮参考配方

见表 D.3。

表 D.3 育肥牛不同阶段(后期)日粮参考配方

饲料原料	育肥肉牛体重,kg		
	600	650	700
玉米,kg	5.75	6.25	6.25
麸皮,kg	0.55	0.6	0.6
饼粕类,kg	2.0	2.0	2.0
预混料(3%～5%),kg	0.2	0.25	0.25
小苏打,kg	0.1	0.12	0.12
盐,kg	0.05	0.05	0.05
白酒糟(DM:40%),kg	4.5	3.5	3.5
全株玉米青贮(DM:30%),kg	4	4	4
稻草(风干2个月以上),kg	1.5	1.5	1.5
采食时间,min	55	45～50	40～45

绿 色 食 品 生 产 操 作 规 程

LB/T 155—2020

北方放牧区绿色食品肉牛养殖规程

2020-08-20 发布

2020-11-01 实施

中国绿色食品发展中心 发布

前　言

本规程由中国绿色食品发展中心提出并归口。

本规程起草单位:内蒙古绿色食品发展中心、通辽市农畜产品质量安全中心、开鲁县绿色食品发展中心、库伦旗农产品质量安全监督管理站、黑龙江省绿色食品发展中心、阿拉善盟农畜产品质量检测中心、察右前旗农畜产品质量安全检验检测站、巴彦淖尔市农畜产品质量安全监督管理中心、通辽谷润肉业有限公司。

本规程主要起草人:李岩、云岩春、王冠、刘军、高亚莉、孙丽荣、康晓军、宋岩、王先智、刘培源、吴芳、王慧娟、范慧。

LB/T 155—2020

北方放牧区绿色食品肉牛养殖规程

1 范围

本规程规定了北方放牧区绿色食品肉牛养殖的产地环境、牛场建筑布局、引种、投入品使用、饲养管理、人员健康检查、消毒、疫病防控、转运、废弃物处理与利用、档案记录与追溯体系。

本规程适用于内蒙古、黑龙江、新疆的绿色食品肉牛养殖。

2 规范性引用文件

下列文件对于本文件的应用是必不可少的。凡是注日期的引用文件,仅注日期的版本适用于本文件。凡是不注日期的引用文件,其最新版本(包括所有的修改单)适用于本文件。

GB 18596 畜禽养殖业污染物排放标准

NY/T 388 畜禽场环境质量标准

NY/T 391 绿色食品 产地环境质量

NY/T 393 绿色食品 农药使用准则

NY/T 394 绿色食品 肥料使用准则

NY/T 471 绿色食品 饲料及饲料添加剂使用准则

NY/T 472 绿色食品 兽药使用准则

NY/T 815 肉牛饲养标准

NY/T 1168 畜禽粪便无害化处理技术规范

中华人民共和国动物防疫法

农医发〔2017〕25 号 病死及病害动物无害化处理技术规范

中华人民共和国国务院令〔2011〕第 153 号 种畜禽管理条例

中华人民共和国国务院令〔2013〕第 643 号 畜禽规模养殖污染防治条例

中华人民共和国农业部令〔2010〕第 6 号 动物检疫管理办法

3 产地环境

3.1 基地选址

3.1.1 牛场建设前应经环境评估,产地环境应符合 NY/T 391 的要求。

3.1.2 牛场建设选择避风向阳、干燥、通风、排水良好、易于组织防疫的地点;水源充足,能够满足生产和生活用水需要,且符合 NY/T 391 的要求。

3.1.3 距离生活饮用水源地、动物饲养场、养殖小区和城市居民区等人口集中区及公路、铁路等和主要干线 2 km 以上;距离动物隔离场所、无害化处理场所、动物屠宰加工场所、动物和动物产品集贸市场、动物诊疗场所 5 km 以上。

3.1.4 场区应选择在居民点的下风向或侧风向,远离化工厂、屠宰厂、制革厂等容易造成环境污染企业及居民点污水排出口;远离畜禽疫病常发区及山谷、洼地等易受洪涝威胁的地段。

3.2 气候条件

温带季风气候,一年四季分明,夏季干旱凉爽,冬季寒冷干燥。日均最低气温−5 ℃,日均最高气温8 ℃。

3.3 地形地势

以草甸草原、典型草原为主,以及丘陵、山地、平原等。

4 牛场建筑布局

4.1 牛场内分区设置饲料加储藏区、生活区、办公管理区、技术服务区、养殖区和废物处理区，各功能区、主干道、净道、污道、绿化林带、排水沟、附属设施布局必须符合防疫防火安全，生产管理便利，环境卫生整洁，便于机械化作业的现代养殖场建设要求。草料库宜设在棚圈侧风向处，并保持 20 m 以上距离，确保安全用电，并配备必要的防火设施与设备。

4.2 生活区、办公管理区、技术服务区应设在地势较高的上风向，养殖区应设在以上三区常年主导风向的下风向，废物处理区应设在地势较低且位于整个场区的下风向或偏离风向区域。

4.3 场区入口要设置消毒池，消毒池长度大于大型机动车车轮周长的一周半，宽度与大门宽度相等，深度能保证入场车辆所有车轮外延充分浸在消毒液中；同时建立消毒间，消毒间安装相关消毒设施。

4.4 饲养和加工场地应设有与生产相适应的消毒设施、更衣室、兽医室等，并配备工作所需的仪器设备。

4.5 牛舍结构按不同生长阶段设计，做到保温隔热，地面和墙壁应便于清洗和消毒。

4.6 牛舍应通风良好，舍内环境符合 NY/T 388 的要求。

5 引种

5.1 种牛引进

应从具有种畜禽经营许可证的种牛场或育种核心群引进，防疫检疫要严格执行中华人民共和国国务院令〔2011〕第 153 号第 7、8、9 条，并按照中华人民共和国农业部令〔2010〕第 6 号的标准进行检疫。提供"种畜禽经营许可""动物防疫条件合格证""动物检疫合格证明""种畜档案"。

5.2 隔离观察

引进的种牛应在隔离场（区）内隔离观察饲养 30 d 以上，经兽医检查确定为健康合格后，转入生产群。从国外引进种牛需隔离饲养 3 个～4 个月。

6 投入品使用

6.1 饲草饲料

6.1.1 饲草的产地环境应符合 NY/T 391 的要求，生产用种子来源于绿色食品生产管理系统生产的牧草与饲料作物种子，来源固定。生产过程中施用农药、肥料应分别符合 NY/T 393 和 NY/T 394 的要求。

6.1.2 购置饲草饲料应来源于绿色食品种植基地的农作物、秸秆或优质牧草。饲料原料如玉米、麸皮、豆粕等应来源于绿色食品生产基地。

6.1.3 饲草饲料应品质优良、无污染、无霉变，并符合 NY/T 471 的要求。

6.1.4 饲料原料来源及组成成分应符合 NY/T 471 的要求。

6.1.5 应建立饲草料使用记录和饲草饲料留样记录，使用的饲草饲料样品至少保留 3 个月，对饲草、饲料原料及其产品采购来源、质量、标签情况等进行记录。

6.1.6 不同种类饲草饲料应分类存放、清晰标识，防止饲草饲料变质和交叉污染。

6.1.7 使用自制配合饲料的肉牛养殖场应保留饲料配方。

6.2 饮水

水质应符合 NY/T 391 的要求。定期清洗消毒饮水设备，消毒剂的使用符合 NY/T 472 的要求。采用自由饮水或定时定点饮水。

6.3 兽药

6.3.1 兽药使用应符合 NY/T 472 的要求。

6.3.2 使用时应按照产品说明操作,处方药应按照兽医出具的处方执行。

6.3.3 建立兽药采购记录和用药记录。采购记录应包括产品名称、购买日期、数量、批号、有效期、供应商和生产厂家等信息。用药记录应包括用药牛只的批次与数量、兽药产品批号、用药量、用药开始时间和结束日期、休药期、药品管理者和使用者等信息,同时应保留使用说明书。

6.3.4 兽药应按照药品说明书要求进行储藏,过期药物应及时销毁处理。

7 饲养管理

肉牛各阶段饲养标准按 NY/T 815 的规定执行。

7.1 犊牛饲养管理

7.1.1 初生(1周)

犊牛出生后应立即清除口腔和鼻孔内的黏液,剪断脐带,擦干被毛,哺食初乳,自然哺乳。不能主动哺乳时,采取人工饲喂初乳。母牛、犊牛在产房内停留 7 d。

7.1.2 1月龄

犊牛出生 7 d 后转入犊牛舍,与母牛昼夜合群饲养。10 日龄训练采食精补料,15 日龄训练采食优质青干草。随时观察牛只精神状态、食欲及粪便是否正常。勤打扫、勤换垫草、勤观察、勤消毒。做到保温防寒、卫生消毒。

7.1.3 2月龄～6月龄(断奶)

白天犊牛与母牛分开,单独饲喂,夜间合群。精补料和青干草自由采食,饮温水(25 ℃～35 ℃)。4月龄以后,全舍饲喂,精补料按体重 1% 提供,粗饲料以青干草、秸秆和苜蓿为主,混合饲喂。保证充足饮水。

7.2 育成母牛饲养管理(7月龄～12月龄)

舍饲:育成母牛日增重 0.8 kg 左右。饲草以优质的青干草及青饲料为主,精补料日用量按体重的1%～1.2%。

放牧+补饲:在草场资源丰富的地区,采取白天放牧夜晚归牧、补喂精补料的方式饲养,精补料日喂量 1.0 kg～2.0 kg。

7.3 青年母牛饲养管理(13月龄～18月龄)

达到体成熟的青年母牛采取放牧方式饲养,并对其进行催情补饲,注意观察发情,及时配种。

7.4 育肥牛饲养管理

犊牛断奶后直接进入育肥阶段。

放牧+补饲:每天放牧后,按体重 1.2%～1.5% 补饲精饲料。

全舍饲育肥:采用 TMR 方法饲喂,科学配比,干物质采食量按体重 2%～3%。精粗比从(30～40):(70～60)过渡为(60～70):(40～30)。

7.5 成年母牛饲养管理

7.5.1 哺乳母牛

分娩及产犊初期:母牛产犊后及时给予 36 ℃～38 ℃ 的温水,并在水中加入麸皮 1 kg～1.5 kg,食盐 100 g～150 g,250 g 红糖,调成稀粥状饲喂。胎衣完整排出后用 0.1% 的高锰酸钾对母牛阴部和臀部进行消毒。产后 3 d 内,精补料最高喂量不宜超过 2 kg。14 d 内饲料应以适口性好、易消化吸收的优质青干草为主,保障充足饮水。

哺乳期:舍饲条件下,白天母牛在活动场,夜间进圈,与犊牛合群。逐渐增加青贮喂量,精补料每日饲喂 2 kg～2.5 kg。放牧+补饲条件下,早晚各饲喂 1 次精补料,日喂量 1.5 kg～2 kg。观察发情,及时配种。

7.5.2 妊娠母牛

多采取放牧饲养方式。舍饲条件下,以粗饲料为主,适当补充精补料。加强管理,合理调群,避免相互争斗、顶撞,避免造成流产。分娩前15 d单独组群饲喂,加强营养。

8 人员健康检查

管理人员、兽医人员、饲养人员定期进行健康检查,建立人员健康档案卡片,持证上岗。

9 消毒

9.1 消毒应包括环境消毒、用具消毒、饮水消毒等。

9.2 制定严格消毒制度,定期检测消毒效果。

9.3 选用的消毒剂应符合NY/T 472的要求。

9.4 消毒剂使用应按照说明书操作,各种不同类型的消毒剂宜交替使用。

9.5 带牛消毒时应选用对皮肤、黏膜无腐蚀、无毒性的消毒剂。

9.6 所有牛舍在牛群转入前应彻底清洗、消毒完后,至少空置1个月。

10 疫病防控

10.1 疫病监测

10.1.1 依照《中华人民共和国动物防疫法》及其配套法规的要求,结合当地实际情况,制订疫病监测方案,由当地动物防疫监督机构实施。

10.1.2 肉牛饲养场常规监测的疾病至少应包括口蹄疫、结核病、布鲁氏菌病、炭疽。

10.1.3 不应检出的疫病:牛瘟、牛传染性胸膜肺炎、牛海绵状脑病、口蹄疫、结核病、布鲁氏菌病、狂犬病、钩端螺旋体。

10.2 免疫接种

10.2.1 根据当地疫病流行情况和牛群免疫抗体检测结果制定免疫接种计划,并严格实施。

10.2.2 超过免疫保护期或免疫效果不佳的牛只应及时补充免疫。

10.2.3 建立免疫档案,记录免疫的疫苗种类、厂家、有效期、产品批号、接种日期、接种量等信息,应存档备查。

10.2.4 疫苗保管应符合疫苗保存条件。

10.3 重大疫病应急措施

制订重大疫病应急预案,如发现重大疫病倾向,迅速封锁疫区,对感染牛只及疑似感染牛只立即进行隔离。并尽快向当地政府报告疫情。

10.4 粪便、废弃物及病死牛尸体无害化处理

粪便处理按NY/T 1168的要求做无害化处理。病死牛尸体处理符合农医发〔2017〕25号的要求。肉牛饲养场内不准屠宰和解剖牛只。

11 转运

11.1 运输肉牛应具有产地检疫证明,产地检疫按GB 16549的要求执行。

11.2 运输肉牛应带有肉牛身份标识物,该身份标识物应符合《畜禽标识和养殖档案管理办法》。

11.3 不同来源的牛不能混群运输。

11.4 运输前后,运输工具和设备应进行安全检查和清洗消毒。

11.5 避免恶劣天气、野蛮装卸、急刹车、暴力虐待等运输过程中对牛造成的损伤和应激。

12 废弃物处理与利用

12.1 必须设置废弃物的固定储存设施和场所,要防止粪液渗漏、溢流;禁止直接将废弃物倾倒入地表水体或其他环境中;对废弃物定期清理。

12.2 养殖废弃物处理应遵循减量化、无害化、资源化的原则,符合 GB 18596 的要求。按照中华人民共和国国务院令〔2013〕第 643 号的要求采用粪肥还田、制取沼气、制作有机肥等方法处理,对固体废弃物进行综合利用。粪便经无害化处理后应达到的相关规定要求

12.3 过期及废弃的疫苗等生物制品及其包装不得随意丢弃,应按照要求进行无害化处理。

12.4 对非正常死亡的牛只应由专门的兽医进行死亡原因鉴定和处理。

13 档案记录与追溯体系

13.1 档案记录

建立绿色食品肉牛养殖档案,包括:生产记录、繁殖记录、投入品出入库及使用记录、废弃物处理等。所有记录应保存 3 年以上。

13.2 建立追溯系统

建立肉牛个体追溯电子档案,实现质量安全可追溯。

附 录 A

（资料性附录）

北方放牧区绿色食品肉牛养殖兽药使用推荐方案

北方放牧区绿色食品肉牛养殖兽药使用推荐方案表 A.1。

表 A.1 北方放牧区绿色食品肉牛养殖兽药使用推荐方案

类别	药名	剂型	免疫途径	免疫剂量	停药期,d
抗寄生虫药	伊维菌素	注射液	皮下注射	0.2 mg/kg 体重	35
	碘醚柳胺	粉剂	口服	7 mg/kg～12 mg/kg 体重	60
	氯氰碘柳胺	注射液	皮下注射或肌肉注射	2.5 mg/kg～5 mg/kg 体重	28
抗菌药	普鲁卡因青霉素	注射液	肌肉注射	1 万单位/kg～2 万单位/kg 体重	10
	替米考星	注射液	皮下注射	10 mg/kg 体重	35
	庆大霉素	注射液	肌肉注射	2 mg/kg～4 mg/kg 体重	40
	氟苯尼考	注射液	肌肉注射	20 mg/kg～30 mg/kg 体重	14
	环丙沙星	粉剂	口服	0.02%～0.04%	0
		注射液	肌肉注射	10 mg/kg～15 mg/kg 体重	0
	林可霉素	粉剂	口服	0.02%～0.03%	5
		注射液	肌肉注射	20 mg/kg～50 mg/kg 体重	5

附　录　B

（资料性附录）

北方放牧区绿色食品肉牛养殖免疫流程

B.1 口蹄疫疫苗1年2次,春秋各1次。

B.2 布鲁氏菌疫苗秋天打1次,春天补免。

B.3 病毒性腹泻疫苗母牛配种前打1次,妊娠后5个月再打1次。

附　录　C
（资料性附录）
北方放牧区绿色食品肉牛精饲料、全价日粮组成参考配方

C.1 北方放牧区绿色食品肉牛精饲料组成参考配方
见表C.1。

表 C.1　北方放牧区绿色食品肉牛精饲料组成参考配方

单位为千克

阶段	玉米	麸皮	豆粕	菜粕	棉粕	预混料
犊牛期	55	15	16	5	5	4
育成期	60	15	11	5	5	4
育肥期	65	10	6	9	6	4
空怀母牛	58	19	10	4	4	5
妊娠母牛	60	14	11	5	5	5
哺乳母牛	62	10	13	5	5	5

C.2 北方放牧区绿色食品肉牛全价日粮组成参考配方
见表C.2。

表 C.2　北方放牧区绿色食品肉牛全价日粮组成参考配方

单位为千克

平均日总采食量	精饲料	青贮饲料	干草
4	1	0	3
6	1.5	1.5	3
10	2	5	3
14	3	7	4
15	4	7	4
20	5	11	4
注：青贮饲料主要包括玉米全株青贮、高丹草、甜高粱等专用青贮牧草。干草主要包括农作物优质秸秆和专用牧草。			

绿 色 食 品 生 产 操 作 规 程

LB/T 156—2020

绿色食品奶牛养殖规程

2020-08-20 发布　　　　　　　　　　　　2020-11-01 实施

中国绿色食品发展中心　发布

前　言

　　本规程由中国绿色食品发展中心提出并归口。

　　本规程起草单位:内蒙古自治区农畜产品质量安全监督中心、包头市农畜产品质量安全监督管理中心、北京市农业绿色食品办公室、黑龙江省绿色食品发展中心。

　　本规程主要起草人:李岩、云岩春、王冠、刘鑫、马欢庆、温凯、任丽民、翟泰宇、赵娜、赵伟、周绪宝、王蕴琦。

绿色食品奶牛养殖规程

1 范围

本规程规定了绿色食品奶牛养殖的牛场环境与布局、繁殖、饲料管理、挤奶管理、投入品使用、消毒、疫病防控、废弃物处理与利用、饲养人员管理和档案记录。

本规程适用于绿色食品奶牛的生产。

2 规范性引用文件

下列文件对于本文件的应用是必不可少的。凡是注日期的引用文件,仅注日期的版本适用于本文件。凡是不注日期的引用文件,其最新版本(包括所有的修改单)适用于本文件。

GB 4143 牛冷冻精液

GB 16568 奶牛场卫生及检疫规范

GB 18596 畜禽养殖业污染物排放标准

GB/T 37116 后备奶牛饲养技术规范

NY/T 391 绿色食品 产地环境质量

NY/T 471 绿色食品 饲料及饲料添加剂使用准则

NY/T 472 绿色食品 兽药使用准则

NY/T 473 绿色食品 畜禽卫生防疫准则

NY/T 1335 牛人工授精技术规程

NY/T 2662 标准化养殖场 奶牛

DB 61/T 367.14 荷斯坦牛干奶牛饲养管理技术规范

中华人民共和国农业部令〔2010〕第 6 号 动物检疫管理办法

3 术语和定义

下列术语和定义适用于本文件。

3.1

净道

牛群周转、饲养员行走、场内运送饲料、奶车出入的专用道路。

3.2

投入品

奶牛饲养过程中投入的饲草、饲料、饲料添加剂、水和兽药等物品。

4 牛场环境与布局

4.1 牛场环境

4.1.1 牛场建设前应经环境评估,场地环境应符合 NY/T 391 的要求。

4.1.2 应选择地势较高、向阳、背风、干燥地域,环境标准应该符合 NY/T 391 的要求。

4.1.3 场区整体布局合理,场内分区设置生活管理区、生产区及粪污无害化处理区,生活管理区应设在地势较高的上风向,生产区应设在生活管理区常年主导风向的下风向,无害化处理区应设在地势较低且在生产区、生活管理区的下风向或偏离风向区域。不同区域相对隔离,场区周围应设立防疫隔离带,场内应设有人员、物品、车辆消毒设施,定期更换消毒液。

4.1.4 牛场周围应设防疫河或围墙,场区设有若干绿化隔离带。

4.1.5 场内净道和污道、雨水管道和污水管道要严格分开。

4.1.6 牛场排污应按 GB 18596 的规定执行,遵循减量化、无害化和资源化的原则。

4.2 牛场布局

4.2.1 场区布局和牛舍建设应符合 NY/T 473 的要求。

4.2.2 牛舍具备排污系统,粪污处理。

4.2.3 牛舍饮水设施设计合理,安装坚固无渗漏,具备防冻设施。

4.2.4 牛舍配置防暑(夏)防寒(冬)设施,温度、湿度、气流、风速和光照应满足奶牛生理需要,舍内空气质量符合 NY/T 391 的要求。运动场地面最好用三合土夯实,要求平坦、干燥,易排水,并建造凉棚。

5 繁殖

5.1 母牛的发情周期。成母牛的发情周期平均为 21 d,范围 20 d～24 d;育成母牛的发情周期平均为 20 d,范围为 18 d～22 d。

5.2 母牛的发情持续期。成母牛的发情持续期为 18 h,范围为 13 h～26 h;育成牛的发情持续期为 15 h～16 h,范围为 10 h～21 h。

5.3 母牛的初次配种年龄。育成母牛应在 13～14 月龄体重达到成年母牛体重的 70% 左右,配种时体重应达到 350 kg 以上,体高达到 127 cm 以上。育成母牛初次配种年龄最迟不应超过 20 月龄。

5.4 母牛产后配种时间。母牛产后生殖器官恢复正常的母牛产后首次发情即可配种,一般以产后 50 d～70 d 配种为宜。

5.5 种公牛和精液品质。种公牛和精液品质应符合 GB 4143 的要求。

5.6 繁殖操作。发情鉴定、人工授精、妊娠诊断和记录参照 NY/T 1335 执行。

6 饲料管理

6.1 犊牛饲养管理按 GB/T 37116 的规定执行。

6.2 青年牛饲养管理按 GB/T 37 116 的规定执行。

6.3 成母牛的饲养管理

6.3.1 干奶牛饲养管理

6.3.1.1 干奶前 15 d 对牛只进行妊检,避免干错奶。

6.3.1.2 干奶前 7 d～10 d,对牛只乳房进行检查,如有乳腺炎治愈后再干奶。

6.3.1.3 妊娠母牛产犊前 60 d 进行干奶,干奶操作可按 DB 61/T 367.14 的规定执行。

6.3.1.4 干奶期日粮保证优质粗饲料供给,严格控制精饲料给量,干奶牛体况维持在 3.5 分～3.75 分。

6.3.1.5 每天 2 次清除卧床的粪尿,保持卧床清洁、卫生、干燥、松软。定期对卧床和粪道消毒。

6.3.1.6 产前 3 周将干奶牛转入围产前期待产舍。

6.3.1.7 产前将待产牛转入产栏,准备接产。

6.3.2 泌乳牛饲养管理

6.3.2.1 一次性将产后奶牛初乳挤净,进行抗生素检测,检测呈阴性后方可调入新产牛舍。

6.3.2.2 新产牛(产后 0 d～20 d),粗饲料以优质干草为主,饲养密度控制在 80% 以内。

6.3.2.3 新产牛要进行体温、呼吸和心率监测,密切观察乳房充盈度、子宫分泌物和粪便,发现酮病、子宫炎和真胃变位等疾病的及时治疗。

6.3.2.4 产后 21 d～150 d,奶牛进入泌乳高峰,该阶段日粮配合上应增加高能量精饲料的供给量,限制能量较低的粗饲料,日粮脂肪浓度控制在 7% 以内。添加缓冲剂碳酸氢钠,氧化镁,以保持瘤胃内环境平衡。奶牛应保持良好的食欲,尽可能采食较多的干物质。适当增加饲喂次数,多喂质量好、适口性强的饲料,以满足奶牛对蛋白质、能量、矿物质和维生素需要。

6.3.2.5 产后 151 d 后干奶,此期间属于泌乳中后期,应逐渐减少日粮能量和蛋白质,避免奶牛干奶时过肥。

6.3.2.6 日粮质量控制实行原料、配制、上槽饲喂检查和抽样化验结合进行,定期对饲喂效果实行产量和体况评定。

6.3.2.7 饲槽每天至少清理清扫 1 次,15 d～30 d 要进行 1 次彻底清洗和消毒处理,以防形成霉菌层。已上槽的日粮每天推送 10 次以上,添加日粮的次数、间隔、数量及清槽剩料的数量要系统记录。日粮中如出现塑料、绳头、铁钉、铁丝等有害物质,必须及时清理并采取措施整改。

6.3.2.8 实行自由饮水,保证饮水清洁卫生,定期清洗水槽,定期消毒,冬季防止水槽结冰。

6.3.2.9 牛舍、牛栏和卧床等设施定期进行整理、维护和消毒。保持运动场清洁干燥、无积水、积尿和杂物等。冬季运动场结块粪便随时进行堆积,定期清理。

6.3.2.10 夏季做好防暑降温工作,调整日粮营养,增加早上和夜间饲喂次数,保证清凉饮水。冬季牛舍保持通风,舍内温度、湿度及有害气体要实行监测并严格控制。

6.3.2.11 每年进行 1 次～2 次修蹄和蹄病检查及每周 3 次的蹄部药浴。乳腺炎按牧场既定规程进行监测,及时发现及时治疗。

6.3.2.12 每天进行巡舍和巡槽发现问题(疾病和发情等)及时上报。

6.3.2.13 机械出现故障,不能保证全混合日粮供应时,优先给顺序为新产牛、高产牛、围产牛、中产牛、干奶牛、青年怀孕牛、低产牛、育成牛。当完全不能供应时可以使用原料直接饲喂。

6.3.2.14 根据奶牛场卫生防疫制度和当年的免疫计划,进行严格的检疫和防疫注射,确保奶牛场防疫安全。

7 挤奶管理

7.1 奶厅环境卫生管理

7.1.1 挤奶厅内外环境整洁干净,奶牛出入专用通道。

7.1.2 奶牛粪尿及时清理并引入粪污处理系统进行无害化处理。

7.1.3 每次挤奶完毕,对奶厅内进行彻底清扫,做到奶厅内任何角落无粪污及其他污染物,加强通风,保证奶厅空气无异味。

7.1.4 奶厅定期消毒,夏、秋季节每 15 d 消毒 1 次,冬、春季节每 30 d 消毒 1 次。乳腺炎的发病率高时,每天消毒。

7.2 人员管理

7.2.1 挤奶员必须经过奶牛泌乳生理和挤奶操作规程等相关知识培训,合格方能上岗。

7.2.2 工作人员的健康与卫生按 GB 16568 的规定执行。

7.2.3 赶牛工不允许进入挤奶操作平台,需要时在人员通道控制奶牛配合挤奶。

7.3 挤奶操作

7.3.1 挤奶操作按 NY/T 2662 的规定执行。

7.3.2 乳前和乳后药浴充分,杜绝遗漏或不完全药浴,乳前药浴保证 30 s。

7.3.3 从接触乳房挤三把奶到套上乳杯,时间控制在 90～120 s,每头牛挤奶时间最好控制在 8 min 以内。

7.3.4 使用自动脱杯挤奶机的牧场,自动脱杯后,要检查奶是否挤完,挤奶完毕方可进行后药浴。

7.3.5 挤奶工作结束后,对全部用品和用具进行清洗和消毒。

7.4 设备清洗和维护

7.4.1 储奶罐和挤奶机使用前消毒,使用后及时清洗干净,按操作规定放置。

7.4.2 挤完奶后立即进行清洗,挤奶机管道清洗按清水冲洗—碱水清洗—清水冲洗—酸液清洗—清水冲洗至中性。

7.4.3 保证制冷设备正常运行,2 h 内冷却到 0 ℃~4 ℃,随时监测制冷效果,做到显示温度和实际温度相符。

7.4.4 对挤奶设备的工作参数进行校核、维护,保证挤奶机真空度、脉动频率和脉动比率处于最佳状态。易磨损的挤奶设备零部件及时检查和更换。

7.4.5 挤奶机真空度设置由机器制造厂家技术人员经测试后进行设置,一般设置在 45 kPa~50 kPa。

7.4.6 挤奶机乳杯内衬按其说明书及时进行更换。

8 投入品使用

8.1 饲草饲料

8.1.1 购置饲草饲料来源和组成应符合 NY/T 471 的要求。

8.1.2 饲草饲料应品质优良,无污染、无霉变,符合 NY/T 471 的要求。

8.1.3 建立饲草饲料使用记录和留样记录,原料样品至少保存 3 个月,记录内容包括原料采购、质量和标签等情况。

8.1.4 不同种类饲草饲料应分类存放、清晰标识,防止饲草饲料变质和交叉污染。

8.2 兽药

8.2.1 兽药使用应符合 NY/T 472 的要求。

8.2.2 使用时应按照产品说明操作,处方药应按照兽医出具的处方执行。

8.2.3 建立兽药采购记录和用药记录。采购记录应包括产品名称、购买日期、数量、批号、有效期、供应商和生产厂家等信息。用药记录应包括用药牛只的个体号、批次与数量、兽药产品批号、用药量、用药开始时间和结束日期、休药期、药品管理者和使用者等信息,同时应保留使用说明书。

8.2.4 兽药应按照药品说明书要求进行储藏,过期药物应及时销毁处理。

8.2.5 应严格遵守休药期的规定。

9 消毒

9.1 制定严格消毒制度,定期检测消毒效果。

9.2 选用的消毒剂应符合 NY/T 472 的要求。

9.3 消毒应包括环境消毒、用具消毒、饮水消毒等。用规定的浓度次氯酸盐、有机碘混合物或过氧乙酸、新洁尔灭、进行牛舍消毒、带牛环境消毒、牛场道路及牛圈舍周围及进入场区的车辆消毒。

9.4 带牛消毒时应选用对皮肤、黏膜无腐蚀、无毒性的消毒剂。

9.5 所有牛舍在牛群转入前应彻底清洗、消毒后,至少空置 1 月。

10 疫病防控

10.1 疫病监测

10.2 免疫接种

10.2.1 根据当地疫病流行情况和牛群免疫抗体检测结果制订免疫接种计划并严格实施。

10.2.2 超过免疫保护期或免疫效果不佳的牛只应及时补充免疫。

10.2.3 建立免疫档案,记录免疫的疫苗种类、厂家、有效期、产品批号、接种日期、接种量等信息,应存档备查。

10.2.4 疫苗保管应符合疫苗保存条件。根据 NY/T 473 要求进行免疫接种。

10.3 重大疫病应急措施

制订重大疫病应急预案,如发现重大疫病倾向,迅速封锁疫区,对感染牛只及疑似感染牛只立即进行隔离,严禁解剖、转移、宰杀、出售患病畜。并尽快向当地畜牧业行政管理部门报告疫情。

11 废弃物处理与利用

废弃物处理应遵循减量化、无害化和资源化的原则,按 NY/T 2662 的规定执行。

12 饲养人员管理

管理人员和饲养人员应具有相关管理和饲养经验,熟悉奶牛生活习性,定期进行健康检查,并依法取得健康证明后方可上岗工作。传染病患者不得从事饲养和管理工作。场内兽医人员、配种人员不得到场外服务,但必须要满足场内相关规定。

13 档案记录

13.1 繁殖记录:包括发情、配种、产科疾病、妊娠检查、流产、产犊和产后监护记录。

13.2 兽医记录:包括疾病档案和防疫记录等有关记录。

13.3 育种记录:包括牛只标记、后裔测定、谱系及有关记录。后裔测定只适用于种奶牛场繁育。牛只个体记录应长期保存,以利于育种工作的进行。

13.4 生产记录:包括产奶量、乳脂率、蛋白率、细菌数、生长发育和饲料消耗等记录。

13.5 病死牛应做好淘汰记录,出售牛只应将抄写复本随牛带走,保存好原始记录。

附　录　A

（资料性附录）

绿色食品奶牛养殖兽药使用推荐方案

绿色食品奶牛养殖兽药使用推荐方案见表 A.1。

表 A.1　绿色食品奶牛养殖兽药使用推荐方案

类别	药名	剂型	免疫途径	免疫剂量	停药期	备注
抗菌药	普鲁卡因	注射剂	肌肉注射	1 万单位～2 万单位/kg	10 d,产奶 3 d	
	硫酸小檗碱	片剂	口服	3 g～5 g	0 d	
	氯唑西林	注射液	肌肉注射	0.15 g～0.4 g	0 d	
	双黄连	注射剂（钠）	乳管注射	200 mg/乳室	泌乳期 10 d,产奶 3 d	
		注射液	肌肉注射	200 mg～500 mg/乳室	干乳期 30 d	
	盐酸头孢噻呋	注射液	肌肉注射	20 mL/kg～40 mL/kg	无休药期	
				2.2 mg/kg	2 d	
	卡那霉素	注射液	肌肉注射	一次量 30 mL	28 d	
	氨苄西林钠	粉末	肌肉注射、静脉注射	10 mg/kg～20 mg/kg	休药期:6 d;弃奶期:48 h	泌乳期禁用
	硫酸庆大霉素注射液	液体	肌肉注射	0.05 mL/kg～0.1 mL/kg	休药期:40 d	
	盐酸林可霉素注射液	液体	肌肉注射	0.1 mL/kg	休药期:2 d	
	硫酸头孢喹肟乳房注入剂（泌乳期）	混悬液	乳管内注入	1 支	弃奶期:96 h	
	乳炎净双丁注射液	液体	肌肉注射	0.1 mL/kg	无	
	注射用硫酸链霉素	粉末	肌肉注射	10 mg/kg～15 mg/kg	休药期:18 d;弃奶期:72 h	
	盐酸头孢噻呋注射液	混悬液	肌肉注射	5 mg/kg	无	
抗寄生虫药	伊维菌素	注射液	皮下注射	0.2 mg/kg	35 d	泌乳期禁用
解热镇痛药	安乃近	注射液	肌肉注射	一次量 10～33 mL	28 d	
清热解毒药	维生素 C	注射液	肌肉注射	一次量 40 mL	无	
	双黄连	注射液	肌肉注射	一次量 20 mL	2 d	
	维生素 ADE 注射液	液体	肌肉注射	8 mL～10 mL	无	
	维生素 B₁ 注射液	液体	皮下、肌肉注射	4 mL～20 mL	无	
	鱼腥草注射液	液体	肌肉注射	20 mL～40 mL	无	

附 录 B

（资料性附录）

绿色食品奶牛饲料配方推荐方案

B.1 奶牛饲料组成参考配方

见表 B.1。

表 B.1 奶牛饲料组成参考配方

单位为百分号

精饲料平均日喂量	玉米	饼粕类	麸皮	预混料	备注
3 kg/只	60	0.05	20	19.95	小牛
5 kg/只	60	0.05	20	19.95	育成牛
11.5 kg/只	60	0.05	20	19.95	挤奶牛

B.2 奶牛日粮组成参考配方

见表 B.2。

表 B.2 奶牛日粮组成参考配方

单位为千克

	平均日总采食量	精饲料	青贮饲料	干草
小牛	3	3	—	—
育成牛	16	5	8	3
挤奶牛	48	23	19	6
注:青贮饲料主要包括玉米全株青贮、高丹草、甜高粱等专用青贮牧草。干草主要包括苜蓿、花生秧、豆秸等区域内农作物优质秸秆和专用牧草。				

附 录 C
（资料性附录）
绿色食品奶牛常用疫苗及使用方法

C.1 牛犊常用疫苗和使用方法
见表C.1。

表C.1 牛犊常用疫苗和使用方法

时间	疫苗名称	预防疫病种类	免疫剂量	免疫方法
出生后2 h内	破伤风抗毒素	破伤风	1 mL/只	肌肉注射
出生后1个月	口蹄疫疫苗	口蹄疫	2 mL/只	肌肉注射
2月龄	牛病毒性腹泻疫苗	牛病毒性腹泻	一只份/只	肌肉注射
4月龄	牛传染性鼻气管炎疫苗	牛传染性鼻气管炎	一只份/只	肌肉注射
4月龄～6月龄	O型A型二价灭活疫苗	O型A型口蹄疫	1 mL/只	肌肉注射
6月龄	布鲁氏菌疫苗	布鲁氏菌病	1头份/只	肌肉注射

C.2 奶牛常用疫苗和使用方法
见表C.2。

表C.2 奶牛常用疫苗和使用方法

	疫苗名称	预防疫病种类	免疫剂量	注射部位
春季免疫	三联四防苗	快疫、猝狙、肠毒血症、羔羊痢疾	1头份	皮下或肌肉注射
	O型A型二价灭活疫苗	O型A型口蹄疫	1 mL/只	肌肉注射
	口蹄疫2联苗	口蹄疫	1 mL	肌肉注射
秋季免疫	三联四防苗	快疫、猝狙、肠毒血症、羔羊痢疾	1头份	皮下或肌肉注射

绿 色 食 品 生 产 操 作 规 程

LB/T 157—2020

中东部农牧交错带绿色食品
肉羊养殖规程

2020-08-20 发布

2020-11-01 实施

中国绿色食品发展中心 发布

前　言

本规程由中国绿色食品发展中心提出并归口。

本规程起草单位:内蒙古自治区绿色食品发展中心、赤峰市农畜产品质量安全监督站、赤峰市畜牧工作站、巴林右旗农牧局、喀喇沁旗农产品质量安全监督管理站、山西省农产品质量安全中心、河北省农产品质量安全中心、锡林郭勒盟农畜产品质量安全监管中心。

本规程主要起草人:包立高、辛冬斌、李艳丽、郝璐、高亚莉、李刚、王军、王向红、孙宏业、王海龙、李文研、郝志勇、钟秀华、樊三龙。

中东部农牧交错带绿色食品肉羊养殖规程

1 范围

本规程规定了中东部农牧交错带肉羊养殖的产地环境、羊舍建设及配套设施、引种、投入品使用、饲养管理、转运、废弃物处理与利用、档案记录及质量追溯体系。

本规程适用于河北北部、山西、内蒙古、辽宁、吉林、黑龙江的绿色食品肉羊养殖。

2 规范性引用文件

下列文件对于本规程的应用是必不可少的。凡是注日期的引用文件，仅注日期的版本适用于本规程。凡是不注日期的引用文件，其最新版本(包括所有的修改单)适用于本规程。

GB 7959 粪便无害化卫生要求

GB 18596 畜禽养殖业污染物排放标准

NY/T 391 绿色食品 产地环境质量

NY/T 393 绿色食品 农药使用准则

NY/T 394 绿色食品 肥料使用准则

NY/T 471 绿色食品 饲料及饲料添加剂使用准则

NY/T 472 绿色食品 兽药使用准则

NY/T 1236 绵、山羊生产性能测定技术规范

农医发〔2017〕25 号 病死及病害动物无害化处理技术规范

中华人民共和国国务院令〔2011〕第 153 号 种畜禽管理条例

中华人民共和国国务院令〔2013〕第 643 号 畜禽规模养殖污染防治条例

中华人民共和国农业部令〔2010〕第 6 号 动物检疫管理办法

3 术语和定义

下列术语和定义适用于本文件。

3.1

投入品 inputs

肉羊饲养过程中投入的饲草、饲料、矿物质添加剂、水、兽药等物品。

3.2

养殖废弃物 yak production waste

肉羊养殖过程中产生的粪尿、病死羊及相关组织、垫料、失效兽药、兽医器械包装物等。

4 产地环境

4.1 场址选择

4.1.1 羊场建设场地应符合环境评估要求。应选择地势较高、背风、向阳、水源充足的干燥地域,环境质量符合 NY/T 391 的要求。

4.1.2 距离生活饮用水源地、动物饲养场、养殖小区和城市居民区等人口集中区及公路、铁路等主要干线 2 km 以上;距离动物隔离场所、无害化处理场所、动物屠宰加工场所、动物和动物产品集贸市场、动物诊疗场所 5 km 以上。

4.1.3 场区应选择在居民点的下风向或侧风向,远离化工厂、屠宰场、制革厂等容易造成环境污染企业及居民点污水排出口;远离畜禽疫病常发区及山谷、洼地等易受洪涝威胁的地段以及水源保护区、环境污染区、检疫隔离场等。

4.2 规划布局

4.2.1 场区分区设置生活管理区、生产区及粪污无害化处理区,不同区域相对隔离。场区周围应设立防疫隔离带。

4.2.2 场内应设有人员、物品、车辆消毒设施。定期更换消毒液。

4.2.3 生活管理区应设在地势较高的上风向,生产区应设在生活管理区常年主导风向的下风向,无害化处理区应设在地势较低且在生产区、生活管理区的下风向或偏离风向区域。

4.2.4 生产区入口要设置消毒池和消毒间,消毒池长度不小于大型机动车车轮周长的一周半,宽度应大于大门宽度,深度能保证入场车辆所有车轮外延充分浸在消毒液中,消毒间应安装相关消毒设施。

4.2.5 无害化处理区应兼有粪污储存设施、粪污处理设施、病死羊无害化处理设施等,并有单独通道将粪污或其他处理物不经生产区运出场区外。

4.2.6 场内净道和污道、雨水管道和污水管道要严格分开。人员、肉羊和物资运转采用单一流向。

4.2.7 无害化处理应符合 GB 7959 的要求。

5 羊舍建设及配套设备

5.1 根据肉羊的生物学特性及中东部地区气候条件,羊舍建设应考虑保暖、抗风、抗雪的要求。

5.2 圈舍、通道、地面、储存装置不应有尖锐突出物。

5.3 冷季饮水应防冻结或安装恒温饮水设施。

6 引种

6.1 种羊引进

应从具有种畜禽经营许可证的种羊场或来自非疫区的符合种用标准,并经过防疫检疫的健康羊群中引进,要严格执行中华人民共和国国务院令〔2011〕第 153 号第 7、8、9 条,并按照中华人民共和国农业部令〔2010〕第 6 号的规定进行检疫,附有检疫证、消毒证和非疫区证明,并对引进种羊进行编号。

6.2 隔离观察

引购的种羊应在隔离舍(区)内隔离观察饲养 30 d 以上,经兽医检查确定为健康合格后,转入生产群。

7 投入品使用

7.1 饲草料及添加剂

7.1.1 放牧饲草的产地环境应符合 NY/T 391 的要求。生产用种子来源于绿色食品生产管理系统生产的牧草与饲料作物种子,并符合种子质量标准。

7.1.2 饲料地种植过程中施用农药、肥料应分别符合 NY/T 393 和 NY/T 394 的要求。

7.1.3 购置饲草饲料应来源于绿色种植基地的农作物秸秆或绿色牧草基地的优质牧草。饲料原料如玉米、麸皮、豆粕等应来源于绿色食品生产基地。

7.1.4 饲草饲料应品质优良,无污染、无霉变,并符合 NY/T 471 的要求。

7.1.5 精料原料来源及组成应符合 NY/T 471 的要求。

7.1.6 饲料添加剂应符合 NY/T 471 的要求。

7.1.7 不得在羊体内埋植或在饲料中添加镇静剂、激素类药物。

LB/T 157—2020

7.1.8 应建立用草用料记录和饲草饲料留样记录,使用的饲草饲料样品至少保留3个月,对饲草、饲料原料及其产品采购来源、质量、标签情况等进行记录。

7.1.9 不同种类饲草饲料应分类存放、清晰标识,防止饲草饲料变质和交叉污染。

7.1.10 使用自制配合饲料的肉羊养殖场应保留饲料配方。

7.2 饮水

提供充足的清洁饮水,饮水质量符合NY/T 391的要求。

7.3 兽药

7.3.1 兽药使用应符合NY/T 472的要求。

7.3.2 使用时应按照产品说明操作,处方药应按照兽医出具的处方执行。

7.3.3 兽药应按照药品说明书要求进行储藏,过期药物应及时销毁处理。

7.3.4 应严格遵守休药期的规定。

8 饲养管理

8.1 饲养原则

中东部农牧交错带肉羊饲养方式以阶段性放牧为主、适度补饲为辅。饲料品种要多样化,并合理搭配,满足肉羊生长、繁殖需要。日粮改变、精料增减要有7 d~10 d的过渡期。根据饲养标准,按不同类型、不同季节、不同情,适时调整饲料量。要充分利用本地饲料资源,尽量降低饲养成本。饲草要少吸勤添,减少浪费,日喂4次~5次,精料日喂2次~3次。要供给羊只充足清洁的饮水。

8.2 种公羊饲养管理

8.2.1 种公羊要全年保持中上等膘情,忌过肥过瘦,保证体质强壮、性欲旺盛、精液品质良好(鲜精镜检活力0.7以上)。

8.2.2 非配种期的种公羊,每只日喂给精料0.4 kg~0.6 kg、干草2.5 kg~3 kg、青贮料或多汁料0.5 kg~0.8 kg。

8.2.3 种公羊配种前1个月,开始增加精料,逐步过渡到配种期日粮,配种期每只每日喂0.8 kg~1.0 kg精饲料、0.5 kg~1 kg胡萝卜,干草自由采食。配种高峰期每日每只喂鸡蛋2枚。

8.2.4 合理控制采精次数,每日1次~2次,连续2 d~3 d,休息1 d。

8.2.5 种公羊应单圈饲养,并与母羊圈保持一定距离。

8.2.6 要保证种公羊有足够的运动时间。

8.3 母羊饲养管理

8.3.1 基本要求

母羊应按空怀期、妊娠期和哺乳期分阶段饲喂。

8.3.2 空怀期

配种前保持母羊中等膘情,膘情较好的母羊可少喂或不喂精料,但体况较差的母羊要加强补饲,配种前2周~3周,每只每日喂混合精料0.2 kg~0.4 kg,青粗饲料自由采食。

8.3.3 妊娠期

妊娠期前3个月饲喂优质牧草或青干草,根据母羊体况,一般可少补或不补精料,并注意补给多汁饲料。妊娠后期,应加强补饲。每只每天补精料0.3 kg~0.5 kg,青粗饲料自由采食,缺乏青草时,要补饲胡萝卜0.5 kg。

8.3.4 哺乳期

母羊分娩后3 d内少喂精料,以后逐渐恢复正常喂量,哺乳前期每只每日应补给精料0.4 kg~0.7 kg,胡萝卜0.5 kg,青粗饲料自由采食。哺乳后期要逐渐减少多汁饲料、青贮和精料喂量,以防发生乳腺炎。

8.4 羔羊饲养管理

8.4.1 羔羊出生后,5 h 内吃到初乳,并连续饲喂 3 d,做好对奶工作,确保每只羔羊都能吃到足量的奶水。

8.4.2 及时补饲。出生后 10 d 开始补喂青干草,15 d 训练采食精料。出生半个月内,注意气温变化,及时注射疫苗,防止过饥过饱。20 日龄学会采食草料。1 月~2 月补精料 100 g~200 g,3 月~4 月每天喂 3 次,补精料 200 g~250 g,少喂勤添。

8.4.3 断尾:出生后 10 d 内,在第 3、4 尾椎处断尾。

8.4.4 去势:3 个月龄内去势。

8.4.5 缺奶羔羊和多胎羔羊,应找保姆羊或人工哺乳,可用牛奶、羊奶、奶粉和代乳品等。人工哺乳必做到清洁卫生,定时、定量、定温(35 ℃~39 ℃)。乳用具定期消毒,保持清洁。

8.4.6 羔羊 2 月龄~3 月龄断奶,断奶采取逐渐断奶法,即断奶前 1 周开始逐减少吸奶次数和时间,断乳时测体重,母子分群,编号组群,1 周后母子分开饲养。

8.4.7 断奶后的差羊要加强补饲,防止掉膘。

8.5 育成羊饲养

8.5.1 育成羊要加强饲喂,继续补喂精料,每天每只应喂配合精料 0.2 kg~0.5 kg,公羊应多于母羊的饲料定额。粗饲料以优质干草、青贮草为宜。

8.5.2 育成羊可根据青粗饲料质量及膘情,适量补喂精料。

8.5.3 育成种公羊不要采食过多青贮饲料,防止形成草腹,影响配种能力。

8.6 育肥

8.6.1 消毒:圈舍、用具进行全面彻底消毒。

8.6.2 草料准备:可选择青贮、青干草等粗饲料和精料。

8.6.3 育肥方法

8.6.3.1 放牧加补饲

在既有放牧草场又有补饲条件的地区执行此方案,采用两点补饲的育肥方法,第 1 阶段青草期以放牧为主,在羔羊出生后半个月开始补饲,根据母羊的泌乳情况,及草场长势一直补到吃饱为止,一般日补精料 0.2 g~0.4 g,第 2 阶段枯草期,以补饲为主,直至出栏,饲喂量一般每日 0.7 kg~1.0 kg,补料开始及放牧中间保持自由饮水,1 d 1 次~2 次,每日每只供给食盐 0.01 kg 左右。

8.6.3.2 舍饲

使用标准暖棚,羔羊舍饲分 3 个阶段。预饲期:精料每日饲喂量 0.2 kg~0.3 kg,每日分上午、中午、下午、晚间 4 次饲喂,自由饮水;育肥期:适当增加饲草料喂量,青干草自由采食日喂精料 0.3 kg~0.6 kg,饲喂方法同上,自由饮水,但每隔 15 d 视羔羊日增重调整一次饲喂量,每日每只供给食盐 0.01 kg 左右;改善期:接近出栏期 7 d 左右,适当减少精料饲喂量,青干草自由采食,自由饮水。

8.7 育肥指标

8.7.1 放牧加补饲

育肥期 100 d 以上,日增重 150 g~200 g,宰前活重达 35 kg~45 kg。

8.7.2 舍饲

育肥期 80 d~100 d,日增重 180 g~200 g,宰前活重达 45 kg~50 kg。

8.8 运动

上、下午各运动 1 次,每次 0.5 h~1 h,采取自由或驱赶运动,特别要加强种公羊与母羊的运动。

8.9 饲养人员管理

管理人员和饲养人员应具有相关管理和饲养经验,熟悉肉羊生活习性,关注动物福利。

8.10 羊群观察

8.10.1 应对羊只和生产设施定期巡视、检查,以便及时发现诊治或隔离处理病羊、死羊、伤羊。

8.10.2 日常应仔细观察肉羊的食欲、精神状态、饮水、粪便和行为表现等。一旦发现异常情况,应立即处理。

8.11 消毒

8.11.1 制定严格消毒制度,定期检测消毒效果。

8.11.2 消毒应包括环境消毒、用具消毒、饮水消毒等。

8.11.3 选用的消毒剂应符合 NY/T 472 的要求。

8.11.4 消毒剂使用应按照说明书操作,各种不同类型的消毒剂宜交替使用。

8.11.5 带羊消毒时应选用对皮肤、黏膜无腐蚀、无毒性的消毒剂。

8.11.6 所有羊舍在羊群转入前应彻底清洗、消毒,消毒后至少空置 1 个月。

8.12 疫病防控

8.12.1 疫病监测

8.12.1.1 定期对羊群进行检测,对环境、管理制度进行安全评估,及时调整饲养管理制度和免疫预防措施。

8.12.1.2 对口蹄疫、痢疾、布鲁氏菌病等对肉羊威胁较大及当地常发疫病进行监测。

8.12.2 免疫接种

8.12.2.1 根据当地疫病流行情况和羊群免疫抗体检测结果制定免疫接种计划并严格实施,免疫密度应达 100%。

8.12.2.2 超过免疫保护期或免疫效果不佳的羊只应及时补充免疫。

8.12.2.3 建立免疫档案,记录免疫的疫苗种类、厂家、有效期、产品批号、接种日期、接种量等信息,应存档备查。

8.12.2.4 疫苗保管应符合疫苗保存条件。

8.12.3 重大疫病应急措施

制订重大疫病应急预案,如发现重大疫病倾向,迅速封锁疫区,对感染羊只及疑似感染羊只立即进行隔离。并第一时间向当地畜牧业行政管理部门报告疫情。

9 转运

9.1 肉羊离开饲养地和外运前,应经动物检疫部门实施产地检疫,并出具检疫证明和标识,合格者方可外运。

9.2 应根据当地的自然地理、交通路程、季节等不同条件及羊群种类选择合适的运输方式。

9.3 销售或转群前禁饲 12 h,运输时要加装防护栏,厢内不能有钉子等尖锐物品,同时要采取防滑措施。

9.4 运输过程车速平稳,防止剧烈颠簸及急刹车等。

10 废弃物处理与利用

10.1 养殖废弃物处理应遵循减量化、无害化、资源化的原则,符合 GB 18596 的要求。按照中华人民共和国国务院令〔2013〕第 643 号的要求采用粪肥还田、制取沼气、制造有机肥等方法处理,对固体废弃物进行综合利用。粪便经无害化处理后应符合 GB 7959 的要求。

10.2 过期的疫苗等生物制品及其包装不得随意丢弃,应按照要求进行无害化处理。

10.3 对病死羊要按农医发〔2017〕25 号的要求,进行无害化处理。

10.4 对非正常死亡的羊只应由专门的兽医进行死亡原因鉴定和处理。

11 档案记录

11.1 购羊档案

在购羊后,应及时建立购羊档案,记录购羊日期、购羊产地、购入数量、羊只年龄、体重、饲养员姓名等信息。

11.2 种羊记录

种羊来源、品种、类群、特征、系谱、主要生产性能等。

11.3 生产记录

包括日期、引种、发情、配种、妊娠、流产、产羔和产后监护,哺乳、断奶、分群、存栏数量,饲料来源及配方、各种添加剂使用情况、喂料量。

11.4 防疫记录

建立兽药采购记录和用药记录。采购记录应包括产品名称、购买日期、数量、批号、有效期、供应商和生产厂家等信息。用药记录应包括用药羊只的批次与数量、兽药产品批号、用药量、用药开始时间和结束日期、休药期、药品管理者和使用者等信息,同时应保留使用说明书。

11.5 出场记录

应记录出场羊耳标、出售日期、数量和销售地等,以备查询。

11.6 生产性能记录

肉羊生产性能测定按照 NY/T 1236 的规定执行。

11.7 资料存档

建立养殖规程技术档案,做好生产过程的全面记载,资料应妥善保存,至少保存 3 年以上,以备查阅。

12 质量追溯体系

生产全过程要建立质量追溯体系,健全生产记录档案,包括放牧、饲喂情况,消毒情况、检疫、销售情况。记录保存期限不得少于 3 年。

附　录　A
（资料性附录）
中东部农牧交错带绿色食品肉羊养殖兽药使用推荐方案

中东部农牧交错带绿色食品肉羊养殖兽药使用推荐方案见表 A.1。

表 A.1　中东部农牧交错带绿色食品肉羊养殖兽药使用推荐方案

类别	药名	剂型	免疫途径	免疫剂量	停药期
抗寄生虫药	伊维菌素	注射液	皮下注射	0.2 mg/kg	35 d,产奶禁用
		浇泼剂	外用	0.5 mg/kg	2 d,产奶禁用
	左旋咪唑	片剂	口服	7.5 mg/kg	3 d,产奶禁用
		注射液	肌肉注射	7.5 mg/kg	28 d,产奶禁用
抗菌药	氨苄西林	钠盐	肌肉静脉注射	5 mg/kg～10 mg/kg	10 d,产奶 2 d
	苄星青霉素	注射液	肌肉注射	2 万单位～3 万单位/kg	30 d,产奶 3 d
	普鲁卡因	注射液	肌肉注射	1 万单位～2 万单位/kg	10 d,产奶 3 d
	硫酸小檗碱	片剂	口服	3 g～5 g	0 d
		注射液	肌肉注射	0.15 g～0.4 g	0 d
	氯唑西林	注射剂	乳管注射	200 mg/乳室	泌乳期 10 d,产奶 3 d
				200 mg/乳室～500 mg/乳室	干奶期 30 d
	红霉素	乳糖酸注射剂	静脉注射	3 mg/kg～5 mg/kg	21 d,产奶禁用
	双黄连口服液	口服液	口服	1 mL/kg～5 mL/kg	0 d

附 录 B
（资料性附录）
中东部农牧交错带绿色食品肉羊养殖饲料配方推荐方案

B.1 母羊补饲精料配方参考标准

见表 B.1。

表 B.1 母羊补饲精料配方参考标准

单位为百分号

玉米	豆粕	麦麸	苜蓿粉	石粉	磷酸氢钙	食盐	多维多矿	合计
60	18	7	12.2	0.5	0.3	1	1	100

B.2 肉羊不同时期精料配方参考标准

见表 B.2。

表 B.2 肉羊不同时期精料配方参考标准

单位为百分号

时期	玉米	豆粕	麦麸	磷酸氢钙	食盐	多维多矿	合计
哺乳期羔羊	60	27	10	1	1	1	100
4月龄～8月龄	68	19	10	1	1	1	100
8月龄～18月龄	79	8	10	1	1	1	100

B.3 羔羊育肥精料配方参考标准

见表 B.3。

表 B.3 羔羊育肥精料配方参考标准

单位为百分号

玉米	豆粕	麦麸	石粉	磷酸氢钙	食盐	多维多矿	合计
50	34.6	12	1.2	0.6	0.6	1	100
注:各地区可根据本地饲料来源情况,按照经济、方便的原则,参考母羊、羔羊营养标准需求配制全价日粮。							

附 录 C
（资料性附录）
中东部农牧交错带绿色食品肉羊免疫程序

C.1 羔羊免疫程序
见表 C.1。

表 C.1 羔羊免疫程序表

时间	疫苗名称	免疫剂量	免疫方法	备注
出生 2 h 内	破伤风抗毒素	1 mL/只	肌肉注射	预防破伤风
16 日龄～30 日龄	羊痘弱毒疫苗	1 头份	尾根内侧皮内注射	预防羊痘
	羊三联四防苗	1 mL/只	肌肉注射	预防羔羊痢疾（魏氏梭菌、黑疫）、猝疽、肠毒血症、快疫
	小反刍兽疫疫苗	1 头份	肌肉注射	预防小反刍兽疫
30 日龄～45 日龄	羊传胸疫苗	2 mL/只	肌肉注射	预防羊传染性胸膜肺炎
	口蹄疫疫苗	1 mL/只	皮下注射	预防羊口蹄疫

C.2 成羊免疫程序表
见表 C.2。

表 C.2 成羊免疫程序表

疫苗名称		预防疫病种类	免疫剂量	注射部位
春季免疫	羊三联四防苗	快疫、猝狙、肠毒血症、羔羊痢疾	1 头份	皮下或肌肉
	羊痘弱毒疫苗	羊痘	1 头份	尾根内侧皮内
	小反刍兽疫疫苗	小反刍兽疫	1 头份	肌肉
	羊传胸疫苗	羊传染性胸膜肺炎	1 头份	皮下或肌肉
	羊口蹄疫苗	羊口蹄疫	1 头份	皮下
秋季免疫	羊三联四防苗	快疫、猝狙、肠毒血症、羔羊痢疾	1 头份	皮下或肌肉
	羊传胸疫苗	羊传染性胸膜肺炎	1 头份	皮下或肌肉
	羊口蹄疫苗	羊口蹄疫	1 头份	皮下
注：本免疫程序供生产中参考；每种疫苗的具体使用以生产厂家提供的说明书为准。				

绿 色 食 品 生 产 操 作 规 程

LB/T 158—2020

中原地区绿色食品肉羊养殖规程

2020-08-20 发布

2020-11-01 实施

中国绿色食品发展中心 发布

前　言

本规程由中国绿色食品发展中心提出并归口。

本规程起草单位：河南省绿色食品发展中心、河南牧业经济学院、洛阳市农产品安全检测中心、许昌市农产品质量安全检测检验中心、商丘市农产品质量安全中心、焦作市农产品质量安全检测中心、河南省农村合作经济经营管理站、山西省农产品质量安全中心、江苏省绿色食品办公室、湖北省绿色食品管理办公室、沈丘县农牧科技研发中心、河南绿源肉羊发展有限公司、沈丘县杰瑞槐山羊良种繁育有限公司。

本规程主要起草人：余新华、权凯、叶新太、杨辉、田继锋、沈东青、赵倩倩、包方、乔宝建、郑必昭、徐继东、周先竹、韩浩园、王拥庆、范俊涛、尹慧茹。

中原地区绿色食品肉羊养殖规程

1 范围

本规程规定了中原地区绿色食品肉羊的产地环境、品种、饲养管理、卫生防疫、活羊运输、生产废弃物处理及档案记录。

本规程适用于河北南部、山西东部、江苏、安徽、山东、河南、湖北的绿色食品肉羊养殖。

2 规范性引用文件

下列文件对于本文件的应用是必不可少的。凡是注日期的引用文件，仅注日期的版本适用于本文件。凡是不注日期的引用文件，其最新版本（包括所有的修改单）适用于本文件。

GB 13078 饲料卫生标准

GB 16548 病害动物和病害动物产品生物安全处理规程

GB 16549 畜禽产地检疫规范

GB 16764 配合饲料企业卫生规范

GB 18596 畜禽养殖业污染物排放标准

NY/T 388 畜禽场环境质量标准

NY/T 391 绿色食品 产地环境质量

NY/T 471 绿色食品 饲料及饲料添加剂使用准则

NY/T 472 绿色食品 兽药使用准则

NY/T 1056 绿色食品 储藏运输准则

NY/T 1168 畜禽粪便无害化处理技术规范

NY/T 1169 畜禽场环境污染控制技术规范

NY/T 1569 畜禽养殖场质量管理体系建设通则

3 产地环境

3.1 基本要求

3.1.1 场址选择应避开水源防护区、风景名胜区、人口密集区等环境敏感地区，不选在国家规定的禁止养殖区域，符合相关法律法规和土地利用规划，建设用地应符合当地人民政府发展规划和土地利用规划要求。

3.1.2 养殖场应在县级人民政府畜牧兽医行政主管部门和环保部门备案，取得动物防疫条件合格证。

3.2 选址

选址应选择水源充足、无污染和生态条件良好的地区，距离交通要道、城镇、居民区、医疗机构、公共场所、工矿企业 2 km 以上，距离垃圾处理场、风景旅游区等污染源 5 km 以上，污染场所应处于场址常年主导风向的下风向。

3.3 基地规划布局

3.3.1 根据羊场办公区、辅助生产区、生产区和隔离区四区隔离的生产工艺要求，功能分区规划结合当地气候条件、地形地势及周围环境特点，因地制宜。

3.3.2 保证建筑物具有良好的朝向，满足采光和自然通风条件，羊舍间距保证 5 m 的防火间距。

3.4 动物福利

饲养环境应满足下列条件,以适应羊的生理和行为需要:

饲养密度:成年羊 1 m²/只～1.5 m²/只的室内面积,羔羊 0.3 m²/只～0.5 m²/只的室内面积,保证羊只充分的休息时间;保持空气流通,自然光照充足,但应避免过度的太阳直射;保持适当的温度和湿度,避免受风、雨、雪等侵袭;保证足够的饮水和饲料,饮用水水质应符合 NY/T 391 的要求;不使用对人或羊只健康明显有害的建筑材料和设备。

4 品种

4.1 选择原则

结合中原地区气候环境和饲草料资源,肉羊以《中国畜禽品种志》所列入的中原地区地方品种为主,引入肉用品种为辅,采用纯繁、二元或多元杂交模式生产绿色食品肉羊。

4.2 品种选用

绵羊地方品种主体以小尾寒羊、湖羊为主,包括大尾寒羊、豫西脂尾羊、洼地绵羊、太行裘皮羊等《中国畜禽品种志》所列入的地方绵羊品种,引入品种以杜泊羊为主,包括无角道赛特、夏洛莱等引入品种;山羊地方品种以黄淮山羊、马头山羊为主,包括伏牛白山羊、尧山白山羊、太行山羊、济宁青山羊、麻城黑羊、鲁北白山羊等《中国畜禽品种志》所列入的地方山羊品种,引入品种以波尔山羊、努比亚山羊为主,采用自繁自养模式。

4.3 引种要求

引进肉羊应来自具有种羊生产经营许可证的种羊场,按 GB 16549 的规定执行产地检疫,并取得动物检疫合格证明或无特定动物疫病的证明。对新引进的羊只,应进行隔离饲养观察 45 d,确认健康后方可进场饲养。

5 饲养管理

5.1 饲料原料及饲料添加剂

5.1.1 饲料原料

饲料原料应符合 NY/T 471 的要求。植物源性饲料原料是已通过认定的绿色食品及其副产品;或来源于绿色食品原料标准化生产基地的产品及其副产品;或按照绿色食品生产方式生产、并经绿色食品工作机构认定基地生产的产品及其副产品。动物源性饲料原料只应使用乳及乳制品。

5.1.2 饲料添加剂

饲料添加剂和添加剂预混合饲料应选自取得生产许可证的厂家,并具有产品标准及其产品批准文号。不使用药物饲料添加剂(包括抗生素、抗寄生虫药、激素等),及制药工业副产品。

饲料和饲料添加剂的卫生指标应符合 GB 13078 的要求。

5.2 饲料加工、包装、储存和运输

饲料加工车间(饲料厂)的工厂设计与设施的卫生要求、工厂和生产过程的卫生管理应符合 GB 16764的要求。

生产绿色食品的饲料和饲料添加剂的加工、储存、运输全过程都应与非绿色食品饲料和饲料添加剂严格区分管理,并防霉变、防雨淋、防鼠害。包装、储存和运输应按 NY/T 1056 的规定执行。

5.3 饲喂管理

根据不同生理阶段羊只营养需求配制饲料,原料组成宜多样化、营养全面、均衡,饲料的配制应当符合健康、节约、环保的理念,确保不喂发霉和变质的饲料、饲草,应拣出饲草中的异物。供应充足、清洁新鲜的饮用水,并且定期清洗消毒饮水设备,用水符合 NY/T 391 的要求。肉羊按照饲养工艺转群时,按性别、体重大小及体质强弱分群,分别进行饲养,群体大小、饲养密度要适宜。

5.3.1 羔羊饲喂

指从出生到 45 d 断奶阶段的羊只。保证羔羊初生 1 h 内吃到初乳,出生 10 d 后采用羔羊代乳颗粒饲料自由采食。羔羊代乳颗粒饲料应 99% 通过 2.8 mm 编织筛,1.4 mm 编织筛上物不得＞15%。建议参考配方:玉米 50%、豆粕 28%、麸皮 10%、预混料 4%、优质草粉 4%、益生菌 2%、蜜糖 2% 配制,按 20% 加水制粒。

5.3.2 育肥

羊只育肥按照肥育羊饲养标准,采用自由采食方式育肥。育肥羊全价混合日粮配方组成为精饲料和粗饲料,精饲料参考配方见表 A.1,其中预混料添加剂应选自取得生产许可证的厂家;粗饲料主要以青贮玉米和花生秧为主。育肥羊每天采食量参考配方见表 A.2。

5.4 日常管理

羊场工作人员应定期进行健康检查,有传染病者不应从事饲养工作;场内兽医人员不应对外诊疗羊及其他动物的疾病,羊场配种人员不应对外开展羊的配种工作;防止周围其他动物进入场区;每天打扫羊舍卫生,保持料槽、水槽用具干净,地面清洁,使用垫草时,应定期更换,保持卫生清洁。

5.5 羊只保健

5.5.1 接羔:根据当地气候,保障 7 d 内羔羊环境温度不低于 8 ℃,接产前用肥皂水或 3% 聚维酮碘清洗母羊乳房和后躯。

5.5.2 羔羊护理:羔羊初生后及时清理口腔、鼻腔黏液,让母羊舔干或擦干羔羊身体,距离羔羊腹部 2 cm 处断脐带并用碘伏消毒,初生 30 min 内让羔羊吃到初乳,初生 2 h 内羔羊注射破伤风抗毒素 1 mL,母羊 2 mL。

5.5.3 称重、编号:羔羊吃完初乳后称量初生重;羔羊生后 3 d 内,打耳号或耳标;羊只编号按照 10 位编号法,品种代码字母 2 位＋初生年月 4 位＋顺序号 4 位,末尾按照公单母双编号依次递增。

5.5.4 断尾:绵羊羔羊出生后 10 d 内,在第 3、第 4 尾椎处采用橡胶圈结扎法或电热断尾钳进行断尾。

5.5.5 修蹄:种公羊、母羊定期浴蹄和修蹄,母羊在配种前进行,公羊在剪毛药浴后进行。

5.5.6 驱虫和药浴:每年春、秋季节各驱虫 1 次,春、秋季剪毛后各药浴 1 次,用药应符合 NY/T 472 的要求。

6 卫生防疫

6.1 防疫原则

坚持"预防为主"原则,不用或少用兽药。

6.2 防疫体系

遵照《中华人民共和国动物防疫法》及其配套法规,完善预防体系,并按 NY/T 1569 的规定执行。制定合理的饲养管理、防疫消毒、兽药和饲料使用技术规程,免疫程序的制定应由执业兽医认可,国家强制免疫的动物疫病应按照国家相关制度执行。制定肉羊疾病定期监测及早期疫情预报预警制度,并定期对其进行监测。当发生国家规定无须扑杀的动物疫病或其他非传染性疾病时,要开展积极的治疗,必须用药时,应按 NY/T 472 的规定使用治疗性药物。

6.3 环境控制

宜建立无规定疫病区或生物安全隔离区,羊圈舍中空气质量应定期监测,并符合 NY/T 388 的要求。

应制定羊圈舍、运动场所清洗消毒规程,粪便及废弃物的清理、消毒规程和羊体外消毒规程,加强羊饲养场卫生条件水平,消毒剂的使用应符合 NY/T 472 的要求。

采用粘鼠板、捕鼠器、超声波驱蚊器、灭蚊灯、灭蝇灯等物理方法进行灭鼠、灭蚊蝇;及时收集死鼠,并应无害化处理;及时清理垃圾,不给老鼠提供栖息场所;消除水坑等蚊蝇滋生地,定期使用 0.2%～

0.5%复方戊二醛或5%聚维酮碘等消毒药物喷洒,消毒剂的使用应符合 NY/T 472 的要求。

6.4 疫苗免疫

可使用疫苗预防接种,不应使用基因工程疫苗(国家强制免疫的疫苗除外)。当养殖场有发生某种疾病的危险而又不能用其他方法控制时,可紧急预防接种(包括为了促使母源抗体物质的产生而采取的接种)。

根据羊群的年龄、妊娠、泌乳及健康状况进行防疫。体弱或原来就生病的羊预防后可能会引起各种反应,应说明清楚,或暂时不预防。预防注射前,应记录疫苗有效期、批号及厂家,以便备查;对预防接种的针头,应做到一只一换。

6.4.1 羊常用免疫程序

羔羊的免疫力主要从初乳中获得,在羔羊出生后 1 h 内,保证吃到初乳。对半月龄以内的羔羊,疫苗主要用于紧急免疫,一般暂不注射其他疫苗。羔羊常用疫苗和使用方法见表 A.3。

6.4.2 成年羊免疫程序

根据本地区常发生传染病的种类及当前疫病流行情况,制定切实可行的免疫程序。按免疫程序进行预防接种,使羊只从出生到淘汰都可获得特异性抵抗力,增强羊对疫病的抵抗力,成年羊免疫程序见表 A.4。

6.5 疫病防治

坚持"预防为主"原则,常见呼吸道疾病和消化道疾病如需要治疗时可使用兽药,用药应符合 NY/T 472 的要求,优先使用有机兽药、无休药期、无最高残留限量兽药,推荐用药参见表 A.5。

6.6 技术人员

应具有 1 名以上执业兽医提供稳定的兽医技术服务。

7 活羊运输

符合本规程饲养管理要求的羊只,并附带有纸质和电子档案,且持有产地动物防疫监督机构出具的检疫合格证明。

绿色食品肉羊活羊运输不得与常规活羊及其他羊畜混运。运输过程允许饮水,禁止使用药物。运输易控制在时间 8 h 内,长距离运输后应让羊只安静休息 12 h 后再屠宰。

8 生产废弃物处理

8.1 养殖场有固定的羊粪储存、堆放设施和场所符合 NY/T 1168 的要求,有防雨、防溢流措施,对羊场饲养场粪污及固体废弃物进行无害化处理。

8.2 病死羊只尸体的无害化处理和处置应符合 GB 16548 的要求;粪便、污水、污物的处理应符合 NY/T 1168 及国家环保的要求。

8.3 饲养场污物排放标准应符合 GB 18596 的要求;环境卫生质量应达到 NY/T 388、NY/T 1169 的要求。

9 档案记录

所有记录应准确、可靠、完整。包括品种、饲养管理、饲料原料、饲料添加剂、饲料加工、饲料包装、储存和运输、饲喂管理、日常管理、兽药出入库及使用、羊只保健、卫生防疫、活羊运输和生产废弃物处理等记录。上述有关资料至少应保留 3 年。

附　录　A

（资料性附录）

中原地区绿色食品肉羊饲料、免疫及兽药使用要求

A.1　育肥羊精饲料组成参考配方见表A.1,育肥羊全价日粮组成参考配方见表A.2。

表A.1　育肥羊精饲料组成参考配方

单位为百分号

精饲料平均日喂量	玉米	饼粕类	麸皮	预混料
0.30 kg/只	62	17	13	8
0.35 kg/只	63	17	13	7
0.40 kg/只	63	18	13	6
0.45 kg/只	64	18	13	5
0.50 kg/只	64	19	13	4
0.60 kg/只	65	20	12	3
注:饼粕类指豆粕、棉籽粕、花生粕等,豆粕在6%以上,其余部分用棉籽粕或花生粕,预混料日饲喂量为24 g。				

表A.2　育肥羊全价日粮组成参考配方

单位为千克

平均日总采食量	精饲料	青贮饲料	干草
1.50	0.30	1.00	0.20
1.85	0.35	1.25	0.25
2.20	0.40	1.50	0.30
2.55	0.45	1.75	0.35
2.90	0.50	2.00	0.40
3.25	0.55	2.25	0.45
3.60	0.60	2.50	0.50
注:青贮饲料主要包括玉米全株青贮、高丹草、甜高粱等专用青贮牧草。干草主要包括苜蓿、花生秧、豆秸等区域内农作物优质秸秆和专用牧草。			

A.2　羔羊常用疫苗和使用方法见表A.3,成羊免疫程序表见表A.4,推荐的羊用兽药使用方案见表A.5。

表A.3　羔羊常用疫苗和使用方法

免疫时间	疫苗名称	免疫剂量	免疫方法	备注
出生2 h内	破伤风抗毒素	1 mL/只	肌肉注射	预防破伤风
16日龄~30日龄	羊痘弱毒疫苗	1头份	尾根内侧皮内注射	预防羊痘
	羊三联四防苗	1 mL/只	肌肉注射	预防羔羊痢疾(魏氏梭菌、黑疫)、猝疽、肠毒血症、快疫
	小反刍兽疫疫苗	1头份	肌肉注射	预防小反刍兽疫

表 A. 3(续)

免疫时间	疫苗名称	免疫剂量	免疫方法	备注
30 日龄～45 日龄	羊传胸疫苗	2 mL/只	肌肉注射	预防羊传染性胸膜肺炎
	口蹄疫疫苗	1 mL/只	皮下注射	预防羊口蹄疫

表 A. 4 成羊免疫程序表

疫苗名称		预防疫病种类	免疫剂量	注射部位
春季免疫	羊三联四防苗	快疫、猝狙、肠毒血症、羔羊痢疾	1 头份	皮下或肌肉
	羊痘弱毒疫苗	羊痘	1 头份	尾根内侧皮内
	小反刍兽疫疫苗	小反刍兽疫	1 头份	肌肉
	羊传胸疫苗	羊传染性胸膜肺炎	1 头份	皮下或肌肉
	羊口蹄疫苗	羊口蹄疫	1 头份	皮下
秋季免疫	羊三联四防苗	快疫、猝狙、肠毒血症、羔羊痢疾	1 头份	皮下或肌肉
	羊传胸疫苗	羊传染性胸膜肺炎	1 头份	皮下或肌肉
	羊口蹄疫苗	羊口蹄疫	1 头份	皮下
注:本免疫程序供生产中参考;每种疫苗的具体使用以生产厂家提供的说明书为准。				

表 A. 5 推荐的羊用兽药使用方案

类别	药名	剂型	途径	剂量
抗寄生虫药	三氮脒	注射液	肌肉注射	3 mg/kg～5 mg/kg
	驱虫散中药制剂	粉末	口服	30 g/只～60 g/只
抗菌药	硫酸小檗碱	片剂	口服	0.5 g/kg～1 g/kg
		注射液	肌肉注射	0.05 g/kg～0.1 g/kg
	双黄连	口服液	口服	0.2 mL/kg～0.4 mL/kg

———————

绿 色 食 品 生 产 操 作 规 程

LB/T 159—2020

西北地区绿色食品肉羊养殖规程

2020-08-20 发布

2020-11-01 实施

中国绿色食品发展中心　发布

前　言

本规程由中国绿色食品发展中心提出并归口。

本规程起草单位：陕西省农产品质量安全中心、陕西省畜牧技术推广总站、西北农林科技大学动物科技学院、西北农林科技大学动物医学学院、陕西省动物卫生与屠宰管理站、宁夏回族自治区绿色食品发展中心。

本规程主要起草人：程晓东、童建军、林静雅、张恩平、权富生、任晓玲、赵永华、张眉、葛丽萍、王转丽、王璋、王珏、常跃智。

西北地区绿色食品肉羊养殖规程

1 范围

本规程规定了西北地区绿色食品肉羊养殖的产地环境与圈舍建设、设施设备配套、引种与转运、投入品使用、生产管理、疫病防控、肉羊出栏、废弃物处理与利用、档案管理。

本规程适用于陕西、甘肃、宁夏、新疆的绿色食品肉羊养殖。

2 规范性引用文件

下列文件对于本文件的应用是必不可少的。凡是注日期的引用文件,仅注日期的版本适用于本文件。凡是不注日期的引用文件,其最新版本(包括所有的修改单)适用于本文件。

GB 18596　畜禽养殖业污染物排放标准

NY/T 391　绿色食品　产地环境质量

NY/T 393　绿色食品　农药使用准则

NY/T 394　绿色食品　肥料使用准则

NY/T 471　绿色食品　饲料及饲料添加剂使用准则

NY/T 472　绿色食品　兽药使用准则

NY/T 473　绿色食品　畜禽卫生防疫准则

NY/T 682　畜禽场场区设计技术规范

NY/T 2698　青贮设施建设技术规范　青贮窖

农医发〔2017〕25 号　病死及病害动物无害化处理技术规范

中华人民共和国农业部令〔2010〕第 6 号　动物检疫管理办法

中华人民共和国农业部令〔2010〕第 7 号　动物防疫条件审查办法

3 产地环境与圈舍建设

3.1 场址选择

3.1.1 符合《中华人民共和国畜牧法》等法律法规及当地土地利用规划的要求,不在生活饮用水水源保护区,风景名胜区,自然保护区的核心区和缓冲区,城镇居民区、文化教育科研区等人口密集区,不在县级人民政府划定的禁养区内。

3.1.2 符合《中华人民共和国动物防疫法》、中华人民共和国农业部令〔2010〕第 7 号和 NY/T 473 的要求。

3.1.3 要求地势较高、干燥、平坦或有缓坡,地形整齐开阔、背风向阳,通风排水良好。避免选在山窝、低洼涝地、山洪水道和冬季风口等地方。水电、交通、通信能满足生产生活需求。水源水质应符合 NY/T 391 的要求。

3.1.4 面积能达到年出栏 2 000 只以上育肥羊的自繁自育羊场的生产所需面积。所需面积换算应符合 NY/T 682 的要求。

3.2 规划布局

3.2.1 羊场应用围墙、栅栏或生物隔离带等与外界隔离。

3.2.2 场内按夏季主导风向由上而下依次排列生活管理区、生产辅助区、养殖生产区和废弃物处理区四大功能区布局。各功能区间隔一定的防疫距离并进行隔离。

3.2.3 干草棚、精料库、青贮窖布局在生产辅助区,相对集中。生产区按夏季主导风向由上而下依次排列布局公羊舍、母羊舍、产房、育成舍和育肥舍等。

3.2.4 出羊通道、隔离舍、医疗室、粪污处理及病死羊处理场所与设施布局在废弃物处理区。整个场区要将净道、污道分设。雨水用明渠汇集,污水须用暗道排放污水处理池。

3.3 圈舍建设

3.3.1 圈舍应结合不同类群羊的生物学特性建设公羊舍、母羊舍、羔羊舍、育肥舍和产房等不同类型的圈舍,圈舍间隔5 m以上。

3.3.2 圈舍的设计应能满足冬暖夏凉和通风换气的基本要求,重点解决好产房和羔羊舍保暖要求。

3.3.3 圈舍圈栏面积能保证成年绵羊1.5 m^2/只、成年山羊1 m^2/只、羔羊0.3 m^2/只~0.5 m^2/只。在圈舍外面,配套建设运动场,面积为室内圈舍面积3倍以上。

3.3.4 圈舍地面、墙面应平整,便于清扫和消毒,墙壁和屋顶应坚固耐用,防寒保暖、防水、防火、防风、防雪压。圈舍圈栏靠饲喂通道部分采用漏缝地板,靠墙地面采用实地面,能达到羊粪分离和冬季防寒效果。

4 设施设备配套

4.1 饲料生产设施

4.1.1 配套与饲养规模匹配的干草棚,有足够空间,便于机械操作,并能防潮,须配备防火设施。

4.1.2 配套饲料库,用于存放精料原料、成品饲料和精料加工,要求能防潮、防禽、防鼠等。

4.1.3 按NY/T 2698的规定执行修建与饲养规模匹配的青贮窖。

4.1.4 根据饲喂工艺修建或安装必要的饲喂通道或饲槽,配备自动加热的饮水设备。配备必要的铡草机、TMR机械等饲草饲料加工及饲喂机械设备。产房、羔羊舍等配套取暖设施。

4.1.5 在生产辅助区修建专门的配种室,开展人工授精的还须修建化验及精液制作室,并配套必需的采精、化验、精液制作器械和仪器。

4.2 疫病防控设施

4.2.1 在场区和生产区门口修建规范的车辆消毒池和人员消毒通道,圈舍门口配备消毒设施。

4.2.2 在无害化处理区一侧修建兽医治疗室,配套必要的治疗设施和器械等。

4.2.3 在养殖场外或废弃物处理区修建羊只的隔离舍。

4.3 无害化处理设施

在废弃物处理区修建堆肥场,要求上有遮雨棚,地面硬化,能达到粪便交替堆积发酵的要求。建设污水处理池,配备增氧机等设施,能够达到三级沉淀发酵处理的要求。修建病死羊无害化处理厂房或化尸池,配套符合农医发〔2017〕25号推荐方法的设施。

5 引种与转运

5.1 引种

5.1.1 引种应从非疫区具有企业营业执照、种畜禽生产经营许可证、动物防疫条件合格证等证件齐全的种羊场引进。

5.1.2 引种应对拟引种的种羊场的育种生产和疫病防控工作进行实地考察,查阅种羊场的育种生产档案和规定动物疫病的免疫、监测、净化等档案,确保符合种质要求和健康无病。

5.1.3 在国外引种应在农业农村部办理有关进口引种手续。

5.2 检疫

5.2.1 省内引种的,调运前应向当地县级动物卫生监督机构申报检疫,并取得动物检疫合格证明。

5.2.2 跨省引种的,应在引种前 30 d～60 d,填写"跨省引进乳用种用动物检疫审批表",向输入地省级动物卫生监督机构申请办理审批手续。调运前,凭输入地省级动物卫生监督机构签发的"跨省引进乳用种用动物检疫审批表",向输出地县级动物卫生监督机构申报检疫,并取得动物检疫合格证明。

5.2.3 在国外引种的,应在海关检疫部门办理相关手续进行检疫。

5.3 转运

5.3.1 对运输车辆及工具进行高压冲洗后,经消毒,待干燥后铺上干净秸秆、软草等垫料。

5.3.2 对调运的羊只按照品种、性别、类群等进行分群和编号,同一类群的羊只装在同栏运输。

5.3.3 运羊 3 d 前每只羊口服 25 万单位～100 万单位维生素 A,6 h 前停喂鲜草、青贮等有轻泄作用的草料和豆科、饼粕类易发酵的饲料。减少精料,饲喂半饱。

5.3.4 运羊车辆不能途经疫区。车辆行驶要平稳,防止剧烈颠簸及急刹车等。

5.4 隔离观察

跨省引进的种羊,到达输入地后,应报告当地县级动物卫生监督机构,并在其监督下隔离观察。跨省引进用于饲养的非种用羊只,到达养殖场后,应当在 24 h 内向当地县级动物卫生监督机构报告,并接受监督检查。

引进的羊只,应在隔离场或饲养场内的隔离舍进行隔离观察 45 d 以上;从国外引种,首先在海关指定隔离场隔离观察 45 d 以上。经隔离观察合格的,方可混群饲养;不合格的,应按照有关规定进行处理。

6 投入品使用

6.1 饲草饲料及添加剂的使用

6.1.1 饲草饲料及添加剂的选择和使用应符合 NY/T 471 的要求,推荐饲料参见附录 A。

6.1.2 饲草饲料应来源于绿色食品生产基地,产地环境应符合 NY/T 391 的要求,生产过程中施用农药、肥料应分别符合 NY/T 393 和 NY/T 394 的要求。

6.1.3 羊场对不同羊群的羊应有草料搭配的配方和操作规程。

6.1.4 不同种类饲草饲料应分类存放、清晰标识,防止饲草饲料变质和交叉污染。

6.1.5 应建立用草用料记录和饲草饲料留样记录,使用的饲草饲料及饲料添加剂样品至少保留 3 个月,对饲草、饲料原料及饲料添加剂的采购来源、质量、标签情况等进行记录,确保可追溯。

6.2 兽药使用

6.2.1 兽药使用应符合 NY/T 472 的要求,参照附录 B 的表 B.1。

6.2.2 兽药采购应从具有兽药生产经营许可证和 GMP 生产条件的企业购进;进口兽药应具有进口兽药许可证。

6.2.3 使用时应按照产品说明操作,处方药应按照兽医出具的处方执行。

6.2.4 建立兽药采购记录和用药记录。采购记录应包括产品名称、购买日期、数量、批号、有效期、供应商和生产厂家等信息。用药记录应包括用药羊只的耳号与数量、兽药产品批号、用药量、用药开始时间和结束日期、休药期、药品管理者和使用者等信息,同时应保留使用说明书。

6.2.5 兽药应按照药品说明书要求进行储藏,过期药物应及时做无害化处理。

6.3 饮水

饮用的水质应符合 NY/T 391 的要求。经常清洗饮水槽(碗),保持饮水干净卫生。晚秋、冬季和早春将饮水加热到 20 ℃左右饮用。

7 生产管理

7.1 饲养人员

7.1.1 饲养人员每年进行一次健康检查,检查合格方可上岗。

7.1.2 患有人畜共患病、传染性疾病等的人员在患病期间不得从事生产活动。

7.1.3 饲养人员应经过专业培训,具备专业知识和技能,熟悉绿色食品生产和质量安全等知识。

7.2 饲养管理

7.2.1 养殖场应采取"自繁自育"模式和"全进全出"工艺进行饲养管理。

7.2.2 对羊群按照种公羊、妊娠母羊、空怀母羊、羔羊、育成羊和育肥羊等不同类群进行分群饲养管理。根据不同类群羊和不同生长时期调整合适的饲养密度。

7.2.3 对不同类群的羊,根据季节和气温变化等做好通风换气、采暖保温等工作,给羊群提供舒适的生活环境。

7.2.4 根据羊的生物学特性做好发情鉴定、配种、妊娠诊断、接产、断奶、去角、修蹄、剪毛等管理工作。

7.3 羊群观察

饲养人员每天到圈舍仔细观察羊的食欲、精神状态、饮水、粪便和行为表现等。一旦发现异常情况,应立即处理。

8 疫病防控

8.1 预防管理

对羊只加挂免疫标识。羊场不饲养其他畜禽。不得采购生鲜羊肉、内脏及未加工的皮毛绒等进场。采取措施减少啮齿类动物和鸟类进入圈舍。

8.2 消毒

8.2.1 根据 NY/T 472 的规定,制定消毒制度。针对进场消毒、圈舍消毒、带羊消毒、环境消毒、无害化处理消毒,选择消毒剂和消毒方法进行严格消毒。

8.2.2 消毒剂使用应按照说明书操作,不同类型的消毒剂交替使用。

8.2.3 定期检测消毒效果。

8.3 免疫接种

8.3.1 按 NY/T 472 的规定执行,参照附录 B 的表 B.2 和表 B.3,根据当地疫病流行情况和羊群免疫抗体检测结果制定免疫接种计划并严格实施。

8.3.2 对口蹄疫、炭疽、小反刍兽疫、布鲁氏菌病等重大疫病进行监测。

8.3.3 对超过免疫保护期或免疫效果不佳的羊只应及时补充免疫。

8.3.4 建立免疫档案,记录疫苗种类、厂家、有效期、产品批号、接种日期、接种量等信息,存档备查。

8.4 驱虫

按 NY/T 472 的规定执行,制定驱虫计划和程序,定期驱除体内和体外寄生虫。

8.5 治疗

对发病羊只应采取隔离治疗,待恢复健康后方可合群饲养。

9 肉羊出栏

9.1 休药期内羊只不得出栏。

9.2 出栏时,须报当地县级动物卫生监督机构进行产地检疫。

9.3 出栏时,应按品种、年龄、育肥程度等进行分类分级。

9.4 出栏时,应如实做好销售记录。销售记录应包括销售客户名称、地址、联系电话、销售羊只品种、耳号和数量等内容。

10 废弃物处理与利用

粪污无害化处理应符合 GB 18596 规定,并进行资源化利用。病死羊无害化处理按农医发〔2017〕25

号执行,选用合适处理方法进行无害化处理。

11 档案管理

11.1 档案记录

羊场根据行业管理部门的要求和本厂生产实际,设计填写羊的配种、产羔、育肥、鉴定等生产性记录和饲料、添加剂、兽药采购使用、肉羊出栏、粪污处理及销售、病死羊的处理等畜产安全与环保性记录的表格。

11.2 记录要求

记录要求及时真实,不得弄虚作假。育种档案长期保存,其他档案资料保存3年以上。

11.3 记录的应用

羊场对各类记录进行阶段性分析,计算本场的生产技术指标和生产指标,查找存在问题,采取相应措施改进提高。一旦发生畜产安全和环保事件,确保记录可追溯。

附　录　A

（资料性附录）

西北地区绿色食品肉羊养殖推荐饲料使用方案

A.1　羊精饲料组成参考配方

见表 A.1。

表 A.1　羊精饲料组成参考配方

单位为百分号

精饲料平均日喂量	玉米	饼粕类	麸皮	预混料
0.30 kg/只	62	17	13	8
0.35 kg/只	63	17	13	7
0.40 kg/只	63	18	13	6
0.45 kg/只	64	18	13	5
0.50 kg/只	64	19	13	4
0.60 kg/只	65	20	12	3
注：饼粕类指豆粕、花生粕等，豆粕在 6% 以上，预混料日饲喂量为 24 g。				

A.2　羊全价日粮组成参考配方

见表 A.2。

表 A.2　羊全价日粮组成参考配方

单位为千克

平均日总采食量	精饲料	青贮饲料	干草
1.50	0.30	1.00	0.20
1.85	0.35	1.25	0.25
2.20	0.40	1.50	0.30
2.55	0.45	1.75	0.35
2.90	0.50	2.00	0.40
3.25	0.55	2.25	0.45
3.60	0.60	2.50	0.50
注：青贮饲料主要包括玉米全株青贮、高丹草、甜高粱等专用青贮牧草。干草主要包括苜蓿、花生秧、豆秸等区域内农作物优质秸秆和专用牧草。			

附　录　B
（资料性附录）
西北地区绿色食品肉羊兽药使用及免疫接种方案

B.1　推荐的羊用兽药使用方案

见表 B.1。

表 B.1　推荐的羊用兽药使用方案

免疫类别	药名	剂型	免疫途径	免疫剂量	停药期
抗寄生虫药	伊维菌素	注射液	皮下注射	0.2 mg/kg	42 d,产奶期禁用
	左旋咪唑	片剂	口服	7.5 mg/kg	3 d,产奶期禁用
		注射液	肌肉或皮下注射	7.5 mg/kg	28 d,产奶期禁用
抗菌药	氨苄西林(钠盐)	注射液	肌肉或静脉注射	5 mg/kg~10 mg/kg	12 d,产奶期禁用
	苄星青霉素	注射液	肌肉注射	3 万 IU/kg~4 万 IU/kg	14 d,产奶期禁用
	普鲁卡因	注射液	肌肉注射	1 万 IU/kg~2 万 IU/kg	9 d,产奶期禁用
	硫酸小檗碱	片剂	口服	0.5 g~1 g	0 d
		注射液	肌肉注射	0.05 g~0.1 g	0 d
	红霉素	乳糖酸盐注射剂	静脉注射	3 mg/kg~5 mg/kg	21 d,产奶期禁用
	双黄连口服液	口服液	口服	1 mL/kg~5 mL/kg	0 d
注:兽药使用以最新版本 NY/T 472 的规定为准。					

B.2　小羊免疫接种程序

见表 B.2。

表 B.2　小羊免疫接种程序

接种时间	疫苗名称	接种方式	免疫期
15 日龄	羊传染性脓疱皮炎活疫苗	口腔下唇黏膜划痕	5 个月
	羊传染性胸膜肺炎灭活疫苗	皮下注射	1 年
35 日龄~45 日龄	小反刍兽疫活疫苗	皮下注射	3 年
	牛羊用口蹄疫灭活疫苗	肌肉注射(第 1 次)	—
2 月龄	山羊痘活疫苗	尾根内侧皮内注射	1 年
65 日龄~75 日龄	牛羊用口蹄疫灭活疫苗	肌肉注射(第 2 次)	6 个月
3 月龄	羊梭菌病三联四防灭活苗	皮下或肌肉注射(第 1 次)	—
3.5 月龄	羊梭菌病三联四防灭活苗	皮下或肌肉注射(第 2 次)	6 个月
	Ⅱ号炭疽芽孢苗	皮下注射	山羊 6 个月,绵羊 12 个月
4 月龄	羊链球菌灭活疫苗	皮下注射	6 个月
5 月龄	布鲁氏菌疫苗(S2)	口服	1 年
8 月龄	牛羊用口蹄疫灭活疫苗	肌肉注射	6 个月

B.3 成年母羊免疫接种程序

见表B.3。

表 B.3 成年母羊免疫接种程序

接种时间	疫苗名称	接种方式	免疫期
配种前2周	牛羊用口蹄疫灭活疫苗	肌肉注射	6个月
	羊梭菌病三联四防灭活苗	皮下或肌肉注射	6个月
配种前1周	羊链球菌灭活疫苗	皮下注射	6个月
	Ⅱ号炭疽芽孢苗	皮下注射	山羊6个月,绵羊12个月
产后1个月	牛羊用口蹄疫灭活疫苗	肌肉注射	6个月
	羊梭菌病三联四防灭活苗	皮下或肌肉注射	6个月
	Ⅱ号炭疽芽孢苗	皮下注射	山羊6个月,绵羊12个月
产后1.5月	羊链球菌灭活疫苗	皮下注射	6个月
	羊传染性胸膜肺炎灭活疫苗	皮下注射	1年
	布鲁氏菌疫苗(S2)	口服	1年
	山羊痘活疫苗	尾根内侧皮内注射	1年
注1:公羊参照母羊免疫程序进行免疫。			
注2:本免疫程序供生产中参考;每种疫苗的具体使用以生产厂家提供的说明书为准。			

绿 色 食 品 生 产 操 作 规 程

LB/T 160—2020

西南地区绿色食品肉羊养殖规程

2020-08-20 发布

2020-11-01 实施

中国绿色食品发展中心 发布

前　言

本规程由中国绿色食品发展中心提出并归口。

本规程起草单位:昆明市农产品质量安全中心、云南省畜牧兽医科学院、云南省家畜改良工作站、云南省绿色食品发展中心、贵州省绿色食品发展中心、四川省绿色食品发展中心、湖南省畜牧兽医研究所、重庆市农产品质量安全中心、云南立新羊业有限公司。

本规程主要起草人:鲁惠珍、洪琼花、江波、张志华、袁跃云、张志勤、康敏、代振江、周熙、李吴帮、张海彬、杨斌。

西南地区绿色食品肉羊养殖规程

1 范围

本规程规定了西南地区绿色食品肉羊养殖的基本要求、产地环境、羊舍建设、设施设备配套、品种、饲料及饲料添加剂、饲养管理、疫病防控、废弃物处理、出栏、养殖档案及质量可追溯。

本规程适用于湖南、重庆、四川、贵州、云南的绿色食品肉羊养殖。

2 规范性引用文件

下列文件对于本文件的应用是必不可少的。凡是注日期的引用文件,仅注日期的版本适用于本文件。凡是不注日期的引用文件,其最新版本(包括所有的修改单)适用于本文件。

GB 16567　种畜禽调运检疫技术规范

GB 18596　畜禽养殖业污染物排放标准

NY/T 391　绿色食品　产地环境质量

NY/T 393　绿色食品　农药使用准则

NY/T 394　绿色食品　肥料使用准则

NY/T 471　绿色食品　饲料及饲料添加剂使用准则

NY/T 472　绿色食品　兽药使用准则

NY/T 473　绿色食品　畜禽卫生防疫准则

NY/T 682　畜禽场场区设计技术规范

NY/T 816　肉羊饲养标准

NY/T 2665　标准化养殖场肉羊

农医发〔2017〕25 号　病死及病害动物无害化处理技术规范

中华人民共和国农业部令 2006 年第 67 号　畜禽标识和养殖档案管理办法

3 基本要求

3.1 生产绿色食品的肉羊养殖场需符合 NY/T 2665 的要求。

3.2 具有动物防疫条件合格证。

3.3 在县级人民政府畜牧兽医行政主管部门备案,取得畜禽标识代码。

3.4 常年有充足的饲草饲料满足羊只饲喂。

4 产地环境

4.1 羊场选址

4.1.1 场址的选择应符合 NY/T 473 的要求。

4.1.2 选择水源充足、无污染和生态条件良好的地区,且距离交通要道、城镇、居民区、医疗机构、公共场所、工矿企业 2 km 以上,距离垃圾处理场、垃圾填埋场、风景旅游区、污染源 5 km 以上,污染场所或地区应处于场址常年主导风向的下风向。

4.1.3 生态、大气环境和饮用水水质应符合 NY/T 391 的要求。

4.1.4 面积能满足出栏 2 000 只以上育肥羊生产所需面积,面积换算可参照 NY/T 682 的规定。

4.2 羊场布局

4.2.1 合理布局生活区与生产管理区、生产区与辅助生产区、隔离区与废弃物无害化处理区。

4.2.2 羊场周围应建立围墙、绿化隔离带或防疫沟;场区入口及各功能区之间设置消毒设施设备。

4.2.3 生产区羊舍顺序为公羊舍、母羊舍、羔羊舍、育肥羊舍。

4.2.4 废弃物无害化处理区与生产区保持 50 m 以上的间距。

4.2.5 场区内净道和污道严格分开,雨污排放沟分设。

5 羊舍建设

5.1 羊舍建筑应满足防寒、防暑、通风和采光的要求。

5.2 羊舍应设运动场,运动场地面平坦、不起尘土、排水良好,夏季炎热地区有遮阳设施,四周设围栏。面积每只羊 1.5 m²~2 m²,运动场与羊床通过门相通。

5.3 气候炎热地区宜采用开放式或半开放式羊舍;冷凉地区宜采用封闭式或半开放式羊舍,封闭式羊舍的前后墙应开窗。

5.4 结合当地气候、地形实际,羊舍建筑式样可建成高床羊舍或楼式羊舍。

5.5 羊舍面积一般占养羊场地面积的 30%,每只羊的羊舍占地面积 1.5 m²~2.0 m²,其中羊床面积 1.0 m²~1.5 m²。

6 设施设备配套

6.1 饲料及生产设施

6.1.1 配套与饲养规模匹配的饲料房和草料库,库房能防潮、防禽、防鼠,并配备防火设施。

6.1.2 饲料房可以紧连羊舍建,草料库宜设在圈舍侧风向处,距离羊舍 50 m 的场地。

6.1.3 每只羊应占有青贮窖 0.5 m³~1.0 m³,青贮窖建在便于运输、装卸的羊舍附近。

6.1.4 产房、羔羊舍应配套取暖设施。

6.1.5 在生产辅助区修建配种室,开展人工授精的还应修建化验及精液制作室,并配套必需的采精、化验、精液制作器械和仪器。

6.2 疫病防控设施

6.2.1 在生产区门口修建车辆消毒池和人员消毒通道,羊舍门口配备消毒设施。

6.2.2 在无害化处理区一侧修建兽医室,配套必要的治疗设施和器械。

6.2.3 在养殖场外或废弃物处理区修建羊只隔离舍。

7 品种

品种可选择云上黑山羊、南江黄羊、简州大耳羊、龙陵黄山羊、贵州半细毛羊等列入《国家畜禽遗传资源名录》的适宜当地养殖的品种。

8 饲料及饲料添加剂

8.1 来源及要求

8.1.1 自给饲草饲料的种植产地环境应符合 NY/T 391 的要求,肥料的使用应符合 NY/T 394 的要求,农药的使用应符合 NY/T 393 的要求,并按照绿色食品生产方式生产。

8.1.2 外购饲草饲料应符合 NY/T 471 的要求,并通过认定的绿色食品及其副产品;或来源于绿色食品原料标准化生产基地的产品及其副产品;或按照绿色食品生产方式生产,并经绿色食品工作机构认定基地生产的产品及其副产品。

8.1.3 动物源性饲料原料只应使用乳及乳制品,禁止使用其他动物源性饲料。

8.1.4 玉米、豆粕等原料应为符合绿色食品标准要求。

8.1.5 禁止使用药物饲料添加剂(包括抗生素、抗寄生虫药、激素等)及制药工业副产品。

8.1.6 不同种类的饲草饲料应分类存放、清晰标识,防止饲草饲料霉变和交叉污染。

8.2 使用要求

8.2.1 日粮应满足羊的营养需要,以优质的精、粗饲料为主。

8.2.2 优质粗饲料充足时,可以酌减精料。饲料的配比参见附录 A。

8.2.3 保证羊只每天都能得到满足其营养需要的粗饲料。在其日粮中,粗饲料、鲜草、青干草或青贮饲料所占的比例不低于 60%(以干物质计),育肥期不低于 50%。

8.2.4 有饲料采购和供应计划,日粮组成和配方记录。

9 饲养管理

9.1 人员管理

9.1.1 应有 1 名以上畜牧兽医专业技术人员,或有专业技术人员提供稳定的技术服务。

9.1.2 喂养人员应定期进行健康检查,取得健康合格证。有传染病者患病期间不应从事生产活动。

9.1.3 羊场各生产区内人员不得串岗,外来人员应进行消毒。

9.1.4 场内兽医不应对场外动物进行疾病外诊,配种人员不应对外开展羊的配种工作。

9.2 羊只组群

9.2.1 宜"自繁自养",自养肉羊应定期检验检疫。

9.2.2 引羊按 GB 16567 的规定执行检疫,检疫合格后在隔离场观察不少于 15 d,经兽医检查健康合格后方可转入生产群。

9.2.3 引进羊只档案应齐全,种羊应有系谱证、检疫证、免疫证。

9.3 饲养管理

9.3.1 根据羊的生理阶段,可分为哺乳羔羊、育肥羊、种公羊、种母羊,并按性别、年龄、体重、体况等分群饲养。育肥羊每天放牧不少于 10 h,草场质量不好时,应给予补喂精饲料。

9.3.2 应制定符合自身养殖模式(全放牧、放牧+补饲、全舍饲)的养殖和管理方案。

9.3.3 各生长阶段营养需要需符合 NY/T 816 的要求,或者满足饲养该品种羊的营养需要。

9.3.4 保证羊只有充足的饮水。

9.3.5 宜采用定时、定量的饲养方式。

9.3.6 饲草饲料的变更需有 7 d～12 d 过渡期。

9.3.7 根据羊的生物学特性做好发情鉴定、配种、妊娠诊断、接产、断奶、修蹄等管理工作。

10 疫病防控

10.1 消毒及驱虫

10.1.1 消毒剂的使用应符合 NY/T 472 的要求。

10.1.2 制定消毒制度,对进场、羊舍、羊只、环境及设施设备进行消毒。消毒剂的使用可参照附录 A。

10.1.3 制定驱虫计划和程序,定期驱除羊只体内和体外寄生虫,药剂的使用可参照附录 A。

10.2 兽药使用

10.2.1 兽药的使用应符合 NY/T 472 的要求。常见疾病的防治参见附录 A。

10.2.2 使用时应按产品说明操作,处方药应按兽医出具的处方执行。

10.2.3 兽药应按照药品说明书要求进行储藏,过期药物应及时做无害化处理。

10.2.4 严格遵守休药期的规定,治疗期或达不到休药期的羊只不得作为食用羊出售。

10.3 免疫接种

10.3.1 根据当地疫病流行情况和羊群免疫抗体检测结果制定免疫程序并严格实施。

10.3.2 建立免疫档案,记录免疫的疫苗种类、厂家、有效期、批文、产品批号、接种日期、接剂量等信息,并存档备查。

10.3.3 疫苗的储存、运输应符合疫苗保存条件。

10.3.4 器械应在使用前后彻底消毒。

10.3.5 免疫接种参见附录 A。

10.4 疫病监测

10.4.1 应制定疫病定期监测及早期疫情预报预警制度,并定期对其进行监测;疫病监测应包括布鲁氏菌病、羊痘、小反刍兽疫、蓝舌病等。

10.4.2 定期对羊群和环境进行监测,根据监测结果对疫病风险评估预警,及时调整饲养管理制度和预防措施。

11 废弃物处理

11.1 羊场应有固定的羊粪储存、堆放设施和场所,储存场所要有防雨、防溢流措施。

11.2 粪污处理应符合 GB 18596 的要求。

11.3 病死羊按农医发〔2017〕25 号的要求及时进行无害化处理。

11.4 及时收集过期或失效药品、疫苗以及使用过的药瓶、针头等一次性兽医用品,按国家法律法规规定进行无害化处理。

12 出栏

12.1 根据品种特性,养殖 12 月龄～18 月龄,体重达 50 kg～80 kg 时出栏。

12.2 出栏时,应按品种、年龄、育肥程度进行分类分级。

12.3 休药期内的羊只不得出栏。

13 养殖档案及质量可追溯

养殖档案按照中华人民共和国农业部令 2006 年第 67 号的规定执行。根据肉羊的品种、来源、繁殖、饲草饲料、兽药、检疫、免疫、消毒、销售等有关记录情况,建立质量追溯体系。上述有关资料至少应保留 3 年。

附　录　A

（资料性附录）
西南地区绿色食品肉羊养殖推荐饲料、疫苗及兽药使用方案

A.1　羊精饲料组成参考配方见表 A.1。羊全价日粮组成参考配方见表 A.2。

表 A.1　羊精饲料组成参考配方

单位为百分号

精饲料平均日喂量	玉米	饼粕类	麸皮	预混料
0.30 kg/只	64	21	12	3
0.40 kg/只	64	21	12	3
0.50 kg/只	65	20	12	3
0.60 kg/只	65	20	12	3
0.70 kg/只	66	19	11	4
0.80 kg/只	66	19	11	4
注：饼粕类指豆粕、菜籽粕、膨化大豆等，豆粕在10%以上，其余部分用菜籽粕或膨化大豆；预混料矿物质添加剂2%和维生素预混料1%～2%。				

表 A.2　羊全价日粮组成参考配方

单位为千克

平均日总采食量	精饲料	青贮饲料	秸秆
2.0	0.4	1.3	0.3
2.2	0.44	1.42	0.34
2.4	0.48	1.56	0.36
2.6	0.52	1.69	0.39
2.8	0.56	1.82	0.42
3.0	0.60	1.95	0.45
3.2	0.64	2.08	0.48
3.6	0.72	2.34	0.54
注：青贮饲料为全株玉米青贮。秸秆主要包括蚕豆茎叶糠、大麦糠、花生秧等区域内农作物优质秸秆或牧草干草。			

A.2　羔羊常用疫苗和使用方法 A.3。成羊免疫程序见表 A.4。推荐的羊用兽药使用方案见表 A.5。

表 A.3　羔羊常用疫苗和使用方法

免疫时间	疫苗名称	疫病种类	免疫剂量	免疫方法
出生2 h内	破伤风抗毒素	破伤风	1 mL/只	肌肉注射
16日龄～30日龄	羊痘弱毒疫苗	羊痘	1头份	尾根内侧皮内注射
	羊三联四防苗	痢疾、猝疽、肠毒血症、快疫	1 mL/只	肌肉注射
	小反刍兽疫疫苗	小反刍兽疫	1头份	肌肉注射

表 A.3（续）

免疫时间	疫苗名称	疫病种类	免疫剂量	免疫方法
30日龄～45日龄	羊传胸疫苗	羊传染性胸膜肺炎	2 mL/只	肌肉注射
	口蹄疫疫苗	羊口蹄疫	1 mL/只	皮下注射

表 A.4 成羊免疫程序

疫苗名称		预防疫病种类	免疫剂量	免疫方法
春季免疫	羊三联四防苗	快疫、猝狙、肠毒血症、痢疾	1头份	皮下或肌肉注射
	羊痘弱毒疫苗	羊痘	1头份	尾根内侧皮内注射
	小反刍兽疫疫苗	小反刍兽疫	1头份	肌肉注射
	羊传胸疫苗	羊传染性胸膜肺炎	1头份	皮下或肌肉注射
	羊口蹄疫疫苗	羊口蹄疫	1头份	皮下注射
	羊口疮弱毒细胞冻干苗	羊口疮	1头份	口唇黏膜内接种
秋季免疫	羊传胸疫苗	羊传染性胸膜肺炎	1头份	皮下或肌肉注射
	羊口蹄疫疫苗	羊口蹄疫	1头份	皮下注射
注：本免疫程序供生产中参考；每种疫苗的具体使用以生产厂家提供的说明书为准。				

表 A.5 推荐的羊用兽药使用方案

类别	药名	剂型	途径	剂量	停药期
清洁剂和消毒剂	高锰酸钾	0.1%溶液	消毒	—	—
	二氧化氯	2%溶液	消毒设施和设备	—	—
	次氯酸钠	10%溶液	消毒设施和设备	—	—
抗寄生虫药	伊维菌素	注射液(10 mL:0.5 g)	皮下注射	0.2 mg/kg	42 d,产奶禁用
		浇泼剂(0.5%溶液)	外用	0.5 mg/kg	2 d,产奶禁用
	左旋咪唑	片剂	口服	7.5 mg/kg	3 d,产奶禁用
		注射剂(10 mL:0.5 g)	肌肉注射或皮下注射	7.5 mg/kg	28 d,产奶禁用
抗菌药	氨苄西林(钠盐)	注射剂(0.5 g)	肌肉注射或静脉注射	5 mg/kg～10 mg/kg	12 d,产奶2 d
	苄星青霉素	注射剂(120万单位)	肌肉注射	2万单位/kg～3万单位/kg	30 d,产奶3 d
	普鲁卡因	注射剂(10 mL:0.3 g)	肌肉注射	1万单位/kg～2万单位/kg	10 d,产奶3 d
	硫酸小檗碱	片剂	口服	0.5 g～1 g	0 d
		注射液(5 mL:50 mg)	肌肉注射	5 mL～10 mL	0 d
	双黄连	口服液	口服	1 mL/kg～5 mL/kg	0 d
	红霉素	乳糖酸注射剂(25万单位)	静脉注射	3 mg/kg～5 mg/kg	21 d,产奶禁用

绿 色 食 品 生 产 操 作 规 程

LB/T 161—2020

绿色食品黄羽肉鸡养殖规程

2020-08-20 发布　　　　　　　　　　　　　　2020-11-01 实施

中国绿色食品发展中心　发布

前　　言

本规程由中国绿色食品发展中心提出并归口。

本规程起草单位：山东省农业科学院农业质量标准与检测技术研究所、中国农业科学院饲料研究所、山东省绿色食品发展中心、山东省农业科学院家禽研究所、安丘市畜牧业发展中心、潍坊市立华牧业有限公司。

本规程主要起草人：苑学霞、赵善仓、范丽霞、张海军、孟浩、李福伟、魏宝华、王巨刚、王磊、梁京芸、董燕婕、王馨。

绿色食品黄羽肉鸡养殖规程

1 范围

本规程规定了绿色食品黄羽肉鸡生产过程的术语和定义、产地环境、引种来源、饲养管理、疾病综合防控、废弃物的处理、检疫、出栏、运输、档案管理。

本规程适用于绿色食品黄羽肉鸡的饲养与管理。

2 规范性引用文件

下列文件对于本文件的应用是必不可少的。凡是注日期的引用文件,仅注日期的版本适用于本文件。凡是不注日期的引用文件,其最新版本(包括所有的修改单)适用于本文件。

GB 3095 环境空气质量标准

GB 14554 恶臭污染物排放标准

GB 18596 畜禽养殖业污染物排放标准

NY/T 33 鸡饲养标准

NY/T 388 畜禽场环境质量标准

NY/T 391 绿色食品 产地环境质量

NY/T 471 绿色食品 饲料和饲料添加剂使用准则

NY/T 472 绿色食品 兽药使用准则

NY/T 473 绿色食品 畜禽卫生防疫准则

NY/T 682 畜禽场场区设计技术规范

NY/T 1566 标准化肉鸡养殖场建设规范

农医发〔2017〕25 号 病死及病害动物无害化处理技术规范

3 术语和定义

下列术语和定义适用于本文件。

3.1

黄羽肉鸡

指《中国家禽品种志》及省、市、自治区地方《畜禽品种志》所列的地方品种鸡,同时还含有这些地方品种鸡血缘的培育品系、配套系鸡种,包括黄羽、红羽、褐羽、黑羽、白羽等羽色。

3.2

养殖废弃物

养殖过程中产生的粪尿、病死鸡、失效兽药、残余疫苗、一次性使用的兽医器械及包装物和污水等。

4 产地环境

4.1 场址应符合《中华人民共和国畜牧法》的要求、符合相关法律法规以及土地利用规划。

4.2 场区布局应符合 NY/T 1566 和 NY/T 682 的要求,生活区、生产区严格分开,并进行有效隔离。

4.3 鸡场的环境应符合 GB 3095 的要求;鸡舍内外环境卫生应符合 NY/T 388 的要求。鸡场废弃物的排放应符合 GB 18596 和 GB 14554 的要求。

5 引种来源

商品雏鸡来源于具有"种畜禽生产经营许可证"和"动物防疫条件合格证"等资质的种鸡场。

6 饲养管理

6.1 饲养方式

可采用地面平养、网上或棚架平养、笼养或散养等饲养方式。

6.2 鸡舍准备

雏鸡进舍前将育雏鸡笼架、屋顶、墙壁和地面彻底清理、清扫、清洗和消毒,再空栏 14 d 以上;饮水器、料桶、饮水管等育雏用具及其他日常用具必须彻底清洁和消毒。进鸡前提前启动育雏舍保温设施,确保进鸡时将育雏舍控制在温度 33 ℃～35 ℃、湿度 65%～70%。

6.3 温度管理

进苗时,将育雏区域的温度保持在 33 ℃～35 ℃,从第 2 周开始,每周下降 2 ℃～3 ℃,5 周龄23 ℃～25 ℃为宜,直到降至 20 ℃左右。

6.4 湿度管理

第 1 周湿度保持在 65%～70%;第 2 周～4 周湿度保持在 60%～65%;从第 5 周起湿度保持在55%～60%。冬天空气干燥,可通过在舍内放置水盘增加舍内湿度。

6.5 饲养密度

适宜的饲养密度可以保持雏鸡生长的整齐度。饲养密度可根据养殖条件来确定,如通风条件好的,可适当增大饲养密度,否则,宜降低饲养密度;冬季气温低可适当增加密度,夏季气温高宜降低饲养密度。

饲养密度参见附录 B。

散养时,应根据具体情况确定。

6.6 饮水管理

养殖用水水质应符合 NY/T 391 的要求。雏鸡进入鸡舍后,休息片刻即可喂水,第 1 次饮水中加入5%葡萄糖,建议在前 5 d 饮水中加入维生素和矿物电解质,饮水为室温的温开水。在育雏前期,每天更新饮水,并每天清洗、消毒饮水设置器。

6.7 喂料管理

饲料原料应符合《饲料原料目录》的要求,饲料及饲料添加剂应符合 NY/T 471 的要求。饲料配制可参考 NY/T 33 和附录 C 设置营养指标。自由采食和定期饲喂均可,在所有入舍雏鸡充分饮水后再进行给饲。10 日龄内每日喂 5 次～6 次,以后逐步减少至每日喂 3 次～4 次。中速型和慢速型黄羽肉鸡 0周～8 周内实行自由采食,快速型黄羽肉鸡 0 周～4 周内实行自由采食。快速型黄羽肉鸡从第 5 周开始,中速型和慢速型黄羽肉鸡从第 9 周开始向限制饲喂过渡。鸡群在 20 周龄末的体重以趋于品种标准体重±100 g 为宜。全群的均匀度达 85%以上,公鸡均匀度达 90%以上为宜。按照抽测得到的体重结果,参照品种标准确定。如果体重超过标准5%,不增加料量。

6.8 光照制度

开始时采用人工补充光照。雏鸡 1 日龄～3 日龄要保持全天 24 h 光照,4 日龄～7 日龄每天保持23 h,而后逐渐减少。从第 2 周开始应当降低光照强度,从第 5 周开始每天的光照时间应当根据季节的变化来灵活掌握。光照度以 5 lx～20 lx 为宜,在育雏初期时强一些,而后逐渐降低。

6.9 通风换气

室内空气有害成分含量应符合 NY/T 388 的要求。通风量可根据鸡只的周龄逐渐增加。

6.10 垫料管理

地面平养应使用垫料,要选择吸水性强、无污染、不易发霉的柔软垫料。垫料可以由锯末、谷壳、碎秸秆混合成,容易产生霉菌污染的锯末类垫料需经1:500硫酸铜喷洒并在阳光下暴晒后方可使用。一批次清理垫料可以不用采用发酵菌种,每批次黄羽肉鸡上市后直接清理垫料;多批次厚垫料饲养,需要在垫料上喷洒微生物粪便除臭菌液,再拌入微生物粪便发酵制剂,铺设在鸡舍地面。在饲养期内,要保持垫料松软、干燥,及时清除潮湿垫料。

6.11 分群管理

在做疫苗接种和断喙时进行强弱、大小分群管理,挑出弱小苗单独饲养管理;另外根据不同品种的黄羽肉鸡适时进行公母分群,快速型一般在30日龄前完成公母分群工作,中、慢速型在40日龄以前完成公母分群工作。

7 疾病综合防控

7.1 兽药使用

主管兽医应具有执业兽医师、执业助理兽医师或具有兽医、兽药等相关专业中专以上学历、中级兽医师以上相关技术职称;兽药使用人员应经岗位知识培训,了解国家兽药管理的法律法规和兽药安全使用相关知识。兽药使用应符合 NY/T 472 的要求,根据临床和实验室诊断结果,选用高效、低残留兽药,对消毒剂、驱虫剂等药物应定期轮换用药。应按说明书规定药物剂量、给药方式和疗程用药,并严格遵守休药期规定。

常用兽药、使用方法、剂量及休药期参见附录 D。

常用消毒剂有季铵盐类(苯扎溴铵、癸甲溴铵)、含氯制剂(次氯酸钠、二氧化氯)、醛类(甲醛、戊二醛)、含碘化合物(碘伏、碘酒)、过氧化物(过氧乙酸、臭氧)、碱类(火碱、生石灰),应按说明书规定适用范围、剂量、方法使用。

7.2 防疫措施

按《中华人民共和国动物防疫法》及 NY/T 473 的规定执行,落实动物防疫措施。

宜采用全进全出制饲养,同一养鸡场不能饲养其他禽类。

每批鸡进舍前,对鸡舍应进行彻底清理、清扫、清洗和消毒,封闭空舍至少2周,应防止野鸟和鼠类进入。

外来人员不得随意进出生产区。在特定情况下,参观人员在采取严格消毒措施后方可进入。工作人员要求身体健康,无人畜共患病。

7.3 免疫接种

根据当地兽医行政主管部门对当地疫病发生种类、流行特点制定的动物疫病强制免疫计划和本场实际制定免疫程序,开展免疫。免疫程序参见附录 E。

8 废弃物的处理

病死鸡应根据《中华人民共和国动物防疫法》《中华人民共和国食品安全法》和农医发〔2017〕25 号进行无害化处理。污水、废渣、恶臭气体的排放符合 GB 18596 的要求。

9 检疫

出售前应做产地检疫,检疫合格可以出售。

10 出栏

快速型黄羽肉鸡达到出栏体重后应尽快出栏,宜一次性出栏。

中速型和慢速型黄羽肉鸡可以根据体重、性别分批出栏。

11 运输

运输设备应洁净、无鸡粪和化学品遗弃物。运输车辆在装运前和卸货后都要进行彻底消毒。

活鸡运输前,要有经产地检疫合格并附有检疫合格证明。

12 档案管理

养殖场应建立养殖档案,档案信息包含饲养全过程。

建立生产记录档案。包括进雏日期、数量、来源、饲养员,每日的生产记录包括日期、日龄、死亡数、死亡原因、无害化处理情况、存栏数,环境条件(温度、湿度)、免疫、消毒、用药、鸡群健康状况、喂料量等。

所有记录至少保存3年。

附 录 A

（资料性附录）

黄羽肉鸡按生长速度分类及生产指标

A.1 黄羽肉鸡按生长速度分类

黄羽肉鸡按生长速度分为快速型黄羽肉鸡、中速型黄羽肉鸡和慢速型黄羽肉鸡3类。

A.2 黄羽肉鸡生产指标

见表 A.1。

表 A.1 黄羽肉鸡生产指标

项目	出栏体重,kg		出栏日龄,d		料重比	
	公	母	公	母	公	母
快速型黄羽肉鸡	1.50～2.30	1.47～1.95	49～70	49～72	(1.65～2.45)∶1	(2.0～3.0)∶1
中速型黄羽肉鸡	1.33～2.27	1.00～2.10	63～95	70～95	(2.3～2.8)∶1	(2.4～3.3)∶1
慢速型黄羽肉鸡	1.27～1.88	1.06～1.72	80～112	105～180	(2.5～3.8)∶1	(3.0～4.0)∶1

附 录 B
（资料性附录）
黄羽肉鸡饲养密度

黄羽肉鸡饲养密度见表B.1。

表 B.1 黄羽肉鸡饲养密度

单位为只每平方米

类型		0日龄～10日龄	10日龄～30日龄	30日龄～56日龄	56日龄～75日龄	＞75日龄
垫料饲养	快速型	20～30	15～18	9～15	9～22	
	中速型		18～23	15～18	11～13	9～11
	慢速型			18～23	13～18	9～15
棚架饲养	快速型	30～35	18～23	13～15	10～13	
	中速型		22～27	15～20	12～17	10～13
	慢速型			20～25	13～18	10～15
笼具饲养	快速型	40～50	25～30	12～16	12～14	—
	中速型		30～40	18～23	13～15	12～14
	慢速型			20～25	13～15	12～17

附　录　C

（资料性附录）

绿色食品黄羽肉鸡配合饲料主要营养成分指标

绿色食品黄羽肉鸡配合饲料主要营养成分指标见表C.1。

表C.1　绿色食品黄羽肉鸡配合饲料主要营养成分指标

单位为百分号

项目	快速型黄羽肉鸡			中速型黄羽肉鸡			慢速型黄羽肉鸡			
	0日龄～21日龄	21日龄～42日龄	≥42日龄	0日龄～30日龄	30日龄～60日龄	＞60日龄	0日龄～30日龄	30日龄～60日龄	60日龄～90日龄	＞90日龄
粗蛋白质	20.0～22.0	18.0～20.0	16.0～18.0	19.0～21.0	17.0～19.0	15.0～17.0	18.0～20.5	15.0～18.0	14.0～17.0	13.0～16.0
赖氨酸	≥1.00	≥0.90	≥0.80	≥0.95	≥0.85	≥0.75	≥0.90	≥0.75	≥0.70	≥0.65
蛋氨酸	≥0.40	≥0.35	≥0.30	≥0.36	≥0.32	≥0.28	≥0.32	≥0.30	≥0.28	≥0.26
苏氨酸	≥0.65	≥0.60	≥0.55	≥0.60	≥0.50	≥0.45	≥0.50	≥0.45	≥0.40	≥0.35
粗纤维	≤6.0	≤7.0	≤7.0	≤6.0	≤7.0	≤7.0	≤6.0	≤7.0	≤7.0	≤7.0
粗灰分	≤8.0	≤8.0	≤8.0	≤8.0	≤8.0	≤8.0	≤8.0	≤8.0	≤8.0	≤8.0
钙	0.8～1.2	0.7～1.2	0.6～1.2	0.8～1.1	0.7～1.2	0.6～1.0	0.8～1.1	0.6～1.1	0.5～1.0	0.5～1.0
磷	0.45～0.75	0.40～0.70	0.40～0.70	0.45～0.75	0.40～0.70	0.40～0.70	0.45～0.75	0.40～0.70	0.40～0.70	0.30～0.60
氯化钠	0.3～0.8	0.3～0.8	0.3～0.8	0.3～0.8	0.3～0.8	0.3～0.8	0.3～0.8	0.3～0.8	0.3～0.8	0.3～0.8

附　录　D
（资料性附录）
黄羽肉鸡养殖场常用抗菌药及休药期

黄羽肉鸡养殖场常用抗菌药及休药期见表 D.1。

表 D.1　黄羽肉鸡养殖场常用抗菌药及休药期

兽药种类	药物名称	常见剂型	使用方法	使用剂量	休药期,d
β-内酰胺类	阿莫西林	可溶性粉	混饮	每升水 50 mg	7
			混饲	每 1 kg 料 200 mg～500 mg,连用 3 d～5 d	
氨基糖苷类	新霉素	可溶性粉、散剂	混饮	每升水 40 mg～70 mg,连用 3 d～5 d	5
			混饲	每 1 kg 料 50 mg～200 mg	
	大观霉素	可溶性粉	混饮	每升水 500 mg～1 000 mg,连用 3 d～5 d	5
四环素类	土霉素	可溶性粉、散剂	混饮	每升水 150 mg～250 mg	5
			混饲	每 1 kg 料预防量 100 mg～200 mg,治疗量 200 mg～500 mg	
大环内酯类	红霉素	可溶性粉	混饮	每升水 125 mg,连用 3 d～5 d	3
酰胺醇类	氟苯尼考	散剂	内服	一次量,每 1 kg 体重 20 mg～30 mg,2 次/d,连用 3 d～5 d	5
林可胺类	林可霉素	可溶性粉、散剂	混饮	每升水 200 mg～300 mg,连用 3 d～5 d	5
			混饲	每 1 kg 料 30 mg～50 mg,连用 3 d～5 d	
多肽类	多黏菌素	散剂、片剂	内服	一次量,每 1 kg 体重 3 万～8 万 IU,1 次/d～2 次/d	7
喹诺酮类	恩诺沙星	可溶性粉	混饮	每升水 50 mg～75 mg	8

附　录　E
（资料性附录）
黄羽肉鸡免疫参考程序

黄羽肉鸡免疫参考程序见表 E.1。

表 E.1　黄羽肉鸡免疫参考程序

类型	日龄,d	疫苗种类	接种剂量	接种方法	备注
快速型黄羽肉鸡	4～6	球虫疫苗	1 羽份	饮水/拌料	预防鸡球虫病
	10～13	新支二联疫苗	1.2 羽份	滴鼻、点眼	预防鸡新城疫和鸡传染性支气管炎
		新流二联(ND＋H9)疫苗 禽流感二联(H5＋H7)疫苗	ND＋H9：H5＋H7 1：1　0.5 mL	皮下注射	预防鸡新城疫、禽流感(H9、H5、H7 亚型)
	23	鸡痘疫苗	1 羽份	刺种	预防鸡痘
		传喉疫苗	1 羽份	点眼	预防鸡传染性喉气管炎
		新流二联(ND＋H9)疫苗 禽流感二联(H5＋H7)疫苗	ND＋H9：H5＋H7 1：1　0.6 mL	皮下注射	预防鸡新城疫、禽流感(H9、H5、H7 亚型)
中速型黄羽肉鸡	4～6	球虫疫苗	1 羽份	饮水/拌料	预防鸡球虫病
	10～13	新支二联疫苗	1.2 羽份	滴鼻、点眼	预防鸡新城疫和鸡传染性支气管炎
		新流二联(ND＋H9)疫苗 禽流感二联(H5＋H7)疫苗	ND＋H9：H5＋H7 1：1　0.5 mL	皮下注射	预防鸡新城疫、禽流感(H9、H5、H7 亚型)
	23～25	鸡痘疫苗	1 羽份	刺种	预防鸡痘
		传喉疫苗	1 羽份	点眼	预防鸡传染性喉气管炎
		新流二联(ND＋H9)疫苗 禽流感二联(H5＋H7)疫苗	ND＋H9：H5＋H7 1：1　0.6 mL	皮下注射	预防鸡新城疫、禽流感(H9、H5、H7 亚型)
	40	新支(LaSota＋H120)二联活苗	2 羽份	饮水	鸡新城疫、传染性支气管炎
慢速型黄羽肉鸡	4～6	球虫疫苗	1 羽份	饮水/拌料	预防鸡球虫病
	10～13	新支二联疫苗	1.2 羽份	滴鼻、点眼	预防鸡新城疫和鸡传染性支气管炎
		新流二联(ND＋H9)疫苗 禽流感二联(H5＋H7)疫苗	ND＋H9：H5＋H7 1：1　0.5 mL	皮下注射	预防鸡新城疫、禽流感(H9、H5、H7 亚型)
	30	鸡痘疫苗	1 羽份	刺种	预防鸡痘
		传喉疫苗	1 羽份	点眼	预防鸡传染性喉气管炎
		新流二联(ND＋H9)疫苗 禽流感二联(H5＋H7)疫苗	ND＋H9：H5＋H7 1：1　0.6 mL	皮下注射	预防鸡新城疫、禽流感(H9、H5、H7 亚型)

表 E.1(续)

类型	日龄,d	疫苗种类	接种剂量	接种方法	备注
慢速型黄羽肉鸡	40	新支(LaSota＋H120)二联疫苗	2 羽份	饮水	鸡新城疫、传染性支气管炎
	60	新支(LaSota＋H120)二联疫苗	2 羽份	饮水	鸡新城疫、传染性支气管炎
注:此参考程序主要针对一般发病区的黄羽肉鸡养殖场参考使用,各地区可根据当地情况进行免疫接种;使用疫苗时务必按照疫苗说明书的要求使用。					

绿 色 食 品 生 产 操 作 规 程

LB/T 162—2020

绿色食品白羽肉鸡养殖规程

2020-08-20 发布

2020-11-01 实施

中国绿色食品发展中心 发布

前　言

本规程由中国绿色食品发展中心提出并归口。

本规程起草单位：山东省农业科学院农业质量标准与检测技术研究所、中国农业科学院饲料研究所、山东省绿色食品发展中心、山东省农业科学院家禽研究所、安丘市畜牧业发展中心、诸城外贸养殖公司、山东鲁丰集团有限公司。

本规程主要起草人：范丽霞、赵善仓、苑学霞、刘平、张海军、孟浩、魏宝华、李福伟、李惠敏、孙志超、鲁松柱、殷淑平、王馨、王磊、梁京芸、董燕婕。

绿色食品白羽肉鸡养殖规程

1 范围

本规程规定了绿色食品白羽肉鸡养殖的术语和定义、产地环境、引种、饲养管理、疾病综合防控、环保设施和养殖废弃物处理、检疫、出栏、运输、档案管理。

本规程适用于绿色食品白羽肉鸡的饲养与管理。

2 规范性引用文件

下列文件对于本文件的应用是必不可少的。凡是注日期的引用文件，仅注日期的版本适用于本文件。凡是不注日期的引用文件，其最新版本（包括所有的修改单）适用于本文件。

GB 14554　恶臭污染物排放标准

GB 18596　畜禽养殖业污染物排放标准

NY/T 33　鸡饲养标准

NY/T 388　畜禽场环境质量标准

NY/T 391　绿色食品　产地环境质量

NY/T 471　绿色食品　饲料和饲料添加剂使用准则

NY/T 472　绿色食品　兽药使用准则

NY/T 473　绿色食品　畜禽卫生防疫准则

NY/T 1168　畜禽粪便无害化处理技术规范

农医发〔2017〕25 号　病死及病害动物无害化处理技术规范

3 术语和定义

下列术语和定义适用于本文件。

3.1

白羽肉鸡

父系主要来源于科什尼，母系主要来源于白洛克。羽毛白色，生长速度快，饲料转化率高，饲喂 5 周龄～7 周龄屠宰上市的鸡。主要包括科宝（Cobb）、罗斯（Ross）、爱拔益佳（Arbor Acres，AA）、哈伯德（Hubbard）等品种。

3.2

全进全出制

同一鸡舍或同一鸡场只饲养同一批次的鸡，同时进场、同时出场的管理制度。

3.3

养殖废弃物

养殖过程中产生的粪尿、病死鸡、失效兽药、残余疫苗、一次性使用的兽医器械及包装物和污水等。

4 产地环境

4.1　场址应符合《中华人民共和国畜牧法》、相关法律法规以及土地利用规划。

4.2　场址选择、建设条件、规划布局要求应符合 NY/T 473 的要求。

4.3　鸡场的生态、空气环境应符合 NY/T 391 的要求；鸡舍内外环境卫生应符合 NY/T 388 的要求。

5 引种

雏鸡应来自有"种畜禽生产经营许可证"和"动物防疫合格证"的种鸡场,并经产地检疫合格。全场雏鸡应来源于同一种鸡场、同一批次、同一品种的健康鸡苗。运输车辆应经过彻底清洗和消毒。

6 饲养管理

6.1 饲养方式

可采用地面平养和离地饲养(网上平养和笼养)等饲养方式,全进全出制。

6.2 鸡舍准备

6.2.1 做好所需设备、用品的准备工作。

6.2.2 进雏前2周,要对鸡舍、用具等进行清扫、冲洗及消毒。

6.2.3 在进鸡前1 d,将舍内温度提升到33 ℃~35 ℃,相对湿度保持在65%左右。

6.3 温度管理

育雏温度:1 d,34 ℃~35 ℃;2 d~7 d,30 ℃~33 ℃;以后每周下降2 ℃~3 ℃,直到18 ℃~23 ℃停止降温,并恒定此温度。夏秋季外界温度高,每周降3 ℃;冬春季外界温度低,每周降2 ℃。

6.4 湿度管理

鸡舍内第1周相对湿度宜保持60%~65%,以后可保持50%~60%。

6.5 饲养密度

依据品种、生理阶段和饲养方式确定适宜的饲养密度,还应根据鸡舍的结构和鸡舍设备调节环境能力来调节饲养密度,饲养密度可按NY/T 473的规定执行,符合20 kg/m²~30 kg/m²,宜满足动物福利的要求。

6.6 饮水管理

养殖用水水质应符合NY/T 391的要求。雏鸡进入鸡舍后,休息片刻即可喂水,宜用室温的凉开水。鸡苗经长途运输的,第1次饮水中加入3%~5%的葡萄糖,补充体力,但饮用时间不能过长。建议在前3 d~5 d饮水中加入维生素和矿物电解质。饲养期间应保证饮用水充足、新鲜、卫生,水线的高度、水压的大小要随着鸡群的生长发育及时调整。饮水器要定期进行清洗,定期检查,消毒。

6.7 喂料管理

初生雏鸡饮水的同时即可开食,开食饲料宜使用营养丰富、易消化、适口性强且便于啄食的配合饲料。饲料颗粒要粗细适度,可选用颗粒破碎料开食。以后随着日龄的增长,按照不同生长发育阶段更换不同时期的配合饲料,以满足其生长发育需要。饲料及饲料添加剂应符合NY/T 471的要求。自由采食和定时喂料均可。日粮应符合该品种白羽肉鸡的营养需求。日粮营养水平可参考NT/T 33和附录A进行设置。

6.8 光照制度

为保证动物福利,每天黑暗时间不应低于1 h,可以根据鸡群活跃程度(包括浪费料)和鸡群体重,来适当调整光照时间。若需要适当限饲,可在7 d~28 d调整光照时间为16 h~20 h,以后逐渐恢复光照时间到23 h。

6.9 通风换气

在满足对环境温度要求的同时,应根据饲养品种、日龄、体重、规模和外界温湿度调节鸡舍通风量,通风不留死角。舍内空气质量应符合NY/T 388的要求。

7 疾病综合防控

7.1 疾病治疗

7.1.1 常见疾病

白羽肉鸡常见疾病有鸡白痢、支原体感染、传染性支气管炎、新城疫、流感、大肠杆菌感染、球虫病、法氏囊病等。

7.1.2 防治措施

对发病的白羽肉鸡隔离并进行合理的治疗,对发病严重的鸡要及时处理,防止疾病传播。由专门兽医人员诊断治疗,主管兽医应具有执业兽医师、执业助理兽医师或具有兽医、兽药等相关专业中专以上学历、中级兽医师以上相关技术职称;兽药使用人员应经岗位知识培训,了解国家兽药管理的法律法规和兽药安全使用相关知识。

尽量使用疫苗、中兽药、抗菌肽、微生态制剂等替代化学药品和抗生素的使用,对健康的鸡要及时预防接种。确需使用兽药时,应在执业兽医指导下进行,兽药的使用应符合 NY/T 472 的要求,尽量使用高效低毒兽药,注意药物的拮抗作用和配伍禁忌,并严格遵守休药期规定。

7.2 生物安全

坚持预防为主,综合防疫。符合《中华人民共和国动物防疫法》和 NY/T 473 的要求,落实防疫措施。应获得县级以上畜牧兽医部门颁发的"动物防疫条件合格证"。

7.2.1 隔离管理

7.2.1.1 人员隔离管理

饲养人员不得在家中饲养任何种类的畜禽,禁止到疫区;本场人员进入场区应走消毒通道;外来人员不得进入场区。

7.2.1.2 车辆隔离管理

本场车辆严禁到疫区,其他外部车辆不得进入场区。

7.2.1.3 生产区隔离管理

饲养员进入生产区时,应进行淋浴和消毒,更换消毒过的防疫服和鞋帽;饲养员上班期间,不能随意走出生产区,应定舍定岗。

7.2.2 消毒管理

7.2.2.1 车辆消毒

大门入口设运输车辆消毒池和人员消毒更衣间。消毒池内药液的深度以车轮轮胎可进入 1/2 为宜。运送雏鸡和运送饲料的车轮每次喷洒消毒。

7.2.2.2 道路消毒

场区周围的道路每周应打扫 1 次;场内净道每周喷洒消毒;污道每天喷洒消毒;鸡舍周围的道路每天清扫,并用消毒液喷洒消毒。

7.2.2.3 场区消毒

鸡舍周围环境、鸡场进出口及道路应定期消毒。场内的垃圾、杂草等废弃物应及时清除,在场外无害化处理,堆放过垃圾的场地喷洒消毒。

7.2.2.4 人员消毒

进入生产区的工作人员更换消毒好的防疫服、鞋、帽,然后沿净道到达鸡舍。防疫服、鞋、帽每周清洗、消毒。防疫服仅限在生产区内使用,不得穿出生产区。在每栋鸡舍门口也应设消毒池,工作人员进出鸡舍时必须脚踩消毒池消毒。

7.2.2.5 鸡舍消毒

鸡舍内要定期进行喷雾式消毒,在鸡群免疫的前 1 d 和后 1 d 暂停。

7.2.3 消毒药剂

消毒药剂的使用应符合 NY/T 472 的要求。常用消毒剂有季铵盐类(苯扎溴铵、癸甲溴铵)、含氯制剂(次氯酸钠、二氧化氯)、醛类(甲醛、戊二醛)、含碘化合物(聚维酮碘)、过氧化物(过氧乙酸、臭氧)、碱类(火碱、生石灰),应按说明书规定适用范围、剂量、方法使用。

7.2.4 消毒方法

针对不同的场地和对象使用不同的消毒方法,如高压水枪冲洗,火焰消毒,紫外线灯消毒,酸、碱、盐等化学消毒药进行消毒,熏蒸消毒等。

7.3 科学免疫

7.3.1 免疫制度

根据当地传染病发生的种类和流行状况,有针对性地选用不同种类的疫苗;根据疫病的检疫和监测情况,进行有计划的免疫接种;根据不同传染病的特点、疫苗性质、鸡群状况、环境等具体情况,建立科学的免疫程序。

7.3.2 发生传染性疾病的紧急措施

发生或怀疑发生烈性传染病如禽流感等疫情时,立即向当地主管部门报告疫情,对鸡场封锁、隔离,并对病死鸡检查、剖检、采样、确诊。

确诊发生国家或地方政府规定应采取扑杀措施的疫病时,鸡场应配合当地兽医行政主管部门对本场实施严格封锁、扑杀和彻底消毒等措施。

8 环保设施和养殖废弃物处理

8.1 环保设施

8.1.1 储粪场所位置合理,并具备防雨、防渗漏、溢流设施。有与相应的养殖规模配套的粪便无害化处理设施,并且工艺合理。

8.1.2 场区内垃圾集中堆放,位置合理,无杂物堆放,无死禽、鸡毛等污染物。

8.2 养殖废弃物处理

8.2.1 每天定时清理鸡粪,并及时运到废弃物处理区,进行集中处理,按 NY/T 1168 的规定执行。遵循减量化、无害化、资源化的原则,符合 GB 14554 和 GB 18596 的要求。不得将未进行无害化处理的鸡粪运往场外。

8.2.2 病死鸡应按《中华人民共和国动物防疫法》《中华人民共和国食品安全法》和农医发〔2017〕25号的规定执行无害化处理。

8.2.3 过期的疫苗等生物制品及其包装不得随意丢弃,应按照要求进行无害化处理。

9 检疫

出售前应做产地检疫,检疫合格可以出售。

10 出栏

出栏要严格执行使用兽药的休药期,出栏前 4 h～8 h 停喂饲料,但可以自由饮水。

11 运输

运输设备应洁净,运输过程应平稳。

12 档案管理

12.1 进雏档案

在购鸡后,应及时建立进雏档案,记录进雏日期、时间、数量、来源、运送工具、天气情况、鸡舍编号、饲养员姓名等信息。

12.2 生产记录

包括日期、日龄、鸡群健康状况、死亡数、死亡原因、无害化处理情况、存栏数、环境条件(温度、湿度）、饲喂情况、免疫情况、用药情况、消毒情况等。

免疫用药记录需记录日期、疫苗名称种类、药名、厂名、有效期限、使用量及方法、反应效果等。

12.3 出售记录

应记录出售日期、数量、价格和购买单位等，以备查询。

12.4 资料存档

建立养殖规程技术档案，做好生产过程的全面记载，资料应妥善保存，至少保存 3 年以上，以备查阅。

附　录　A
（资料性附录）
绿色食品白羽肉鸡配合饲料主要营养成分指标

绿色食品白羽肉鸡配合饲料主要营养成分指标见表 A.1。

表 A.1　绿色食品白羽肉鸡配合饲料主要营养成分指标

单位为百分号

项目	生长前期		生长中期	生长后期
	0 日龄～10 日龄	10 日龄～21 日龄	21 日龄～35 日龄	＞35 日龄
粗蛋白质	21.0～23.0	20.0～22.0	18.0～21.0	16.0～19.0
赖氨酸	≥1.20	≥1.00	≥0.90	≥0.80
蛋氨酸	≥0.50	≥0.40	≥0.35	≥0.30
苏氨酸	≥0.80	≥0.68	≥0.62	≥0.55
粗纤维	≤5.0	≤7.0	≤7.0	≤7.0
粗灰分	≤8.0	≤8.0	≤8.0	≤8.0
钙	0.7～1.1	0.7～1.1	0.7～1.0	0.6～1.0
磷	0.50～0.75	0.45～0.75	0.40～0.70	0.35～0.65
氯化钠	0.30～0.80	0.30～0.80	0.30～0.80	0.30～0.80
注：蛋氨酸的含量为蛋氨酸或蛋氨酸＋蛋氨酸羟基类似物及其盐折算为蛋氨酸的含量；如使用蛋氨酸羟基类似物及其盐，应在产品标签中标注折算蛋氨酸系数。总磷含量已经考虑了植酸酶的使用。				

附 录 B
（资料性附录）
绿色食品白羽肉鸡免疫参考程序

绿色食品白羽肉鸡免疫参考程序见表 B.1。

表 B.1 绿色食品白羽肉鸡免疫参考程序

日龄	疫苗品种	剂量	方法	备注
1	传支 H120/ 新支二联活苗	1 羽份	喷雾	预防鸡传染性支气管炎/ 预防鸡新城疫和鸡传染性支气管炎
7~10	新支二联活苗	1 羽份~2 羽份	点眼、滴鼻	预防鸡新城疫和鸡传染性支气管炎
	新流法油苗/ 新流油苗	0.3 mL	颈部皮下注射	预防新城疫、禽流感（H9）和鸡传染性法氏囊病/ 预防新城疫和禽流感（H9）
14~16	法氏囊油苗 （7 日龄~10 日龄接种新流 油苗的肉鸡）	1 羽份	饮水	预防鸡传染性法氏囊病
21~23	新城疫Ⅳ系或 C30	2 羽份~3 羽份	饮水	预防鸡新城疫
注：此参考程序主要针对一般发病区的白羽肉鸡养殖场参考使用，各地区可根据当地情况进行免疫接种；使用疫苗时务必按照疫苗说明书的要求使用；点眼、滴鼻应用专用稀释液或蒸馏水。				

附　录　C
（资料性附录）
绿色食品白羽肉鸡养殖兽药使用推荐方案

绿色食品白羽肉鸡养殖兽药使用推荐方案见表C.1。

表C.1　绿色食品白羽肉鸡养殖兽药使用推荐方案

类别	药物名称	剂型	用法	免疫用量（以有效成分计）	休药期,d
抗菌药	延胡索酸泰妙菌素	可溶性粉	混饮	125 mg/L～250 mg/L,连用3 d	5
	硫酸新霉素	可溶性粉	混饮	50 mg/L～75 mg /L,连用3 d～5 d	5
	阿莫西林	可溶性粉	混饮	50 mg/L～60 mg/L,连用3 d～5 d	7
	硫酸安普霉素	可溶性粉	混饮	250 mg/L～500 mg/L,连用5 d	7
	硫酸黏菌素	可溶性粉	混饮	20 mg/L～60 mg/L,连用3 d～5 d	7
	酒石酸吉他霉素	可溶性粉	混饮	250 mg/L～500 mg/L,连用3 d～5 d	7
	恩诺沙星	可溶性粉	混饮	25 mg/L～75 mg/L,连用3 d～5 d	8
抗寄生虫药	癸氧喹酯	溶液	混饮	0.015 mL/L～0.03 mL/L,连用7 d	5
	海南霉素钠	预混剂	混饮、混饲	混饮250 mg/L,混饲500 mg/kg,连用3 d	7
注:确需使用兽药时,应在执业兽医指导下进行;兽药应按照药品说明书进行储藏、使用;兽药的使用和休药期可能变化,请关注国家兽医行政主管部门的公告,并严格按照新规定执行。					

图书在版编目(CIP)数据

绿色食品生产操作规程. 三 / 刘平, 张志华, 张宪
主编. —北京:中国农业出版社, 2021.9
ISBN 978-7-109-28796-9

Ⅰ.①绿… Ⅱ.①刘… ②张… ③张… Ⅲ.①绿色食
品—生产技术—技术操作规程 Ⅳ.①TS2-65

中国版本图书馆 CIP 数据核字(2021)第 196600 号

中国农业出版社出版

地址:北京市朝阳区麦子店街 18 号楼
邮编:100125
责任编辑:廖 宁
版式设计:杜 然 责任校对:沙凯霖
印刷:中农印务有限公司
版次:2021 年 9 月第 1 版
印次:2021 年 9 月北京第 1 次印刷
发行:新华书店北京发行所
开本:880mm×1230mm 1/16
印张:30.75
字数:960 千字
定价:188.00 元